Mobile Preußen

Ottmar Ette

Mobile Preußen

Ansichten jenseits des Nationalen

J.B. METZLER

Ottmar Ette
Potsdam, Deutschland

ISBN 978-3-476-04853-0 ISBN 978-3-476-04854-7 (eBook)
https://doi.org/10.1007/978-3-476-04854-7

Die Deutsche Nationalbibliothek verzeichnet diese Publikation in der Deutschen Nationalbibliografie; detaillierte bibliografische Daten sind im Internet über http://dnb.d-nb.de abrufbar.

J.B. Metzler

Einbandgestaltung: Finken & Bumiller, Stuttgart (Foto: Vermutetes Selbstbildnis von Anton Wilhelm Amo, aus: https://blog.apaonline.org/2018/02/08/anton-wilhelm-amo-the-african-philosopher-in-18th-europe/)

J.B. Metzler ist ein Imprint der eingetragenen Gesellschaft Springer-Verlag GmbH, DE und ist ein Teil von Springer Nature.
Die Anschrift der Gesellschaft ist: Heidelberger Platz 3, 14197 Berlin, Germany

Im weiten Park von Sanssouci
dem schönsten Ort und seinem
stillen Bewohner gewidmet.

„Am 8. September morgens lief der ‚Tschirik', der Scunner, den wir zur See gesehen, in den Hafen ein. Ein Preuße aus der Gegend von Danzig, Herr Binzemann, war Kapitän desselben.— Ein Preuße, der Kapitän eines zwischen Unalaschka und Sitcha fahrenden Scunners der russisch-amerikanischen Compagnie geworden
ist, hat in der weiten Welt wohl manches erduldet und erlebt, wovon einer nichts träumt, der in seinem Leben nicht weiter gekommen, als etwa von den unteren Bänken der Schule bis auf das Katheder."
Adelbert von Chamisso, Reise um die Welt

„En attendant ce triomphal retour,
ne fallait-il point reconstituer autour
de soi une nouvelle Europe, effacer le plus
possible de son esprit ce continent qui
nous accueillait mais nous effrayait?"
Michel Butor, Mobile

Vorwort – Ansichten von Preußen, jenseits des Nationalen

Preußen kann man sich prinzipiell auf zumindest drei verschiedene Arten konzeptionell und konstruktiv nähern. Da gibt es erstens die territoriale Dimension: Man kann Preußen verstehen als ein bestimmtes Territorium und damit als einen Territorialstaat mit seiner Fläche, seinen Grenzen, seiner Bevölkerung, ja seiner Geschichte. Wir haben es dann mit dem Nationalstaat Preußen, aber auch mit dem Kulturstaat oder gewiss auch mit der Militärmacht zu tun, die sich dann weiter analysieren lässt. Dies ist zweifellos die häufigste Herangehensweise: Sie geht im Allgemeinen der Geschichte und den Geschichten dieses Territoriums nach, untersucht beispielsweise seine sozialen, kulturellen oder ökonomischen Aspekte und geht von einem mehr oder minder hohen Grad an Homogenität innerhalb dieses Territoriums aus. Preußen lässt sich so als Flächenstaat in Karten eintragen und mit ganz bestimmten Charakteristika ausstatten, die diesem Staat seine Identität verleihen.

Zweitens könnte man Preußen in seiner relationalen Dimension beleuchten: Preußen erscheint dann eingebettet in ein relationales Beziehungsgeflecht mit anderen Staaten und Nationen, funktioniert mit Blick auf unterschiedliche Politiken, Wirtschafts- oder Gesellschaftsverhältnisse sowie in Hinblick auf seine Kulturen und Sprachen nicht als eine Essenz im Sinne eines ‚wahren' Preußen und seiner Identität, sondern als eine Relation, die sich funktional bestimmen lässt. Man kann unter diesen Vorzeichen etwa den Außenhandel oder die Außenpolitik, die relative Bedeutung der kulturellen oder wissenschaftlichen Institutionen angeben und nach deren internationalen Vernetzung fragen, über Bündnispolitiken oder kriegerische Auseinandersetzungen berichten, die das Wesen dieses Staatskörpers und seiner Institutionen prägen. Auch dies ließe sich wiederum kartographisch erfassen: Preußen wäre auch in diesem Sinne *on the map*.

Drittens aber kann man jenseits raumgeschichtlicher Modelle eine bewegungsgeschichtliche, mobile Dimension ausmachen: Sie schließt das Territoriale ebenso mit ein wie das Relationale, stellt in beiden aber das Prozessuale, das Unabgeschlossene und Unabgegoltene in den Mittelpunkt des Interesses und begreift einen Raum ausgehend von all jenen Bewegungen, die ihn queren und vermittels dieser Querungen damit im eigentlichen Sinne konstituieren. Eben dies ist mit der Dimension des Bewegungsgeschichtlichen gemeint, die etwa ein Preußen in Bewegung und aus der Bewegung erfasst. Es geht nicht um ein Sein und um ein Wesen, nicht um eine Identität und ihre Varianten, sondern um das Prozesshafte und Dynamische in allen Erscheinungen. Wie aber wäre eine solche Bewegungsgeschichte einzulösen?

Preußen erschiene dann weniger als ein Territorialstaat mit seinen festen Rändern und Grenzen, mit seiner (behaupteten) Identität und seiner (angenommenen) Homogenität, sondern als ein Gebilde, das sich im ständigen Umbau befindet, dessen Entwicklungsprozesse so offen sind wie seine fortgesetzten Transformationen, beständig gequert von all jenen Transfers, die ein gegebenes Territorium mit seinem Beziehungsgeflecht zu einem Mobile machen, welches in politischer wie ökonomischer, in sozialer wie kultureller, in sprachlicher wie künstlerischer Hinsicht sich unabschließbar in Bewegung befindet.

Die Identität wäre dann nur jenes erzwungene Festhalten einer bestimmten Situation, jene Reduktion aller denk- und lebbaren Zugehörigkeiten, die von interessegeleiteter Seite an ein Territorium, ein Land oder auch eine Kulturnation herangetragen werden, um alle Bewegungen stillzustellen. Man könnte sich dies vielleicht am plastischsten als eine historische Daguerreotypie mit einer sehr langen Belichtungszeit vorstellen, die keine Bewegungen zuließe, soll das entstehende Bild nicht ‚verwackelt' werden. Im Kopf des Fotografen mit seiner Zentralperspektive bestand dieses Bild schon vorab.

Von einem solchen Standbild aus wäre (und war historisch in der Tat) der Weg zu den tödlichen Identitäten[1] nicht weit, welche eine radikale Reduktion aller vielfältigen Zugehörigkeiten so vornehmen, dass nur noch eine einzige Zugehörigkeit – und wäre sie fiktiver Art – alles andere beherrscht. Die konzeptionellen und letztlich normativen Vorgaben für diese Daguerreotypie wären entscheidend, nicht aber das Leben des Gegenstandes selbst, der in der Zeit und im Raum *fest-gestellt* und seltsam eingefroren wäre.

Entscheiden wir uns für die dritte Dimension – und diesen Weg verfolgt das vorliegende Buch, – so entsteht ein Preußen der vielen Kulturen und Sprachen, ein Preußen der vielen Migrationen und Inklusionen, ein Preußen der vielen Herkünfte wie der vielen Zukünfte, von denen viele – und auch höchst wichtige – historisch nicht realisiert wurden und auch niemals mehr realisiert zu werden scheinen. Hier findet sich keine Essenz des Preußischen, ja noch nicht einmal eine fixe Konstellation dessen, was wir auch in einem relationalen Sinne als Preußen bezeichnen wollen. Oder bezeichnen dürfen.

Welches Bild entspräche der raumgeschichtlichen Daguerreotypie auf der Ebene des Bewegungsgeschichtlichen? Nun, wir hätten und haben es mit einer mobilen und allzeit dynamischen Konfiguration zu tun, in welcher sich die Figuren wie die Teile eines Mobile bewegen und in ständig neuen Relationen zueinander stehen. Hinzu käme eine Beobachterperspektive, die auf jegliche Zentralfixierung verzichtet und multiperspektivische Aufzeichnungen macht, in welchen die Phänomene aus verschiedenen Blickwinkeln zugleich porträtiert würden. So aber würde ein Preußen konturiert, das aus Bewegungen gemacht ist, das in die drei Dimensionen des Raumes bewusst die vierte Dimension der Zeit einschreibt und daraus einen vieldimensionalen Entwurf entstehen lässt, der nicht mehr einfach fest- und stillgestellt werden kann. Ein Denk-Raum entstünde aus dem Dazwischen all dieser Bewegungen, der

[1] Vgl. Maalouf, Amin: *Les Identités meurtrières*. Paris: Editions Grasset & Fasquelle 2005.

das historisch gewordene Preußen gewiss nicht wieder heraufführte, wohl aber Preußen in seinem historischen Gewordensein für eine noch offene Zukunft bereit und verfügbar hielte.

In diesen *Ansichten* – und in den Untertitel gingen ebenso Georg Forsters *Ansichten vom Niederrhein* wie Alexander von Humboldts *Ansichten der Natur* oder Adelbert von Chamissos *Ansichten* multiperspektivisch ein – *jenseits des Nationalen* soll es just um eine derartige Sichtweise Preußens gehen, die nicht den Nationalstaat in den Blick nimmt. Es geht vielmehr um eine möglichst große, ja radikale Offenheit all jener *Figuren* und Persönlichkeiten, welche die Seiten dieses Buches bevölkern und auf exemplarische Weise die möglichen Zukünfte abstecken, die Preußen während des 18. Jahrhunderts und bis weit ins 19. Jahrhundert hinein auszeichneten.

Mit anderen Worten: Wie hätte sich ein Territorium entwickelt, in welchem ein Anton Wilhelm Amo hätte heimisch werden können und ein Teil des preußischen Universitätskörpers geworden wäre? Welche Chancen hätte eine Gesellschaft geboten, in welcher sich die Liebenden Heinrich von Kleists jenseits aller ethnischen und religiösen Grenzen gefunden und vereint hätten, in einer Gemeinschaft, in welcher Kleist auch nicht den Freitod nach dem Vorbild seiner Gestalten gesucht hätte? Wie hätte jener Nationalstaat ausgebildet werden können, den sich eine Rahel Levin Varnhagen in ihren Dachstuben-Wahrheiten vor und nach dem Einmarsch Napoleons in Berlin und dem zeitweiligen Untergang Preußens erträumte? Welch ein Zusammenleben wäre entstanden, hätte ein Adelbert von Chamisso all jene Aspekte einbringen können, die er auf seiner Reise um die Welt in den Siebenmeilenstiefeln seines Schlemihl gesammelt hatte? Wie hätte jene globale Konvivenz ausgestaltet werden können, wenn eine weltumspannende, transareale Konzeption, die nicht zwischen einem ‚Wir' und dem ‚Rest der Welt' unterschieden hätte, die Oberhand in jener Berliner Debatte um die Neue Welt behalten hätte und nicht zu einer der vielen verschütteten Traditionen des Berliner 18. und 19. Jahrhunderts geworden wäre? Viele Fragen, gewiss, aber auch viele Antworten. Die wiederum neue Fragen aufwerfen.

Preußen als Nationalstaat, als Kulturstaat, als Militärmacht: Jenseits dieser oftmals eindimensionalen Vorstellungen entfaltet das hier vorgelegte Buch das Bild eines vielperspektivischen Preußen in unterschiedlichen Ansichten. Es sind Figuren von Menschen, denen Preußen etwas bedeutete, die für das historische Gewordensein dieses untergegangenen Landes aber nicht – oder nur vorübergehend – bedeutsam wurden. Figuren, in denen sich ein Stück Zukunft spiegelt, die nicht hatte sein dürfen; Figuren, die ein Stückchen Zukunft repräsentieren, die auch aus der vergangenen Zukunft in unsere Zukunft hinüberspiegeln und uns den Spiegel ihrer Zeit, ihres Denkens, ihrer Möglichkeiten entgegenhalten.

Es sind individuelle Figuren, mag sein, und doch stehen sie für repräsentative Entwicklungen ihrer Zeit mit ihren Werken ein. Von Anton Wilhelm Amo, der sich als erster schwarzer Philosoph an einer preußischen Universität immatrikuliert, über die Projektion des preußischen Gemeinwesens durch Friedrich den Großen auf Neuspanien und die Herrschaft Moctezumas bis hin zu dem aus Amsterdam stammenden Philosophen Cornelius de Pauw, der seine Werke in Berlin in französischer Sprache verlegt und die weltweit geführte Berliner Debatte um die Neue Welt befeuert, vom jüdischen Salon der Rahel Levin Varnhagen über Heinrich von Kleists Imagination der Haitianischen Revolution bis hin zu Adelbert von Chamisso und Alexander von Humboldt, der nicht als ‚wahrer' Preuße galt: Es werden verschüttete Traditionen einer Geschichte lebendig, die aus dem gängigen Bild Preußens ausgebürgert wurden. Eine Sammlung also von Figuren, die keine ‚wahren' Preußen waren? Wahrlich nicht! Der Band erzählt von mobilen Preußen, deren Beziehungen sich zu einem Mobile Preußens anordnen, das wir begehen können.

Die Zukunft Preußens? Sie ist allein als Mobile immer neuer Konfigurationen denkbar. Die Integration von Juden wie von Schwarzen, der kritische Umgang mit einer machiavellinischen Politik Friedrichs des Großen bis hin zu einer Fundierung kolonialer Ausgriffe in der Cornelius de Pauw folgenden Philosophie Hegels, Achtung und Respekt vor einem Leben im Dazwischen, sei es das von Adelbert von Chamisso zwischen Preußen und Frankreich oder eines Alexander von Humboldt zwischen Europa und den Amerikas: Die folgenden Kapitel entwerfen ein Preußen, das nicht in seinem Historisch-Gewordensein, sondern in seinem historischen Gewordensein neu überdacht werden muss… und uns Heutigen noch so viel geben kann.

Wenn hier also aus bewegungsgeschichtlicher Perspektive eine Abfolge von Ansichten Preußens entfaltet werden soll, dann sind dabei die mobilen Aspekte eines gesellschaftlichen, kulturellen und in einem breiten Sinne politischen Gemeinwesens entscheidend, das – dies räumt der Verfasser gerne ein – nichts von seiner Faszinationskraft eingebüßt hat. Jeder Versuch der Stillstellung dieses Mobile entbindet auch die Gefahr der Beschneidung einer Vielfalt, deren Differenzqualitäten nachgerade den Gegenstand Preußen ausmachen. Preußen als Faszinosum? Dass einfachen Fixierungen dessen, was eine preußische Identität ausmacht, etwas Gefährliches anhaftet, das noch immer latent vorhanden ist, soll und kann hier nicht verschwiegen werden. Doch es steht keineswegs im zentralen Fokus der nachfolgenden Seiten.

Das Bild Preußens, das sich uns darbietet, ist folglich ein kubistisches: Von seinem vektoriellen Strickmuster her durchlaufen ständig unstete Bewegungen dieses Bildnis und Gebilde, ohne doch je zum Stillstand zu kommen. Die beiden Salons der Rahel mit ihrer beeindruckenden, wenn auch vergänglichen und vorübergehenden Auswahl an Geistesgrößen Preußens demonstriert als polylogische Gemeinschaft auf sehr effiziente Weise, was ein solches Gemeinwesen hätte sein können.

Was ein literarisches Mobile sein kann, hat der französische Schriftsteller Michel Butor in seinem Experimentaltext *Mobile* eindrucksvoll aufgezeigt. Welche Möglichkeiten wir haben, anders und vektoriell über Preußen nachzudenken, sollen diese Seiten exemplarisch aufzeigen. Wenn das Humboldt-Forum im Berliner Schloss mit seinen historischen Fassaden und seinen Räumen von der Mitte Berlins, in gewisser Weise vom Spreegeflecht der Museumsinsel aus die eigenen Bedingungen im Sinne Alexander von Humboldts archipelisch und transarchipelisch denkt, also jede seiner Inseln als eine in sich abgeschlossene Insel-Welt und zugleich als vielverbundene Inselwelt, als Welt von Inseln und Archipelen begreift, dann braucht uns vor Preußen und seinem Kulturbesitz nicht bange zu sein: Dann eröffnet sich uns spielerisch eine breite Palette an Zukünften, die eine Chance haben, nicht für längere Zeit wieder verschüttet zu werden. Dann können wir, so darf man hoffen, das Mobile Preußen leben und erleben.

Die einzelnen Kapitel des vorliegenden Bandes entstanden gleichzeitig mit den Diskussionen rund um das im Aufbau befindliche Humboldt-Forum, Diskussionen, an denen sich der Verfasser durchaus beteiligte. Letztlich ging es in diesen Diskussionen ganz wesentlich um die Frage, inwieweit ein neues Berlin sich seiner historischen Schätze, aber auch seiner historischen Verpflichtungen gegenüber bewusst erweist und welche Rolle die Brüder Humboldt in der Gesamtkonzeption wie auch den Aktivitäten des Humboldt-Forums spielen sollen. Ein Humboldt-Forum ohne die Humboldts? Unmöglich. Aber ebenso unmöglich eine Formel wie ‚Preußen und die Welt'.

Die unendlichen Diskussionen um die Entwicklungen im Bereich des Forums und die Debatten rund um seine Realisierung war die eine – und herausfordernde – Sache.[2] Zugleich aber entstand die damit zusammenhängende Frage, was Preußen hätte sein können und nicht hatte sein dürfen: welches also die Potenziale, Grenzen und Möglichkeiten eines Preußen einst gewesen waren, welche für die vergangene Zukunft wie für unsere heutige Zukunft von Bedeutung waren und sind. Das Ergebnis ist der vorliegende Band, der den Schwerpunkt seiner Antworten nicht auf eine möglichst breite Palette an historischen Beispielen, sondern auf repräsentative Figuren und Fälle legen wollte. Ob die Auswahl gelungen ist, kann allein das Lesepublikum beurteilen.

Mein Dank gilt all jenen, die im Verlauf der zurückliegenden Jahre den Gedanken an das Mobile Preußen unterstützt und befördert haben. Mein besonderer Dank gilt Markus Alexander Lenz, der mir stets mit Rat und Tat zur Seite stand und mir viele Ratschläge gab, die ich zu beherzigen versuchte. Danken möchte ich meinen vielen Studierenden, die mich in meinen Seminaren und Vorlesungen herausforderten und mit ihren Fragen anspornten, diese Idee zu verwirklichen. Mein persönlicher Dank gilt meiner Tochter Judith Thamar, die mich in einem schwierigen Umfeld in meinem Glauben an die Idee des Mobile bestärkte und mir so manchen Tipp gab. Unvergesslich die gemeinsamen Wege durch Sanssouci: Dieser Band verdankt vieles diesen Wegen, die sich verzweigen: den *senderos que se bifurcan*. Vom Bewegungs-Ort Sanssouci aus sind diese Seiten entstanden und hoffen auf ein gütiges Publikum.

Potsdam
März 2019

Ottmar Ette

[2] Vgl. hierzu u. a. Ette, Ottmar: Das Humboldt-Forum. Wo Humboldt draufsteht... Plädoyer für ein Mobile der Kulturen. In: *Lettre International* (Berlin) 86 (Herbst 2009), S. 203–208.

Inhaltsverzeichnis

Anton Wilhelm Amo oder eine Immatrikulation in Preußen

Die Einschreibung[1]

Am 9. Juni des Jahres 1727 trug sich ein junger Mann unter der laufenden Nummer 488 in die Matrikel der damals preußischen Universität Halle ein, ein Mann, der Philosophiegeschichte schrieb, ohne doch bislang wirklich in die Philosophiegeschichte als feste Größe eingegangen zu sein. Die eigenhändige Eintragung[2] hält fest, dass der neue Student an der erst 1694, also wenige Jahrzehnte zuvor gegründeten Universität[3] aus Afrika, ‚aus Axim in Guinea', stammte und den Namen Anton Wilhelm Amo trug. Wer war dieser junge Mann?

Mit dieser Einschreibung nahm Amo „als erster und für über 220 Jahre zugleich letzter Mensch afrikanischer Herkunft das Studium der Philosophie und Rechtswissenschaft an der Universität Halle auf."[4] Von der Zahlung der Immatrikulationsgebühren war er offenkundig auf Veranlassung seiner Förderer befreit worden. Mit dieser ordentlichen Einschreibung begann eine akademische Karriere, von welcher der international berühmte, an der Universität Göttingen lehrende Anthropologe und Schädelkundler Johann Friedrich Blumenbach noch im Jahre 1790 festhielt:

> Unser seel. Hollmann hat, da er noch Prof. in Wittenberg war, a. 1734 den Neger Ant. Wilh. Amo zum D. der Weltweisheit creirt, der sich sowohl in Schriften als auch als Docent vortheilhaft gezeigt hat, und von welchem ich zwey Abhandlungen vor mir habe, wovon zumal

---

[1] Ich danke der *Bayreuth Academy of Advanced African Studies* und insbesondere Susan Arndt sehr herzlich für die Unterstützung meiner Forschungen zu Anton Wilhelm Amo während meiner Zeit als Fellow der Bayreuther Akademie.

[2] Vgl. Abb. 7 in Brentjes, Burchard: *Anton Wilhelm Amo. Der schwarze Philosoph in Halle.* Leipzig: Koehler & Amelang 1976, S. 32/33.

[3] Vgl. Abraham, William E.: The Life and Times of Anton Wilhelm Amo, the First African (Black) Philosopher in Europe. In: Asante, Molefi Kete/Abary, Abu S. (Hg.): *African Intellectual Heritage. A Book of Sources.* Philadelphia: Temple University Press 1996, S. 429.

[4] Arndt, Susan: *Die 100 wichtigsten Fragen: Rassismus.* München: C.H. Beck 2012, S. 143. Vgl. auch bzgl. der Geschichte des Rassismus in Deutschland Hund, Wulf D.: Wie die Deutschen weiß wurden. Kleine (Heimat)Geschichte des Rassismus. Stuttgart: Metzler 2017.

O. Ette, *Mobile Preußen*, https://doi.org/10.1007/978-3-476-04854-7_1

> die eine viele unerwartete und wohlverdaute Belesenheit in den besten physiologischen Werken jener Zeit verräth. In einer Nachricht von Amo's Leben, die bey dieser Gelegenheit im Namen des academischen Concilii gedruckt worden, wird seiner ausnehmenden Rechtschaffenheit, so wie seiner Fähigkeiten, seinem Fleiss und seiner Gelehrsamkeit grosses Lob ertheilt. Es heisst z. B. von seinen philosophischen Vorlesungen excussis tam veterum quam novorum placitis, optima quaeque selegit, selecta enucleate ac dilucide interpretatus est u.s.w.[5]

Dieser Exkurs des großen Blumenbach in seinen *Beyträgen zur Naturgeschichte* auf einen „Neger" namens Anton Wilhelm Amo drückt das Erstaunen, aber auch die Anerkennung jenes Mannes aus, der nicht nur als einer der einflussreichsten wissenschaftlichen Lehrer (eines Georg Forster oder Wilhelm und Alexander von Humboldt) im ausgehenden 18. Jahrhundert in Göttingen wirkte, sondern auch als einer der maßgeblichen Erfinder von Rassenkategorien und Rassenhierarchien gelten muss.[6] Die Anerkennung des für seine schwarze Haut weithin bekannten Philosophen,[7] der – wie Blumenbach an anderer Stelle ausführte – in der Folge als „Hofrat"[8] an den Preußischen Hof nach Berlin gegangen sei, gerade aus dem Munde eines das Rassendenken so befördernden Wissenschaftlers mag erstaunen; und doch blieb der Name von Anton Wilhelm Amo dem 19. Jahrhundert wohl in weiten Kreisen weitgehend unbekannt.

Doch auch das Schweigen rund um diesen Anton Wilhelm Amo war und ist beredt. Denn längst ist es an der Zeit, die ebenso für seine Epoche charakteristischen wie für die Zukunft wegweisenden Dimensionen seines Lebens wie seines Denkens in einem möglichst weiten Umfeld jenseits allen Spezialistentums *wahr*zunehmen und ins öffentliche Bewusstsein zu heben.

Die faszinierende Gestalt von Anton Wilhelm Amo führt uns vor, mit welcher Komplexität die so widersprüchliche Zeit der Frühaufklärung zu betrachten und inwieweit es längst überfällig ist, die Aufklärung in ihrer Gesamtheit als ein transareales,[9] unterschiedlichste kulturelle Areas miteinander verbindendes weltweites Netzwerk zu begreifen. Der Hinweis auf den namenlos bleibenden Philosophen aus

---

[5] Blumenbach, Johann Friedrich: *Beyträge zur Naturgeschichte.* 2 Bde. Erster Theil. Göttingen: Johann Christian Dieterich 1790, S. 98 f.

[6] Vgl. hierzu u. a. Painter, Nell Irvin: *The History of White People.* New York/London: W.W. Norton 2010, S. 72–90.

[7] Vgl. diese Formulierung im Aufsatz von Damis, Christine: Le philosophe connu pour sa peau noire: Anton Wilhelm Amo. In: *Rue Descartes: Collège international de philosophie* (Paris) (juin 2002), S. 115–127.

[8] Blumenbach, Johann Friedrich: Von den Negern. Einige naturhistorische Bemerkungen bey Gelegenheit einer Schweizerreise. In: *Magazin für das Neueste aus der Physik und Naturgeschichte* (Gotha) IV, 3 (1787), S. 9; vgl. hierzu Lochner, Norbert: Anton Wilhelm Amo. A Ghana Scholar in Eighteenth Century Germany. In: *Transactions of the Historical Society of Ghana* (Achimota) III, 3 (1958), S. 178.

[9] Vgl. zu diesem Begriff und der auch in der vorliegenden Studie zugrunde gelegten Globalisierungsgeschichte Ette, Ottmar: *TransArea. Eine literarische Globalisierungsgeschichte.* Berlin/Boston: de Gruyter 2012.

Guinea in Francisco Javier Clavijeros *Alter Geschichte Mexicos* warf hierauf ein scharfes Licht:

> Wollte ein Philosoph aus Guinea ein Werk unternehmen, das sich am Modell von Cornelius de Pauw ausrichtete und den Titel *Philosophische Untersuchungen über die Europäer* trüge, so könnte er sich desselben Argumentes wie de Pauw bedienen, um etwa die Schädlichkeit des Klimas von Europa und die Vorzüge des Klimas von Afrika zu beweisen.[10]

Es steht zu vermuten, dass der neuspanische, im späteren Mexico aufgewachsene Philosoph Francisco Javier Clavijero, der sehr wohl die Schriften von Leo Africanus kannte, in seiner erstmals 1780 in vier Bänden erschienenen *Alten Geschichte Mexicos* von der Existenz des Anton Wilhelm Amo wusste. Nicht zu Unrecht bringt er den namentlich nicht genannten Philosophen Amo in einen direkten Zusammenhang mit der in diesem Band gesondert behandelten und weltumspannenden Berliner Debatte um die Neue Welt. Anton Wilhelm Amo wird hier aus einer neuspanischen Perspektive beispielhaft zu einer Partei in einer Debatte, die – wie wir noch sehen werden – von der Hauptstadt Preußens ausging, weltweite Dimensionen erreichte, aber in Preußen und Deutschland heute weitestgehend vergessen, verschüttet ist.

Gute Gründe sprechen folglich dafür, sich den bedeutungsvollen Namen dieses jungen Studenten an der Universität von Halle an der Saale einzuprägen, zumal sich dieser Name[11] aus sehr verschiedenen Bestandteilen zusammensetzt, die uns im Grunde einen schon in sich differenzierten Zugang zu dieser ebenso für die afrikanische wie die europäische Ideengeschichte wichtigen Persönlichkeit erlauben. Denn wenn sich auch die lange Rezeptionsgeschichte dieses Philosophen und Rechtswissenschaftlers nicht nur in Deutschland, sondern auch international nur höchst schleppend zu entwickeln vermochte: Der Lebensweg wie die philosophische Entfaltung des Anton Wilhelm Amo beleuchten aus heutiger Sicht Aspekte, wie sie für ein Verständnis der nicht nur europäischen Aufklärung wie auch des philosophischen Diskurses der (ebenfalls nicht allein europäischen) Moderne[12] von großer Bedeutung sind.

Anton Wilhelm Amo ist sicherlich keine Schlüsselfigur für das Denken der Aufklärung; und doch vermag er uns einen wichtigen Schlüssel für ein anderes, adäquateres Verständnis von Aufklärung und Moderne in die Hand zu geben. Denn in diesem deportierten Sklaven und verehrten Doktor der Philosophie, in diesem ‚Versuchsobjekt' gnädiger Fürsten und selbstbewusster Denker der Frühaufklärung in Preußen blitzt etwas auf von dem, was sich als die verschüttete Geschichte der europäischen Moderne(n) bezeichnen ließe, einer Geschichte, die in der weltweit

---

[10] Clavijero, Francisco Javier: *Historia Antigua de México.* Prólogo de Mariano Cuevas. Edición del original escrito en castellano por el autor. México: Editorial Porrúa [7]1982, S. 462. Alle Übersetzungen ins Deutsche stammen in diesem Band, wo nicht anders angegeben, vom Verfasser (O.E.).

[11] Zur Problematik des Nachnamens Amo vgl. u. a. Mabe, Jacob Emmanuel: *Anton Wilhelm Amo interkulturell gelesen.* Nordhausen: Traugott Bautz 2007, S. 16 f. Die oftmals spekulativen Dimensionen vieler Recherchen zum Nachnamen des verschleppten Jungen sind in der Amo-Literatur kaum zu übersehen.

[12] Vgl. hierzu Habermas, Jürgen: *Der philosophische Diskurs der Moderne. Zwölf Vorlesungen.* Frankfurt a. M.: Suhrkamp 1985.

rezipierten Berliner Debatte um die Neue Welt[13] im letzten Drittel des 18. Jahrhunderts ihren ersten genuinen (wenn auch lange Zeit verdrängten) Höhepunkt erreichte. Es war die Frage, wie wir in Differenz und Frieden zusammenleben wollen und wie sich ein in sich selbst zerstrittenes und doch immer ähnliche Interessen verfolgendes Europa im weltweiten Kontext definieren kann und soll.

Wie aber darf man sich die Geschichte von Anton Wilhelm Amo vorstellen? Etwa zwanzig Jahre vor seiner Immatrikulation, am 29. Juli 1707, war der Knabe in der Schlosskapelle Salzthal zu Wolfenbüttel evangelisch getauft worden, wodurch sich erstmals ein schriftliches Zeugnis seines von den scharfen Widersprüchen seiner Zeit zutiefst geprägten Lebens findet. Denn der um die Wende zum 18. Jahrhundert im heutigen Ghana geborene, wohl zu den westafrikanischen Nzema und damit zur ethnischen Gruppe der Akan gehörende[14] und zunächst in seiner Heimat aufgewachsene Junge war seinen Eltern entrissen und versklavt worden, wonach er wohl im Jahre 1704 von der holländischen West-Indischen Kompanie nach Amsterdam verbracht wurde, ein Weg, der ihn mit großer Wahrscheinlichkeit an Bord eines holländischen Sklaven- oder Handelsschiffes zunächst in die Karibik (wo sein Bruder später als Sklave in der Kolonie Surinam arbeiten musste) und von dort aus dann in den Westen Europas führte. Ein ungewöhnlicher Weg? Nicht für die Unzahl an Opfern des europäischen *Slave Trade* über den *Black Atlantic*.[15]

Als ‚Geschenk'[16] ging der Junge in das Eigentum eines kunst- und feinsinnigen Herzogs über. Dass die Vertreter der so mächtigen holländischen Handelsgesellschaft dies tun konnten, weist unzweifelhaft darauf hin, dass es sich um einen Sklaven handelte, über den man selbstverständlich frei zu verfügen können glaubte. In der Tat gibt es (wie bereits erwähnt) Zeugnisse und Indizien, die dafür sprechen, dass zumindest ein Bruder des Knaben als Sklave nach Surinam[17] verschleppt und

[13] Vgl. Ette, Ottmar: Von Rousseau und Diderot zu Pernety und de Pauw: Die Berliner Debatte um die Neue Welt. In: Dill, Hans-Otto (Hg.): *Jean-Jacques Rousseau zwischen Aufklärung und Moderne.* Akten der Rousseau-Konferenz der Leibniz-Sozietät der Wissenschaften zu Berlin am 13. Dezember 2012 anlässlich seines 300. Geburtstages am 28. Juni 2012 im Rathaus Berlin-Mitte. Berlin: Leibniz-Sozietät der Wissenschaften (= *Sitzungsberichte der Leibniz-Sozietät der Wissenschaften* 117) 2013, S. 111–130; zur Perspektivik dieser Debatte mit Blick auf das 19. Jahrhundert vgl. ders.: *Alexander von Humboldt und die Globalisierung. Das Mobile des Wissens.* Frankfurt a. M./Leipzig: Insel 2009.

[14] Zu dieser durchaus umstrittenen Zugehörigkeit vgl. Firla, Monika: Anton Wilhelm Amo (Nzema, Rep. Ghana). Kammermohr – Privatdozent für Philosophie – Wahrsager. In: *Tribus* (Stuttgart) 51 (2002), S. 55–90.

[15] Vgl. hierzu die längst klassische Studie von Gilroy, Paul: *The Black Atlantic. Modernity and Double Consciousness.* London: Verso 1993; sowie den Band *Der Black Atlantic.* Hg. vom Haus der Kulturen der Welt in Zusammenarbeit mit Tina Campt und Paul Gilroy. Berlin: Haus der Kulturen der Welt 2004.

[16] Vgl. hierzu Abraham, William E.: Anton Wilhelm Amo. In: Wiredu, Kwasi (Hg.): *A Companion to African Philosophy.* Advisory Editors William E. Abraham, Abiola Irele and Ifeanyi A. Menkiti. Blackwell Publishing 2004, S. 191; Vorbehalte gegen diese dominante Annahme formulierte Mabe, Jacob Emmanuel: *Anton Wilhelm Amo interkulturell gelesen*, S. 13.

[17] Vgl. zur Einschätzung dieses Faktums auch Brentjes, Burchard: *Anton Wilhelm Amo. Der schwarze Philosoph in Halle*, S. 30. Verwiesen sei hier auch auf das Zeugnis des Schweizer Schiffsarztes Gallandat, auf das noch einzugehen sein wird.

damit in das Sklavereisystem der holländischen Karibik, der holländischen *West Indies*, verbracht wurde.

Vieles deutet im Übrigen darauf hin, dass die Herzöge von Braunschweig-Wolfenbüttel auf vielfache Weise in den Sklavenhandel verstrickt waren.[18] Eine Ausnahme bildeten sie diesbezüglich weder auf der deutschen noch auf der europäischen Ebene. Mit der physischen Überführung des jungen Westafrikaners von der im europäischen beziehungsweise holländischen Kolonialsystem verankerten Institution der Sklaverei[19] in das Herzogtum Braunschweig-Wolfenbüttel, in dem nominell eine Sklaverei nicht bestand, war letztlich eine Fortführung dieses versklavten Zustandes außerhalb der Institution der Sklaverei verbunden.

War damit ein Ende seiner Sklaverei gegeben? Keinesfalls. So spricht Michael Zeuske mit Blick auf Anton Wilhelm Amo wie auch auf viele andere historische Figuren mit guten Gründen davon, dass es sich hier um „versklavte Schwarze in Europa" im Rahmen einer „Eigentums-Sklaverei" gehandelt habe.[20] Amo war in das Eigentum einer anderen Person übergegangen.

Anton Ulrich, der für sein engagiertes Eintreten für die Künste und die Wissenschaften wie auch als Verfasser zweier Romane bekannte regierende Herzog von Braunschweig-Wolfenbüttel, nahm das ihm von der West-Indischen Kompanie überbrachte „Geschenk" an und verlieh zusammen mit seinem nicht weniger der Aufklärung zuneigenden Sohn Wilhelm August dem schwarzen Jungen die fürstlichen Vornamen als Taufnamen. Die bereits erwähnte Taufe des Jahres 1707, die in die Zeit vor den Übertritt des Herzogs im Jahre 1709 zum katholischen Glauben fiel und deren Durchführung im Übrigen der von William E. Abraham vorgetragenen These[21] widerspricht, dass der Junge aus einer bereits christlichen (und damit notwendig getauften) Familie aus einem Dorf bei Axim im heutigen Ghana[22] stammen könnte, führt damit im Zeichen des christlichen Glaubens den wahrscheinlich, wenn auch nicht unumstritten von der damaligen Goldküste stammenden Namen Amo[23] mit den Vornamen eines europäischen Fürstenhauses zusammen, das sich ganz ‚natürlich' im Besitz afrikanischer Diener befand.

So wurde der kleine Anton Wilhelm Amo zu einem Teil jener schwarzen Dienerschaft, die man sich wie auch an vielen anderen Fürstenhöfen als exotistisches Statussymbol und Zeichen eigener Machtfülle zur eigenen Verfügung wie zum eigenen

---

[18] Vgl. hierzu Mabe, Jacob Emmanuel: *Anton Wilhelm Amo interkulturell gelesen*, S. 14 f.

[19] Vgl. hierzu den einführenden Essay ‚Sklavereien statt Sklaverei: Ein historisch-anthropologischer Essay' in Zeuske, Michael: *Handbuch Geschichte der Sklaverei. Eine Globalgeschichte von den Anfängen bis zur Gegenwart.* Berlin/Boston: de Gruyter 2013, S. 1–26.

[20] Ebd., S. 517; vgl. auch Arndt, Susan: *Die 100 wichtigsten Fragen: Rassismus*, S. 142 f.

[21] Vgl. Abraham, William E.: The Life and Times of Anton Wilhelm Amo, the First African (Black) Philosopher in Europe, S. 426.

[22] Vgl. Brentjes, Burchard: Anton Wilhelm Amo, First African Philosopher in European Universities. In: *Current Anthropology* (Chicago) XVI, 3 (September 1975), S. 443.

[23] Schon Wolfram Suchier mutmaßte, es könne sich um einen Familiennamen von der Goldküste handeln, aber auch um eine Benennung durch die christliche Liebe, wobei der kleine ‚Mohr' am Hofe von Anton Ulrich aber auch bisweilen den Amor dargestellt haben könnte; vgl. Suchier, Wolfram: A.W. Amo. Ein Mohr als Student und Privatdozent der Philosophie in Halle, Wittenberg und Jena 1727/1740. In: *Akademische Rundschau. Zeitschrift für das gesamte Hochschulwesen und die akademischen Berufsstände* (Leipzig) IV, 9–10 (Juni–Juli 1916), S. 441–448, hier S. 443.

Vergnügen ‚hielt'. Damit entwickelte sich das Leben dieses Anton Wilhelm Amo, der seit dem Ende seiner Studienjahre seinem Nachnamen Amo die Bezeichnung ‚Afer' beziehungsweise ‚Guinea Afer' hinzuzufügen begann, von Beginn an in einem Spannungsfeld, das in *geographischer* Hinsicht von Westafrika und der Karibik, Holland und Deutschland gebildet wurde, eine Tatsache, die schon auf dieser Ebene die spezifisch *transareale* Dimension des Lebens, aber auch des Schaffens Anton Wilhelm Amos unübersehbar vor Augen führt.

Räumen wir an dieser Stelle ein: Die Herzöge von Braunschweig-Wolfenbüttel ließen ihrem Patenkind zweifellos eine überdurchschnittlich gute Behandlung zuteilwerden, zumindest wenn wir diese mit den Lebensbedingungen anderer schwarzer Diener und Pagen am Hofe vergleichen. Wäre dies nicht der Fall gewesen, wir hätten niemals mehr etwas von diesem ‚Sklaven ohne Sklaverei' gehört. Damit soll keineswegs das ungeheure, vom Rassedenken stark geprägte Spannungsverhältnis geleugnet oder auch nur relativiert werden, mit dem sich Anton Wilhelm Amo von Beginn seines Lebens an konfrontiert sah. Anton Wilhelm Amo wurde für seine Herren, für seine ‚Besitzer' zum Experiment, zum Versuchsobjekt, an dem die Bildungsfähigkeit ‚des' Afrikaners erprobt werden sollte; und er verwandelte sich durch die Nutzung dieser Chance vom Objekt einer an ihm vollzogenen Handlung in ein handelndes Subjekt, in den ‚Herren' (span. *amo*) seines Schicksals, das ihn freilich niemals gänzlich frei zur Entfaltung kommen ließ.

Nur wenig wissen wir über die Zeit zwischen der Taufe Anton Wilhelm Amos und seiner Einschreibung an der aufstrebenden preußischen Universität Halle, die zum damaligen Zeitpunkt für ihre herausragende Rolle innerhalb der deutschen Frühaufklärung bekannt war. Kammerrechnungen des Wolfenbüttelers Hofes aus den Jahren 1716 und 1717 sowie 1720 und 1721 sowie eine handschriftliche Quittung Amos über erhaltenes Kostgeld belegen wiederholte Zahlungen an den jungen Mann und lassen vermuten, dass er für Dienste am Hof entlohnt wurde. Doch bleibt bis heute noch immer unklar, welche Ausbildung Anton Wilhelm Amo in Wolfenbüttel genoss, ob er die in vielerlei Hinsicht ausgezeichnete Ritter-Akademie von Wolfenbüttel besuchen durfte[24] – Wolfram Suchier brachte auch das berühmte Hallische Waisenhaus ins Spiel[25] – oder sich gar zunächst zwischen 1721 und 1727 an der Landesuniversität des Herzogtums in Helmstedt immatrikulierte.[26]

Doch nichts davon konnte bis heute schlüssig belegt werden. Erblickten seine Herren in ihm noch immer den Sklaven, der ihnen zum Geschenk gemacht worden war, sahen sie in ihm ein Versuchsobjekt, mit dem man Experimente veranstalten konnte, oder die Chance, eine (im europäischen Sinne verstandene) humanistische Ausbildung im Geiste der Frühaufklärung auch Bewohnern anderer Weltteile

---

[24] Vgl. Abraham, William E.: The Life and Times of Anton Wilhelm Amo, the First African (Black) Philosopher in Europe, S. 429.

[25] Vgl. Suchier, Wolfram: A.W. Amo, S. 443.

[26] Vgl. ebd., S. 444; Lochner, Norbert: Anton Wilhelm Amo. A Ghana Scholar in Eighteenth Century Germany, S. 170 f; sowie ders.: Anton Wilhelm Amo. In: *Übersee-Rundschau* (Hamburg) 10 (1958), S. 22–31 und Arndt, Susan: *Die 100 wichtigsten Fragen: Rassismus*, S. 143.

zukommen zu lassen? Wie auch immer man diese Fragen beantworten mag: Anton Wilhelm Amo wurde zu einem Studenten in Preußen.

Halle oder das Zur-Sprache-Kommen

Als Anton Wilhelm Amo nach Halle und damit in eines der Zentren der deutschen Frühaufklärung kam, hatten dort die Auseinandersetzungen zwischen den Pietisten und den Rationalisten ihren ersten großen Höhepunkt überschritten, hatte der preußische König doch auf Betreiben der Klerikalen die Verbannung des längst international renommierten Aufklärungsphilosophen Christian Wolff verfügt, als dessen glühender Anhänger Amo als junger Student wie später als Dozent lange Zeit galt. Doch auch wenn Carl Günter Ludovici, selbst ein vehementer Vertreter Wolffs, seinen Zeitgenossen Amo auch als „einen fürnehmlichen Wolffianer“[27] bezeichnete – eine Verortung, die bis heute höchst umstritten ist[28] –, so kann der in Afrika geborene Philosoph doch zumindest in sprachlicher Hinsicht nicht als ein Wolffianer gelten.

Denn zählte Christian Wolff zu jenen Philosophen der deutschen Frühaufklärung, die sich maßgeblich und nachhaltig für die Entfaltung des Deutschen als Sprache der Philosophie in Wort und Tat einsetzten, so wählte Anton Wilhelm Amo doch von Beginn an, aber auch in seiner späteren wissenschaftlichen Entwicklung die lateinische Sprache als das Idiom seiner akademischen Kommunikation. Ein eher ‚konservativer‘, rückschrittlicher Akt? Oder gar ein stilles Einverständnis mit den orthodoxen Kräften an der vom preußischen Herrscher gemaßregelten Universität?

Keineswegs. Denn für die langfristige Sprachenwahl Amos dürften verschiedene Gründe ausschlaggebend gewesen sein. Zum einen war Latein an deutschen Universitäten noch immer die (wenn auch keineswegs mehr unbestritten) dominante Sprache der Wissenschaft, verfügte es gerade in Deutschland doch noch immer über ein hohes Prestige als international verständliche Gelehrtensprache. Zum anderen befand sich das Deutsche im Bereich der Philosophie zweifellos noch in den Kinderschuhen, folglich in einer Phase der Konstituierung und begrifflichen Ausdifferenzierung, deren Ergebnis noch offen war. Das Lateinische aber war – und dies dürfte für Amo das entscheidende Element seiner Sprachenwahl gewesen sein – bereits zu Beginn der ersten Phase beschleunigter Globalisierung neben dem Spanischen und dem Portugiesischen zu einer globalisierten Weltsprache geworden, in der grundlegend wichtige Schriften nicht allein in Europa, sondern gerade auch in den außereuropäischen Kolonien insbesondere Amerikas verfasst und gelesen wurden.

---

[27] Ludovici, Carl Günter: *Entwurf einer vollständigen Historie der wolffischen Philosophie.* Teil III. Bd. 1,3. Leipzig 1738, S. 230. Vgl. hierzu kritisch die Dissertation von Edeh, Yawovi Emmanuel: *Die Grundlagen der philosophischen Schriften von Amo. In welchem Verhältnis steht Amo zu Christian Wolff, dass man ihn als einen ‚führnehmlichen Wolffianer‘ bezeichnen kann?* Essen: Die Blaue Eule 2003, S. 11 und *passim.*

[28] Die soeben angeführte Dissertation von Yawovi Emmanuel Edeh bemüht sich vollumfänglich um den wissenschaftlichen Beleg dafür, dass Amo nicht den Wolffianern zuzurechnen sei; vgl. hierzu auch das abschließende Kapitel seines Bandes in ebd., S. 144–162. Die entgegengesetzte Position findet sich u. a. auch bei Abraham, William E.: Anton Wilhelm Amo, S. 195 f.

Demgegenüber konnte das Deutsche bestenfalls als eine regionale Sprache gelten, der im Übrigen im weiteren Verlauf des 18. Jahrhunderts innerhalb der sich herausbildenden *République des Lettres* der europäischen Aufklärung – ihres unbestreitbaren Aufstiegs gerade im Bereich der Philosophie zum Trotz – auch nur eine sekundäre Rolle zufiel. Die Verwendung des Lateinischen hingegen bot zumindest prinzipiell die Chance, von einem spezialisierten Lesepublikum weit über die Grenzen der deutschen Fürstentümer hinaus gelesen werden zu können.

So stand die Sprachwahl Amos ohne jeden Zweifel im Zeichen einer überregionalen und auch die Grenzen von Europa überspannenden Kommunikationsfähigkeit, die den jungen Afrikaner jenseits seiner Sprachkompetenzen im Bereich des Deutschen, Niederländischen, Französischen, Englischen, Lateinischen, Griechischen oder Hebräischen interessieren musste. Gerade in der Sonderkonjunktur einer Globalisierung unter holländischen Vorzeichen musste dem Studenten und Doktoranden in Halle, Wittenberg und Jena deutlich vor Augen stehen, dass das Deutsche keine Weltsprache war, das Lateinische – das noch immer erhebliche Kommunikationsaufgaben gerade auch in einem globalen Kontext erfüllte – aber sehr wohl. Amos mündliche wie schriftliche Sprachverwendung stand als Sprechen und Schreiben jenseits der eigenen Muttersprache ohnehin im Zeichen einer *translingualen* Sprachenquerung, die von Beginn an eine der zahlreichen weitreichenden Folgen seiner Verschleppung aus Westafrika darstellte.

Dies musste für einen Menschen, der in einer (Mutter-)Sprache aufgewachsen war, die er niemals beherrscht hatte, zu der er von Deutschland aus keinen Zugang mehr finden konnte und die nur von lokaler und regionaler Bedeutung gewesen sein dürfte, von großer geistiger Tragweite sein. Dass der Nachname Amo auf die verlorene Muttersprache verwies und damit eine der Zugehörigkeiten signalisierte, zugleich aber auch mit dem Lateinischen in einer evidenten Beziehung stand, musste für Anton Wilhelm Amo einen wichtigen zusätzlichen Aspekt darstellen. In der definitiven Form des Namens Antonius Guilielmus Amo Afer stehen damit zwei von außen auferlegte Namen – Anton Wilhelm – zwei selbstgewählten Namen und zugleich zwei Sprachen und Kulturen einander gegenüber, welche die ganze Komplexität, aber auch Vektorizität der Situation des jungen Mannes markieren. So bildet der Name des Philosophen gleichsam seinen ersten und fundamentalen Text, der sich bewusst in unterschiedliche Traditionen, Sprachen, Kulturen und Herkunftsbezeichnungen einschreibt. Im Namen ist die transareale Dimension von Leben, Denken und Schreiben dieses Philosophen vital (und für alle sichtbar) verankert.

Zugleich ist das Schreiben des ‚schwarzen Philosophen' in einem mehrfachen Sinne ein Schreiben jenseits und in Ermangelung der Muttersprache: ein Gewinn, der auf einem gewaltsam erzwungenen Mangel beruht. Nicht in seiner Muttersprache zu schreiben, stellt freilich im 18. Jahrhundert – gerade auch im Zeichen der sich herausbildenden *République des Lettres* – keineswegs ein Novum oder gar eine Ausnahme dar. Anton Wilhelm Amo freilich wusste, dass viele wissen mussten, dass er aus einer im Europa der Frühaufklärung nicht als Kultur wahrgenommenen Sprachgemeinschaft deportiert worden war, um die Sprache und die Sprachen seiner Herren zu erlernen und zu sprechen. Dass mit diesem Bewusstsein ein besonderes Verhältnis nicht nur zur Sprache, sondern zur Vielsprachigkeit verbunden ist, zeigt sich in seinem Leben wie in seinen Schriften sehr deutlich. Seine nicht allein begriffliche Arbeit an der Sprache war zweifellos auch dem Versuch geschuldet, mehr als *his Master's voice* zu sein und mehr als nur die Sprache des kolonisierten Objekts zu sprechen. Wir können diesen langwierigen Prozess, den Amo durchlief, als ein eigentliches Zur-Sprache-Kommen begreifen, in dessen Verlauf sich Amo als Subjekt seiner eigenen Geschichte zu konstituieren lernte. Einer Geschichte, die aufgrund seines Bildungsweges außerordentlich war und doch zugleich repräsentativ für all jene Schwarze, die als Eigentum und Besitz von Fürsten an deutschen Höfen ihr Leben fristen mussten.

Man muss hier folglich von einem *translingualen* Spannungsfeld sprechen, in welchem die vektorisierten geographischen Bezugssysteme nach ihrem adäquaten sprachlichen Ausdruck suchten, um ihn schließlich im Lateinischen zu finden, jener ‚toten' Sprache aus einer vergangenen Zeit, die seit dem Ausgang des 15. Jahrhunderts wieder zu einer Weltsprache und zur Sprache der Gelehrten geworden war. Amos Arbeit an der Sprache ist freilich niemals monolingual. Selbst dort, wo es um auf den ersten Blick einsprachige Ausdrucksweisen etwa im akademischen Diskurs geht, erscheint doch immer wieder der Bezug zu anderen Sprachen im Text – in seiner Wittenberger Dissertation bis hinein in die Titelgebung lateinischer und griechischer Begrifflichkeit: *Dissertatio inauguralis philosophica de humanae mentis APATHEIA seu sensionis ac facultatis sentiendi in mente humana absentia et earum in corpore nostro organico ac vivo praestantia.*

Translinguale Bewegungen sind bei Antonius Guilielmus Amo Afer folglich eine Konsequenz der transarealen Erfahrungsmuster, die er von Kindheit an auf allen Ebenen seines Daseins durchzuerleben hatte. Die Vielsprachigkeit gab ihm zugleich aber auch die Möglichkeit zur Entwicklung einer viellogischen Denkweise, einer polylogischen Grundeinstellung, die sich in seinen Schriften immer wieder herausarbeiten lässt. Hieraus entsteht ein überaus komplexes Verhältnis zwischen dem Zur-Sprache-Kommen und dem Zur-Sprache-Bringen, welche das Subjekt Amo charakterisiert.

Wohl im November 1729, etwa zweieinhalb Jahre nach seiner Immatrikulation, hielt Amo an der Universität Halle unter dem Vorsitz des renommierten Juristen, Diplomaten und Spezialisten für Internationales Recht, dem damaligen Kanzler der Universität Johann Peter von Ludewig, seine Disputatio zum Thema *De iure Maurorum in Europa* ab, eine öffentliche Präsentation, mit welcher er sein Studium an der preußischen Universität abschloss. Ludewig, der später auch zu den politischen und diplomatischen Beratern der Könige von Preußen zählte, darf zu den wichtigsten Förderern Amos an der Universität Halle gezählt werden. Er könnte durchaus auf das Thema der öffentlichen Disputatio einen gewissen Einfluss gehabt haben.[29]

Doch bildete der gewählte Gegenstand aus dem Bereich der Rechtswissenschaften zweifellos *das* Thema für den mittlerweile schon erfahrenen und unter seinen Kommilitonen herausragenden Studenten: Es war ihm buchstäblich auf den Leib

[29] Vgl. hierzu die sicherlich zu weit gehenden Hypothesen von Suchier, Wolfram: A.W. Amo. S. 444; sowie Lochner, Norbert: Anton Wilhelm Amo. A Ghana Scholar in Eighteenth Century Germany, S. 171 f.

geschneidert. Denn hier ging es in erster Linie um die rechtliche Stellung jener ‚Mohren' und ‚Hofmohren', jener Afrikaner in Europa, die in einer weitgehend rechtlosen Stellung, gleichsam als „‚Sklaven ohne Sklaverei,'"[30] in Europa lebten. So ist diese rechtswissenschaftliche Disputatio sicherlich nicht nur mit Blick auf die Geschichte des internationalen Rechts in höchstem Maße bemerkenswert.[31] Es ging um nichts weniger als um eine Rechtsbestimmung, aber auch um eine Selbstbestimmung des in Afrika Geborenen hinsichtlich auch und gerade seiner eigenen Rechte in Europa. Im Kern ging es in dieser öffentlichen Erörterung – und so ließe sich der Titel der Disputatio auch übersetzen – um nichts anderes als um die Klärung der *Rechte von Afrikanern in Europa*.[32] Hier verhandelte Amo in eigener Sache. Und er war zur Sprache gekommen, um im juristischen Diskurs zur Sprache bringen zu können, was aufs Engste mit seinem eigenen Lebenswissen[33] verbunden war – als Mensch von afrikanischer Herkunft in Preußen.

Diese erste Schrift Anton Wilhelm Amos konnte bislang nirgendwo aufgefunden werden und gilt seitdem als verschollen. Auch ist noch immer fraglich, ob sie jemals gedruckt wurde. Ihr Thema war brisant. Die Tatsache, dass die Disputation in Halle nachweislich großes Aufsehen erregte, aber selbst in der historiographischen Auflistung aller juristischen Disputationes nicht auftauchte,[34] mag zusätzlich Erstaunen und nicht von ungefähr den Verdacht nähren,[35] hier könne böse Absicht und eine feindliche Hand im Spiel gewesen sein, um Amos Überlegungen ein für alle Mal aus der Welt zu schaffen. Doch sind auch die Argumente, dass es zu einer Drucklegung dieser Schrift niemals gekommen sei, nicht gänzlich von der Hand zu weisen.[36] So sind wir hier auf Indizien angewiesen.

William E. Abraham betonte, Amo habe mit seinen Überlegungen ein möglichst breites Publikum erreichen und ein Nachdenken über die weitgehend rechtlose Lage von Afrikanern in Europa auslösen wollen.[37] Sollte dies in der Tat sein Ziel gewesen sein, so dürfte die Verwirklichung dieser Absicht durch das Verschwinden seiner Schrift (sollte diese überhaupt jemals in gedruckter Form vorgelegen haben) zumindest bis in unsere Tage unterbunden worden sein. In jedem Falle gilt, dass

---

[30] Zeuske, Michael: *Handbuch Geschichte der Sklaverei. Eine Globalgeschichte von den Anfängen bis zur Gegenwart*. Berlin/Boston: de Gruyter 2013, S. 517.

[31] Vgl. hierzu Mabe, Jacob Emmanuel: *Anton Wilhelm Amo interkulturell gelesen*, S. 20 f.

[32] Vgl. hierzu auch Bess, Reginald: A.W. Amo: First Great Black Man of Letters. In: *Journal of Black Studies* (Thousand Oaks) XIX, 4 (June 1989), S. 387–393, hier S. 391.

[33] Vgl. hierzu Ette, Ottmar: *ÜberLebenswissen. Die Aufgabe der Philologie*. Berlin: Kulturverlag Kadmos 2004.

[34] So weist Wolfram Suchier in seiner frühen, bahnbrechenden Studie darauf hin, dass auch in Christoph Weidlichs Verzeichnis aller juristischen Disputationen zu Halle aus dem Jahre 1789 jeglicher Hinweis auf Amos Disputatio fehlt; vgl. Suchier, Wolfram: A.W. Amo, S. 444.

[35] Vgl. hierzu Sephocle, Marilyn: Anton Wilhelm Amo. In: *Journal of Black Studies* (Thousand Oaks) XXIII, 2 (December 1992), S. 185 f; sowie Bess, Reginald: A.W. Amo: First Great Black Man of Letters, S. 390 f.

[36] Vgl. Brentjes, Burchard: *Anton Wilhelm Amo. Der schwarze Philosoph in Halle*, S. 37.

[37] Vgl. Abraham, William E.: The Life and Times of Anton Wilhelm Amo, S. 430.

Anton Wilhelm Amo zumindest nach aktuellem Kenntnisstand auf die von ihm in *De iure Maurorum in Europa* entfaltete Problematik in seinen späteren Publikationen nicht mehr zurückgekommen ist. Bedeutet dies, dass er bei seinem Zur-Sprache-Kommen bemerkte, dass er nicht alles zur Sprache bringen durfte?

In seinen Ausführungen griff Amo auf das Römische Recht ebenso zurück wie auf die Rechtstitel afrikanischer Könige innerhalb des Römischen Reiches. Dies war gewiss notwendig, galt doch – wie im Bereich der Sklaverei – das Römische Recht nach seiner Auffassung noch immer überall dort, wo etwa das Germanische Recht keine näheren Aussagen traf oder Bestimmungen erließ.[38] Im Kern der Amoschen Argumentation scheinen deutlich die den Afrikanern zugebilligten Rechtstitel gestanden zu haben, die jeglicher Legitimation von Sklaverei entgegenstanden.

Dass der politisch so einflussreiche von Ludewig, der weder als ein Freund der Wolff'schen Philosophie noch ihrer Vertreter gelten darf, sich für den ‚Mohren in Europa' Anton Wilhelm Amo einsetzte, ihn auch auf seinem weiteren Weg förderte und bis zum eigenen Tod im Jahre 1743 unterstützte, schließt offensichtlich auch die Überlegungen Amos nicht nur zur abstrakten Rechtslage der Afrikaner allgemein, sondern auch zur konkreten Situation des jungen Philosophen selbst mit ein. Alles deutet darauf hin, dass Amo sich auf von Ludewig als Ratgeber und Freund bis in seine Zeit an der Universität Jena verlassen konnte. An die Stelle seiner fürstlichen Herren und Gönner trat zunehmend eine Gestalt, die als Universitätskanzler und Rechtswissenschaftler über subtilste Kenntnisse im akademischen Feld verfügte.

Am Beginn von Anton Wilhelm Amos Schriften steht so eine Selbstbestimmung und mehr noch Selbstreflexion, die es ihm erlaubte, seine eigene Lage und Position, von der er aus sprach und sprechen konnte, klug zu thematisieren, zu diskutieren und mit seiner Person, mit seinem Namen zu verbinden. Das Versuchsobjekt hatte sich nicht nur als intelligent erwiesen, sondern zugleich einen eigenen Versuch in Sachen selbstbestimmten Lebens unternommen. Eine Kippfigur aber ergab sich zwischen der „Freyheit" und der „Dienstbarkeit", gerade auch mit Blick auf die „von Christen erkauften Mohren in Europa."[39] Damit waren die Grundlagen für die Gewinnung einer vielperspektivischen philosophischen Position gelegt, wie sie in den afrikanisch-europäischen Beziehungen innerhalb der Aufklärungsphilosophie im deutschsprachigen Raum – und nicht nur dort – wohl einzigartig ist.

Indem er sich in der Folge Fragen zuwandte, wie sie die Philosophie(n) der deutschen Frühaufklärung bewegten, sicherte er sich die Sympathie und auch die Unterstützung vieler Kollegen und mancher Förderer, allen voran des einflussreichen Johann Peter von Ludewig, dessen Tod im Jahre 1743 für Anton Wilhelm Amo zweifellos einen wichtigen Einschnitt markierte. Aus der Reflexion seiner Deportation wie seiner Transplantation in einen von seinem Geburtsland gänzlich verschiedenartigen Kontext entsteht in der sich herausbildenden Philosophie von Antonius Guilielmus Amo eine durch den Zusatz ‚Afer' immer wieder neu ins Bewusstsein gerufene spezifische Dimension einer Innerhalb- *und* Außerhalbbefindlichkeit,

---

[38] Vgl. hierzu auch ebd., S. 430 f.

[39] Zit. nach Brentjes, Burchard: *Anton Wilhelm Amo. Der schwarze Philosoph in Halle*, S. 38.

welche die Untersuchung insbesondere erkenntnistheoretischer Fragestellungen zweifellos als vordringlich erscheinen ließ. Die afrikanische Herkunft des deutschen Philosophen in Europa reduzierte in der Folge in keiner Weise die anderen Bestandteile seines Namens, in dem sich wie in wohl keinem anderen Text sein Zur-Sprache-Kommen konzentriert und kristallisiert.

Wittenberg oder das Leben (in) der Philosophie

Zu dem Zeitpunkt, als Amo von seinen herzoglichen Förderern, aber auch ‚Eigentümern' und Herren an die aufstrebende preußische Universität von Halle geschickt wurde, tobte dort noch immer der Kampf der starken pietistischen Fraktion gegen die Rationalisten, deren wichtigster Kopf, der zwischen Leibniz und Kant sicherlich originellste deutsche Aufklärungsphilosoph Christian Wolff, seine philosophische Position mit der sofortigen Verbannung aus Preußen hatte bezahlen müssen. Preußen hatte Position bezogen. Gleichwohl gab es in Halle eine Vielzahl an Professoren, die wie etwa der mit Wolfenbüttel eng verbundene Christian Thomasius, der sich im Bereich der Jurisprudenz für ein humanes, an den Ideen der Frühaufklärung ausgerichtetes Strafrecht einsetzte und im Übrigen wesentliche Akzente in der Leib-Seele-Problematik gesetzt hatte, ebenfalls für ihre offenen und freiheitsliebenden aufklärerischen Positionen bekannt waren.

Auch nach dem Jahre 1723, als Christian Wolff Halle auf Befehl des preußischen Herrschers Friedrich Wilhelm I. binnen achtundvierzig Stunden hatte verlassen müssen, hielten die oftmals vehementen Auseinandersetzungen und Machtkämpfe unvermindert an, in denen sich insbesondere (der allerdings bereits im September 1728 und damit für Amo sehr früh verstorbene) Christian Thomasius und Johann Peter von Ludewig wiederholten Anfeindungen ausgesetzt sahen.[40] Anton Wilhelm Amo muss sehr früh bereits begriffen haben, dass sich wissenschaftliche und intellektuelle Positionen niemals in einem abstrakten Raum ansiedeln, sondern die Ergebnisse komplizierter Vermittlungen sind.

Mit den ständigen Veränderungen innerhalb dieses keineswegs autonomen, sondern von staatlichen wie klerikalen Eingriffen unmittelbar betroffenen Feldes hing sicherlich auch die Entscheidung Anton Wilhelm Amos zusammen, der Universität Halle und damit Preußen vorerst den Rücken zu kehren und an die damals noch nicht mit letzterer verbundene Universität Wittenberg zu wechseln. Angesichts des skizzierten akademischen Spannungsfeldes war dies zweifellos eine glückliche Entscheidung, der Amo sicherlich auch die glücklichste Zeit an einer deutschen Universität verdankte.[41] In Halle setzten sich die Auseinandersetzungen zwischen Wolffianern und Pietisten fort, wobei es in der Folge auch zum Weggang mehrerer

[40] Vgl. ebd., S. 34 f.

[41] Vgl. hierzu auch Brentjes, Burchard: *Anton Wilhelm Amo. Der schwarze Philosoph in Halle*, S. 38 f.

wichtiger Professoren (wie etwa des bereits erwähnten Ludovici) aus Preußen kam. Die Universität Halle hatte an Bedeutung verloren.

Dieser für den Fortbestand der Universität nicht ungefährlichen Abwanderung aus Halle schloss Amo sich an. Und man könnte im Sinne der Bourdieuschen Feldtheorie[42] durchaus davon ausgehen, dass das Verlassen Preußens in gewissem Maße auch dem Verlassen eines zum einen für Preußen, aber auch für die Universität Halle spezifischen Teilfelds philosophischer Positionskämpfe gleichkam. Damit eröffnete sich für Amo eine zweite akademische Spielfläche, auch wenn diese schon aufgrund der Nähe zu Halle nicht grundsätzlich von der Universität dort getrennt war. Aber das Überschreiten der preußischen Landesgrenze bot doch einen zusätzlichen, wenn auch nur momentanen Schutz für die eigene Person.

So trug sich Amo am 2. September 1730 in die Matrikel der Universität Wittenberg ein, wo die Pietisten zum damaligen Zeitpunkt noch keine vergleichbare Macht zu entfalten in der Lage waren. Bereits wenige Wochen später, am 17. Oktober 1730, wurde er zum Magister der Philosophie und der Freien Künste promoviert: Seine universitären Leistungen aus Halle waren mit einer Schnelligkeit anerkannt worden, die aus heutiger Perspektive Bewunderung, vielleicht auch Scham erregen muss. Amos Weggang über die Landesgrenze nach Wittenberg war auch insofern ein geschickter Schritt, als er nun über einen ersten akademischen Abschluss verfügte, auf den er nun an einer weiteren angesehenen Universität aufbauen konnte.

Zugleich veränderte Amo nun sein wissenschaftliches Profil und wandte sich verstärkt den medizinischen Studien zu. Damit legte er die Grundlagen für seine spätere Dissertation, die sich im Grenzgebiet zwischen Medizin, Anthropologie und Philosophie ansiedeln sollte. Unter der fürsorglichen Begleitung des Physikers Martin Gotthelf Loescher, der zu den gemäßigten Mechanisten im Bereich der Medizin zählte,[43] arbeitete sich der frischgebackene Magister in die Erforschung der neuen Gegenstände zügig ein und erwarb sich eine weithin große Anerkennung bei den Professoren wie den Studierenden in Wittenberg.

Man darf ohne jede Übertreibung sagen, dass die Universität Wittenberg sich ihres schwarzen Magisters rühmte und ihn anlässlich eines Besuchs des neuen Kurfürsten von Sachsen Friedrich Augusts III., des späteren polnischen Königs, in der Universitätsstadt bewusst an die Spitze der Abordnungen stellte, die den Souverän empfingen.[44] Binnen weniger Jahre hatte sich Amo ein hohes Prestige in der Universitätsstadt erworben.

Am 10. Mai des Jahres 1733, so bezeugen es die *Hamburgischen Berichte von neuen Gelehrten Sachen* vom 2. Juni desselben Jahres, seien die Ehrenformationen in Gegenwart des gnädigen Sächsischen Kurfürsten zur Erbhuldigung und

[42] Vgl. hierzu auch Jurt, Joseph: *Das literarische Feld. Das Konzept Pierre Bourdieus in Theorie und Praxis*. Darmstadt: Wissenschaftliche Buchgesellschaft 1995.

[43] Brentjes, Burchard. *Anton Wilhelm Amo. Der schwarze Philosoph in Halle*, S. 41.

[44] Vgl. hierzu Lochner, Norbert: Anton Wilhelm Amo: A Ghana Scholar in Eighteenth Century Germany, S. 174 f.

Ehrenbezeugung angetreten. Bereits ein kleiner Ausschnitt aus dem detaillierten Bericht mag uns ein anschauliches Bild davon vermitteln, welche Rolle Anton Wilhelm Amo übernahm:

> Der Herr M. Amo, ein Africaner, stand in der Mitten, als Commandeur über das gantze Corpo, schwarz gekleidet, einen propren Stock in der Hand tragend, und über die Weste mit einem breiten weissen Ordens-Bande angethan, worauf das Chur-Sächs. Wapen mit Gold und untermengten schwartzen Seide prächtig gestickt war. Die beyden Marschälle aber, welche ihn in das Collegium begleitet, trugen schwartze Ordens-Bänder über das Hemde, damit zwischen ihnen, was den Putz anlanget, ein Unterschied seyn mögte.[45]

Der ‚schwarze Philosoph', der in einem prachtvollen schwarzen Ornat erschien, war endgültig zu einem Vorzeigeobjekt geworden, mit dem man bei offiziellen Gelegenheiten Staat machen konnte. Sicherlich kann man diese Herausstellung des an mehreren Aufzügen zu Ehren des sächsischen Kurfürsten beteiligten und seine Marschälle kommandierenden schwarzen Magisters auch als eine Kippfigur lesen, insofern sich die Ausnahmestellung Amos von der Inklusion sehr rasch in ihr Gegenteil einer Exklusion verkehren konnte, mochte sich doch der eine oder andere der erlauchten Zuschauer an die Rolle der Hofmohren gerade auch an deutschen Fürstenhöfen erinnert fühlen. Die herausgehobene Stellung Amos ist folglich durchaus ambivalent zu beurteilen.

Doch die Ehrung Amos beruhte zweifellos auch auf dem hervorragenden Ruf, den sich der junge Magister der Philosophie und der freien Künste im Verlauf der zurückliegenden Jahre an der Universität Wittenberg erworben hatte. Und auch sonst scheint der „Africaner" durchaus in das universitäre Leben integriert gewesen zu sein, bewahrt das Stadtarchiv Wittenberg doch noch Listen auf, in denen – wie der Stadtarchivar Kühne herausfand[46] – die säumigen Zecher erfasst wurden – unter ihnen kein Geringerer als der Herr Magister Amo.

Doch dieser in Wittenberg weithin anerkannte und respektierte angehende Philosoph trug sich auch in eine andere Liste ein: jene der Doktoranden, die ihre Dissertationen vorbereiteten und sich im Schuldiskurs deutscher Philosophie in der Zeit der Frühaufklärung übten. Wenn Anton Wilhelm Amo sich in Halle mit einer juristischen Problematik auseinandergesetzt hatte, die für ihn von vitalem Interesse war, so bestand seine List in Wittenberg darin, nunmehr einer erkenntnistheoretischen Fragestellung zu folgen, die sich mit dem Verhältnis von Körper und Seele, mit der Leib-Seele-Problematik, beschäftigte. Bei dieser Thematik, die zweifellos zu den wichtigen, vielleicht sogar zentralen, in jedem Falle stark umkämpften Fragestellungen der damaligen Philosophie gehörte, ging es Amo um eine höchst innovative Sichtweise des Verhältnisses zwischen Körper und Seele, wobei die selbstgestellte Aufgabe darin bestand, die Zurechnung der Empfindungen dem Körper oder der Seele zuzuordnen. Nur auf den ersten Blick erscheint diese Fragestellung als ein rein akademisches Problem. Worin aber besteht das Spannende in ihr?

---

[45] *Hamburgische Berichte von neuen Gelehrten Sachen* (Hamburg) XLIX (2. Juni 1733), S. 366.

[46] Hierauf macht aufmerksam Brentjes, Burchard: *Anton Wilhelm Amo. Der schwarze Philosoph in Halle*, S. 46.

In seiner vierundzwanzig Seiten umfassenden Inaugural-Dissertation *De humanae mentis apatheia* (deren vollständiger Titel zu übersetzen wäre mit *Die Apatheia der menschlichen Seele oder über das Fehlen der Empfindung und der Fähigkeit des Empfindens in der menschlichen Seele und das Vorhandensein von beiden in unserem organischen lebenden Körper*) ging Amo dieser Frage in lateinischer Sprache auf höchst systematische und konzise Weise nach. Bereits im Titel findet sich dabei das für die Arbeit zentrale Lexem *vivo*. Dieses eminent wichtige Lebens-Lexem wird Amo in seiner straff und klar strukturierten Dissertation nach der Aufzählung zweier negativer Thesen in der dritten, nun affirmativen These in der Titelformulierung gleich auf der ersten Seite wiederholen, wo von *„unserem organischen lebenden Körper*" die Rede ist.[47]

Gute Gründe lassen sich dafür ins Feld führen, in dieser Inaugural-Dissertation zumindest in einem weiten Sinne eine lebenswissenschaftlich ausgerichtete Studie zu erkennen. Denn ging es in *De iure Maurorum in Europa* um eine das eigene Lebenswissen des in Afrika Geborenen und nach Europa Verschleppten integrierende rechtswissenschaftliche Fragestellung, so verfolgte die Dissertation die Frage nach dem Leben aus der Perspektive des Leib-Seele-Dualismus. Die intertextuellen Gesprächspartner waren in dieser Studie nicht nur Verfasser medizinischer oder physiologischer Abhandlungen, sondern auch Philosophen vom Range eines John Locke oder René Descartes, mit denen sich der schwarze deutsche Philosoph kritisch befasste.

Die im Jahre 1734 in Wittenberg vorgelegte, unter dem Vorsitz von Martin Gotthelf Loescher öffentlich verteidigte und noch im selben Jahr im Druck erschienene Inaugural-Dissertation geht dabei davon aus, dass der menschliche Körper „als etwas sehr Vollkommenes aus verschiedenen lebenskräftigen und beseelten Organen zuerst von dem Schöpfer kunstreich verfertigt und auch durch Zeugung fortgepflanzt worden" ist.[48] Hier wird der Körper als *lebendige*, von einem Schöpfer erzeugte, von Menschen gezeugte und von einer Lebenskraft (*vis*

---

[47] Ich benutze hier die deutsche Ausgabe von *De humanae mentis apatheia* in: Antonius Guilielmus Amo Afer aus Axim in Ghana: *Übersetzung seiner Werke*. [Übers. A. Blaschka?]. Halle (Saale): Martin-Luther- Universität Halle-Wittenberg 1965, hier S. 71. Diese Übersetzung ist nicht unproblematisch, wie schon die aktualisierende Angabe des Verfassers (aus Ghana, nicht wie im Original aus Guinea) zeigt. Die Originalausgabe in lateinischer Sprache erschien 1734 in Wittenberg bei Schlomacher unter dem Titel *Dissertatio inauguralis philosophica de humanae mentis APATHEIA seu sensionis ac facultatis sentiendi in mente humana absentia et earum in corpore nostro organico ac vivo praestantia*. Eine etwas differierende Übersetzung findet sich im Anhang zu Brentjes, Burchard: *Anton Wilhelm Amo. Der schwarze Philosoph in Halle*, S. 87–108. Das Originalzitat in lateinischer Sprache lautet: „corpori nostro organico et uiuo" (hier wie in der Folge zitiert nach der faksimilierten Edition der *Dissertatio inauguralis philosophica de humanae mentis APATHEIA seu sensionis ac facultatis sentiendi in mente humana absentia et earum in corpore nostro organico ac vivo praestantia*. Philosophische Inauguraldissertation, Wittenberg 1734, Facsimile-Ausgabe). Halle (Saale: Martin-Luther-Universität Halle-Wittenberg 1978, S. 3).

[48] Antonius Guilielmus Amo Afer: *Übersetzung seiner Werke*, S. 76. Im lateinischen Original: „ad corpus quod adtinet est: elegantissimum e diuersibus organisuitablibus et animalibus a creatore primum fabrefactum, et de hinc quoque per generationem propagatum" (*De humanae mentis apatheia*, S. 9).

vitalis) vorangetriebene Einheit verstanden, wobei sich Amo hier auf eine von ihm angeführte Schrift Christian Vaters stützt.

Allen Dingen wohnt laut Amo eine Lebenskraft inne. Der zentrale Begriff der Empfindung wird dabei mit jenem des Lebens verbunden:

> Alles, was empfindet, das lebt. Alles, was lebt, nimmt Nahrung auf. Alles, was lebt und Nahrung aufnimmt, wächst. Alles, was von dieser Art ist, wird schließlich in seine Urstoffe (prima principia) aufgelöst. Alles, was in seine Urstoffe aufgelöst wird, ist aus Urstoffen zusammengesetzt (principiatum). Alles, was aus Urstoffen zusammengesetzt ist, hat seine konstitutiven Teile. Alles, was von dieser Art ist, ist ein teilbarer Körper. Wenn also die menschliche Seele empfindet, so folgt daraus, dass sie ein teilbarer Körper ist.[49]

Anton Wilhelm Amo verwendet die ganze Schärfe seines Geistes darauf, mit Hilfe seiner Logik und mancherlei Syllogismen zu beweisen, was er bereits im ersten Teil seiner Arbeit, gleich zu Beginn seiner Ausführungen, als Behauptung deutlich formuliert hat: dass nämlich „jeder Geist außerhalb jedes Leidens steht“[50] – und er bekräftigt, dass wenn etwas materiell sei, „dass es nicht immateriell sein“ könne.[51] In seinem radikalen Körper-Geist-Dualismus trennt er beide Bereiche folglich scharf voneinander ab.

Folgen wir der Hauptthese der Inaugural-Dissertation, dann ist die menschliche Seele, dann ist der menschliche Geist von allem Materiellen, allem Sinnlichen, allem Körperlichen getrennt und gleichsam ‚gereinigt‘ (und damit vom Körperlichen abgezogen, also *abstrakt*). Man könnte den Körper-Geist-Dualismus Amos, den man wohl einem gemäßigten Mechanismus zuordnen darf[52] und der eine durchaus deutliche Kritik an den Positionen von René Descartes enthält,[53] sehr wohl mit einer analogen Abtrennung in Verbindung bringen, die das Seelische, das Geistige von allem Körperlichen schützt und damit von aller physischen Verfasstheit abtrennt.

Die Freiheit des Geistes zählt zweifellos zu den zentralen Theoremen der Philosophie Anton Wilhelm Amos. Und diese zentrale Überzeugung dürfte sich aus Quellen und vor allem einem Lebenswissen speisen, die für Amo höchst spezifisch sind und in seiner lebenspraktisch nicht hintergehbaren Rolle als Mensch schwarzer Hautfarbe unter Weißen begründet liegen. Insofern transportiert seine Philosophie nicht nur mit Blick auf seine rechtliche Situation, sondern auch auf die

---

[49] Antonius Guilielmus Amo Afer: *Übersetzung seiner Werke*, S. 101 f. Im lateinischen Original: „Quidquid sentit, illud uiuit, quidquid uiuit nutritur, quidquid uiuit et nutritur augmentatur, quidquid huius modi est, tandem in sua Prima principia resoluitur, quidquid in sua prima principia resoluitur, est principiatum, omne principiatum habet suas partes constitutiuas, quidquid eius modi est, est corpus diuisibile si igitur mens humana sentit, sequitur quod sit corpus diuisibile“ (*De humanae mentis apatheia*, S. 15).

[50] Antonius Guilielmus Amo Afer: *Übersetzung seiner Werke*, S. 73. Im lateinischen Original: „Omnem spiritum esse extra omnem passionem“ (*De humanae mentis apatheia*, S. 5).

[51] Antonius Guilielmus Amo Afer: *Übersetzung seiner Werke*, S. 74. Im lateinischen Original: „Si aliquid est immateriale sequitur quod materiale esse nequeat“ (*De humanae mentis apatheia*, S. 6).

[52] Vgl. hierzu Brentjes, Burchard: *Anton Wilhelm Amo. Der schwarze Philosoph in Halle*, S. 46.

[53] Vgl. hierzu Wiredu, Kwasi: Amo's Critique of Descartes' Philosophy of Mind. In (ders., Hg.): *A Companion to African Philosophy*, S. 200–206.

zentralen Begriffe der zeitgenössischen philosophischen Debatten sehr viel Autobiographisches.

Man könnte aus den Überlegungen Amos auch die Folgerung ableiten, dass die Immaterialität des Geistes zugleich eine Freiheit impliziert, welche eine *apatheia* im positiven Sinne, also Gleichmut und Seelenruhe, ganz in der Tradition der Stoa, ermöglichen. Diese Form der *apatheia*, der unerschütterlichen Seelenruhe, auf deren Vertreter Anton Wilhelm Amo in seinem späteren *Tractatus de arte sobrie et accurate philosophandi* verwies,[54] kann aber auch eine Waffe im philosophischen Kampf sein, insbesondere dann, wenn das Denken, wenn die Tätigkeit des Geistes, nicht an die materielle, physische Dimension des Körpers zurückgebunden und von dieser abhängig ist. Die Seelenruhe dieser ‚Apathie' schließt eine Seelengröße in sich ein, die auch den Anspruch darauf erheben kann, unabhängig von der jeweiligen Betrachtung des Körpers ganz selbstverständlich auf gleicher Augenhöhe argumentieren zu können. Auch in Amos *Tractatus*, auf den später noch zurückzukommen sein wird, taucht die *apatheia* bereits im Titel wieder auf, geht es Amo hier doch um ein Philosophieren im Zeichen nicht allein des Akkuraten und Präzisen, sondern auch des *sobrie*, des Nüchternen, Unerschütterlichen und Seelenruhigen. Es ist beeindruckend, wie viel Stärke und Kraft, aber auch Selbstbeherrschung und Dagegenhalten aus den Überlegungen des jungen, sich profilierenden Philosophen spricht.

Mit *De humanae mentis apatheia* bewies Anton Wilhelm Amo nicht allein den Erfolg seiner wissenschaftlichen Sozialisation an deutschen Universitäten, sondern auch sein Talent, die Schärfe seines eigenständigen Denkens mit der Einsicht in die Spielregeln des akademischen Feldes zu verbinden. In der philosophischen Reflexion von Lebenswissen stellte Amo sein eigenes Überlebenswissen[55] im Bereich der Philosophie philosophisch ausdrucksstark unter Beweis.

Es sind für Amo wie für Amos Philosophie unzweifelhaft glückliche Jahre. Noch im selben Monat der öffentlichen Verteidigung seiner Dissertation wurde Anton Wilhelm Amo am 16. April 1734 zum Magister legens an der Universität Wittenberg ernannt und zugelassen. Er durfte hoffen, als Wissenschaftler in Deutschland Karriere machen zu können.

Der Philosoph im (akademischen) Feld

Mit der Verteidigung der Dissertation im Folgejahr standen für Amo, so schien es, alle Türen im akademischen Bereich offen. Im April 1734 hielt Martin Gotthelf Loescher als Vorsitzender der Disputation Amos einmal mehr die herausragenden Fähigkeiten des jungen Mannes fest und verwies gleich zu Beginn seiner Ausführungen auf „Afrika und sein Land Guinea, das ganz weit von uns entfernt liegt und

[54] Vgl. zur Tradition der Stoa in Amos Denken sowie zu seinem Versuch einer Synthese zwischen Epiktet und dem Christentum u. a. Firla, Monika: *Ein Jenaer Stammbucheintrag des schwarzen Philosophen Anton Wilhelm Amo aus dem Jahr 1746.* Stuttgart: AfriTüDe Geschichtswerkstatt 2012, S. 9 f sowie 21.

[55] Vgl. hierzu Ette, Ottmar: *ÜberLebenswissen. Die Aufgabe der Philologie* (2004).

das einst von den Europäern Goldküste genannt wurde wegen der ungemein reichen Vorkommen von Gold."[56] Es ist gewiss kein Zufall, dass auch in den beiden zuletzt genannten Dokumenten die durchlauchten Gönner und Förderer, aber auch Herren von Anton Wilhelm Amo zuvörderst genannt wurden. Ist hier zumeist auch von Gnade, Güte und väterlicher Milde die Rede, so wirft dies doch ein bezeichnendes Licht auf jene abhängige Lage, in der man den ‚schwarzen Philosophen' sehr wohl wusste. Denn seine Eigentümer und Besitzer brachten sich diskret in Erinnerung. Doch hatte Anton Wilhelm Amo allen Grund, die von ihm angestrebte Universitätskarriere zum Greifen nahe zu wähnen und die Hand nach ihr auszustrecken.

Aber bald schon verdüsterten sich die Aussichten für den aufstrebenden promovierten Philosophen. Nicht allein, weil im Jahre 1735 der letzte seiner Förderer unter den Herzögen von Braunschweig-Wolfenbüttel, Herzog Ludwig Rudolf, verstarb. Nicht allein, weil im selben Jahr auch Löscher verschied, der Freund und Lehrer Amos.[57] Für die Veränderung der Situation ausschlaggebend war sicherlich die Tatsache, dass nunmehr auch in Wittenberg der Kampf gegen alle, die als Anhänger der Wolff'schen Philosophie galten, mit zunehmender Vehemenz geführt und in orthodoxen Kreisen allen Ernstes sogar ein „Kanzelverbot für alle Anhänger der Wolff-Leibniz'schen Philosophie erörtert" wurde.[58]

Damit aber verwandelte sich das akademische Feld für Amo, der in Wittenberg seinem Namen wiederholt den geographischen Zusatz ‚Afrikaner aus Guinea' beilegte, erneut und deutlicher als je zuvor in ein gleichsam militärisches Feld von Auseinandersetzungen, die sein materielles Überleben als Philosoph sehr wohl ernsthaft bedrohten. Denn Anton Wilhelm Amo war kein Studiosus mehr: Er lehrte selbst und hatte bereits erste Schüler gefunden. Das Versuchsobjekt war zwar zu einem Vorzeigeobjekt geworden; doch erschien Amo offenkundig manchen nun zunehmend als Bedrohung. Freunde und Förderer, die ihn schützen konnten, wurden rar. Amo war zunehmend auf sich allein gestellt.

Anton Wilhelm Amo handelte: Er kehrte wieder zurück nach Preußen, um an der Universität Halle in einer zu diesem Zeitpunkt etwas weniger erhitzten Atmosphäre einen zweiten Versuch zu wagen, seine eigenständige, auf seinem Lebenswissen und ÜberLebensWissen aufbauende Philosophie im Rahmen des frühaufklärerischen Diskursuniversums weiterzuentwickeln. Preußen schien ihm hier immer noch verlockend. Er wusste, dass er sich noch weiterqualifizieren und als Philosoph eine umfangreichere Schrift vorlegen musste, wollte er seine noch immer bestehende Chance wahrnehmen, seinen Traum von einer akademischen Laufbahn an deutschen Universitäten fortzusetzen. Es gab zu diesem Zeitpunkt keinen Grund, diese Zielstellung, die er nun schon über Jahre verfolgt hatte, unvermittelt aufzugeben. So setzte er seine Hoffnungen erneut auf Preußen.

---

[56] In deutscher Übersetzung wieder abgedruckt in Antonius Guilielmus Amo: *Übersetzung seiner Werke*, S. 87. Im lateinischen Original: „Africam & ejusdem longissime a nobis dissitam regionem Guineam, olim ora aurea, ob copiosissimum auri proventum ab Europaeis appellatam" (*De humanae mentis apatheia*, S. 23).

[57] Vgl. Brentjes, Burchard: *Anton Wilhelm Amo. Der schwarze Philosoph in Halle*, S. 47.

[58] Ebd.

Wenn Amo seine universitäre Laufbahn im preußischen Machtbereich zu einem Zeitpunkt begann,[59] zu dem die seit Anfang der 1680er-Jahre entstandene ‚Brandenburgisch-Afrikanisch-Amerikanische Kompanie' auch weiterhin die Verschiffung deportierter afrikanischer Sklaven von der sogenannten Goldküste in den karibischen Raum unter brandenburgischer beziehungsweise preußischer Flagge betrieb, so bildet dieses Faktum einen höchst widersprüchlichen Hintergrund für eine Karriere, die aus den unterschiedlichsten Perspektiven als emanzipatorisch anzusehen war. Anton Wilhelm Amo stand mit seinem Lebenslauf für diese Emanzipation.

Erst 1738, nach der Deportation von mindestens 30.000 Afrikanern, liquidierte der ‚Soldatenkönig' die aufgrund schlechter Geschäfte längst in Schwierigkeiten befindliche Handelsgesellschaft, deren Auflösung somit noch vor den Tod von König Friedrich Wilhelm I. am 31. Mai 1740 und vor die Thronbesteigung seines Sohnes Friedrich II. von Preußen fällt.[60]

In diesem Preußen also, dessen kolonialistische Träume nach dem ersten Drittel des 18. Jahrhunderts vorerst ausgeträumt schienen, nimmt sich die in wachsendem Maße registrierte Präsenz des aufstrebenden und erfolgreichen, nun deutlich über dreißig Jahre alten Philosophen wie die inverse Darstellung einer Gesellschaft aus, die in ihren kolonialistischen Ambitionen gescheitert war. Vor dem Hintergrund der kolonialen Träume Preußens und der Verwicklungen des Landes in den transatlantischen Sklavenhandel nimmt sich die Figur des Anton Wilhelm Amo geradezu wie eine Provokation aus.

Ihr nach Leibniz im deutschsprachigen Raum zweifellos größter Philosoph, Immanuel Kant, in dessen Werk sich anders als bei seinem Zeitgenossen Blumenbach keinerlei Verweis auf Amo zu finden scheint, sollte Jahrzehnte später zu einer wichtigen Legitimationsfigur nicht nur des Rassedenkens, sondern rassistischer Vorstellungen werden, die der Königsberger Philosoph gerade mit Blick auf die schwarze Bevölkerung in Afrika und anderswo in seinen Schriften niederschrieb.[61] Sollte er in seinem Preußen wirklich niemals etwas von dem in Halle, Wittenberg und Jena lehrenden deutschen Philosophen aus Afrika vernommen haben? Dies ist alles

---

[59] Vgl. Lennert, Gernot: Kolonisationsversuche Brandenburgs, Preußens und des Deutschen Reiches in der Karibik, S. 11–23; sowie Weindl, Andrea: The Slave Trade of Norther Germany from the Seventeenth to the Nineteenth Centuries. In: Eltis, David/Richardson, David (Hg.): *Extending the Frontiers: Essays on the New Transatlantic Slave Trade Database.* New Haven: Yale University Press 2008, S. 250–271. Zur Quellenlage vgl. Jones, Adam: *German Sources for West African History.* Wiesbaden: Franz Steiner 1983; sowie ders.: *Brandenburg Sources for West African History 1680–1700.* Stuttgart: Franz Steiner 1985.

[60] Vgl. das nachfolgende Kapitel in diesem Band.

[61] Vgl. hierzu u. a. Arndt, Susan: *Die 100 wichtigsten Fragen: Rassismus*, S. 61–63; sowie vor dem Hintergrund der Beschäftigung mit Amo u. a. Gordon, Lewis R.: *An Introduction to Africana Philosophy.* Cambridge: Cambridge University Press 2008, S. 37 f; Mougnol, Simon: *Amo Afer. Un Noir, professeur d'université, en Allemagne au XVIIIe siècle.* Paris: L'Harmattan 2007, S. 25–27; sowie auch die angesichts der diesbezüglich einschlägigen Kant-Zitate aufgebrachten Äußerungen in der Amo nur kurz behandelnden Publikation von Schilling, Georg: *„Who was Anton Wilhelm Amo?" – „Remapping the Jungle" vs. „Vom faulen Holze lebend"?! An attempt against forgetting and „white"-washing, sad, racist „(a)e(sthe)tic(al)" texts of so called German „prime fathers" et al.* München: GRIN 2009, S. 24 und *passim.*

andere als wahrscheinlich: Auch Kant gehörte zu all jenen, die Anton Wilhelm Amo ebenso zu Lebzeiten wie auch lange nach seinem Tode buchstäblich totschwiegen. So sollte Amo schon binnen weniger Jahre in Preußen und im deutschsprachigen Raum eine der vielen verschütteten Traditionen bilden, welche der vorliegende Band freizulegen versucht.

Umgekehrt dürfte die Geschichte des brandenburgisch-preußischen Kolonialismus Anton Wilhelm Amo sicherlich sehr vertraut gewesen sein, auch wenn sich in seinen Schriften dazu keinerlei Aussagen finden lassen. Wie hätte er von diesen Aktivitäten nicht wissen sollen, die sich überdies in einem geographischen Raum ansiedelten, zu dem auch die Region des zwischen verschiedenen europäischen Kolonialmächten aufgeteilten afrikanischen Küstensaums gehörte, in welchem er selbst zur Welt gekommen war? Amo war sich zweifellos der antikolonialen Tragweite und Sprengkraft seiner schieren Existenz und mehr noch seiner akademischen Brillanz bewusst.

Im Dekanatsbuch der Philosophischen Fakultät der Universität Halle ist jener Vermerk zu finden, mit dem am 21. Juli 1736 die Zulassung von Anton Wilhelm Amo nunmehr als Dozent an seiner Alma mater bestätigt wurde.[62] Eine für den Philosophen wichtige Rolle innerhalb der wieder veränderten, für die Wolffianer offeneren Situation dürfte dabei erneut der Kanzler der Universität, Johann Peter von Ludewig, gespielt haben, zu dem Amo sicherlich die Verbindung aus dem nahen Wittenberg gehalten haben dürfte. So konnte Amo unter dem Schutz von Ludewigs in Halle seine Tätigkeit als Dozent fortführen, die er – wie wir sahen – mit offenbar so großem Erfolg in Wittenberg bereits ausgeübt hatte. Der Akademiker wusste aufgrund seiner bedrückenden finanziellen Verhältnisse, die er in seinem Antrag an die Philosophische Fakultät sehr wohl erwähnte,[63] nur allzu gut, in welch umkämpftem Feld er sich bewegte.

In dieser Etappe seines Lebens freilich musste der Philosophus in erster Linie darauf bedacht sein, sein im engeren Sinne philosophisches Oeuvre entscheidend zu erweitern. Beharrlichkeit zählte neben der Klugheit zweifellos zu den Charakterzügen und Eigenschaften des ambitionierten Hochschullehrers.

Und so konnte im Jahre 1738 – also just in jenem Jahr, als die preußische Krone aus dem transatlantischen Sklavenhandel ausstieg – in Halle sein eigentliches philosophisches Hauptwerk erscheinen: *Antonii Guilielmi Amo Guinea-Afri, philosophiae et artium liberalium magistri, Tractatus de arte sobrie et accurate philosophandi.* Weder im Vorfeld noch im Nachgang seiner Publikation scheint dieses Werk jedoch von jenen Auseinandersetzungen verschont worden zu sein, die Amo bereits zum Wechsel nach Wittenberg gedrängt, ja gezwungen hatten und ihn im Folgejahr 1739 erneut zum Verlassen der Universitätsstadt Halle bewogen haben dürften. Das ehemalige Vorzeigeobjekt wurde immer stärker in die Defensive gedrängt und sah zunehmend seine Chancen schwinden, seine glänzende akademische Laufbahn in

---

[62] Dieser Vermerk findet sich abgedruckt in Brentjes, Burchard: *Anton Wilhelm Amo. Der schwarze Philosoph in Halle*, Faksimile zw. S. 47/48.

[63] Vgl. Brentjes, Burchard: *Anton Wilhelm Amo. Der schwarze Philosoph in Halle*, S. 50.

Preußen, Sachsen oder anderen deutschen Ländern mit einer festen Professur krönen zu können.

Vom Philosophieren ohne festen Wohnsitz

Dass der *Tractatus de arte sobrie et accurate philosophandi*[64] im Lager der Pietisten kaum positiv aufgenommen werden konnte, zeigt sich bereits im paratextuellen Bereich dieses Werkes. Dort bedankt sich der Verfasser in seiner umfangreichen und auf den 6. Juli 1737 datierten Widmung nicht allein bei Johann Peter von Ludewig, sondern auch bei anderen Vertretern eines rationalistischen, kirchlichen Zwängen nicht unterworfenen und deutlich antipietistischen[65] Philosophieverständnisses höchst wortreich, wobei er seine Dankbarkeitsbeweise und Ehrerbietungen mit einem denkwürdigen Bescheidenheitstopos abschloss:

> Wollen Sie daher diese meine wie immer gearteten Versuche, mich um die Öffentlichkeit verdient zu machen, freundlich aufnehmen und Nachsicht üben, sollte mir dabei etwas Menschliches zugestoßen sein; das ist's, worum ich inständig bitte. Im übrigen möge Gott Sie, meine Mäzene, für beide Gemeinwesen, den Staat und die Gelehrtenrepublik, um die beide Sie sich auf das beste verdient gemacht haben und bis zur Stunde verdient machen, bis in die spätesten Tage in vollkommenem Wohlstand erhalten und noch viele Jahre zurücklegen lassen. Leben Sie wohl und bleiben Sie mir gewogen![66]

Ein Dank mit Abschied? Dies mag erstaunen. Doch erstmals wird ein öffentliches Agieren, wird eine veröffentlichte Schrift von Anton Wilhelm Amo nicht mehr mit dem Verweis auf seine Gönner, Herren und ‚Eigentümer', die Herzöge von Braunschweig-Wolfenbüttel, ‚gerahmt', sondern mit der Nennung jener Förderer eröffnet, die Amo – und dafür dürfte er gute Gründe gehabt haben – als seine Mäzene bezeichnet. Damit ist zweifellos eine deutlich markierte Eigenständigkeit verbunden, welche die (versklavte) Dienstbarkeit hinter sich lässt und sich bewusst im Bereich eigener Freiheit weiß.

Hierbei macht Amo zwei unterschiedliche Felder auf, die er mit den Bezeichnungen ‚Staat' und ‚Gelehrtenrepublik' belegt, wobei die Autonomie der letzteren – wie

[64] Amo, Anton Wilhelm: *Tractatus de arte sobrie et accurate philosophandi.* Halle: Kitler 1738; ich greife zurück auf die Übersetzung ins Deutsche unter dem Titel Traktat von der Kunst nüchtern und sorgfältig zu philosophieren. In: Antonius Guilielmus Amo Afer: *Übersetzung seiner Werke*, S. 103–281. Die lateinischen Originalzitate sind in der Folge jeweils entnommen dem *Tractatus de arte sobrie et accurate philosophandi.* Antonii Guilielmi Amo Guinea-Afri, Philosophiae et artium liberalium magistri. Nendeln: Kraus Reprint 1971.

[65] Vgl. hierzu auch Glötzner, Johannes: *Anton Wilhelm Amo. Ein Philosoph aus Afrika im Deutschland des 18. Jahrhunderts.* Vortrag anläßlich der 500-Jahrfeier der Universität Wittenberg-Halle am 27. Juni 2002 in Halle. München: Editionen Huber 2002, S. 14.

[66] Amo, Anton Wilhelm: *Traktat*, S. 106. Im lateinischen Original lautet diese Passage: „Quare vt qualescunque hos meos, de publico bene merendi conatus, serena fronte accipiatis, & quidquid humani passus fuerim ignoscatis, est, quod vehementer rogo. Caeterum Deus *Vos, Maecenates*, rei vtrique, publicae ciuili, ac literariae, de que vtraque optime meriti estis, & adhuc meremini, diutissime sospites seruet, pluresque annos perennare faxit. Valete & fauete!" (*Tractatus*, o. P.).

Amo sehr wohl wusste – nur eine höchst relative und stets prekäre sein konnte. Doch wird hier unverkennbar signalisiert, dass sich der Verfasser explizit als Afrikaner aus Guinea in dieser Gelehrtenrepublik, dieser *République des Lettres*, frei bewegt und nunmehr frei seine eigenen Wege wählen will. Gerade auch als Afrikaner aus Guinea, denn hieran lässt er keinen Zweifel. Und dies sehr wohl im Bewusstsein der Tatsache, wie prekär seine Situation nicht nur im finanziellen Bereich in der Tat zum damaligen Zeitpunkt war. Zeichnet sich hier nicht deutlich der Anspruch von Anton Wilhelm Amo Afer ab, dass Philosophie nicht länger das ‚Eigentum' der Europäer sein kann? Wird hier nicht deutlich der Anspruch erhoben, jenseits aller rassedenkerischen Vorurteile und Grenzziehungen philosophieren zu dürfen, um der Philosophie die Ehre zu geben?

Hatte sich Amo in *De iure Maurorum in Europa* einer juristischen und in *De humanae mentis apatheia* einer anthropologisch-medizinisch-philosophischen Fragestellung bedient, so bewegt er sich in seinem Traktat über das Philosophieren, in seinem *Tractatus de arte sobrie et accurate philosophandi*, von Beginn an auf dem genuin philosophischen Gebiet der Logik. Dabei geht er in einem seiner Arbeit vorangestellten allgemeinen Teil von Frage und Begrifflichkeit der Intention aus und verbindet sie mit ihrer Beziehung zu Gott, aber auch und gerade der menschlichen Seele,[67] so dass er in seinem *Tractatus* im Grunde unmittelbar an seine Inaugural-Dissertation wieder anzuknüpfen vermag. Der Bewegungskoeffizient der Amoschen Philosophie ist in thematischer, gegenständlicher und methodologischer Hinsicht hoch; doch lassen sich sehr wohl die starken Kontinuitäten seiner Kunst des Philosophierens erkennen.

In diesem Sinne weist das Werk zudem eine ähnlich klare und konzise Struktur auf, wie dies schon in *De humanae mentis apatheia* zu beobachten gewesen war. Auch hier zeigt sich die klar erkenntnistheoretisch ausgerichtete Blickrichtung Amos, die in der Regel von der terminologischen Klärung und danach der begrifflichen Entfaltung ihres jeweiligen Terms ausgeht. Wie in *De iure Maurorum in Europa* und in *De humanae mentis apatheia* läßt sich auch hier ein optimistisches Menschenbild erkennen, das überdies von der Wirkkraft des Denkens, von der Deutungsmacht der Philosophie fraglos überzeugt ist. Auch wenn – wie bereits erwähnt – Amo von Wolffianern zeitgenössisch als Wolffianer bezeichnet worden ist und Burchard Brentjes (im Verein mit vielen, die ihm darin nachfolgten) dieser Einschätzung in seiner Monographie bedingungslos beipflichtete,[68] so sollte man doch unbedingt zur Kenntnis nehmen, dass gerade mit Blick auf die expliziten intertextuellen Relationen Amo sehr wohl – wie Yawovi Emmanuel Edeh[69] in der ersten dem Denken Amos gewidmeten Dissertation zeigte – eine deutliche Distanz gegenüber dem ihm zweifellos vertrauten Denken Christian Wolffs (und sei es aus feldtaktischen Gründen) markierte. Anton Wilhelm Amo präsentiert sich in seinem

---

[67] Amo, Anton Wilhelm: *Traktat*, S. 107.

[68] Auch mit Blick auf den *Tractatus*, vgl. Brentjes, Burchard: *Anton Wilhelm Amo. Der schwarze Philosoph in Halle*, S. 52 f.

[69] Vgl. Edeh, Yawovi Emmanuel: *Die Grundlagen der philosophischen Schriften von Amo*, u. a. S. 163 f.

Traktat als ein eigenständiger Denker, der zwar Mäzene, aber keine ‚Vor-Denker', keine eigentlichen Diskursbegründer kennt. Er beschreitet seinen eigenen Weg.

Deutlich sind dabei immer auch die Schranken der kirchlichen Lehre auszumachen – nicht im Sinne einer pietistischen Orthodoxie, aber doch eines Anspruchs des Christentums auf diskursive Setzung und Rahmung aller Philosophie. Die Überschneidungsbereiche der Felder von Philosophie und Theologie waren häufig zu Ausgangspunkten hitziger Auseinandersetzungen nicht zuletzt in Halle geworden, so dass es als höchst mutig, vielleicht sogar als verwegen oder halsbrecherisch gelten darf, wenn sich Amo gerade auf diesem Feld im Abschnitt IX des ersten Kapitels seines Hauptwerkes mit einer Definition der Theologie aus der Deckung wagte. Dort heißt es nach einer ersten, heilsgeschichtlich fundierten Definition der „*christliche[n] Theologie*" als „Habitus der intellektuellen und effektiven Intention, kraft dessen wir uns mit der echten und soliden Erkenntnis der Wahrheit befassen"[70] unvermittelt: „*Ich sage ausdrücklich: Die Theologie der Christen. Es gibt nämlich außerdem eine Theologie der Heiden, der Türken usw., ferner je nach Verschiedenheit der Völker.*"[71]

Damit stellte Anton Wilhelm Amo nicht nur den alleinigen Anspruch des Christentums auf eine (von Gott selbst begründete) Theologie in Frage, sondern eröffnete auch, wenn auch nur blitzartig, den Einblick wie den Ausblick auf eine Verschiedenartigkeit der Religionen wie eine Verschiedenartigkeit der Kulturen, ja erkannte die „*Verschiedenheit der Völker*"[72] in einer Formulierung ohne jede Abwertung dieser Völker.

Die Philosophie Anton Wilhelm Amos lässt sich daher in eine Entwicklungslinie einreihen, die man – keineswegs nur im Bereich der Literaturen der Welt – als ein *ZwischenWeltenSchreiben*[73] bezeichnen könnte. Wir können sehr wohl mit Blick auf Amo und im Rahmen der historisch gegebenen Möglichkeiten von einer Philosophie ohne festen Wohnsitz sprechen, die sich in seinen Arbeiten auszuprägen begann. Denn sie ist nicht einem einzigen Ort, einer einzigen Perspektive verpflichtet und zuzuordnen, sondern entfaltet sich auf der Ebene der bislang genannten Spannungsfelder auf eine zutiefst vektorielle Weise. Sie lässt die Blickpunkte anderer auf dieselben Gegenstände hervortreten und macht seit *De iure Maurorum in Europa* immer wieder deutlich, dass sie Europa aus seinem Spannungsverhältnis zu anderen Kontinenten, zu anderen Religionen, zu anderen Völkern und Kulturen begreift.

---

[70] Amo, Anton Wilhelm: *Traktat*, S. 117; im lateinischen Original: „Habitus intellectivae & effectivae intentionis, quo versamur circa veram & solidam veritatis cognitionem" (*Tractatus*, S. 15).

[71] Amo, Anton Wilhelm: *Traktat*, S. 118; im lateinischen Original: „*Notantur dico, Theologia Christianorum. Alia enim Theologia Gentilium, alia Turcarum, alia & alia pro diversitate Gentium*" (*Tractatus*, S. 15).

[72] Amo, Anton Wilhelm: *Traktat*, S. 118; im lateinischen Original: „*pro diversitate Gentium*" (*Tractatus*, S. 15).

[73] Vgl. zur Entfaltung dieses Begriffs Ette, Ottmar: *ZwischenWeltenSchreiben. Literaturen ohne festen Wohnsitz (ÜberLebenswissen II)* (2005).

Das Projekt der Amoschen Philosophie, so rudimentär es auch immer in den auf uns gekommenen Schriften ausgebildet sein mag, erlaubt es durchaus, die Differenzen innerhalb einer keineswegs notwendig auf Europa begrenzten *République des Lettres* zu denken und sie auf einen Horizont zu beziehen, der sich letztlich auf die Existenz der Philosophien der Welt hin entgrenzt. Amos Philosophie(ren) hatte hier im *Tractatus* zweifellos einen sehr spannenden Punkt erreicht, der sich für seinen Verfasser aber auch als höchst spannungsgeladen und gefährlich erweisen konnte. Denn für die im Kern polylogische Anlage seines Philosophierens, für ein Denken der Differenz, das im Entstehen war, gab es zeitgenössisch gesetzte Grenzen.

Jena oder das Philosophieren an den Grenzen

Dass Anton Wilhelm Amo das preußische Halle trotz aller ihm durchaus entgegengebrachten Wertschätzung dennoch ein zweites Mal verließ und sich erstmals an die Universität Jena begab, hat seine Ursachen gewiss nicht in einer mangelnden Qualifikation im Bereich der Forschung oder der Lehre, sondern ist wohl vor allem mit dem sich wieder verschlechternden Umfeld zu begründen, in dem Amos prekäre Situation für diesen unmittelbar gefährlich werden konnte. Das Ziel bei seinem zweiten Auszug aus Halle war diesmal aber nicht mehr Wittenberg, sondern die Universität von Jena: und damit jenseits der bisherigen Ortswechsel eine Bewegung, die keinen festen Bezugspunkt, keinen festen Wohnsitz mehr kennt. Nach Halle sollte der Philosoph nicht mehr zurückkehren, nach Preußen wohl schon. Die letzte Phase des uns bislang bekannten Lebensweges von Anton Wilhelm Amo in Deutschland hatte begonnen.

Am 27. Juni 1739 stellte Amo seinen im Original erhaltenen[74] Antrag auf Nostrifikation an der Universität Jena, ein mit „Anton Wilhelm Amo, ein Afrikaner, Magister und Dozent der Philosophie und der freien Künste und Rechte Kandidat" unterzeichnetes Gesuch, das mit der Bitte um Stellungnahme in der dortigen Fakultät rasch in Umlauf gesetzt wurde und bereits am 8. Juli 1739 zu einem positiven Bescheid führte. So konnte Amo bereits wenige Tage später, am 17. Juli desselben Jahres, seinen selbstverständlich in lateinischer Sprache abgefassten Vorlesungsanschlag universitätsöffentlich aushängen. Das Programm der angekündigten Veranstaltung ist überaus breit gefächert und bildet im Grunde zentrale Teile der wissenschaftlichen Aktivitäten des Philosophen ab. Dass sich Amo hierbei aber auch auf das Gebiet der Kryptographie wagte, kann angesichts seiner Erfahrung im kryptographischen Schreiben nicht wirklich überraschen.

Doch halten wir zugleich fest: Die kommentierte Vorlesungsankündigung hängte Amo an jener Universität aus, die in Halle noch immer als „der Ort ‚wolffianischer Verderbnis' der königlich-preußischen Landeskinder" galt.[75] Man kann vermuten, dass sich Amo in Jena ein für seine Anliegen wie für seine Person

[74] Abdruck des Faksimiles in Brentjes, Burchard: *Anton Wilhelm Amo. Der schwarze Philosoph in Halle*, S. 60.

[75] Ebd., S. 61.

offeneres geistiges Klima erwartete oder doch zumindest erhoffte. Amos Hinweis auf seine eigene finanziell prekäre Lage und das Fehlen jeglichen Verweises auf die Herzöge von Braunschweig-Wolfenbüttel machen in seinem Antrag an die Universität Jena noch einmal deutlich, dass seine Situation nicht mehr mit jener des jungen Studenten und angehenden Magisters vergleichbar war.

Der Status einer (zumindest sklavereiähnlichen) Dienstbarkeit bestand in sichtbarer Weise nun nicht mehr. Die Professoren Wideburg und Stolle wiesen als Befürworter der Nostrifikation Amos in Jena unter anderem darauf hin, dieser habe die „commiseration" verdient, da er „aus einem andern Theile der Welt in seiner zarten Jugend entführet" und vom „heydenthum zu christl. Religion bekehret" worden sei.[76] Ein Plädoyer zur Gewährung eines universitären Gnadenbrotes? Fast will es so scheinen. Denn Amo habe keine Eltern und keine Angehörigen, an die er sich wenden könne, wolle aber „nun nicht betteln", sondern sich auf der Grundlage seiner Fähigkeiten ehrlich ernähren.[77]

So scheint aus dem deportierten versklavten Jungen zunächst und für einige wohl recht glückliche Jahre ein aufstrebender junger Wissenschaftler, bald aber ein mittelloser, auf sich allein gestellter Privatdozent geworden zu sein, der – dies dürfte sich für Amo spätestens in Jena abgezeichnet haben – auch nur geringe Chancen auf eine gesicherte Stellung innerhalb der Universitätslandschaft und insbesondere der Professorenschaft in Deutschland haben würde. Die eigenhändig niedergeschriebene Vorlesungsankündigung in Jena unterzeichnete der Autor des *Tractatus*, dessen Beharrlichkeit immer wieder beeindruckt, mit seinem selbstgewählten Namenszusatz ‚Afer' und seinem Status als ‚Magister legens.'[78]

Mit dem Machtantritt Friedrichs II. von Preußen, der den von seinem Vater verbannten Christian Wolff nach Halle zurückrief, brach zwar für Preußen im Kontext einer nicht allein europäischen, sondern auch weltweit zu verstehenden Aufklärungsbewegung eine Zeit intensiver geistiger Anstöße an, doch gibt es keinerlei Belege dafür, dass Amo noch ein drittes Mal versucht haben könnte, nach Halle zurückzukehren oder etwa an die Viadrina nach Frankfurt an der Oder – Berlin verfügte damals bekanntlich nicht über eine eigene Universität – zu wechseln.

Allerdings: Es findet sich sehr wohl der bereits zu Beginn dieser Überlegungen erwähnte Hinweis des gewöhnlich sehr gut informierten Johann Friedrich Blumenbach, Amo sei wohl als Hofrat[79] an den Preußischen Hof nach Berlin gegangen. William E. Abraham spekulierte hier – wie vor ihm bereits Wolfram Suchier[80] –, der

---

[76] Zit. nach ebd., S. 63.

[77] Ebd.

[78] Abdruck des Faksimile in Brentjes, Burchard: *Anton Wilhelm Amo. Der schwarze Philosoph in Halle*, S. 66.

[79] Vgl. Blumenbach, Johann Friedrich: Von den Negern. Einige naturhistorische Bemerkungen bey Gelegenheit einer Schweizerreise, S. 9; für wenig glaubhaft hält Blumenbachs Darstellung freilich Mabe, Jacob Emmanuel: *Anton Wilhelm Amo interkulturell gelesen*, S. 34.

[80] Vgl. Suchier, Wolfram: Weiteres über den Mohren Amo. In: *Altsachsen. Zeitschrift des Altsachsenbundes für Heimatschutz und Heimatkunde* (Holzminden) 1–2 (Januar–Februar 1918), S. 7–9, S. 9. Im Geheimen Staatsarchiv zu Berlin war bislang aber entgegen der Hoffnungen Suchiers keine Aufklärung zu finden.

Ruf an den Hof nach Berlin und Potsdam könne von dem jungen Friedrich II. (der 1740 seinem Vater auf dem preußischen Thron nachfolgte) ausgegangen sein, hatte der junge, der Aufklärung verpflichtete Monarch doch auch Wolff aus seiner Verbannung wieder zurück nach Preußen geholt.[81]

Ein möglicher Aufenthalt Amos in Berlin oder Potsdam könnte in der Tat auch erklären, warum es in der Folge keine Lebenszeichen mehr von Amo aus den Universitätsstädten Halle, Wittenberg oder Jena gab.[82] Doch Belege für eine Tätigkeit Amos am Hofe des jungen Friedrich gibt es (bislang) leider nicht. Zu den wenigen Lebenszeichen des Philosophen zählt wohl noch ein später Hinweis, dass Amo noch im Jahre 1747 ein letztes Mal in Jena als dort lebender Bürger genannt worden sein soll.[83] Dies würde einen zeitweiligen Aufenthalt in Berlin jedoch nicht zwangsläufig ausschließen.

Vieles spricht also durchaus für eine ‚Rückkehr' Amos nach Preußen auf der Suche nach einer besseren Stellung bei Hofe oder anderswo. Gewiss aber wäre ihm niemals in den Sinn gekommen, sich den Diensten jener ‚Hofmohren' anzuschließen, die ihren Dienst am preußischen Hofe versahen. Noch heute zeugt das sogenannte ‚Mohrenrondell' im Park von Sanssouci, dem auch das Umschlagmotiv entnommen ist, von der dienstbaren Präsenz versklavter Schwarzer ohne Sklaverei am preußischen Hofe. Es ist verlockend, sich in jener Zeit, die in Amos Lebenslauf im Dunklen liegt, den in Preußen ausgebildeten Philosophen in Berlin oder in Sanssouci vorzustellen. Doch wird es weitere Recherchen brauchen, um derlei Vorstellungen, die auf den gewöhnlich gut informierten Blumenbach zurückgehen, zu konkretisieren oder aber definitiv zu falsifizieren. Auffällig ist, dass wir von Zeitzeugen und Zeitgenossen leider keinerlei konkrete Hinweise auf die Präsenz des Habilitierten in aufgeklärten preußischen Gefilden haben.

Früh schon dürfte Amo erkannt haben, dass sich für ihn die Bedingungen seines Schaffens wohl nur schwerlich wieder verbessern würden. Bereits am 5. Mai des Jahres 1740 schrieb er seinem Studenten und Freund Gottfried Achenwall, dem später berühmt gewordenen Begründer der Statistik in Deutschland, einen Satz des von ihm verehrten Epiktet ins Stammbuch: „Necessitati qui se accomodat sapit, estque rerum Divinarum conscius."[84] Und er unterzeichnete seinen Eintrag einmal mehr mit „Antonius Guilielmus Amo Afer / Philos. et Art. Liberal. Magister Legens."[85] Die stoische Gelassenheit, die Amo hier an den Tag legte, mag vor dem

---

[81] Vgl. Abraham, William E.: Anton Wilhelm Amo, S. 197.

[82] Vgl. hierzu ebd., S. 197.

[83] Vgl. Brentjes, Burchard: *Anton Wilhelm Amo. Der schwarze Philosoph in Halle*, S. 66.

[84] Zit. nach Suchier, Wolfram: A.W. Amo, S. 446. Auf einen zweiten, lange Zeit unbekannten Stammbucheintrag vom 3. März 1746 macht aufmerksam Firla, Monika: *Ein Jenaer Stammbucheintrag des schwarzen Philosophen Anton Wilhelm Amo aus dem Jahr 1746*, S. 16 f. Dort spricht Firla auch von einer von Amo angestrebten Synthese zwischen Epiktet und dem Christentum (ebd., S. 21).

[85] Zit. nach Suchier, Wolfram: A.W. Amo, S. 446.

Hintergrund der gewiss auch stoischen Prägung seiner Philosophie[86] verdeutlichen, dass er längst begriffen hatte, wie eng die Grenzen waren, welche ihm das akademische Feld für seine Philosophie, für sein eigenes Philosophieren, gesetzt hatte. Man könnte das Diktum Epiktets, des späten Vertreters der stoischen Philosophie, wie folgt übersetzen: ‚Wer sich der Notwendigkeit anzupassen weiß, ist weise und sich göttlicher Dinge bewusst.‘

Die vierziger Jahre standen für Amo in Deutschland gewiss unter keinem guten Stern. Sein letzter großer Förderer, Johann Peter von Ludewig, verstarb 1743, was ihn sicherlich mancher Hoffnungen beraubte, doch noch einen Weg zu einer sicheren Stellung an eine Universität in Deutschland zu finden. Nach dem Tod von Ludewigs verschlimmerte sich Amos Situation wohl weiter. Im Jahre 1747 wurde gar ein übles Schmähstück über ihn verfasst, das ohne jeden Zweifel protorassistische Angriffe gegen ihn enthielt. Im Zentrum dieses verleumderischen Machwerks stand der gelehrte Mohr Amo, der unsägliche Anträge an eine schöne Brünette macht. Doch das deutsche Mädchen lacht den Freier wegen seiner körperlichen Attribute aus und schickt den so lächerlich Gemachten wieder nach Hause.[87] Das Schmähstück gibt uns einen Eindruck von jener Atmosphäre, in der Anton Wilhelm Amo sich in deutschen Landen mittlerweile bewegen musste. Seine brillante Gelehrsamkeit diente seinen Neidern und Spöttern nur mehr dazu, sich über ihn noch zusätzlich lustig zu machen.

Der Autor dieser Verunglimpfungen in gereimter Form gegen den ‚gelehrten Mohren‘ war ein ehemaliger Mitstudent Anton Wilhelm Amos, der zeitweilige Professor der deutschen Sprache und Beredsamkeit Johann Ernst Philippi.[88] Man sollte diesem Machwerk nicht zu viel Gewicht beimessen. Denn ob man daraus auf eine reale Begebenheit der Zurückweisung Amos als Liebhaber in spe schließen darf, ist mehr als fraglich, griffen Verhohnepiepelungen doch in der guten literarischen Tradition des Spottgedichts oft auf ein brüsk abgewiesenes Liebeswerben eines zumeist physisch (überwiegend durch Alter, Dummheit oder Hässlichkeit) disqualifizierten Mannes zurück. Wirkliche Belege für die Stichhaltigkeit einer derartigen Begebenheit, die in ihrer romanesken Anlage sicherlich verführerisch klingt, gibt es – soweit ich sehe – nicht. Doch die Existenz dieses Stückes zeugt ohne jeden

[86] Vgl. hierzu Firla, Monika: *Ein Jenaer Stammbucheintrag des schwarzen Philosophen Anton Wilhelm Amo aus dem Jahr 1746*, S. 7 f.

[87] Ein Abdruck dieses literarisch stümperhaften Schmähgedichts findet sich unter http://www.theamoproject.org.

[88] Brentjes, Burchard: *Anton Wilhelm Amo. Der schwarze Philosoph in Halle*, S. 70; nähere Ausführungen hierzu auch bei Abraham, William E.: Anton Wilhelm Amo, S. 197 f. Unklar sind die Quellen für die von Johannes Glötzner erzählte Geschichte einer Liebe, die auch mit einem gemeinsamen Kind und damit einem Nachfahren Anton Wilhelm Amos in Deutschland ihren Höhepunkt erreicht: vgl. Glötzner, Johannes: *Anton Wilhelm Amo. Ein Philosoph aus Afrika im Deutschland des 18. Jahrhunderts*, S. 17. Ist dies nur eine weitere der mittlerweile recht zahlreichen Amo-Legenden? Nicht gänzlich unschuldig an zahlreichen Ausschmückungen könnte die Tatsache sein, dass Johannes Glötzner der Verfasser des wohl ersten Anton Wilhelm Amo gewidmeten Romans ist. Die Schmähschrift gab Anlaß zu den verschiedensten Spekulationen.

Zweifel davon, welchen wachsenden Anfeindungen sich der Philosoph in Deutschland ausgesetzt sah.

Diese unschöne ‚Affäre' gibt den Blick frei auf die unverkennbar rassistischen Vorurteile und auch mancherlei Angriffe, denen Anton Wilhelm Amo im Verlaufe seines Lebens in Europa und nicht zuletzt auch während seiner Zeit an deutschen Universitäten ausgesetzt gewesen sein dürfte. Dass der schwarze deutsche Philosoph und ‚doctissimus magister legens' eine Figur des öffentlichen Lebens war, die fraglos eine enorme Aufmerksamkeit auf sich zog, mögen Philippis Schmähreden sicherlich belegen. Doch als diese Spottverse und Gelegenheitsergüsse erschienen, hatte der seinen Gegnern an Geisteskräften weit überlegene Amo – wie wir noch sehen werden – die Universitätsstadt Jena, Preußen, Deutschland und Europa längst hinter sich gelassen. Und wie die erste Phase seines Lebens abrupt mit einer Reise geendet hatte, so begann die letzte Phase dieses Lebensweges wiederum mit dem Besteigen eines Schiffes. Anton Wilhelm Amo hatte einen Entschluss gefasst. Folgte er aus seiner Sicht dem Diktum Epiktets? In jedem Falle stellte er sich philosophisch einer gewaltigen Herausforderung, die ihn noch einmal weit über die Grenzen seiner Zeit hinweg führen sollte.

Afrika oder die Reise in eine unbekannte Herkunft

Ein von Monika Firla[89] ausführlich diskutierter Stammbucheintrag von der Hand Amos vom 3. März 1746 belegt wohl zweifelsfrei, dass sich Anton Wilhelm Amo zu diesem Zeitpunkt noch in Deutschland aufgehalten hat. Doch hatte er vielleicht bereits zu diesem Zeitpunkt bei der holländischen West-Indischen Kompanie offenbar einen Antrag beziehungsweise ein Bittschreiben eingereicht, in dem er um eine kostenlose Passage an die Goldküste ersuchte.[90] Die mächtige Handelsgesellschaft, die ihn einst nach Europa entrissen hatte, sollte ihn wieder an die Küsten Afrikas transportieren. Es war eine Reise in ein für ihn unbekanntes Land.

Diesem Gesuch wurde stattgegeben. Und so dürfte Amo im Spätjahr 1746 – Jacob Emmanuel Mabe gibt allerdings als Abreisedatum von Rotterdam den 20. Dezember 1746 an[91] – oder spätestens Anfang[92] des Jahres 1747 Deutschland verlassen haben. Da Amos Schiff bereits im April 1747 die westafrikanische Küste erreichte – Mabe datiert hier wiederum präzise auf den 7. April diesen Jahres,[93] – dürfte er sich unmittelbar nach seinem Verlassen Deutschlands in Holland eingeschifft und Axim

[89] Vgl. Firla, Monika: *Ein Jenaer Stammbucheintrag des schwarzen Philosophen Anton Wilhelm Amo aus dem Jahr 1746*, S. 15–22.

[90] Ebd., S. 25. Vgl. hierzu auch Mabe, Jacob Emmanuel: *Anton Wilhelm Amo interkulturell gelesen*, S. 26.

[91] Ebd.

[92] Firla, Monika: *Ein Jenaer Stammbucheintrag des schwarzen Philosophen Anton wilhelm Amo aus dem Jahr 1746*, S. 25.

[93] Vgl. Mabe, Jacob Emmanuel: *Anton Wilhelm Amo interkulturell gelesen*, S. 26.

im heutigen Ghana wohl problemlos nach sicherer Schifffahrt erreicht haben.[94] Ein *retour au pays natal*? *Back to Africa*? Hatte Amo also die Heimreise angetreten?

Die wichtigste Quelle für unser Wissen über die letzten Lebensjahre Amos in Westafrika bildet noch immer der Bericht des Schweizer Reisenden und Schiffsarztes in holländischen Diensten, David Henri Gallandat. Die von ihm im Jahre 1752 aufgezeichneten Notizen erschienen in den *Verhandelingen, uitgegeven door het Zeeuwsch Genootschap der Wetenschappen te Vlissingen* im Jahre 1782.[95] Ohne jeden Zweifel können die dort zusammengetragenen Nachrichten in ihrem Kern nur aus dem Munde Amos stammen, doch ist die Mündlichkeit dieses Gesprächs von Gallandat in schriftliche Notizen übertragen worden, die ihrerseits Jahrzehnte später in ‚niederdeutscher', mithin niederländischer Sprache gedruckt wurden. Wie auch immer wir die einzelnen aufgezählten Biographeme werten und den Wahrheitsgehalt der Verweise auf Vater, Schwester und Bruder Anton Wilhelm Amos beurteilen mögen, so wird doch deutlich, dass sie genügend Spielraum für jeweils unterschiedliche Spekulationen eröffnen.

Es gibt in der Amo gewidmeten Forschung jedoch auch breite Zonen des Konsenses. Worin sich – soweit ich sehe – alle Interpretinnen und Interpreten Anton Wilhelm Amos einig sind, ist das geradezu als ‚natürlich' erscheinende Faktum, dass der Philosoph in seine ‚Heimat' zurück- oder heimgekehrt sei. Die damit verbundene Bewegungsfigur eines Kreises, der als hermeneutisches Bewegungsmuster Sinn erzeugt,[96] wäre damit vollzogen. Damit würde ein Lebenszyklus geschaffen, der mit der gewaltsam erzwungenen Verschleppung und Deportation als Sklave aus der Heimat beginnen und mit der willentlich und absichtsvoll in Angriff genommenen freiwilligen Heimkehr in die Heimat seinen Abschluss finden könnte. Aber kann ein

---

[94] Näheres zur Schiffsreise Amos und zu seiner ‚Rückkehr in die Heimat' vgl. Firla, Monika: *Ein Jenaer Stammbucheintrag des schwarzen Philosophen Anton Wilhelm Amo aus dem Jahr 1746*, S. 26–31.

[95] Zit. nach Brentjes, Burchard: *Anton Wilhelm Amo. Der schwarze Philosoph in Halle*, S. 68 f. Wegen ihrer großen Bedeutung für die Amo-Forschung sei diese Passage auch im Original angeführt: „Terwyl hy op deeze reis te Axim op de Goudkust in Africa was, ging hy den beroemden Heer Anthonius Guilielmus Amo Guinea Afer, Philosophiae Dr. et Artium Liberalium Magister bezoeken. Hy was een Neger, die ruim 30 Jaaren in Europa verkeerd had. Hy was in den Jaare 1707 in Amsterdam, en werd vereerd aan den Hertog van Brunswyk, Anthoni Ulrich, die hem aan zyn zoon Augustus Wilhelmus gaf. Deeze liet hem studeeren te Hall; en in Wittenberg, waar hy in den Jaare 1727 tot Doctor in de Philosophie en Meester in de Vrye konsten Gepromoveerd werd. Eenigen tyd daarna overleed zyn Meester: dit maakte hem zeer droefgeestig, en deed hem bessuiten naar zyn Vaderland te rug te keeren; hy leefde daer toen als een Heremiet, en had den naam van een Gelukzegger te zyn; hy sprak verscheiden taalen, Hebreeuws, Grieks, Latyn, Fransch, Hoogen Nederduitsch; was zeer kundig in de Astrologie en Astronomie, en een groot Wysgeer; zynde toen omtrent 50 Jaaren oud. Zyn Vader en eene Zuster leefden noch, en woonden vier dagreizen landward in; hy had een Broeder, die Slaaf was in de Colonie van Suriname; naderhand is hy van Axim verhuist en gaan woonen in de Fortres der West-Ind. Comp. St. Sebastiaan, te Chama" (*Verhandelingen uitgegeven door het Zeeuwsch Genootschap der Wetenschappen te Vlissingen*. Middelburg: Pieter Gillissen 1782, S. XIX–XX).

[96] Zur Bedeutung der unterschiedlichen Bewegungsmuster und Bewegungsfiguren vgl. das Auftaktkapitel in Ette, Ottmar: *Literatur in Bewegung. Raum und Dynamik grenzüberschreitenden Schreibens in Europa und Amerika*. Weilerswist: Velbrück Wissenschaft 2001.

derartiges Verständnis von Amos gesamtem *curriculum vitae* als fundiert erscheinen? Und handelte es sich wirklich um eine Heimkehr?

Sicherlich lässt sich die Belegung der Bewegungsfigur Amos mit dem Begriff einer ‚Rückkehr in sein Vaterland' in der Veröffentlichung der Notizen von David Henri Gallandat, in welcher diese folgenschwere Bezeichnung erstmals in schriftlicher Form auftaucht, mit Verweis auf das Itinerarium, auf die schlichte Bewegung im Raum begründen. Denn in der Nähe von Axim wurde Amo an der damaligen ‚Goldküste' geboren und in die Nähe von Axim kehrte er am Ende seines Lebens zurück.

Aber bereits das auf den ersten Blick eher nebensächliche Auftauchen der Figur des Vaters, die mit dem ‚Vaterlande' verbunden wird, sollte uns in dieser Erzählung darauf aufmerksam machen, dass wir es hier mit einer hermeneutischen Bewegungsfigur zu tun haben, die sich in höchst wirkungsvollen und über Jahrhunderte in der abendländischen Kultur einflussstarken Erzählmustern finden lässt. Die christliche Parabel vom verlorenen Sohn bildet nur eine der zahllosen Varianten, die in diesem Textauszug unverkennbar mitschwingen.

Der Rückgriff auf den Begriff des Vaterlandes konfiguriert überdies ein Narrativ, das von stärkster politischer wie affektiver Wirkkraft ist. Denn erscheint es nicht als ‚natürlich', in sein Vaterland zurückzukehren? Auch wenn eine solche Begrifflichkeit den damaligen kolonialen Verhältnissen an der ‚Goldküste' Hohn spricht, so ihre Wirkung zumindest auf ein europäisches Lesepublikum, das mit diesem Text erreicht werden sollte, doch unbestreitbar. Der Gallandat zugeschriebene Text suggeriert auf den verschiedensten Ebenen, wie ‚natürlich' die Rückkehr des ‚verlorenen' Sohnes in ‚sein' ‚Vaterland' ist. Dass sich dahinter kolonialistische Wahrnehmungs- und Darstellungsmuster verbergen, ist offenkundig. Denn nicht immer ist die Bewegung eines *Back to Africa* antikolonialistisch und emanzipatorisch gemeint. Sie kann sehr wohl kolonialistischen Interessen entsprechen.

Dabei könnte Anton Wilhelm Amo sehr wohl der erste unter allen Interpreten gewesen sein, der – als er das Gesuch an die West-Indische Kompanie formulierte – lange vor Gallandat seine eigene Lebensgeschichte nach diesem Modell einer Heimkehr des verlorenen Sohnes, einer Rückkehr in sein Vaterland oder einer Reise in die eigene Kindheit begriffen hätte. Denn bedeutete die im Raume (und nur im Raume) vorgenommene Rückkehr nicht letztlich eine Heimkehr in eine Welt, die er einst bewohnt hatte? Konnte er so nicht den Zyklus seines Lebens schließen und seinem eigenen *curriculum vitae* eine Richtung und damit einen Sinn – das frz. *sens* steht bekanntlich ebenso für die Richtung wie für den Sinn ein – geben und verleihen?

Gerade bei dem sich in seinen philosophischen Schriften – gewiss auch in einem von pietistischen Machtblöcken zeitweise beherrschten akademischen Feld – auf das Christentum berufenden Autor wie Amo konnte die Vorstellung von der Heimkehr des verlorenen Sohnes im Verbund mit anderen Narrativen nicht anders als wirksam sein. Möglich, dass diese narrativen Modelle neben den schwierigen Lebensbedingungen in Deutschland ein zentrales *Movens* dafür bildeten und Amos Entscheidung beflügelten, sich der vielleicht größten Herausforderung seines Lebens zu stellen Hatte Amo nicht selbst in seinen Überlegungen zur Wichtigkeit der Ideen auf die große Bedeutung der Fiktion hingewiesen? So heißt es in seinem *Traktat*: „Die Zwillingsform der möglichen Idee ist die fiktive; sie ist eine andere Vorstellung eines Dinges, als es an sich ist."[97] Die Beziehung zwischen einem Ding an sich[98] und seiner Vorstellung aber ließe sich in der Tat im Sinne Amos als eine äquipollente, als eine gleichmächtige denken.

Für den Mut, eine derartige Reise und damit ein solches Risiko auf sich zu nehmen, kann man Amo nur bewundern. War es ein kultureller Schock, der ihn in Afrika erwartete? Bildete er selbst einen kulturellen Schock für alle, die mit ihm in Berührung kamen? Sahen die Kolonialbehörden und Sklavenhändler unterschiedlicher Couleur in ihm eine Gefahr für ihre Interessen, oder wurde er für manche zu einem wichtigen Gesprächspartner oder Vermittler? Spielte Amo dort wirklich eine Rolle als ‚Wahrsager' und vermochte er es, für die Angehörigen unterschiedlicher ethnischer Gruppen an der kolonialistisch durchsetzten und abhängig gemachten Küste zu einer Respektperson zu werden?

Wir wissen es nicht und sollten uns allzu weitreichender Spekulationen enthalten. Als gesichert aber darf gelten, dass Anton Wilhelm Amo nicht nur in Deutschland, sondern auch in Afrika wiederholt seinen Wohnsitz wechselte. Und es dürfte zu den großen Widersprüchen und Rätseln seines Lebens zählen, dass er das Ende seiner Existenz – frei oder erzwungen – im Fort von Chama zubrachte und damit in einer Festung, die unter der Herrschaft der West-Indischen Kompanie in das weltweite System des Sklavenhandels eingebunden war. Was wir des Weiteren sehr wohl wissen, ist die Tatsache, dass Amos Reise an Bord eines Schiffes der West-Indischen Kompanie eine Reise in ein für den Reisenden selbst weitestgehend unbekanntes Land und sicherlich keine ‚Heimkehr' war – auch wenn die Reise aus unterschiedlichsten Blickpunkten und mit höchst verschiedenartigen Interessen stets zu einer solchen stilisiert wurde und wird.

ZwischenWeltenSchreiben: Philosophieren ohne festen Wohnsitz

Stellen wir uns die Frage, die an jede verschüttete Tradition zu stellen ist: Was blieb von der intensiven philosophischen und universitären Tätigkeit Anton Wilhelm Amos in Preußen und in Deutschland bestehen? Die Bekanntheit von Anton Wilhelm Amo Afer beschränkte sich keineswegs auf den deutschsprachigen Raum. In seinen berühmten Ausführungen zu *De la littérature des nègres* aus dem Jahre 1808

[97] Amo, Anton Wilhelm: *Traktat*, S. 171; im lateinischen Original: „Gemina possibili idea ficta, quae: Repraesentatio rei aliter ac secundum se est" (S. 79).

[98] Zur Bedeutung des ‚Ding an sich' in der Philosophie Amos und der Philosophiegeschichte des 18. Jahrhunderts vgl. Edeh, Yawovi Emmanuel: *Die Grundlagen der philosophischen Schriften von Amo. In welchem Verhältnis steht Amo zu Christian Wolff, dass man ihn als einen ‚führnehmlichen Wolffianer' bezeichnen kann?*, S. 70 f; sowie Schilling, Georg: *„Who was Anton Wilhelm Amo?" – „Remapping the Jungle" vs. „Vom faulen Holze lebend"?! An attempt against forgetting and „white"-washing, sad, racist „(a)e(sthe)tic(al)" texts of so called German „prime fathers" et al.*, S. 15.

wies Abbé Henri Grégoire,[99] der jakobinische französische Philosoph und Kämpfer gegen Sklaverei und Sklavenhandel, auf nicht weniger als fünf Seiten auf Anton Wilhelm Amo sowie dessen Herkunft aus Guinea und Aufenthalt an den Universitäten von Halle und Wittenberg hin. Wie in Zedlers *Grossem vollständigem Universal Lexicon aller Wissenschaften und Künste*, mit dem sich mehrere Übereinstimmungen ergeben, wird unter explizitem Rückverweis auf Blumenbachs Ausführungen gleich zu Beginn über Amos Untersuchung der rechtlichen Situation der Schwarzen in Europa aufmerksam gemacht.

Die Vielsprachigkeit des Philosophen wird dabei von Anfang an hervorgehoben: „Amo était versé dans l'astronomie et parloit le latin, le grec, l'hébreu, le français, le hollandais et l'allemand."[100] Darüber hinaus griff Grégoire auf den „hommage public" des Rektors der Universität Wittenberg zurück, der zu Recht in Erinnerung gerufen habe „que Térence aussi étoit d'Afrique."[101] Zweifellos wusste der französische Abbé sehr wohl, dass sich schon Terenz den Beinamen ‚Afer' gegeben hatte.

Auch wenn Abbé Henri Grégoire die Dauer des Aufenthaltes Amos in Europa deutlich unterschätzt, so wird doch die Dimension der geographischen ‚Rückkehr' an die westafrikanische Goldküste erwähnt und zugleich in den Kontext einer ‚tiefen Melancholie', des französischen *mal du siècle* an der Wende zum 19. Jahrhundert, gerückt. Damit werden Amo zum ersten (aber keineswegs zum letzten) Mal Züge eines romantischen Helden verliehen, der als Fünfzigjähriger schließlich „la vie d'un solitaire" geführt habe.[102] Dem von ihm erwähnten Akademiemitglied Gallandat entlehnt Grégoire zugleich die Biographeme, der Vater und eine Schwester Amos hätten damals noch gelebt, und Amos Bruder sei als Sklave nach Surinam verbracht worden.[103] Damit sind bei Grégoire im Grunde die wesentlichen biographischen Bezugspunkte entwickelt, die noch heute jede Darstellung Amos strukturieren. Abschließend betont der französische *philosophe*, er habe durch seine Recherchen nicht in Erfahrung bringen können, ob Amo andere Werke veröffentlicht habe und wann genau er verstorben sei.

Durch die Einbeziehung des Reiseberichts von Gallandat gelingt es Grégoire zum ersten Mal, eine Kreisstruktur im Leben Anton Wilhelm Amos zum Vorschein zu bringen, eines Lebens also, das in Afrika begann und in Afrika sein Ende fand. Wie sehr sich dieser Zyklus dazu eignete, in nachfolgenden Zeiten romantisiert, idealisiert oder in das Zeichen eines *Back to Africa* gestellt zu werden, vermag ein Blick auf die weitere Rezeptionsgeschichte Amos leicht zu belegen, eine Geschichte, die hier freilich nicht mehr näher auszuführen ist.

---

[99] Vgl. hierzu den Hinweis in Damis, Christine: Le philosophe connu pour sa peau noire: Anton Wilhelm Amo, S. 119.

[100] Grégoire: Henri: *De la Littérature des nègres, ou Recherches sur leurs facultés intellectuelles, leurs qualités morales et leur littérature; suivies de Notices sur la vie et les ouvrages des Nègres qui se sont distingués dans les Sciences, les Lettres et les Arts.* Paris: chez Maradan Libraire 1808, S. 198.

[101] Ebd., S. 199.

[102] Ebd. Vgl. hier auch den Eintrag in die *Nouvelle Biographie Universelle* von 1852, auf den erstmals aufmerksam machte Struck, Bernhard: Nochmals A.W. Amo. In: *Akademische Rundschau* (Leipzig) V (1916–1917), S. 54–56.

[103] Grégoire, Henri: *De la Littérature des Nègres*, S. 201.

Damit begann zugleich eine Geschichte der unterschiedlichsten Instrumentalisierungen Amos, die bis heute unvermindert anhält, ja noch an Fahrt erheblich aufgenommen hat. Selbst Burchard Brentjes, der sich seinerseits nicht scheute, in den Zeiten des südafrikanischen Apartheid-Regimes Anton Wilhelm Amo für die sozialistische Politik der Völkerfreundschaft der Deutschen Demokratischen Republik zu reklamieren,[104] machte am Ausgang seiner Monographie auf eine wichtige Rezeptionslinie des 20. Jahrhunderts aufmerksam, sei es doch dem Reverend Attoh Ahuma und damit „einem Afrikaner vorbehalten" geblieben, mit seinem 1905 in Liverpool veröffentlichten Band *Memoirs of West African celebrities*[105] „Amo zu Beginn des 20. Jahrhunderts wiederzuentdecken."[106] Nach dem Zweiten Weltkrieg hätten an diese frühe Darstellung „die Kräfte des Fortschritts im Kampf gegen die Reaktion" anknüpfen können.[107] So hätten seit 1946 als erste „Bürgerrechtler in den USA" Beatrice Jackson Fleming und Marion Jackson Pryde mit ihrem Buch *Distinguished Negroes Abroad*[108] auf Amo „zurückgegriffen."[109] Noch im selben Jahr habe sich auch der große Kwame Nkrumah für den „afrikanischen Philosophen"[110] interessiert und ein eigenes Buch zu schreiben geplant.

Folglich überließ Brentjes im Zeichen des Schulterschlusses sozialistischer Antikolonialisten dann auch dem bedeutenden afrikanischen Sozialisten das letzte Wort, indem er statt eines Schlußwortes einen Brief Kwame Nkrumahs aus Accra vom 14. Mai 1964 an ihn abdruckte, in dem es um das große Interesse des Politikers – „einer der Führer des sich befreienden Afrikas"[111] – für Anton Wilhelm Amo geht. In diesem Brief heißt es von Amos Zeit in Deutschland:

> Er wurde wegen seiner philosophischen Anschauungen verfolgt und von den deutschen Pietisten von einer Universität zur anderen gehetzt. Schließlich wurde er 1747 in Jena das Opfer eines rassistischen Angriffs und beschloß daraufhin, nach Ghana zurückzukehren.[112]

[104] Dies gilt für die Anfangs- und Schlußteile seiner Monographie *Anton Wilhelm Amo. Der schwarze Philosoph in Halle* ebenso wie in besonderem Maße für Brentjes, Burchard: Ein Afrikaner in Halle vor 250 Jahren? In (ders., Hg.): *Der Beitrag der Völker Afrikas zur Weltkultur. Materialien einer wissenschaftlichen Arbeitstagung zu Ehren des Philosophen Anton Wilhelm Amo (1727–1747 in Halle, Wittenberg und Jena).* Halle (Saale): Martin-Luther-Universität Halle-Wittenberg 1977, S. 3–15. Dies stellt die großen Verdienste Brentjes um die Amo-Forschung in keiner Weise in Frage. Massive Kritik an der Instrumentalisierung Amos für die Politik der DDR äußerte Damis, Christine: Le philosophe connu pour sa peau noire: Anton Wilhelm Amo, S. 121–123.

[105] Ahuma, S. R. B. Attoh: *Memoirs of West African celebrities: Europe, & c., 1700–1850.* With special references to the Gold Coast. Liverpool: D. Marples 1905.

[106] Brentjes, Burchard: *Anton Wilhelm Amo. Der schwarze Philosoph in Halle*, S. 73.

[107] Ebd.

[108] Vgl. Fleming, Beatrice Jackson/Pryde, Marion Jackson: *Distinguished Negroes Abroad.* Toronto: Associated Publishers 1946, S. 148–152.

[109] Brentjes, Burchard: *Anton Wilhelm Amo. Der schwarze Philosoph in Halle*, S. 73.

[110] Ebd.

[111] Ebd., S. 75.

[112] Nkrumah, Kwame: Brief vom 14. Mai 1964. Abgedruckt in Brentjes, Burchard: *Anton Wilhelm Amo. Der schwarze Philosoph in Halle*, S. 77. Vgl. auch (ders.): *Consciencism: Philosophy and ideology for De-Colonization.* New York/London: Monthly Review Press 1970.

Nach seiner Aufnahme in den großen geschichtlichen Entwurf von *De la littérature des nègres* und seiner damit verbundenen Integration in das abolitionistische Projekt des rührigen Aufklärers Henri Grégoire war Amo nunmehr in der zweiten Hälfte des 20. Jahrhunderts und somit in den Debatten um die Entkolonialisierung Afrikas angekommen. Das Bild Amos hatte sich erneut gewandelt: Als aufgrund seiner philosophischen Anschauungen Verfolgter und als Opfer rassistischer Übergriffe war der Afrikaner in seine afrikanische Heimat zurückgekehrt. Anton Wilhelm Amos Lebenslauf eignete sich hervorragend dafür, die Stationen eines zwar nicht poetischen, aber philosophischen *Cahier d'un retour au pays natal* ganz im Sinne von Aimé Césaires großer, in einer ersten Fassung 1939 erschienenen Schöpfung[113] nicht nur nachzuzeichnen, sondern historisch beispielhaft zu illustrieren. Was aber blieb, was aber bleibt von Anton Wilhelm Amo und seiner Lebens- und Schaffenszeit in Preußen? Und welchen Sinn macht es, es bei der Tilgung seines Namens, seines Werkes und seiner Person in Deutschland zu belassen?

Gewiss ist es möglich – und vielfach praktiziert worden, – Anton Wilhelm Amo ausgehend von seiner Geburt (und nicht etwa vom überwiegenden Teil seines Lebens) her derart zu *reterritorialisieren*, dass er in Erfüllung seines selbstgewählten Beinamens allein zum Afrikaner wird. Doch erscheint es als eine höchst zweifelhafte Vorgehensweise, einen dergestalt *re*territorialisierten Menschen gleichsam genetisch und biologisch an eine wie auch immer konstruierte ‚afrikanische Geisteswelt' zurückzubinden[114] und damit auf eine einzige ‚Identität' und Zugehörigkeit (nämlich die seiner Herkunft) zu reduzieren. Folgt man Kwasi Wiredu, so ging es bei der ‚Heimkehr' von Amo um ein kulturelles Überleben, sei Amo doch Afrikaner und Philosoph, mithin ein afrikanischer Philosoph gewesen.[115] Die Rede von unbewussten afrikanischen Spuren und von einer „racial identity"[116] zielt auf eine an die ‚Heimkehr' bewusst anknüpfende ‚Rückführung' auch und gerade als Philosoph ab, die den Verfasser von *De iure Maurorum in Europa* zum ausschließlich afrikanischen Denker zu stilisieren sich abmüht.

Auf der anderen Seite ließe sich anmerken, dass dieser Bewegung der Inklusion eine wohlfeile Bewegung der Exklusion auf nicht zufällig komplementäre Weise entspricht. Denn es wäre ein Leichtes zu belegen, dass die Schriften und wissenschaftlichen Aktivitäten Anton Wilhelm Amo Afers aus der Geschichte der Philosophie weitestgehend getilgt wurden: Selbst die biographischen Einträge, die noch zu Lebzeiten Amos etwa in Zedlers *Großem vollständigem Universal Lexicon aller Wissenschaften und Künste* erschienen waren, verschwanden ebenso wie sein Name, ja selbst die Erinnerung an seinen Namen. Sein Ausschluss aus der Geschichte Preußens und Deutschlands war vollständig und radikal.

Man kann dem eigentlichen ‚Wiederentdecker' Amos für den zumindest deutschsprachigen Raum, dem Bibliothekar Wolfram Suchier, nur zustimmen, wenn er betont, dass die Beschäftigung mit Amo „weitere Bausteinchen zur

---

113 Vgl. Césaire, Aimé: Cahier d'un retour au pays natal. In: *Volontés* (Paris) 20 (1939).

114 Vgl. u. a. Mabe, Jacob Emmanuel: *Anton Wilhelm Amo interkulturell gelesen*, S. 100.

115 Vgl. Wiredu, Kwasi: Amo's Critique of Descartes' Philosophy of Mind, S. 205.

116 Ebd.

deutschen Gelehrtengeschichte"[117] erbringen werde. Diese Beschäftigung aber sei begründet, sei Amo doch „denkwürdig" wegen „des Aufsehens, das er zu seiner Zeit in Deutschland erregte, und wegen seiner Schriften für die Universitäts-, Gelehrten- und Kulturgeschichte."[118] Die mit Blick auf Afrika vollzogene Inklusion und die hinsichtlich der deutschen und europäischen Wissenschafts-, Geistes- und Philosophiegeschichte sehr weitreichend durchgeführte Exklusion sind komplementär miteinander verwobene Prozesse, die es in ihrer wechselseitigen Stützung aufzubrechen gilt. Denn sie beruhen stets auf simplen Territorialisierungen und exklusiven Zurechnungen wie Ausschlüssen, welche die Komplexität von Leben und Werk Anton Wilhelm Amos in vielen Fällen wissentlich und willentlich zu reduzieren suchen.

Der systematischen und bis heute wirkungsvollen Tilgung oder Ausklammerung Amos aus der deutschen und europäischen Philosophiegeschichte entspricht auf struktureller Ebene der Versuch, Amo zum Denker einer rein afrikanischen Tradition und Identität zu stilisieren. Wir sollten an seinem Denken, an seinem Schreiben aber erkennen, dass Anton Wilhelm Amo als europäischer Denker und als Vertreter der deutschen Frühaufklärung zugleich ein afrikanischer Philosoph war, wobei wir jeglichen Versuch unterlaufen sollten, ihn entweder ‚nur' als das eine noch ‚nur' als das andere zu begreifen. Glücklicherweise sind die Zeiten, in denen er weder das eine noch das andere war, definitiv vorüber.

Doch ist Amos ganzes Schaffen auch nicht einfach auf den gemeinsamen Nenner eines rein additiven Sowohl-als-auch zu bringen. Könnte hiermit nicht die Tatsache zusammenhängen, dass die interkulturelle Philosophie sich bislang so wenig für sein Denken aufgeschlossen gezeigt und ihn ebenfalls weitgehend exkludiert hat?[119] Denn Anton Wilhelm Amo ist weit mehr als die Addition beider Einschreibungen und Traditionen, sondern vielmehr der kühne und zugleich immer prekäre Versuch, nicht die Addierung, sondern die *Bewegung* zwischen diesen Traditionssträngen zu sein und explizit als Afrikaner an der deutschen Frühaufklärung teilzuhaben – und zwar ohne sich auf sie alleine reduzieren zu lassen. Eben hier liegt die Bedeutung von Amo für die Ideengeschichte wie die Geschichte *tout court* von Preußen und Deutschland.

Amos Philosophie ist ganz im Sinne seines *Tractatus de arte sobrie et accurate philosophandi* eine Kunst des *Philosophierens*, eines Denkens und Schreibens aus der Bewegung, einer nicht stillzustellenden transarealen Dynamik. Amo hat sich dieser Kunst dabei nicht selten auf kryptographische Weise bedient – eine Tatsache, die verstärkte philosophische wie philologische Dechiffrierversuche und Auseinandersetzungen mit diesem Autor notwendig macht. Denn seine Philosophie ist ein Philosophieren ohne festen Wohnsitz, das sich nicht auf eine einzige Perspektivik, auf eine einzige Zugehörigkeit, auf einen einzigen Standpunkt reduzieren lässt.

Genau darin aber liegt das Versprechen dieses Philosophierens für die Zukunft. Wir haben gesehen, unter welch schwierigen Bedingungen menschenverachtender

[117] Suchier, Wolfram: Weiteres über den Mohren Amo, S. 7.

[118] Ebd.

[119] Vgl. hierzu Mabe, Jacob Emmanuel: *Anton Wilhelm Amo interkulturell gelesen*, S. 103.

Sklaverei und Ausgrenzung, fürstlicher Förderung eines Versuchsobjekts und universitärer Grabenkämpfe im akademischen Feld sich die Kunst dieses nüchternen und gelassenen Philosophierens zu entwickeln hatte und zu entwickeln suchte. Doch die Beharrlichkeit eines Dagegenhaltens, das die Schwierigkeiten stets zum Anlass für neue Anstrengungen nahm, haben dieser Kunst ihr eigenes Bewusstsein, ja ihr eigenes Selbstbewusstsein verschafft.

Die transareale Vektorisierung eines Lebenswissens, das sich als Überlebenswissen gerade auf dem Feld des Denkens erprobte, hat Amos Philosophieren stark bestimmt, insofern die Querung unterschiedlicher Sprachen, verschiedenartiger Kulturen und oft widersprüchlicher Traditionen eine dynamische Polylogik entstehen ließ, die Theologie wie gewiss auch Philosophie in Amos Denken nachdenklich, aber auch nachdrücklich in den Plural setzte. Dabei erlebte er an deutschen Universitäten, wie seine Art des ZwischenWeltenSchreibens ihn vor Ausgrenzungen nicht zu schützen vermochte. Dem Verlassen Deutschlands ging fraglos ein Kollaps lebbarer Konvivenz voraus.

Einem Philosophieren, wie es Antonius Guilielmus Amo Afer in lateinischer Sprache praktizierte, kommt kein fester Ort, kein sicheres Koordinatensystem und gewiss auch keine ‚Heimat' zu, die es in Amos Leben ohnehin nie gab. Anders als andere Sprachen der Philosophie war das Lateinische im 18. Jahrhundert keinem Ort und keinem Territorium verpflichtet. Anton Wilhelm Amos Philosophieren ohne festen Wohnsitz vervielfacht durch seine ständigen Bewegungen die Orte des eigenen Lebens, Denkens und Schreibens und ist weniger an einer retrospektiven Geschichte der Philosophie als an einer prospektiven, in die Zukunft denkenden und neue Zukünfte schaffenden Verschiebung von Horizonten ausgerichtet. So bildet diese Kunst des Philosophierens im Vergangenen ein Stück des Künftigen aus. Eines Künftigen, das es aus der verschütteten vergangenen Zukunft Amos für ein Deutschland und Europa freizulegen gilt, die jeglichen Kolonialismus abgelegt haben werden und Anton Wilhelm Amo als eine historische Figur begreifen, die Teil auch unserer Geschichte ist und uns brennende Fragen stellt.

Friedrich der Große und Cornelius de Pauw: Preußen, Mexiko und die (Neue) Welt

Im Universum der Texte

Cornelius de Pauw darf zweifellos als einer der unter seinen Zeitgenossen weltweit berühmtesten Repräsentanten der europäischen Aufklärung gelten. Seine oftmals im globalen Maßstab Aufsehen erregenden Schriften wurden in einer nationale Grenzziehungen ganz selbstverständlich überspannenden *République des Lettres*, die man allzu oft und fälschlicherweise auf die Dimensionen Europas begrenzt zu denken geneigt ist, im Kontext jenes ‚Disputs um die Neue Welt' gelesen, dessen Geschichte Antonello Gerbi in einer längst klassisch gewordenen Studie aufgearbeitet hat.[1] Kurzum: Ohne de Pauw wäre eine entscheidende Phase dieses Disputs, die Berliner Debatte um die Neue Welt, nicht vorstellbar.

Doch die Vielzahl an Polemiken, die de Pauw insbesondere mit seinen *Recherches philosophiques sur les Américains* auslöste, scheint heute längst vergessen, auch wenn man seinen Namen bisweilen noch in flüchtigen Fußnoten oder beiläufigen Nebensätzen findet. Ein Blick auf die internationale Forschungslandschaft zeigt, dass es kaum neuere Publikationen zu den Arbeiten des 1739 in Amsterdam geborenen und 1799 in Xanten verstorbenen Philosophen geschweige denn ausgedehntere Monographien gibt, die sein gesamtes philosophisches Oeuvre untersuchen würden.[2] Es ist ruhig, ja verdächtig ruhig geworden um den Mann, der einst die Gemüter erhitzte und einen der zweifellos entscheidenden Dispute des Jahrhunderts der Aufklärung auslöste. Haben uns seine Texte heute nichts mehr zu sagen?

Die Fragestellungen, mit denen sich de Pauw über weite Strecken seines Schaffens beschäftigte, sind gerade in ihrer kulturphilosophischen Stoßrichtung gewiss auch heute noch von größter Relevanz, will man die Geschichte der Beziehungen zwischen Europa und der außereuropäischen Welt mit historischer Tiefenschärfe

[1] Vgl. Gerbi, Antonello: *La Disputa del Nuovo Mondo. Storia di una Polemica: 1750–1900.* Nuova edizione a cura di Sandro Gerbi. Milano/Napoli: Riccardo Ricciardi Editore 1983.

[2] Erwähnung findet das Werk de Pauws immerhin in Cañizares-Esguerra, Jorge: *How to Write the History of the New World. Histories, Epistemologies, and Identities, in the Eighteenth-Century Atlantic World.* Stanford: Stanford University Press 2001, S. 26–28.

O. Ette, *Mobile Preußen*, https://doi.org/10.1007/978-3-476-04854-7_2

begreifen. Denn der wegen seiner Scharfzüngigkeit gefürchtete Philosoph ist ein Denker der Globalität und sein Werk eine Antwort auf jene zweite Phase beschleunigter Globalisierung,[3] welche die zweite Hälfte des 18. Jahrhunderts bis deutlich über die Jahrhundertwende hinaus umfasst, ein Zeitraum, der sich im Übrigen innerhalb des deutschsprachigen Raumes seit Mitte des Jahrhunderts auch in einer deutlich steigenden Zahl an Übersetzungen spanischer Geschichtswerke zur ersten Globalisierungsphase niederschlägt.[4]

Einheit und Aufteilung des gesamten Planeten stellen Problematiken dar, die de Pauws gesamtes Werk über die Alte wie die Neue Welt durchziehen. Dabei begreift der Autor der *Recherches philosophiques sur les Américains* ganz im Sinne der Naturgeschichte Buffons diese ‚Neue' Welt auch als eine geologisch wie geomorphologisch jüngere, neuere Welt:

> Le nombre presqu'infini de lacs & de marécages dont les Indes occidentales sont couvertes, n'avoit pas été formé uniquement par les eaux fluviales extravasées, ni par les brouillards attirés par les montagnes et les forêts: ces lacs paraoissoient être des dépôts d'eaux qui n'avoient pu encore s'écouler des endroits jadis noyés par une secousse violente, imprimée à toute la machine du globe terraquée: les nombreux volcans des Cordillieres & des rochers du Mexique, les tremblements qui ne cessent jamais dans l'une ou dans l'autre branche des Andes, prouvent que la terre n'y est pas encore en repos de nos jours.[5]

Der gesamte Planet bildet mithin eine Einheit, jene ‚Maschine des Globus', die sich freilich naturhistorisch gesehen gleichzeitig in erdgeschichtlicher Ungleichzeitigkeit befindet. Denn während es in der Alten Welt längst zu einer gewissen Beruhigung („repos") gekommen sei, brodelt und schüttelt es in den Gebirgen der Neuen Welt, wo die Landmassen sich erst wesentlich später aus dem Wasser gehoben hätten und noch immer weite aquatische Binnenräume bildeten. Die Unterschiede zwischen den Welten sind folglich unmittelbar sinnlich wahrnehmbar. ‚Alt' steht dabei ‚neu' direkt gegenüber. Die Maschine des Erdkörpers ist zwar durchaus eine einzige, spaltet sich aber in zwei Hemisphären auf, die in ihrer Gegensätzlichkeit bis in

---

[3] Vgl. hierzu erstmals Ette, Ottmar: *Weltbewußtsein. Alexander von Humboldt und das unvollendete Projekt einer anderen Moderne.* Weilerswist: Velbrück Wissenschaft 2002, S. 25–27; eine umfangreiche Übersicht der unterschiedlichen Phasen beschleunigter Globalisierung findet sich in Ette, Ottmar: *TransArea: A Literary History of Globalization.* Translated by Mark W. Person. Berlin/Boston: De Gruyter Mouton 2016.

[4] Vgl. hierzu Birkenmaier, Anke: *Versionen Montezumas. Lateinamerika in der historischen Imagination des 19. Jahrhunderts. Mit dem vollständigen Manuskript von Oswald Spenglers ‚Montezuma: ein Trauerspiel' (1897).* Berlin/New York: de Gruyter 2011, S. 14.

[5] Pauw, Cornelius de: *Recherches philosophiques sur les Américains, ou Mémoires intéressants pour servir à l'Histoire de l'Espèce humaine.* 2 Bde. Berlin: Chez Georges Jacques Decker, Imp. du Roi 1768–1769, hier Bd. 1, S. 102. Der Band erschien unter dem leicht auflösbaren Pseudonym „Mr. de P***". Eine deutsche Ausgabe folgte im Übrigen rasch: *Philosophische Untersuchungen über die Amerikaner, oder wichtige Beyträge zur Geschichte des menschlichen Geschlechts.* Übersetzt von Carl Gottlieb Lessing. 2 Bde. Berlin: Decker und Winter 1769. Die französischsprachigen Originalausgaben verfügen über zahlreiche orthographische Nachlässigkeiten insbesondere bei der Akzentsetzung, die im vorliegenden Text nicht gesondert signalisiert werden.

unsere Tage fortbestehen und in ihrer Gewalt infolge der zahlreichen Erdstöße für den menschlichen Körper sinnlich erfahrbar werden.

Die Unterscheidung und Scheidung zweier Hemisphären bildet die grundsätzliche diskursive Setzung der *Recherches philosophiques*. Sie ist zunächst zwar rationaler, aber nicht relationaler Natur. Sie gibt der Menschheitsgeschichte wohl einen Sinn, koppelt diesen aber – wie wir sehen werden – von den Sinnen rasch wieder ab. De Pauws *Recherches* setzen auf die Macht des Sinns, nicht auf die Macht der Sinne und des sinnlich vom Reisenden wie vom Publikum Erlebbaren.

Dem im obigen Zitat deutlich werdenden Argumentationsschema folgen nicht allein die naturhistorischen, sondern auch die kulturhistorischen Überlegungen der *Philosophischen Untersuchungen* über jene Amerikaner (*Américains*), die selbstverständlich nicht – entgegen unserer aktuellen Sprachverwirrung – die Bewohner der USA, sondern die indigene Bevölkerung des amerikanischen Kontinents bezeichnen. Gleich zu Beginn seines ‚Discours Préliminaire' zum ersten, 1768 unter dem Namen eines „Mr. de P***" in Berlin erschienenen Bandes seiner umfangreichen Schrift machte de Pauw dabei deutlich, welches für ihn jenes historische Ereignis war, das aus seiner Sicht die Geschichte des Planeten am nachhaltigsten geprägt und gleichsam die naturhistorische Differenz zwischen Alter und Neuer Welt am stärksten hervorgetrieben hatte:

> Il n'y a pas d'evénement plus mémorable parmi les hommes, que la Découverte de l'Amérique. En remontant des temps présents aux temps les plus reculés, il n'y a point d'evénement qu'on puisse comparer à celui là; & c'est sans doute, un spectacle grand & terrible de voir une moitié de ce globe, tellement disgraciée par la nature, que tout y étoit ou dégéneré, ou monstrueux.
>
> Quel Physicien de l'Antiquité eut jamais soupçonné qu'une même Planète avoit deux Hémisphères si différents, dont l'un seroit vaincu, subjugué & comme englouti par l'autre, dès qu'il en seroit connu, après un laps de siécles qui se perdent dans la nuit & l'abyme des temps?
>
> Cette étonnante révolution qui changea la face de la terre & la fortune des Nations, fût absolument momentanée, parce que par une fatalité presqu'incroiable, il n'existoit aucun équilibre entre l'attaque et la défense. Toute la force & toute l'injustice étoient du côté des Européens: les Américains n'avoient que de la foiblesse: ils devoient donc être exterminés & exterminés dans un instant.[6]

Der nicht umsonst an Jesuitenkollegs in Lüttich und Köln ausgebildete und überdies wohl an der für außereuropäische Fragen bestens ausgestatteten Göttinger Universität eingeschriebene Cornelius oder Corneille de Pauw[7] entfaltete in den wie stets bei ihm scharf konturierten Wendungen seines französischsprachigen Werkes eine Gegensätzlichkeit, welche die Opposition von ‚alter' und ‚neuer' Welt nun auf jene von ‚Europäern' und ‚Amerikanern' übertrug. Sie sind Bewohner *einer* Welt, die schroffer zweigeteilt jedoch kaum vorgestellt werden könnte.

---

[6] Ebd., Bd. I, S. a2v f.

[7] Vgl. hierzu Church, Henry Ward: Corneille de Pauw, and the controversy over his ‚Recherches philosophiques sur les Américains'. In: *PMLA* (New York) LI, 1 (March 1936), S. 180 f; sowie Beyerhaus, Gisbert: Abbé de Pauw und Friedrich der Große, eine Abrechnung mit Voltaire. In: *Historische Zeitschrift* (München/Berlin) 134 (1926), S. 465–493.

Die in dieser Eingangspassage diskursiv in Gang gesetzten Mechanismen der Inklusion und Exklusion erzeugen somit eine strukturelle Ambivalenz, die im Ergebnis der hier evozierten geschichtlichen Prozesse jedoch sofort in eine radikale Scheidung zurückgenommen wird. Sie bestimmt geschichtsphilosophisch die gesamte Anlage des de Pauw'schen Schreibens, das im Zeichen eines großen Zusammenstoßes steht, welcher im Grunde noch immer kein Ende gefunden hat. Die europäischen Mächte treffen auf die amerikanischen – und dies wahrlich nicht in einer Art und Weise, wie man sie später als ‚Begegnung der Kulturen' zu bemänteln gesucht hat. Aus der Perspektive von de Pauw war der Ausgang dieses Zusammenstoßes geradezu von der Natur her vorbestimmt. Dies aber verleiht der ungeheuren Macht in ihrer Asymmetrie ihren geschichtsphilosophischen Sinn.

Kultur wird in dieser Argumentation folglich in Natur transformiert. Und mehr noch: Die Welt Amerikas wird in ein Reich der Natur (zurück-)verwandelt, während Europa im Zeichen einer erfolgreich vorrückenden Kultur erscheint. Aus dieser aber wird die Neue Welt folgenreich exkludiert. Was naturhistorisch gegensätzlich angelegt ist, äußert sich mit geradezu deterministischer Gewalt auf kulturhistorischer Ebene. So steht die kulturell erzeugte Macht der Europäer der ‚natürlichen' Ohnmacht der Amerikaner statisch und gleichsam absolut gegenüber. Wir haben es hier mit jener (gezielten) Konfusion von Biologie und Kultur zu tun, die Claude Lévi-Strauss in seiner Auseinandersetzung mit ‚Rasse' und ‚Geschichte' so stark betont hatte:

> Mais le péché originel de l'anthropologie consiste dans la confusion entre la notion purement biologique de race (à supposer, d'ailleurs, que, même sur ce terrain limité, cette notion puisse prétendre à l'objectivité ce que la génétique moderne conteste) et les productions sociologiques et psychologiques des cultures humaines.[8]

Alles Leben der Natur wie der Kultur wird in dem obigen Textauszug de Pauws ins Zeichen dieser Scheidung, dieser Konstruktion als Opposition gestellt, wobei freilich nicht vergessen wird, dass die beiden so unterschiedlichen Hemisphären noch immer die Einheit eines von einer tiefen Trennung durchlaufenen Planeten bilden. So fügte Cornelius de Pauw bereits dem *incipit* seines sicherlich meistdiskutierten und umstrittensten Werkes jene grundlegenden Isotopien bei, welche seine *Recherches philosophiques* in ihrer Gesamtheit durchziehen: eine bewusste literarisch-rhetorische Arbeit, die gerade durch ihre oft polemische Pointe – der de Pauw seine rasche Bekanntheit wie wohl auch sein nicht weniger rasches Vergessen verdankte – ihre Wirkung auf die zeitgenössische internationale Leserschaft nicht verfehlte. Ein größerer Gegensatz als jener zwischen ‚Alter' und ‚Neuer' Welt wird als kaum denkbar präsentiert. Der Text entfaltet die Macht eines einzigen Sinnes, einer einzigen Bewegungsrichtung, deren Vektorizität klar festgelegt und für den Philosophen offenkundig ist.

Die Langzeitwirkung der de Pauw'schen Analyse darf – auch wenn der Name ihres Verfassers aus vielen Werken und Kompendien des 19. Jahrhunderts

---

[8] Lévi-Strauss, Claude: *Race et histoire.* Suivi de L'œuvre de Claude Lévi-Strauss par Jean Pouillon. Paris: Denoël 1984, S. 10.

verschwunden ist – ebenso wenig unterschätzt werden wie die Vielfalt an philosophischen und politischen Folgen, die sie zeitigte. Noch Hegels weltgeschichtlicher Entwurf zeigt gerade mit seiner sattsam bekannten These von der Inferiorität Amerikas, seiner naturräumlichen Ausstattung, seiner Tiere und seiner indigenen Bevölkerung die unverkennbaren Spuren eines Denkens, das Cornelius de Pauw mit seinen *recherches philosophiques* sicherlich auf die argumentative Spitze getrieben hatte.

In Hegels *Vorlesungen über die Philosophie der Weltgeschichte* – und damit in der dominanten Philosophietradition Preußens und des deutschsprachigen Raumes – sind diese Vorstellungen noch immer höchst lebendig:

> Die Welt wird in die Alte und Neue geteilt, und zwar ist der Namen der neuen daher gekommen, weil Amerika und Australien uns erst spät bekannt geworden sind. Aber diese Weltteile sind nicht nur relativ neu, sondern überhaupt neu, in Ansehung ihrer ganzen physischen und geistigen Beschaffenheit. [...] Von Amerika und seiner Kultur, namentlich in Mexiko und Peru, haben wir zwar Nachrichten, aber bloß die, dass dieselbe eine ganz natürliche war, die untergehen musste, sowie der Geist sich ihr näherte. Physisch und geistig ohnmächtig hat sich Amerika immer gezeigt und zeigt sich noch so. [...] Die Inferiorität dieser Individuen in jeder Rücksicht, selbst in Hinsicht der Größe, gibt sich in allem zu erkennen; nur die ganz südlichen Stämme in Patagonien sind kräftigere Naturen, aber noch ganz in dem natürlichen Zustande der Roheit und Wildheit.[9]

Auch hier wird die Kultur der Anderen dadurch negiert, dass sie in Natur rückverwandelt und damit historisch ausgeschaltet wird. Es genügt, dass sich ihr der (europäische) Geist nähert, um all dies in seiner Irrelevanz für die Menschheitsgeschichte sichtbar werden zu lassen und zum Einsturz zu bringen. Eine eigene Studie könnte zweifellos erhärten, auf welch grundlegende Weise die gewiss nicht von de Pauw erfundene, aber von seinen erfolgreichen Schriften sehr weit ausstrahlende Methode gerade die Reflexion des Verhältnisses zwischen europäischer und außereuropäischer Welt im 19., ja bis weit ins 20. Jahrhundert hinein prägte. Wie aber ließe sich diese Methode näher beschreiben? Und welche Konsequenzen zeitigt sie?

Mit Blick auf Cornelius de Pauws Denk- und Vorgehensweise gilt es zunächst einmal festzuhalten, dass der andere Teil der Welt weder im *incipit* noch im weiteren Verlauf der *Recherches* selbst zu Wort kommt. Wie sollte er dies auch? Denn ihm fehlen, folgt man de Pauw, die Worte. So heißt es in seinem einflussreichen Beitrag zum *Supplément* der *Encyclopédie* hinsichtlich der von ihm mit Blick auf die Bewohner Amerikas behaupteten Sprachlosigkeit:

> [...] la pauvreté de leur langue, dont le dictionnaire pourroit être écrit en une page, les empêche de s'expliquer. On sçait que les Péruviens mêmes, quoique réunis en une espèce de société politique, n'avoient pas encore inventé des termes pour exprimer les êtres métaphysiques, ni les qualités morales qui doivent le plus distinguer l'homme de la bête, comme la justice, la gratitude, la miséricorde. Ces qualités étoient au nombre des choses qui n'avoient point de nom: la vertu elle-même n'avoit point de nom dans ce pays, sur lequel on a débité

[9] Hegel, Georg Wilhelm Friedrich: *Vorlesungen über die Philosophie der Weltgeschichte.* Bd. XII. Auf Grund des aufbehaltenen handschriftlichen Materials neu hg. von Georg Lasson. Leipzig: Felix Meiner [2]1923, S. 107 f.

> tant d'exagérations. Or, chez les petits peuples ambulans, la disette des mots est encore incomparablement plus grande; au point que toute espèce d'explication sur des matieres de morale & de métaphysique, y est impossible.[10]

Sprache – und die Verfügung über Sprache – wird in diesen wohlkalkulierten Wendungen in einen fundamentalen Bezug zu einer nicht zuletzt politischen Entmündigung gebracht, wobei der Bezug zwischen Sprachfähigkeit und Physis im Kontext der gesamten Passage ähnlich strukturiert wird wie in der eingangs untersuchten Relation zwischen naturhistorischer und kulturhistorischer Inferiorität, die – wie wir bereits sahen – alles Amerikanische als monströs oder degeneriert disqualifiziert. Der holländische Philosoph tritt damit geradezu notwendig an die Stelle derer, die über keine Wörter, keine abstrakten Begriffe und damit auch über keine Macht (und Fähigkeit in jeglichem Sinne) verfügen. Er wird zum Wortgewaltigen, des Wortes Mächtigen schlechthin und spricht folglich anstelle derer, denen angeblich keine ausreichend differenzierte Sprache zur Verfügung steht.

So zahlreich auch zu jenem Zeitpunkt längst die meist von Missionaren zusammengestellten Grammatiken und Wörterbücher unterschiedlichster amerikanischer Sprachen waren: Cornelius de Pauw beharrt auf jener amerikanischen „disette des mots", welche ihm die Macht verleiht, seine eigenen an die Stelle der Wörter des Anderen zu setzen. Dieser zutiefst sinnbildende und sinngebende Vorgang ist in seiner Bedeutung kaum zu überschätzen: Der vorgebliche Sprachenspezialist und Philologe spricht auch im weiteren Verlauf nur *über*, niemals aber *mit* (Worten) der indigenen Bevölkerung, die – nebenbei bemerkt – natürlich nicht nur über *eine*, sondern über eine außerordentlich hohe Zahl unterschiedlichster Sprachen auf dem amerikanischen Kontinent verfügt.

Dabei zeigt sich bereits im *incipit* der de Pauwschen *Recherches*, dass sich Europa, dass sich das Europäische nur zu begreifen vermag, wenn es sich in einen weltweiten Vergleich (freilich: nach eigenen Regeln und ganz im Sinne der eigenen Macht) setzt. Der Ausgang dieses Vergleiches ist vorbestimmt, eine Reziprozität zwischen beiden Seiten des Atlantik nicht vorgesehen. Das Lexem *européen* erfüllt fortan in den *Recherches* die diskursive Aufgabe, ein Eigenes – durchaus in seiner internen europäischen Vielgestaltigkeit – von einem außereuropäischen Anderen abzusetzen, ohne dass beide quasi berührungslos nebeneinander koexistierten.

Denn sie verbindet, was sie auf tragische Weise trennt: die Geschichte einer Asymmetrie der Macht, die keineswegs allein die evidente Ungleichheit ihrer Waffenarsenale betrifft. Europa aber kann nach der ersten Phase beschleunigter Globalisierung, deren früher historischer Höhepunkt die sogenannte Entdeckung Amerikas durch Columbus war, nicht länger ohne Außereuropa konzipiert werden. Dies ist der Ausgangspunkt, von dem aus der in Amsterdam geborene Abbé seine Leserinnen und Leser in seine Neue Welt führt. Dies ist der Sinn, den de Pauw seinen Untersuchungen mit aller Macht zu vermitteln sucht – ein Sinn, der sich der Wahrnehmung der Sinne weitgehend entzieht und sich allein dem Universum der Texte anvertraut.

---

[10] Pauw, Cornelius de: Amérique. In: *Supplément à L'Encyclopédie ou Dictionnaires raisonné des Sciences, des Arts et des Métiers. Par une Société de Gens de Lettres. Mis en ordre et publié par M****. Tome premier. Amsterdam: Chez M.M. Rey, libraire 1776, S. 352.

Die Macht über den Sinn oder die Berliner Debatte um die Neue Welt

Die *Recherches philosophiques sur les Américains* bilden ein Werk aus Worten, das sich auf keinen empirischen, von de Pauw sinnlich er*fahr*enen Gegenstand, sondern ausschließlich auf andere Werke und Worte, auf andere Texte bezieht. So steht diese Schrift für das ein, was man als eine Textwissenschaft im schwachen Sinne bezeichnen könnte. Weder hat der holländische Abbé je die Neue Welt gesehen und bereist noch hat er – wie etwa nach ihm Guillaume-Thomas Raynal – ein weitgespanntes Netz von Korrespondenten auch in Übersee unterhalten und transatlantisch Informationen ausgetauscht. Die Methode des Cornelius de Pauw, so ließe sich sagen, war rein textbasiert: In diesem Sinne ist sie philologisch, zielt auf den Sinn und schließt die Sinne textuell weitgehend aus.

Mit guten Gründen könnte man daher die *Recherches philosophiques sur les Américains* als eine nicht enden wollende Reise durch die Welt der Texte, nicht aber durch die Welt sinnlichen Erlebens charakterisieren. Ohne jegliche empirische Basis, ohne jede Reise zu seinen Gegenständen und ohne direkte Kenntnis der von ihm beschriebenen, diskutierten und bewerteten Objekte (in) der Neuen Welt konsultierte de Pauw ebenso historische Chroniken wie zeitgenössische Reiseberichte, ebenso ihm zugängliche Bordbücher wie Manuskripte von Handelsreisenden, ebenso historiographische Werke des 16. Jahrhunderts wie philosophische Traktate des 18. Jahrhunderts. In diesen Bewegungen zwischen den Texten entsteht nicht nur eine gewisse Autonomie der von ihm durchquerten Textuniversen, sondern vielleicht mehr noch eine textuell erzeugte Autonomie und Eigen-Logik eines *philosophe*, der von einer erhöhten philosophischen Beobachterposition aus seine Urteile fällt und im Namen einer universalen Vernunft zu sprechen vorgibt. Dies machte zweifellos die Faszination und auch die damit verbundene Wirkmächtigkeit seines stets an klarer Sinngebung interessierten Schaffens aus. Sie beruht weniger auf einer Beherrschung der Gegenstände als auf einer Beherrschung der Texte. Die Philologie de Pauws könnte man sehr wohl als Macht, ja als Gewalt über Texte begreifen.

Daher gründet sich de Pauws eigenes Verständnis der amerikanischen Geschichte – wie er in seinem bereits erwähnten Artikel für den Supplement-Band der *Encyclopédie* festhielt – auf einem kritischen (wenn auch nur im Kritiker selbst verankerten) Umgang mit den historischen Quellentexten und damit auf einer spezifischen Qualität der eigenen Lektüre:

> Quand on veut avoir une idée de l'état où se trouvoit le nouveau-monde au moment de la découverte, il faut étudier les relations, & employer sans cesse une critique judicieuse & sévere pour écarter les faussetés & les prodiges dont elles fourmillent: les compilateurs qui n'ont aucune espece d'esprit, entassent tout ce qu'ils trouvent dans les journaux des voyageurs, & font enfin, des romans dégoûtants, qui ne se sont que trop multipliés de nos jours; parce qu'il est plus aisé d'écrire sans réfléchir, que d'écrire en réfléchissant.[11]

Erst die kritische Lektüre des zuvor Geschriebenen ermöglicht ein Schreiben, das diese Lektüre reflektiert: Lesen und Schreiben sind die grundlegenden Handlungen,

---

[11] Pauw, Cornelius de: Amérique, S. 353.

die im Mittelpunkt des de Pauw'schen Textuniversums stehen. Die Normen für die Beurteilung dessen, was in dieser Welt der Texte als glaubwürdig gilt oder als lügnerisch ausgeschlossen werden muss, können allein von einem aufgeklärten Europa, ja von Preußen aus definiert werden. Die Amerikaner sind Objekte, nicht aber Subjekte eines nicht auf Reziprozität beruhenden Diskurses, der ihnen mit Macht das Wort abschneidet und ihrer Existenz im Weltganzen einen klar umrissenen Sinn als Gegenstände und als Gehandelte in der Geschichte beimisst. Sinn wird allein von Preußen, von Europa aus erzeugt.

Welches Bild des (indigenen) Amerikaners also entfaltet de Pauw auf der Grundlage der nach seinem Verständnis textkritischen Arbeit? Es ist in jedem Falle ein stereotypes Bild, das nichts zu tun hat mit jenem des *bon sauvage*:

> Il n'est proprement ni vertueux, ni méchant: quel motif auroit-il de l'être? La timidité de son ame, la foiblesse de son esprit, la nécessité de se procurer sa subsistance au sein de la disette, l'empire de sa superstition, & les influences du climat l'égarent, & l'égarent très-loin; mais il ne s'en aperçoit pas. Son bonheur est de ne pas penser, de rester dans une inaction parfaite, de dormir beaucoup, de ne se soucier de rien, quand sa faim est apaisée, & de ne se soucier que des moyens de trouver la nourriture, quand l'appétit le tourmente. Il ne construiroit pas de cabane, si le froid & l'inclémence de l'air ne l'y forçoient: il ne sortiroit pas de la cabane, s'il n'en étoit chassé par le besoin: sa raison ne vieillit pas: il reste enfant jusqu'à la mort, ne prévoit rien, ne perfectionne rien, & laisse la nature dégénérer à ses yeux, sous ses mains, sans jamais l'encourager & sans la tirer de son assoupissement. Foncièrement paresseux par naturel, il est vindicatif par foiblesse, & atroce dans sa vengeance, parce qu'il est lui-même insensible: n'ayant rien à perdre que la vie, il regarde tous ses ennemis comme ses meurtriers.[12]

Die hier erwähnte *insensibilité* steht – wie gleich zu zeigen sein wird – in einer direkten Verbindung mit einer Stumpfheit der Sinne, wie sie de Pauw für den weit überwiegenden Teil der nicht-europäischen Menschheit nicht nur annimmt, sondern ‚fest-stellt'. Der Reduktion der unterschiedlichsten amerikanischen Kulturen auf das statische Bild ‚des' Amerikaners entspricht die Reduzierung dieses Menschen auf eine quasi tierische Existenz, die von keinerlei Entwicklung, keinerlei Dynamik und keinerlei Perfektibilität gekennzeichnet ist. Kultur wird in Natur umkodiert.

Damit wird ‚der' ursprüngliche Bewohner Amerikas, in einer unüberwindlichen Unmündigkeit gefangen, *de facto* aus der Geschichte der Menschheit ausgeschlossen, zu der er nichts beizutragen scheint, ja mehr noch: Er wird aus dem Menschengeschlecht ausgebürgert, eine Exklusion, die im zweiten, 1769 ebenfalls in Berlin erschienenen Band noch radikaler ausgestaltet wird. So lesen wir dort von der Spezies Mensch – und nicht umsonst geht es in den *Recherches philosophiques* de Pauws laut Untertitel um nichts weniger als um die *Histoire de l'Espèce humaine* – im Allgemeinen:

> Le véritable pays où son espèce a toujours réussi & prospéré, est la Zone tempérée septentrionale de notre hémisphère: c'est le siége de sa puissance, de sa grandeur, & de sa gloire. En avançant vers le Nord, ses sens s'engourdissent & s'émoussent: plus ses fibres & ses nerfs gagnent de solidité & de force, par l'action du froid qui les resserre; & plus ses organes

[12] Pauw, Cornelius de: *Recherches philosophiques sur les Américains*, Bd. 1, S. 123.

> perdent de leur finesse; la flamme du génie paroît s'éteindre dans des corps trop robustes, où tous les esprits vitaux sont occupés à mouvoir les ressorts de la structure & de l'économie animale. [...] Sous l'Equateur son teint se hâle, se noircit; les traits de la physionomie défigurée révoltent par leur rudesse: le feu du climat abrége le terme de ses jours, & en augmentant la fougue de ses passions, il rétrécit la sphère de son ame: il cesse de pouvoir se gouverner lui-même, et ne sort pas de l'enfance. En un mot, il devient un Nègre, & ce Nègre devient l'esclave des esclaves.
>
> Si l'on excepte donc les habitants de l'Europe, si l'on excepte quatre à cinq peuples de l'Asie, & quelques petits cantons de l'Afrique, le surplus du genre humain n'est composé que d'individus qui ressemblent moins à des hommes qu'à des animaux sauvages: cependant ils occupent sept à huit fois plus de place sur le globe que toutes les nations policées ensemble, & ne s'expatrient presque jamais. Si l'on n'avoit transporté en Amérique des Africains malgré eux, ils n'y seroient jamais allés: les Hottentos ne voyagent pas plus que les Orangs [...].[13]

Es entbehrt in dieser Passage nicht einer unfreiwilligen Komik, dass gerade Cornelius de Pauw, der selbst nicht in die von ihm behandelten Gebiete reiste, dem Reisen eine so hohe, ja entscheidende Bedeutung für die Ausprägung kultureller Fähigkeiten und Vervollkommnungen beimisst. Zugleich wird deutlich: Die Mehrheit der Menschen wird in das Menschengeschlecht nur inkludiert, um sie danach umso besser exkludieren und die Europäer an die Spitze eines so definierten Menschseins setzen zu können. Aus der so diskursiv erzeugten Inferiorität und ‚ewigen Kindheit' aber kann sehr wohl das Recht abgeleitet werden, sie einer wohlverdienten Sklaverei zuzuführen, die notwendig unter der weisen Führung der europäischen Menschheit stehen muss.

In dieser wie in anderen nachfolgenden Passagen rechtfertigt Cornelius de Pauw folglich eine Expansion der Europäer auf Kosten jener Stämme und Horden, die sieben- bis achtfach mehr Raum auf dem Globus einnähmen als alle zivilisierten Völker („nations policées") zusammen.

Die somit letztlich zweigeteilte Menschheit ist aber ebenso unauflöslich aneinander gekettet wie die zweigeteilte Welt auf Gedeih und Verderb aufeinander bezogen und miteinander verwoben ist. Cornelius de Pauw entfaltet so das Denken einer Globalität, die unaufhebbar von einer fundamentalen Gegensätzlichkeit geprägt ist und diese Opposition – auf der wissenschaftlichen Grundlage der Buffonschen *Histoire naturelle* – in Begriffe vollständiger europäischer Superiorität und geradezu animalischer amerikanischer Inferiorität übersetzt.

Diese absolute europäische Überlegenheit wird mit Blick auf die erste Phase beschleunigter Globalisierung auf der moralischen Ebene aber durchaus einer fundamentalen Kritik unterzogen. Vor dem Hintergrund der kolonialen Expansion des 15. und 16. Jahrhunderts warnt der Verfasser der *Recherches* zugleich eindringlich vor den Konsequenzen jener zweiten, sich von Europa aus über den Globus ausbreitenden Expansionswelle, als deren kritischen Zeitgenossen und Zuschauer sich der holländische Abbé selbst porträtiert. Europa stehe im Begriff, unter der Anleitung von „Politiques" und unter dem Beifall mancher „Philosophes" die „Terres Australes" machtpolitisch und wissenschaftlich in Besitz zu nehmen, ohne zu bedenken,

[13] Pauw, Cornelius de: *Recherches philosophiques sur les Américains*, a.a.O., Bd. II, S. 68 f.

wie viel Unglück man notwendig über die dort lebenden Völker bringen werde.[14] Für die Aufklärung einiger strittiger geographischer Fragen oder die überprüfbare Durchführung von Temperaturmessungen sei man in diesem aufgeklärten Jahrhundert jederzeit und ohne größeres Zögern bereit, „la destruction d'une partie du globe" in Kauf zu nehmen.[15] So erscheint die Wissenschaft Europas in ihrer verselbstständigten Eigenlogik als Impulsgeberin und Mittel europäischer Expansionspolitik zugleich. Die Wissenschaft wird als Teil (des Problems) der europäischen Expansion selbst erkannt.

Einer derartigen, sich zeitgenössisch unstrittig beschleunigenden Entwicklung aber gelte es entgegenzutreten: „Mettons des bornes à la fureur de tout envahir, pour tout connoître."[16] Wissen ist hier nicht nur Macht, sondern trägt – auch und gerade im Erkenntniswillen europäischer Wissenschaft – den Keim und die Macht von Zerstörung und Selbstzerstörung in sich. De Pauw macht klar: Bei der Eroberung der Welt hat die Wissenschaft gleich mehrfach, als Akteur und als Vehikel, die Hand im Spiel. Und sie ist eine der grundlegenden Instanzen, die Macht über den Sinn verschaffen und ausüben.

Als Reaktion auf die Entwicklungen in der zweiten Phase beschleunigter Globalisierung betonte de Pauw zugleich, dass ein friedliches Zusammenleben unter den Bedingungen der Globalität stets von Europa aus gefährdet sei, konnte jede scheinbar lokale Auseinandersetzung doch einen Weltbrand entfachen. Längst seien die politischen und wirtschaftlichen Interessengegensätze zwischen den Europäern gerade in den Kolonialgebieten so ausgeprägt, dass es nur eines Funkens bedürfe, um die ganze Welt in Flammen aufgehen zu sehen:

> [...] une étincelle de discorde, pour quelques arpents de terre au Canada, enflamme et embrase l'Europe; & quand l'Europe est en guerre, tout l'Univers y est: tous les points du globe sont successivement ébranlés comme par une puissance électrique: on a agrandi la scene des massacres et du carnage depuis Canton jusqu'à Archangel; depuis Buénos-Aires jusqu'à Quebec. Le commerce des Européens ayant intimement lié les différentes parties du monde par la même chaîne, elles sont également entraînées dans les révolutions & les vicissitudes de l'attaque & de la défense, sans que l'Asie puisse être neutre, lorsque quelques marchands ont des querelles en Amérique, pour des peaux de Castor, ou du bois de Campèche.[17]

Dieselbe Kette („une même chaîne") verbindet die Welt und bindet sie als Fessel auf Gedeih und Verderb zusammen. Lokale Auseinandersetzungen sowie Konflikte im Welthandel, dies hatte sich im 18. Jahrhundert wiederholt gezeigt, konnten unversehens zu militärischen Konfrontationen eskalieren, die man – wie etwa mit Blick auf den Siebenjährigen Krieg (1756–1763) – mit Fug und Recht als Weltkriege bezeichnen darf.

---

[14] Ebd.

[15] Pauw, Cornelius de: *Recherches philosophiques sur les Américains*, Bd. I, S. a4v.

[16] Ebd.

[17] Pauw, Cornelius de: *Recherches philosophiques sur les Américains*, Bd. I, S. 90.

Nach der Veröffentlichung des von de Pauw in vielerlei Hinsicht noch zugespitzten zweiten Bandes der *Recherches philosophiques sur les Américains* setzte zunächst in Berlin, rasch aber auch in verschiedenen Ländern Europas und vor allem in Übersee eine heftige Auseinandersetzung ein, deren erste Phase man mit guten Gründen als die Berliner Debatte um die Neue Welt bezeichnen kann. Denn rasch trat Antoine-Joseph Pernety, der als ehemaliger französischer Benediktiner und Schiffskaplan auf Bougainvilles 1763 durchgeführter Reise auf die Malwinen die Protektion Friedrichs II. und eine Anstellung beim ‚Roi philosophe'[18] als Bibliothekar erhalten hatte, in einem Vortrag vor der Berliner Akademie am 7. September 1769 vehement gegen die Thesen des Niederländers auf und veröffentlichte gleich im Folgejahr seine *Dissertation sur l'Amérique et les Américains, contre les Recherches philosophiques de Mr. de P***.*[19] Damit hatte ein Disput begonnen, dessen Folgen weit über die Grenzen Berlins, Preußens und Europas hinaus von weltweiter Bedeutung werden sollten. Preußen war zum Zentrum einer weltweit geführten und langanhaltenden Debatte geworden.

Die Schwäche von Pernetys Angriff auf de Pauw lag zweifellos darin, dass er sich an vielen Stellen darauf beschränkte, wortreich dessen Thesen einfach umzupolen, schlicht das Gegenteil zu behaupten und einer Abwertung folglich eine Idealisierung der indigenen Bevölkerung entgegenzusetzen, die auch vor dem Rückgriff auf das Heterostereotyp vom *bon sauvage*, vom ‚edlen Wilden', nicht haltmachte. Pernetys beständige Beteuerungen, das von ihm Geschilderte mit eigenen Augen gesehen zu haben, konnten folglich nur begrenzt überzeugen. In gewisser Weise lieferte er die inverse Darstellung der Thesen de Pauws.

Kein Wunder also, dass es de Pauw gelang, dadurch Kapital aus der anhebenden Polemik zu schlagen, dass er Pernetys *Dissertation* großzügig noch 1770 selbst in eine dreibändige Neuausgabe aufnahm und mit einem wohlkalkulierten Gegenangriff verband. Gewiss darf man bei Pernety „elements of a modern ethnological attitude"[20] erkennen, zu denen man sicherlich „the critique of Eurocentrism; the importance of gathering data in the field and verifying sources; the recognition of the cultural diversity of the Other"[21] rechnen kann. Doch blieb seine Argumentationsweise doch allzu sehr an die von de Pauw ins Feld geführten Thesen, die der Bibliothekar zumeist nur mit anderen Vorzeichen versah, gebunden; und es half ihm auch wenig, sich (mit Verweis auf seine Reise an der Seite Bougainvilles in die Neue Welt) als kenntnisreicher Reisender und Augenzeuge zu präsentieren, während sein Kontrahent bekanntlich Europa nie verlassen hatte. Eine mit allen Sinnen geführte Beschäftigung mit Amerika zählte in dieser Debatte wenig: *A beau mentir qui vient de loin.* In der Berliner Debatte, in die Friedrich II. nach heutigem

[18] Vgl. hierzu auch Fontius, Martin: Der Ort des ‚Roi philosophe' in der Aufklärung. In (ders., Hg.): *Friedrich II. und die europäische Aufklärung.* Berlin: Duncker & Humblot 1999, S. 9–27.

[19] Vgl. hierzu Gerbi, Antonello: *La Disputa del Nuovo Mondo*, S. 120–125.

[20] Mannucci, Erica Joy: The savage and the civilised: observations on a dispute between an enlightened writer and an illuminist. In: *Studies on Voltaire and the Eighteenth Century* (Oxford) 303 (1992), S. 384.

[21] Ebd.

Kenntnisstand nicht direkt eingriff und an der er seine Freude gehabt haben dürfte, behielt Cornelius de Pauw souverän die Oberhand und vermochte mehr denn je öffentlichkeitswirksam zu behaupten, die kultivierten Völker Europas seien den „barbares de l'Amérique, qui ne savent ni lire, ni écrire, ni compter au-delà de leurs doigts",[22] unendlich überlegen. Es war die mit den Mitteln einer aufklärerischen Philosophie bewerkstelligte Inthronisierung der Überlegenheit der weißen Europäer über alle anderen Völker der Welt.

Grundsätzliche und weit über den Horizont Pernetys hinausgehende Ein- und Widersprüche gegen Cornelius de Pauws Thesen ließen noch im 18. Jahrhundert jedoch nicht lange auf sich warten.[23] So veröffentlichte etwa der aus Neuspanien ausgewiesene Jesuit Francisco Javier Clavijero in seinem italienischen Exil 1780 eine umfangreiche Geschichte des alten Mexico,[24] in welcher er eindrucksvoll die Diversität der indigenen Kulturen Amerikas auf dem Gebiet des heutigen Mexico aufzeigte. Dabei gelang es diesem neuspanischen Autor nicht nur, den Thesen von Cornelius de Pauw, aber auch von Guillaume-Thomas Raynal oder William Robertson dadurch entgegenzutreten, dass in breiter Vielfalt amerikanische Quellen einschließlich der Bilderhandschriften und anderer indigener Dokumente in seine Studie miteinbezogen wurden; er trieb vielmehr eine Konstruktion der amerikanischen Vergangenheit voran, die als – im besten Sinne – Findung und Erfindung einer anderen Herkunft auch eine andere Zukunft für seine amerikanische Heimat ermöglichen sollte. Die präkolumbischen Kulturen erschienen hier nicht länger als vernachlässigbare Randerscheinungen der Menschheitsgeschichte, sondern stellten sich selbstbewusst als amerikanische Antike einer europäischen Antike gegenüber. Als Barbaren aber durften nun jene Konquistadoren gelten, die über die Kulturen des ‚antiken' Amerika hereingebrochen waren und ihre Wurzeln zu zerstören gesucht hatten.

Es ist in diesem Zusammenhang aufschlussreich, dass Clavijero nicht nur direkt auf die Inferioritätsthese von de Pauws *Recherches philosophiques sur les Américains* wie auch anderer Werke der europäischen Aufklärung mit umfangreichen Forschungen und Publikationen reagierte, sondern zugleich auch forderte, es den europäischen Aufklärern „en la misma moneda"[25] heimzuzahlen. In diesen Zusammenhang gehört auch die im vorangehenden Kapitel benannte Erwähnung eines afrikanischen Philosophen aus Guinea, der aus umgekehrter Perspektive einmal Europa und seine Bewohner schildern sollte. Man könnte hierin einen ersten Schritt zur Reziprozität von Argumenten auf Augenhöhe erkennen. Denn der neuspanische

---

[22] Pauw, Cornelius de: *Recherches philosophiques sur les Américains*, Bd. 3, S. 7.

[23] Vgl. hierzu ausführlich Ette, Ottmar: Réflexions européennes sur deux phases de mondialisation accélérée chez Cornelius de Pauw, Georg Forster, Guillaume-Thomas Raynal et Alexandre de Humboldt. In: Bancarel, Gilles (Hg.): *Raynal et ses réseaux.* Textes réunis et présentés par Gilles Bancarel. Paris: Honoré Champion Editeur 2011, S. 183–225.

[24] Vgl. Clavijero, Francisco Javier: *Storia Antica del Messico.* 4 Bde. Cesena: Gregorio Biasani 1780.

[25] Clavijero, Francisco Javier: *Historia antigua de México.* Prólogo de Mariano Cuevas. Edición del original escrito en castellano por el autor. México: Editorial Porrúa [7]1982, S. 524.

Aufklärer regte an, unter dem offenkundig an de Pauws Werk angelehnten Titel *Investigaciones filosóficas sobre los habitantes del Antiguo Continente* ein Werk zu verfassen, das „el mismo método de Paw [sic!]"[26] befolgen und (in mühevoller philologischer Kleinarbeit) all jene Schriften heranziehen solle, die negative Aspekte der Alten Welt in den Mittelpunkt gerückt hätten. Nicht allein hinsichtlich der Phänomene der Natur, sondern auch jener der Kultur böten sich dann die schönsten Einblicke, die überdies auf den Schriften der Alten Welt selbst beruhen würden:

> Cuando llegase al artículo de los vicios, ¡qué inmensa copia de materiales no tendría para su obra! ¡Qué ejemplos de vileza, perfidia, crueldad, superstición y disolución! ¡Qué excesos en toda suerte de vicios! La sola historia de los romanos, la más célebre nación del Mundo Antiguo, le proporcionaría una increíble cantidad de las más horrendas maldades.[27]

Clavijero hatte die Methode von de Pauw durchschaut und zugleich ad absurdum geführt. Mit dem neuspanischen Jesuiten trat die Berliner Debatte in einen weit größeren Zusammenhang ein und öffnete sich zu einer Diskussionsplattform, an der nicht nur de Pauw und Pernety, Raynal und Robertson, sondern auch der neuspanische Dominikaner Servando Teresa de Mier, ‚Le Philosophe la Douceur' alias Zaccaria de Pazzi de Bonneville,[28] Giovanni Rinaldo Carli, Delisle de Sales, Drouin de Bercy und viele andere teilnahmen. Dabei ging es im Kern nicht zuletzt um die Frage, auf welcher Seite des Atlantik die Macht über den Sinn der Geschichte der Neuen Welt liege und ob man diesen Sinn allein von einem Universum der Texte aus – und damit ohne ein sinnliches Erleben Amerikas – bestimmen könne.

Im Universum der Sinne

War es ein Zufall, dass mit der Berliner Debatte im Jahre 1769 die eigentliche ‚heiße Phase' des internationalen Disputs um die Neue Welt ausgerechnet in der gegenüber Madrid und Lissabon, vor allem aber Paris, Amsterdam und London eher provinziell wirkenden Hauptstadt Preußens begann? Gewiss war mit Friedrich II. eine Persönlichkeit König in Preußen geworden, die bereits wenige Wochen nach der Thronbesteigung mit dem Überfall auf Schlesien im Dezember 1740 keinerlei Zweifel daran aufkommen ließ, für das Konzert der Großmächte eine neue Partitur schreiben zu wollen. Doch war Preußen in der zweiten Phase beschleunigter Globalisierung kein *global player* und besaß keine überseeischen Besitzungen, genauer: Das territorial zerrissene Königreich war – wie wir im vorangehenden Kapitel gesehen hatten – keine Kolonialmacht *mehr*.

Entgegen aller landläufigen Annahmen hatten Brandenburg und Preußen zuvor durchaus koloniale Aktivitäten entfaltet und versucht, sich ihren Anteil an der Expansion Europas zu sichern. Schon der Große Kurfürst hatte mit freilich wechselhaftem

---

[26] Ebd.

[27] Ebd.

[28] Vgl. hierzu Zantop, Susanne: *Colonial Fantasies*, S. 47.

Glück und Geschick den Versuch unternommen, im lukrativen Kolonialgeschäft zwischen Alter und Neuer Welt Gewinne zu erwirtschaften. Nicht umsonst hatte Friedrich Wilhelm I. (1640–1688) in Amsterdam studiert und aus nächster Nähe beobachten können, wie Seehandel und Kolonialpolitik auch ein kleines Land in die Rolle einer international führenden Handelsmacht katapultieren konnten.[29] 1647 schlug ein ehemaliger niederländischer Admiral, Arnoult Gijsels, als Berater des Kurfürsten vor, eine Handelskompanie unter brandenburgischer Führung zu gründen. Parallel hierzu führte man Verhandlungen mit Dänemark über den Verkauf des dänischen Stützpunktes Tranquebar.[30]

Nach mancherlei Rückschlägen war es erneut ein Niederländer, der Reeder Benjamin Raule, der Brandenburg beim Aufbau einer Flotte half und 1677 zum ‚Oberdirektor in Seesachen' und später zum Minister für Seefahrt und die Kolonien ernannt wurde.[31] 1680 stachen schließlich zwei Expeditionen unter brandenburgischer Flagge in See. In unmittelbarer Nähe zu holländischen und britischen Niederlassungen entstand der erste Kolonialstützpunkt Brandenburgs in Afrika, die Niederlassung Großfriedrichsburg, die einen Küstenstreifen des heutigen Ghana von etwa 50 Kilometer Länge kontrollierte. Der zweiten brandenburgischen Flotte gelang es unterdessen, vor Ostende das spanische Schiff ‚Carolus Magnus' aufzubringen und zu kapern, das unter dem Namen ‚Markgraf von Brandenburg' eine zweite Karriere als Flaggschiff der brandenburgischen Flotte erlebte.[32] Den ersten Kaperfahrten der Brandenburger in der Karibik folgte 1682 die Gründung der ‚Brandenburgisch-Afrikanischen Kompanie', die stark mit Niederländern und zum Teil mit Hugenotten besetzt war und 1692 in die ‚Brandenburgisch-Africanische-Americanische Companie' umbenannt wurde. Zum Haupthafen der brandenburgischen Flotte wurde vertraglich das ostfriesische Emden erklärt: Das kleine Brandenburg war zu einer Kolonialmacht avanciert, die hoffnungsvoll versuchte, Gewinne mit Kolonialwaren, vor allem aber aus dem lukrativen transatlantischen Sklavenhandel zu erwirtschaften.

Die Hoffnungen auf Gewinne wie auf Machtzuwachs schienen sich zunächst zu erfüllen. So steuerte bereits 1686 ein erstes brandenburgisches Schiff mit 450 Sklaven aus Großfriedrichsburg die gemeinsam mit Dänemark genutzte Insel St. Thomas an. Zu dieser brandenburgischen Niederlassung in der Karibik zählten bald dreihundert Europäer und einige hundert Sklaven. Etwa dreißigtausend Sklaven wurden unter brandenburgischer Flagge und unmenschlichen Bedingungen von Afrika nach Westindien verschleppt, verschifft und verkauft.[33] Auch wenn Kurfürst Friedrich III., der 1688 die Nachfolge des ‚Großen Kurfürsten' antrat und seit 1701 als Friedrich I. den prekären Titel eines Königs in Preußen trug, die kolonialen

---

[29] Vgl. hierzu Lennert, Gernot: Kolonisationsversuche Brandenburgs, Preußens und des Deutschen Reiches in der Karibik. In: Carreras, Sandra/Maihold, Günther (Hg.): *Preußen und Lateinamerika. Im Spannungsfeld von Kommerz, Macht und Kultur.* Münster LIT-Verlag 2004, S. 11.

[30] Ebd.

[31] Ebd., S. 12.

[32] Ebd., S. 12 f.

[33] Vgl. hierzu ebd., S. 16 f.

Ambitionen und Aktivitäten seines Vorgängers fortzusetzen versuchte, versank die ‚Brandenburgisch-Africanisch-Americanische Companie' doch in Schulden und wurde schließlich von Friedrich Wilhelm I., der seit 1713 regierte, zu einem Zeitpunkt liquidiert, als das koloniale Geschäft im Konzert der europäischen Mächte vor der sich noch nicht abzeichnenden zweiten Phase beschleunigter Globalisierung als immer weniger attraktiv erschien. 1738 wurde das letzte Eigentum der Companie versteigert.[34] Die Kolonialgeschichte von Brandenburg-Preußen war damit zuerst einmal Geschichte.

Kaum zwei Jahre später bestieg Friedrich II. nach dem Tod des verhassten Vaters den preußischen Thron. Eine sechsundvierzig Jahre währende Regierungszeit begann, in deren Verlauf der König Preußen nach seiner Façon ummodelte und zweifellos – um es mit den Worten Richard von Weizsäckers anlässlich des zweihundertsten Todestages Friedrichs im Jahre 1986 zu sagen – ein „unsentimentales, charakterstarkes, reformbereites Gemeinwesen",[35] aber gewiss auch ein Land mit einer für lange Zeit unberechenbaren Großmachtpolitik als Erbe zu hinterlassen. Doch erst das neugegründete Deutsche Reich sollte in der dritten Phase beschleunigter Globalisierung wieder eine Kolonialpolitik im eigentlichen, im expansiven Sinne betreiben und mit der berüchtigten Berliner Afrika-Konferenz im Jahre 1884 ein deutliches Zeichen seiner Machtansprüche setzen. Preußen und Deutschland waren wieder zu höchst aggressiven Kolonialmächten geworden, die versuchten, ihre fehlende Kolonialgeschichte ausbeuterisch nachzuholen.

Dass man am preußischen Königshof Friedrichs II. bisweilen auch wieder von kolonialen Phantasien[36] eingeholt werden mochte, wird man nicht mit Sicherheit ausschließen können, auch wenn man in der preußischen Hauptstadt anders als in London und Paris, den europäischen Metropolen der zweiten Phase beschleunigter Globalisierung, keine unmittelbaren kolonialen Eigeninteressen mehr verfolgen konnte. Der unberechenbare preußische Monarch diskutierte aber nicht nur in seiner Tafelrunde mit Voltaire und anderen über das, was sich als Weltpolitik gerade neu herauszukristallisieren begann, sondern legte sehr wohl ein nachhaltiges Interesse an jenem Denker der Globalität an den Tag, den wir in Cornelius de Pauw im ersten Teil dieser Überlegungen erkannt hatten. Nicht umsonst erschienen dessen Schriften in den sechziger und siebziger Jahren in Berlin.

So wurde de Pauw auch „Vorleser Friedrichs des Großen, in dessen Zirkeln die Anwesenheit des freigeistigen Abbé nun einmal ein unentbehrliches Dekorationsstück war".[37] Nicht nur während des ersten Aufenthalts de Pauws in Berlin und Potsdam

---

[34] Ebd., S. 23.

[35] Weizsäcker, Richard von: Friedrich der Große: Geschichte und Mythos. In (ders.): *Demokratische Leidenschaft. Reden des Bundespräsidenten.* Hg. und eingeleitet von Eberhard Jäckel. Stuttgart: Deutsche Verlags-Anstalt 1994, S. 76.

[36] Vgl. hierzu aus Sicht der ‚Postcolonial Studies' die Arbeit von Zantop, Susanne: *Colonial Fantasies. Conquest, Family, and Nation in Precolonial Germany, 1770–1870.* Durham/London: Duke University Press 1997, insbes. S. 46–65.

[37] Vgl. Beyerhaus, Gisbert: Abbé de Pauw und Friedrich der Große, eine Abrechnung mit Voltaire, S. 467.

zwischen 1767 und 1768, sondern auch während des zweiten zwischen 1775 und 1776 bemühte sich der Monarch um den Abbé und führte ihn als „neue Erwerbung" in seine illustre Tafelrunde (die freilich schon bessere Tage gesehen hatte) ein.[38] Auch wenn wir im Detail bislang wenig über die Beziehungen zwischen Friedrich II. und seinem Vorleser wissen und der Name de Pauws auch in den Standardwerken zu Friedrich dem Großen zumeist durch Abwesenheit glänzt, weil man heute im deutschsprachigen Raum nichts mehr vom gewaltigen internationalen Renommee des Autors der *Recherches philosophiques sur les Américains* zu ahnen scheint, darf man doch sicherlich davon ausgehen, dass der preußische König nicht unbeteiligt sein konnte an jener am 7. September 1769 entbrannten Berliner Debatte, die zwischen seinem Bibliothekar Pernety und seinem (ehemaligen) Vorleser de Pauw an jener Akademie der Wissenschaften ausbrach, die Friedrich 1744 als Förderer der Wissenschaften wiederbegründet hatte.

Umgekehrt kann auch Cornelius de Pauw nicht entgangen sein, dass sich sein königlicher Gastgeber anderthalb Jahrzehnte zuvor in einem erst in neuerer Zeit wieder stärker von der Forschung in Augenschein genommenen Libretto mit einem amerikanischen Sujet beschäftigt hatte, das wir aus heutiger Sicht thematisch der ersten Phase beschleunigter Globalisierung zurechnen dürfen. So erscheint es wie ein ironisches Augenzwinkern, wenn der 1739 in Amsterdam geborene und noch nicht dreißigjährige Abbé in seinen *Recherches philosophiques* die Eroberung des Aztekenreiches durch die Spanier als den Raubzug von vierhundert Mördern und Banditen brandmarkt,[39] die Hernán Cortés ebenso eigenmächtig wie habgierig um sich geschart habe. Sicherlich war ihm nicht jene Passage des königlichen Librettisten unbekannt geblieben, in welcher sich der Aztekenherrscher Montezuma – in der italienischen Versübersetzung von Friedrichs Hofdichters Giuseppe Tagliazucchi[40] – über die Warnungen seines Generals Pilpatoè vor der Gefährlichkeit der heranrückenden Spanier hinwegsetzt:

> Cieli! fin a qual segno il tuo timore
> Auvilir ti può il core! Alla difesa
> Del Messico sia d'vopo
> D'un Esercito intero
> Contro trecento fuggitivi erranti
> Vomitati dal mare a questi lidi?[41]

---

[38] Vgl. Beyerhaus, Gisbert: Abbé de Pauw und Friedrich der Große, eine Abrechnung mit Voltaire. In: *Historische Zeitschrift* (München/Berlin) 134 (1926), S. 468.

[39] Pauw, Cornelius de: *Recherches philosophiques sur les Américains*, Bd. 1, S. 58.

[40] Vgl. hierzu Polzonetti, Pierpaolo: Political and Operatic Reforms: of Frederick the Great. In (ders.): *Italian Opera in the Age of the American Revolution*. Cambridge: Cambridge University Press 2011, S. 109. Zur Rezeptionsgeschichte Montezumas bzw. Moctezumas im spanischen Theater vgl. u. a. Pérez-Amador Adam, Alberto: La constitución del modelo dramático del personaje de Moctezuma II en el teatro español de finales del siglo XVIII e inicios del siglo XIX. In: Floeck, Wilfried/Fritz, Sabine (Hg.): *La representación de la Conquista en el teatro español desde la Ilustración hasta finales del franquismo*. Hildesheim/Zürich/New York: Georg Olms 2009, S. 161–177.

[41] [Friedrich II./Tagliazucchi, Giuseppe] *Montezuma. Tragedia per musica*. Da rappresentarsi nel Regio Teatro di Berlino per Ordine di Sua Maestà il Re nel Carnovale del MDCCLV. berlino: Appresso Haude e Spener con licenza di Sua Maestà 1755, S. 32; dort auch die deutschsprachige

Doch diese dreihundert marodierenden Flüchtlinge, die bisweilen auch als Vagabunden erscheinen,[42] werden aller Warnungen zum Trotz ins Herz von Montezumas Reich vorstoßen und sich mit aller Brutalität und Habgier an die Stelle des rechtmäßigen Herrschers der Azteken setzen. Zu Ehrenmännern wurden sie durch diese höchst riskante Machtergreifung – nicht nur in Friedrichs Augen – freilich keineswegs.

Dies ist in äußerster Verdichtung der Handlungsverlauf jener in jüngster Zeit wieder stärker ins öffentliche Bewusstsein gerückten Oper *Montezuma*,[43] an deren Libretto Friedrich II. seit dem Spätsommer des Jahres 1753 gearbeitet hatte.[44] Ist es ein Zufall, dass sie im Karneval des Jahres 1755 just an einem 6. Januar ihre Premiere im Königlichen Opernhaus Unter den Linden erlebte, an jenem Dreikönigstage also, an dem im Jahre 1492 die Katholischen Könige Fernando und Isabel mit ihrem feierlichen Einzug in Granada die Eroberung des Nasridenreiches abschlossen, die jahrhundertelange Herrschaft der Araber auf der Iberischen Halbinsel beendeten und die *Reconquista* in eine künftige *Conquista* von Ländern außerhalb Europas – im Blick lagen zunächst die maurischen Reiche südlich der Straße von Gibraltar – umschwenken ließen?

Fest steht, dass sich der preußische Monarch von Anfang an der politischen Tragweite seines heute sicherlich bekanntesten Opernprojekts bewusst war, ja dass es ihm um eine möglichst effizient und nachhaltig zu vermittelnde politische Botschaft ging, wie er dies Francesco Algarotti schon früh in einem Schreiben wohl von Oktober 1753[45] mitteilte. Darin berichtete er dem engen Freund von seiner Arbeit am Libretto:

> C'est Montézuma. J'ai choisi ce sujet, et je l'accomode à présent. Vous sentez bien que je m'intéresserai pour Montézuma, que Cortès sera le tyran, et que par conséquent on pourra lâcher en musique même, quelque lardon contre la barbarie de la r.c. Mais j'oublie que vous êtes dans un pays d'Inquisition; je vous en fais mes excuses, et j'espère de vous revoir bientôt dans un pays hérétique, où l'opéra même peut servir à reformer les moeurs, et à détruire la superstition.[46]

Fassung: „Wie sehr, oh Himmel! kann dir deine Furcht / Den Muth benehmen... Ist denn / Gegen dreihundert irrende Flüchtlinge, / Die das Meer an dieses Ufer gespien hat, / Mexico zu vertheidigen, ein ganzes Heer nöthig?" (S. 33).

[42] Vgl. hierzu Klüppelholz, Heinz: Die Eroberung Mexikos aus preußischer Sicht – Zum Libretto der Oper ‚Montezuma' von Friedrich dem Großen. In: Gier, Albert (Hg.): *Oper als Text: Romanistische Beiträge zur Libretto-Forschung.* Heidelberg: Winter 1986, S. 82.

[43] Aufführungen von *Montezuma* fanden in jüngster Zeit statt u. a. an der Oper Mannheim (26. März 2010), in der Hamburger Kulturfabrik Kampnagel (10. Juni 2010), in Mühlheim an der Ruhr (1. Juli 2010), im Schlosstheater zu Potsdam (21. Januar 2012) sowie eine konzertante Aufführung in der Staatsoper Unter den Linden (Ausweichquartier Schiller Theater, 28. Januar 2012).

[44] Vgl. hierzu Henze-Döhring, Sabine: *Friedrich der Große: Musiker und Monarch.* München: C.H. Beck 2012, S. 85.

[45] Vgl. zu dieser Datierung ebd., S. 217.

[46] Friedrich II.: *Correspondance de Frédéric Second, Roi de Prusse, avec le Comte Algarotti.* Pour servir de suite aux éditions des œuvres posthumes de ce Prince. Berlin: Chez George Gropius, Libraire 1887, S. 98.

Dass Friedrich in seiner geplanten Oper folglich auf die *religion catholique*, auf den Katholizismus und seine Unterdrückungsmaschinerie abzielt, ist von Beginn des Vorhabens an damit ebenso klar wie die Tatsache, dass es in seiner Oper *Montezuma* nicht weniger um die Frage der Macht als um die (Unter-)Scheidung zwischen Barbarei und Zivilisation geht. Dass er dies *en musique même* – was man nicht, wie des Öfteren geschehen, mit ‚selbst in der Musik', sondern ‚in der Musik selbst' übersetzen sollte – zu tun gedenkt, wirft ein bezeichnendes Licht auf sein Verständnis von einem Zusammenwirken der Künste, welches auf ein Zusammenwirken der Sinne abzielt. Und diese Orchestrierung der Sinne ist, wie im Folgenden ausgeführt werden soll, im Medium der Oper mit der Frage nach der Macht auf intime, höchst sinnliche Weise verbunden.

Am 16. April 1754 schreibt Friedrich II. aus Potsdam an seine Lieblingsschwester und erprobte musische Ratgeberin, die Markgräfin Wilhelmine von Bayreuth, und übermittelt ihr das in französischer Sprache verfasste Libretto mit den folgenden Worten:

> Ich erlaube mir, Dir einen Mexikaner zu Füßen zu legen, der noch nicht ganz kultiviert ist. Ich habe ihm Französisch beigebracht; jetzt muss er Italienisch lernen. Ehe ich ihn aber dieser Mühe unterziehe, bitte ich Dich sehr, mir offen Deine Meinung zu sagen und ob Du glaubst, dass es sich lohnt. Die Mehrzahl der Arien soll kein Da capo erhalten; nur zwei Arien des Kaisers und zwei der Eupaforice sind dazu bestimmt. Ich weiß nicht, wie Du das Ganze, die Szenenfolge, den Dialog finden wirst und ob die Handlung interessant ist. Da aber die Sache nicht eilt, könnte ich das, woran Du etwas auszusetzen hast, leicht ändern. Die Wirkung des Stückes ließe sich sogar leicht erproben. Da Du eine wunderbare französische Theatertruppe hast, braucht sie es nur in Deinem Zimmer aufzuführen, auch wenn die Rollen nur abgelesen werden.[47]

Von Beginn an setzt Friedrich II. auf die Wirkung des Wortes wie auf die Wirkung der Musik, für deren Ausführung er bereits klare Vorgaben – insbesondere die Abkehr von den Dacapo-Arien und die Hinwendung zur zweigliedrigen lyrischen Form der Kavatine[48] – entwickelt hat. Die Reaktion der Schwester ließ nicht lange

---

[47] Brief von Friedrich II. an Markgräfin Wilhelmine von Bayreuth, 16. April 1754; ich danke Ruth Müller-Lichtenberg für die freundliche Übermittlung des Briefwechsels zwischen den beiden Geschwistern. Im Französisch Friedrichs des Großen lautet die Passage: „Ma tres chere Sœur. Je prens la liberté de metre a Vos pieds un Mexsiquain qui n'est pas encore toutafait de crassé je lui ai apris a parler français, il faut apresent quil aprene L'Italien, mais avans que de Lui donnér cette pene je vous suplie de me dire Naturelement Votre sentiment et si Vous Croyéz quil merite qu'on Lui donne ce soin; La plusparc des airs sont faits pour ne point etres repetéz il n'y a que deux airs de L'Empereur et deux d'eupaforis qui sont destinéz pour L'Etre, je ne sai Coment Vous trouveréz le tout ensemble L'enchainement des Scenes, Le Dialogue et L'Interet que j'aurois Voulû y faire regnér, mais Comme rien ne presseje pourai changér facilement ce que Vous y trouverais a redire; il seroit meme facile de jugér de L'Efet que le Spectacle peut produire, Vous avéz une admirable troupe françaisse il n'yauroit qu'a la lui faire representér dans Votre chambre qund meme chaqun ne ferait que Lire son role" (GStA BPH Rep. 47 N° 305–10, fol. 19 r).

[48] Vgl. hierzu aus einer der Oper gegenüber künstlerisch recht kritischen Sicht Detering, Susanne: Friedrich II: Camouflage und Selbstverteidigung im Bild Montezumas. In (dies.): *Kolumbus, Cortés, Montezuma: Die Entdeckung und Eroberung Lateinamerikas als literarisches Sujet in der Aufklärung und im 20. Jahrhundert.* Weimar: Verlag und Datenbanken für Geisteswissenschaften

auf sich warten: In einem Schreiben an ihren Bruder zeigte sie sich am 25. April 1754 „entzückt“,[49] eine Entzückung, die später zu ihrem Vorhaben führte, das Werk im Markgräflichen Opernhaus zu Bayreuth aufzuführen.

Die nicht selten enthusiastischen Kommentare Friedrichs gipfeln im nachfolgenden Briefwechsel schließlich in jenem Schreiben vom 11. Januar 1755, in welchem der König seiner Schwester selbstironisch, aber nicht ohne Begeisterung von der ersten Aufführung des ‚Montezuma‘ in der Königlichen Oper Unter den Linden berichtete:

> Der Dekorateur und der Kostümbildner haben den armseligen Textdichter aus der Affäre gezogen. Hauptsächlich zwei Pistolenschüsse haben außerordentlichen Beifall gefunden. Die Astrua hat die letzte Szene mit bewundernswürdigem Pathos gespielt und Graun hat sich in der Musik selber übertroffen.[50]

Auf überzeugende Weise hat Ruth Müller-Lindenberg die von ihr konzipierte und im Januar 2012 eröffnete Ausstellung im Berliner Musikinstrumentenmuseum unter dem Titel ‚Friedrichs *Montezuma*‘ ganz in das Zeichen all jener Sinne gestellt, die von Friedrich II. ganz bewusst angesprochen werden sollten. Denn nicht ohne Grund ist in den Briefen des Königs nicht allein von seinem französischen Libretto und dessen italienischer Übersetzung oder von der Musik seines Hofkapellmeisters Carl Heinrich Graun die Rede, sondern auch von den Stars der Aufführung, zu denen neben den hochbezahlten Kastraten die nicht geringer entlohnte Primadonna Giovanna Astrua, die Kostümbildner und Theaterarchitekten, allen voran Giuseppe Galli Bibiena, und all jene Künstler und Handwerker zählen, die gleichsam für die *special effects* – von den Pistolenschüssen bis hin zu der auf der Bühne zum Einsatz kommenden Pyrotechnik – verantwortlich zeichnen.

Die Macht des Zusammenwirkens all dieser Kräfte hatte der junge Kronprinz wohl erstmals bei seinem Besuch im Januar und Februar 1728 am königlich-kursächsischen Hofe in Dresden am eigenen Leibe erfahren, als er die „schwindelnd machende Berührung mit einem höfischen Szenarium, das in seinem strahlenden Glanz, seiner verlockenden, spielerischen Leichtigkeit und der atemlosen Aufeinanderfolge von Komödien und Balletten, von Galatafeln und Redouten, Maskeraden und Feuerwerken als grandioses, die Sinne betörendes Blendwerk“ genoss.[51]

1996, S. 196. aus musikwissenschaftlicher Sicht vgl. Henze-Döhring, Sabine: *Friedrich der Große: Musiker und Monarch*, S. 85 ff.

[49] Brief von Wilhelmine von Bayreuth an Friedrich II. vom 25. April 1754. Im französischen Original: „J'ai eu L'honneur de recevoir votre Heros Mexiquain j'en ai étée enchantée. Les Sentiments, Les positions et la Conduite de la piece, touts cella dis je est exelant je faits ecrire les Rôles pour Les faire distribuer aux Comediens, et je conte que dans 3 semaines La piece sera jouée“ (GStA BPH Rep 46 W 17, Bd. III,5 (1754), fol. 11 r/v).

[50] Brief von Friedrich II. an Wilhelmine von Bayreuth am 11. Januar 1755. Im französischen Original: „Le decorateur et le tailleur ont tiré Le pauvre Auteur d'aiffaire [!] surtout deux Mauvais Coups de pistolet ont etéz extremement aplaudi. L'astrua a joué la Derniere Scene avec un pateti-que admirable et Grauen s'est surpassé en Musique“ (GStA BPH Rep. 47 N° 305–10, fol. 71 v).

[51] Vgl. hierzu Kunisch, Johannes: *Friedrich der Große. Der König und seine Zeit.* Mit 29 Abbildungen und 16 Karten. München: Deutscher Taschenbuch Verlag ^{2}2010, S. 22.

Ruth Müller-Lindenberg schreckte in ihrer wegweisenden Ausstellung dankenswerterweise nicht davor zurück, mit Hilfe eines Geruchsdesigners jenen Duft nachkomponieren zu lassen, der sich in einem geschlossenen Opernhaus aus den Kerzen und Lüstern, den verwendeten Parfums und dem Schweiß, aber auch dem Feuerwerk und dem Pulverdampf während der Vorstellung gebildet haben muss. Nicht umsonst gab sie ihrer Einführung in den Katalog zur Aufführung den Titel ‚Macht und Sinne?' und stellte ihrer Ausstellung ein Zitat aus Julius Bernhard von Rohrs *Einleitung zur Ceremoniel-Wissenschaft der großen Herren* aus dem Jahre 1733 voran:

> Sollen die Unterthanen die Majestät des Königs erkennen, so müssen sie begreifen, dass bey ihm die höchste Gewalt und Macht sey, und demnach müssen sie ihre Handlungen dergestalt einrichten, damit sie Anlaß nehmen, seine Macht und Gewalt daraus zu erkennen. Der gemeine Mann, welcher bloß an den äusserlichen Sinnen hängt, und die Vernunfft wenig gebrauchet, kann sich nicht allein recht vorstellen, was die Majestät des Königs ist, aber durch die Dinge, so in die Augen fallen, und seine übrigen Sinnen rühren, bekommt er einen klaren Begriff von seiner Majestät, Macht und Gewalt.[52]

Das Spektakel der Oper war in diesem Sinne ein Spektakel von Macht und Gewalt, das vor allem auf eines gerichtet war: beim Publikum eine möglichst große Wirkung zu erzielen. In Friedrichs *Montezuma* geht es daher nicht nur auf der Inhaltsebene, sondern nicht weniger auf der Ausdrucksebene um das, was die Sinne überwältigt, was sich der bloßen Vernunft entzieht, was nicht allein in einem Universum der Texte vom armen Textdichter entfaltet werden kann. Die Pistolenschüsse auf offener Bühne, die Feuerwerke in einer gewagten Bühnenarchitektur, die exotischen Kostüme und aufwendigen Ausstattungen sind keinem *effet de réel*, sondern einem *effet de pouvoir* verpflichtet, der kraft seiner Macht über die Sinne den Sinn der Macht ebenso kunstvoll wie gleichsam ‚natürlich' unter die Haut zu bringen vermag. Wer Oper sagt, der sagt – ganz im Sinne Friedrichs II., der schon im Jahr nach seinem Machtantritt den Grundstein seines großen Opernhauses legen ließ – gewiss auch Macht. Das Opernhaus Unter den Linden, das erste der vielen großen Bauvorhaben Friedrichs, welche die Residenzstädte Berlin und Potsdam entscheidend gestalten sollten, demonstriert eindrucksvoll, wie der preußische König die Förderung der Künste mit der Förderung (und Reflexion) seiner eigenen Machtfülle zu verbinden wusste.

Die angestrebte Verwirrung der Sinne zielt folglich auf eine Verführung der Sinne, deren ästhetische Kraft nicht ohne Rückwirkungen auf das Verhältnis zur politischen Macht des Monarchen bleibt. Dies bedeutet keineswegs, dass damit die Vernunft weitgehend ausgeschaltet oder im Sinne der Ideen von Rohrs vollständig überwältigt wäre. Denn auch die Vernunft – nur eben nicht die ‚bloße', die nackte Vernunft – wird in das Spiel der Verwirrungen gezogen und mit Hilfe der Worte in Bewegung gesetzt, die wir im Libretto wie in einem Lesedrama isoliert betrachten können. Dies geschieht in Friedrichs Oper *Montezuma* gleich in der ersten Szene

[52] Zit. nach Müller-Lindenberg, Ruth: Macht und Sinne? Zum Konzept der Ausstellung (Einleitung in den noch unveröffentlichten Ausstellungskatalog 2012).

des ersten Aktes, die von Beginn an alles mit der Frage nach der Macht und ihrem gerechten, angemessenen Gebrauch verknüpft.

Diese Frage stand freilich nicht weniger im Zentrum der politisch-philosophischen Schriften, die Friedrich II. zugerechnet werden. Nach seiner Lektüre von Machiavellis *Il Principe* teilte er in einem Brief vom 31. März 1738 an Voltaire bereits sein Vorhaben mit, dieses im Geist mittelalterlicher Fürstenspiegel verfasste Werk, das Friedrich in französischer Übersetzung las, sorgfältig zu widerlegen.[53] Voltaire bestärkte den preußischen Kronprinzen in seinem Vorhaben und sprach davon, dieses Werk könne dereinst zum „Katechismus der Könige und ihrer Minister" werden.[54]

Friedrich begann mit der Niederschrift wohl im Mai 1739 und schloss seine Gesamtkonzeption wohl im November desselben Jahres ab, wobei er nachfolgend sein Werk noch mehrfach überarbeitete. Am 26. April schickte er seine Schrift an Voltaire in der Hoffnung, sein Text werde unter der Feder des französischen Philosophen sicherlich gewinnen. So entstanden zwei Fassungen, die unabhängig voneinander im Jahre 1740 in Den Haag veröffentlicht wurden: Zum einen Friedrichs *Examen du Prince de Machiavel, avec des notes historiques et politiques*, und zum anderen der *Anti-Machiavel, ou Essai de critique sur le Prince de Machiavel, publié par Mr de Voltaire.*[55]

Auch wenn an dieser Stelle die komplexe Entstehungsgeschichte dieser Schrift nicht weiter verfolgt werden kann, so ist für unsere auf Preußen bedachte Fragestellung doch entscheidend, dass Friedrich schon früh und gleich zu Beginn dieser zunächst anonym erschienenen ‚Réfutation du Prince de Machiavel' seine Auffassung betonte, Machiavellis *Il Principe* sei „eins der gefährlichsten unter allen Büchern von Weltverbreitung".[56] Und mit derselben Stoßrichtung führte er kämpferisch aus: „Machiavell pflanzte den Keim des Verderbens in das staatliche Leben und unternahm es, die Vorschriften gesunder Sittlichkeit zu zerstören."[57] Anders als

---

[53] Vgl. hierzu Kunisch, Johannes: *Friedrich der Große. Der König und seine Zeit*, S. 124.

[54] Zit. nach ebd., S. 125.

[55] Rasch erschienen weitere und erweiterte Ausgaben, wie etwa die im Folgejahr in Amsterdam veröffentlichte von Friedrich II.: *Anti-Machiavel, ou Essai de critique sur le Prince de Machiavel, publié par Mr de Voltaire.* Nouvelle Edition, où l'on a ajouté les variations de celle de Londres. Amsterdam: Chez Jaques La Caze 1741. Die komplexe Geschichte der Entstehung und Verbreitung dieser Schrift kann hier nicht dargestellt werden; vgl. hierzu die kritische Edition des *Anti-Machiavel.* Ed. par Werner Bahner et Helga Bergmann. *Les Oeuvres Complètes de Voltaire.* Bd. 19. Oxford: the Voltaire Foundation 1996. Dort findet sich auch der Text der französischen Ausgabe, die Friedrich konsultiert hatte.

[56] Hier zitiert nach der verbreiteten Fassung in Friedrich der Große: Antimachiavel. In (ders.): *Historische, militärische und philosophische Schriften, Gedichte und Briefe.* Mit Illustrationen von Adolph von Menzel. Hg. von Gustav Berthold Volz. Köln: Anaconda 2006, S. 331. Das französische Original dieser Schrift wird zitiert nach Friedrich der Große: *Anti-Machiavel ou Examen du Prince de Machiavel.* Corrigé pour la plus grande partie d'après le manuscrit original de Frédéric II. Avec une introduction et des notes historiques. Hambourg: Chez Frédéric Perthes 1834, S. 4: „J'ai toujours regardé le Prince de Machiavel comme un des ouvrages les plus dangereux qui se soient répandus dans le monde."

[57] Friedrich der Große: Antimachiavel, S. 331. Im französischen Original lautet die Passage: Friedrich der Große: *Anti-Machiavel ou Examen du Prince de Machiavel*, S. 4: „Machiavel corrompit la politique, et entreprit de détruire les préceptes de la saine morale."

in den Schriften des Philosophen Spinoza hätten Machiavellis machttheoretische Überlegungen in *Der Fürst* nicht (nur) in die „Verirrungen des Denkens" geführt, sondern eine (zweifellos fatale) „Bedeutung für das Leben selbst" entfaltet.[58] Daher der Plan des jungen Kronprinzen und angehenden Königs, die „Verteidigung der Menschlichkeit aufzunehmen wider ein Ungeheuer, das sie verderben will".[59] Eine Absage an die (Ausübung von) Macht, gar ihr Abgesang?

Keineswegs. Liest man Friedrichs *Antimachiavel* aus der Perspektive der anderthalb Jahrzehnte später entstandenen Oper und ihres Libretto, so kann kein Zweifel daran bestehen, dass Friedrichs Hernán Cortés die Verkörperung all jener Eigenschaften darstellt, die Machiavellis Fürsten auszeichnen: „Gier", „Launen", „Ehrgeiz", „Tücke", „Grausamkeit" – kurzum: das Bild eines „politischen Ungeheuer[s]".[60] Noch in seinem auf den 26. Februar 1740 datierten und Voltaire zugeeigneten Gedicht ‚Tod des Vaters' wird Friedrich unmittelbar vor seiner Thronbesteigung ein weiteres Mal an „Machiavellis Frevelgeist" erinnern und ein gekonntes Verstellungsspiel betreiben, als zögerte er, jetzt nach der Macht zu greifen.[61] Gerade in den nicht selten gewalttätigen Auseinandersetzungen mit dem Vater hatte sich der Thronfolger jene „an Verschlagenheit grenzenden Verstellungskünste" angeeignet, „mit denen er erst den Vater und dann die Kontrahenten im Konzert der Mächte hinters Licht zu führen verstand".[62]

Doch Friedrich zögerte nicht: Er griff zu. Allerdings hatte er gegen das Abbild des Despotismus und der Tyrannei eindrucksvoll in seinem *Antimachiavel* ein anderes Herrscherbild gestellt: „So läuft es darauf hinaus, dass der Herrscher, weit entfernt, der unumschränkte Gebieter über seine Untertanen zu sein, nur ihr erster Diener ist, das Werkzeug ihres Glückes, wie jene das Werkzeug seines Ruhmes."[63]

---

[58] Friedrich der Große: Antimachiavel, S. 331. Im französischen Original: Friedrich der Große: *Anti-Machiavel ou Examen du Prince de Machiavel*, S. 3: „erreurs de spéculation", „regardoient la pratique".

[59] Friedrich der Große: Antimachiavel, S. 331. Im französischen Original: Friedrich der Große: *Anti-Machiavel ou Examen du Prince de Machiavel*, S. 4: „J'ose prendre la défense de l'humanité contre un Monstre qui vent la détruire".

[60] Friedrich der Große: Antimachiavel, S. 332. Im französischen Original: Friedrich der Große: *Anti-Machiavel ou Examen du Prince de Machiavel*, S. 6: „[...] et quelle situation déplorable que celle des peuples, lorsqu'ils doivent tout craindre de l'abus du pouvoir souverain, lorsque leurs biens sont en proie à l'avarice de leur prince, leur liberté à ses caprices, leur repos à son ambition, leur sûreté à sa perfidie, et leur vie a sa cruautés. C'est lá le tableau d'un empire où régneroit un monstre politique tel quel Machiavel prétend le former."

[61] Friedrich der Große: Tod des Vaters. In (ders.): *Historische, militärische und philosophische Schriften, Gedichte und Briefe*, S. 545. Im französischen Original: Friedrich der Große: *Correspondance de Frédéric avec Voltaire*. Tome I. Depuis la première lettre de Frédéric jusqu'à son avénement. (8 Aout 1736 – 4 ou 5 Juin 1740). In: Preuss, Johann D (Hg.): *Œuvres de Frédéric le Grand*. Tome XXI. Berlin: Imprimerie Royale (R. Decker) 1853, S. 398: „Dans ce terrain scabreux, raboteux, difficile / De machiavélisme infecté!".

[62] Kunisch, Johannes: *Friedrich der Große. Der König und seine Zeit*, S. 25.

[63] Friedrich der Große: Antimachiavel, S. 332. Im französischen Original: Friedrich der Große: *Anti-Machiavel ou Examen du Prince de Machiavel*, S. 10: „il se trouve que le souverain, bien loin

Der Philosoph auf dem Thron: Welche Rolle, welche Partitur hat Friedrich mit größerer Hingabe, mit größerer Inbrunst gespielt?

Mit eben diesem Bild des dienenden Herrschers eröffnet Friedrich II. 1755 seine Oper *Montezuma*, in deren erster Szene der Aztekenherrscher voller Stolz auf eine für seine Untertanen wie für ihn selbst glückliche und ruhmreiche Herrschaft blicken kann. Vor dem Hintergrund dreier großer Palmengänge in seinem kaiserlichen Garten wendet er sich an Tezeuco, einen Bediensteten aus seinem zahlreichen Gefolge:

> Sí, mio Tezeuco, il Messico è felice.
> Frutto di quella libertà, che, unica
> Alla prudenza, al solo fren soggiace
> Delle leggi, ch'io stesso
> Sono il primo a osservare, il Popol mio
> Di stabil gaudio, e bel riposo abbonda,
> E il mio poter su l'amor suo si fonda.[64]

So präsentiert sich das Gemeinwesen der Mexica im ersten Rezitativ ihres Herrschers in offenkundiger Übereinstimmung mit jenem Idealbild, das der angehende preußische König für alle in der *République des Lettres* so hoffnungsvoll in seinem ersten politisch-philosophischen Traktat entworfen hat. Sprach Friedrich dort nicht – als redete er von einem *contrat social* – von jenen Völkern, „die einen Herrn über sich gesetzt haben lediglich, damit er ihnen Schirm und Schutz sei", hätten sie sich ihm doch „nur unter dieser Bedingung unterworfen"?[65]

Friedrich spielt mit den Bildern der Macht. War König Ferdinand von Aragonien für Machiavelli noch der Inbegriff des mit großer Geschicklichkeit vorgehenden Fürsten gewesen, so wird derselbe Ferdinand, der Granada eroberte und zusammen mit Königin Isabel den Machtimpuls Spaniens auf die Küsten der Neuen Welt richtete, einer harten aufklärerischen Kritik unterworfen, habe er doch die Religion „als Deckmantel" für seine Pläne benutzt und für sein „heuchlerisches Tun den frommen Glauben des Volkes" missbraucht.[66]

Damit aber wird jener europäische Monarch abgestraft, der nicht nur im Bunde mit der Kirche und der ‚Heiligen Inquisition' – die Friedrich in seinem bereits angeführten Brief an Algarotti verhohnepiepelte – zu herrschen verstand, sondern die

---

d'être le maître absolu des peuples qui sont sous sa domination, n'en est en lui-même que le premier domestique."

64 *Montezuma. Tragedia per musica*, S. 10. „Ja, mein Tezeuco, Mexico ist glücklich. / Dieses ist die Frucht jener Freiheit, welche auf / Vernunfft gegründet, nur der Herrschafft solcher / Gesetze unterworfen ist, die ich selbst zu erst beobachte. / Mein Volk genießt in Ueberfluß eines / Festgegründeten Glücks und einer holden Ruhe, / Und meine Macht gründet sich auf dessen Liebe" (S. 11).

65 Friedrich der Große: Antimachiavel, S. 334. Im französischen Original: Friedrich der Große: *Anti-Machiavel ou Examen du Prince de Machiavel*, S. 11: „qui se sont donné des souverains pour qu'ils les protègent", „qui ne se sont soumis qu'à cette condition."

66 Friedrich der Große: Antimachiavel, S. 337. Im französischen Original: Friedrich der Große: *Anti-Machiavel ou Examen du Prince de Machiavel*, S. 169: „un voile pour couvrir ses desseins", „son hypocrisie la crédulité des peuples au profit de son ambition."

erste Phase beschleunigter Globalisierung politisch entscheidend prägte. So sind im *Antimachiavel* schon früh jene Feinde der Vernunft ausgemacht, für die man die Spanier im französisch geprägten 18. Jahrhundert ohne großes Federlesen hielt. Spanien und die Katholische Kirche, beiderseits mit der *Santa Inquisición* verbunden: Damit werden im politisch-philosophischen Traktat früh schon jene allseits verhassten Störfaktoren für einen gerechteren Gang des Menschengeschlechts identifiziert, gegen welche Friedrichs Oper *Montezuma* ihr sinnenbetörendes Feuerwerk abzubrennen versucht.

Hat nicht Cortés wie ein zweiter Ferdinand vor seinen Gräueltaten und Massakern an einer unschuldigen Bevölkerung in der siebten Szene des zweiten Akts noch versucht, sein schändliches Tun mit dem Hinweis auf die christliche Religion zu bemänteln, und die von ihm hingeschlachteten Mexica unter Verweis auf ihre Menschenopfer als Barbaren bezeichnet?

> Noi per legge abboriam l'empio Idolatra,
> Ch'offree a barbari Dei vittime umane.
> Più, che di far conquiste,
> Cercham di farvi noto il nostro Dio,
> E stabilir fra voi quella perfetta
> Religion, che a questo Nume è accetta.[67]

Wer die ,wahren' Barbaren und wer die ,Zivilisierten'[68] in dieser Szenerie aus dem Jahre 1521 sind, liegt für das Publikum in der Lindenoper offen zutage. Wie sehr sich schon der junge Kronprinz mit Fragen und Herausforderungen des Globalisierungsprozesses nicht nur des 16. Jahrhunderts, sondern auch seiner eigenen Zeit beschäftigte, zeigt sich – neben vielen anderen Schriften aus seiner Feder – auch in verschiedenen Passagen seines *Antimachiavel*, wo es etwa um die Strategien Frankreichs geht, die Handelswege von England und Holland, der „beiden blühendsten und reichsten Länder der Welt",[69] zu durchkreuzen und zum eigenen Vorteil zu nutzen.

Friedrich war sich sehr wohl der Tatsache bewusst, dass es längst nicht mehr Spanien und Portugal, sondern Holland sowie vor allem England und Frankreich waren, die mit zunehmender Dynamik im weltweiten Maßstab agierten und folglich eine wirkliche Großmachtpolitik entfesseln konnten, der er selbst nichts Gleichwertiges hätte entgegensetzen können. Die globale Dimension dieses Handelns erschien ihm im Bereich des Handels zweifellos am vielversprechendsten, ohne dass

---

[67] *Montezuma. Tragedia per musica*, S. 70. „Unser Gesetz will, daß wir die Götzen-Diener verabscheuen, / Welche barbarischen Göttern menschliche Opfer bringen. / Wir sind weniger darauf bedacht, Länder zu erobern, / Als vielmehr hier unsern Gott bekannt zu machen, / Und unter euch denjenigen vollkommenen / Gottes-Dienst zu stiften, der diesem Gotte angenehm ist" (S. 71).

[68] Zu dieser Konfliktlinie europäischer Reflexion über die Begegnung mit außereuropäischen Kulturen vgl. Bitterli, Urs: *Die ,Wilden' und die ,Zivilisierten«. Grundzüge einer Geistes- und Kulturgeschichte der europäisch-überseeischen Begegnung.* München: C.H. Beck'sche Verlagsbuchhandlung 1976.

[69] Friedrich der Große: Antimachiavel, S. 339. Im französischen Original: Friedrich der Große: *Anti-Machiavel ou Examen du Prince de Machiavel*, S. 174: „l'Angleterre et la Hollande, ces deux pays les plus beux et les plus riches du monde".

er jedoch aus dem, was noch im 18. Jahrhundert als Welthandel bezeichnet zu werden begann, eine Epoche des Weltfriedens heraufziehen sah.

Dem angehenden Monarchen waren sicherlich die kolonialen Aktivitäten von Brandenburg und Preußen bestens bekannt, waren die letzten Reste der ehemaligen Kompanie des preußischen Überseehandels – wie wir sahen – doch erst ein Jahr vor der Veröffentlichung seines *Antimachiavel* aufgelöst und liquidiert worden. Erblickte er in einer möglichen Wiederbelebung kolonialer Aktivitäten Preußens ein eigenes Feld politischen Handelns? Nichts in seinem Traktat, nichts in seiner Oper, nichts in der Friedrich gewidmeten Forschung deutet direkt darauf hin.

Und doch ist es vor diesem Hintergrund bedeutsam zu begreifen, dass Friedrich II. künstlerische Beschäftigung mit der ersten Phase beschleunigter Globalisierung in seiner Oper *Montezuma* von einem eigenen Erfahrungs- und Erwartungshorizont geprägt ist, der ohne den Beginn der zweiten Phase beschleunigter Globalisierung nicht möglich gewesen wäre. Mit der Macht der Kunst spannt Friedrich einen transmedialen Experimentierraum aus, der keiner Mimesis konkreter historischer Machtfülle, wohl aber der ästhetischen Erprobung abstrakter Vorstellungen von Macht im weltweiten Maßstab dient.

Der Sinn der Macht und die Macht der Sinne

Man darf das Rezitativ unmittelbar vor der ersten Arie des Montezuma als eine direkte Reminiszenz an den *Antimachiavel* begreifen, wenn der Aztekenherrscher auf die Lobeshymnen seines Bediensteten Tezeuco mit Wendungen antwortet, welche in buchstäblich verdichteter Form sein ideales Herrscherbild in den geschlossenen Raum einer preußischen Opernaufführung mit überklarer Helligkeit projizieren:

> Non innalzar cotanto
> Sì deboli virtù. Faccio altro mai
> Che il mio dovere? Jo ti domando, amico,
> Non lodi, ma consigli. E merito in noi
> Il non essere un mostro? Eh pera questa
> Politica crudele,
> Che stabilisce il soglio
> De' sudditi col sangue.
> No, non saprebbe a prezzo così indegno
> Questo mio cor deliberarsi al Regno.[70]

Im zentralen Vers – „Ist es uns ein Verdienst, / Nicht ein Ungeheuer zu seyn?“ – wird in den Worten Montezumas jene antimachiavellistische Position des jungen

[70] *Montezuma. Tragedia per musica*, S. 14 und 16. „Ach, erhebe nicht eine schwache Tugend so sehr! / Thue ich ettwas anders, als meine Pflicht? / Ich verlange von dir, Freund! nicht nicht Lobes-Erhebungen, / Sondern Rath: Ist es uns ein Verdienst, / Nicht ein Ungeheuer zu seyn? / Ach, verflucht sey jene grausame Staats-Kunst, / Welche in dem Blute der Unterthanen den Thron gründet. / Nein, für einen so unwürdigen Preiß / Könnte sich mein Hertz niemahls zu dem Besitz / eines Thrones entschliessen“ (S. 15 und 17).

Friedrich auf die Spitze getrieben, die den Herrscher nicht als den absoluten Souverän, sondern als einen seinem sich ihm anvertrauenden Volk verpflichteten ‚ersten Diener' des Staates begreift. Damit aber ist eine Position markiert, die es uns – wie auch die weitere Entwicklung der Oper deutlich belegt – weder erlaubt, die Figur Montezumas als die eines ‚edlen Wilden' zu charakterisieren noch gleichsam identifikatorisch mit der historischen Gestalt des königlichen Librettisten in einer Art von Camouflage[71] gleichzusetzen. Wir haben es mit einem intratextuellen Verweissystem nicht selten ironischer Markierungen zu tun, das Montezuma – entgegen aller Behauptungen, die sich immer wieder in der Forschung finden[72] – keinesfalls als *bon sauvage* im Sinne des 18. Jahrhunderts idealisiert, sondern als eine Figura,[73] als eine ästhetische Modellierung vorstellt, die im Verlauf der Oper einer kritischen Überprüfung unterzogen wird. Und diese Überprüfung wird, im preußischen Spiegel gelesen, ein deutliches Ergebnis zeitigen.

Zu Recht ist wiederholt auf die Tatsache verwiesen worden, dass das Sujet der spanischen *Conquista* auf den europäischen Bühnen des 18. Jahrhunderts bereits lange vor der Jahrhundertmitte Verwendung und im Bereich der Oper in Antonio Vivaldis *Montesuma* (1733) den wohl berühmtesten künstlerisch-musikalischen Ausdruck fand. Doch bestand die Tradition der preußischen Hofoper seit 1747/48 gerade darin, „überwiegend zu italienischsprachigen Opern umgewandelte französische Tragödien aufzuführen", so dass man den *Montezuma*, der 1755 in der Oper Unter den Linden aufgeführt wurde, sehr wohl als einen „Fremdling" bezeichnen darf,[74] auch wenn er sich gattungskonform als ‚Tragedia per musica' präsentierte.[75]

Dieser Fremdling freilich musste dem Publikum seltsam vertraut erscheinen, besaß er doch nichts von jener grobschlächtigen Wildheit, deren Archäologie Hayden White in seinem Essay über die ‚Forms of Wildness' erforschte und in einem „reappearing in the imagination of Western man – as the Wild Man, as the monster, and as the devil"[76] erblickte. Als Wilder Mann und Ungeheuer aber erscheint gerade Montezuma, der gebildete und feinfühlige Aztekenkaiser, nicht, wobei er zugleich

[71] Vgl. hierzu Detering, Susanne: Friedrich II: Camouflage und Selbstverteidigung im Bild Montezumas, S. 203.

[72] Vgl. Henze-Döhring, Sabine: *Friedrich der Große: Musiker und Monarch*, S. 87. Zur Problematik einer solchen Sichtweise vgl. auch Detering, Susanne: Friedrich II: Camouflage und Selbstverteidigung im Bild Montezumas, S. 199.

[73] Vgl. zu diesem Begriff Auerbach, Erich: Figura. In (ders.): *Gesammelte Aufsätze zur romanischen Philologie*. Hg. von Fritz Schalk und Gustav Konrad. Bern/München: Francke 1967, S. 55–92.

[74] Müller-Lindenberg, Ruth: Macht und Sinne? Zum Konzept der Ausstellung, S. 8. Zur Rezeptionsgeschichte aus der Perspektive Oswald Spenglers vgl. auch Birkenmaier, Anke: *Versionen Montezumas. Lateinamerika in der historischen Imagination des 19. Jahrhunderts*, S. 6 f.

[75] Zur traditionalistischen Ausrichtung Friedrichs als Musiker wie als Komponist im Kontext bereits seiner Zeit als Kronprinz zu Preußen vgl. auch Kunisch, Johannes: *Friedrich der Große. Der König und seine Zeit*, S. 85.

[76] White, Hayden: The Forms of Wildness: Archaeology of an Idea. In (ders.): *Tropics of Discourse. Essays in Cultural Criticism*. Baltimore/London: The Johns Hopkins University Press 1978, S. 180.

das Verdienst, selbst unter dem Druck einer grausamen Politik kein Ungeheuer zu werden, weit von sich weist. Den Wilden Mann, dessen archetypisches Bild die westliche Kulturgeschichte geradezu verfolgte und verfolgt, gibt vielmehr der Schüler Machiavellis, der mit List und Tücke, mit Mordlust und Massakern vorgehende Hernán Cortés, der zwar die Mexica als ungebildete Barbaren beschimpft, in seinem Reden wie in seinem Handeln aber stets als der eigentliche Barbar gebrandmarkt wird.

Von Anfang an ließ Friedrich II. an dieser Konstellation, wie das Schreiben von Oktober 1753 an Algarotti zeigte, keinen Zweifel. Friedrichs tyrannischer Cortés – und nicht sein aufgeklärter Montezuma – ist es, der jenen „abyss into which mankind might fall“[77] aufweist, jenen Abgrund also, der sich unter der dünnen Decke abendländischer Kultur nicht nur in Preußen so leicht zu öffnen vermag.

So ist der auf die Berliner Bühne gebrachte Montezuma weder der üble Wilde noch der edle Wilde,[78] sondern die Figura jenes im *Antimachiavel* gezeichneten Herrschers, die nun freilich im geschlossenen Raum der preußischen Oper wie in einem Experimentierraum *öffentlich* einem Härtetest unterworfen wird. Noch zu Beginn der Oper steht er in strahlendem Glanze da, weiß sich und sein Land in höchstem Maße glücklich und begreift sein eigenes Tun in vollständiger Übereinstimmung mit den Wünschen und Bedürfnissen seiner Untertanen, deren Willen er repräsentiert. Mit dem Auftauchen des Hernán Cortés und seiner zu allem entschlossenen Soldateska aber erfolgt nun eine Überprüfung dieser Position und mehr noch eine Prüfung, deren Tragweite der Herrscher – aller Warnungen zum Trotz – zu Beginn nicht überblickt und deren Tragik er am Ende schutzlos ausgeliefert ist. Am Ausgang dieser Prüfung steht der Zusammenbruch des Staates und die Hinrichtung des beim Volk zumindest zu Beginn so populären Herrschers. Ein lehrreiches Stück, fürwahr.

So ließe sich die These wagen, dass in Friedrichs Libretto und in Carl Heinrich Grauns Oper der frühfridericianische Antimachiavel zugleich in Szene gesetzt, auf seine Widerstandsfähigkeit überprüft und schließlich als Herrscher nicht als überlebensfähig eingestuft wird. Mag Montezuma auch für das Berliner Publikum ein Fremdling gewesen sein: Die zu Beginn der Oper entworfene Figur des Herrschers war es nicht. In diesem transmedialen Transfer aus der Theorie des philosophisch-politischen Traktats in die inszenierte Praxis der realen Oper erfolgt insofern eine fundamentale Transformation, als im Gewitter der *special effects* im Bühnen- und Zuschauerraum die Tatsache grell beleuchtet wird, dass die Reinheit der Figura – wie Friedrich in seinem *Antimachiavel* festhielt – weder im „staatliche[n] Leben“ noch in der Bedeutung für das „Leben selbst“[79] aufrechterhalten werden kann. Der

---

[77] Ebd.

[78] Aus der ungeheuren Literatur zum *bon sauvage* seien hier nur genannt Kohl, Karl-Heinz: *Entzauberter Blick. Das Bild vom Guten Wilden und die Erfahrung der Zivilisation.* Berlin/Frankfurt a. M.: Medusa 1981; sowie Duviols, Jean-Paul: Contribution des récits de voyage à la formation de l'image du ‚Bon Sauvage, Américain'. In: *Les Amériques et l'Europe. Voyage – émigration – exil.* Actes de la 3ème semaine latino-américaine. Toulouse: Université de Toulouse/Le Miral 1985, S. 27–36.

[79] Friedrich der Große: Antimachiavel, S. 331. Im französischen Original: Friedrich der Große: *Anti-Machiavel ou Examen du Prince de Machiavel*, S. 3: „la politique“, „la pratique“.

Herrscher als Antimachiavel bricht unter dem Ansturm Machiavels in kürzester Zeit als Herrscher zusammen – und mit ihm sein gesamtes Staatswesen, das am Ende in Flammen aufgeht und aus der Weltgeschichte verschwindet. Solches aber galt es für Preußen zu verhindern.

Denn Montezuma versucht, seine zwar einerseits abstrakte, andererseits aber durchaus in der staatlichen Realität gemeinschaftlichen Lebens erprobte Überzeugung von der ethisch fundierten guten Regierung auch angesichts all jener skrupellosen Feinde aufrechtzuerhalten, die das Meer gleichsam ausgespuckt und in sein eigenes Land geworfen hat. Deren zahlenmäßige Unterlegenheit spielt dabei keine Rolle. Friedrichs Cortés erkennt sehr früh die Ethik guter Herrschaft als eine Schwäche des Systems und sucht, ihr mit aller Macht die Inszenierung eigener Macht entgegenzuhalten, die just auf die Verwirrung aller Sinne setzt. Er tut dies mit durchschlagendem Erfolg.

So sind es die Pistolenschüsse, von denen Friedrich nicht von ungefähr in seinem Brief an Markgräfin Wilhelmine von Bayreuth kurz nach der Aufführung berichtet, die auf der Bühne abgefeuert auf jene listige Taktik der zu allem entschlossenen Spanier verweisen, zuallererst die Sinne ihrer Gegner zu verwirren. Sind erst die Sinne überwältigt, kann geradezu unbegrenzt Macht über die Azteken ausgeübt werden. Es sind die *special effects* einer menschenverachtenden Bühnenkunst, die es den Spaniern erlauben, die von Furcht ergriffenen Azteken vor sich herzutreiben und Montezuma seinem fatalen Schicksal zuzuführen. Wer sich die Macht über die Sinne seiner Feinde wie seiner Untertanen verschafft, macht daraus jeden Sinn, den er der Geschichte seiner eigenen Macht verschaffen will.

Friedrichs Oper *Montezuma* führt dies ein ums andere Mal in aller Deutlichkeit vor Augen und bringt es zu Gehör. Im Vollbesitz der rücksichtslosen Sicherheit, mit der der Spanier Narvès in der siebten Szene des ersten Aktes Montezuma klarmacht, dass man bereits die ganze Welt erobert habe, gehen die spanischen Truppen unter der Führung des Hernán Cortés am Ende der fünften Szene des zweiten Aktes unter den Klängen einer kriegerischen Symphonie mit aller Entschlossenheit und Brutalität gegen die Mexica vor, die bereits beim Klang der ersten für sie fremden, unbegreiflichen Schüsse jedweden Widerstand einstellen. Nicht die Ehre und die hehren Werte, wohl aber die Widerstandskraft des Montezuma sind gebrochen, erscheint er doch zu Beginn der unmittelbar folgenden sechsten Szene als „attonito, e spaventato".[80] Die Spanier aber wissen sich als Protagonisten einer Welt, deren Geschichte sie längst aus ihrer Sicht umzuschreiben begonnen haben. Und doch sind sie Barbaren und herrschen über ein Land, das sie nur auszuplündern und zu zerstören fähig sind.

Dies ist gewiss nicht das Herrscherbild, dem Friedrich II. sich verpflichtet fühlte. Und doch: Hatte er, der in seinem *Antimachiavel* so kurze Zeit vor seinem Machtantritt das Bild des edlen Fürsten malte, nicht schon nach wenigen Monaten auf dem Thron alle Regeln zwischenstaatlicher Vertragstreue und Reziprozität gebrochen und mit List und Tücke, vor allem aber mit brutaler Waffengewalt Schlesien überfallen, um erfolgreich die reiche Provinz aus dem nach dem Tod Kaiser Karls

[80] *Montezuma. Tragedia per musica*, S. 66.

VI. zeitweise führungsschwachen Habsburgerreich herauszubrechen und seinem eigenen Reich einzuverleiben? Gewiss wollte Friedrich nicht mit der Figur des Barbaren Cortés verwechselt werden; aber ein Montezuma, dessen Widerstand im schreckenerregenden Pulverdampf zu erliegen kommt und dessen Reich unter den Hufen der für die Mexica unbekannten Pferde zerfällt, wollte er ebenso wenig sein. *Montezuma* ist ein Stück über die Macht im Medium der Macht; es macht daher nur Sinn, insofern es die Macht über die Sinne reflektiert.

So führt die Oper *Montezuma* am 6. Januar 1755 gleichsam in ihrer ganz konkreten Aufführungspraxis vor, wie die Figura eines Herrschers, der sich allein abstrakten Werten verpflichtet weiß, im Angriffswirbel seiner Feinde untergehen muss und folglich alle medialen Gewalten dafür aufzubieten hat, die eigene Macht zu erhalten und wo möglich auszuweiten. Die Oper selbst, „l'opéra même“,[81] wird daher für Friedrich II. zu jenem mitreißenden Spektakel, zu jenem – wie Algarotti ihm noch vor der Premiere von *Montezuma* schrieb – „spectacle magnifique du Nouveau monde“,[82] in dem der preußische Monarch und Musiker die Sinne seiner Untertanen nicht nur mit Worten und mit Musik, sondern auch mit der exotischen Farbenpracht der Kostüme oder mit dem Pulverdampf seines Feuerwerks verwirren und folglich überwältigen kann. Dies ist der Sinn, dies sind die Sinne, welche die Neue Welt Friedrichs des Großen bestimmen.

Bereits die Zeitgenossen wussten es: Der preußische König hat sich nicht allein als Librettist betätigt. Er hat nicht nur den stärksten Einfluss auf die Musik wie auch (durch seine häufige Anwesenheit bei Proben) auf deren Ausführung genommen, sondern entwarf auch Bühnendekorationen und Kostüme, all das also, was in der Oper auf Wirkung und Zusammenwirken angelegt ist. Da er in alles wie ein Fürst und mehr noch wie ein Feldherr einzugreifen pflegte, sagte der englische Musikhistoriker Charles Burney nach einem Besuch im Jahre 1773 wohl zurecht vom preußischen Monarchen: „Der König hält im Opernhaus genauso Manneszucht wie in seinem Lager.“[83] Die horrenden Kosten der Lindenoper standen zur vielberufenen „Sparpolitik“ des Königs nur in einem scheinbaren Widerspruch; denn „Macht äußerte sich nicht nur in einem schlagkräftigen Heer“ – die Oper war ein vortreffliches „Machtinstrument“,[84] dessen sich Friedrich auf hervorragende Weise zu bedienen wusste.

Noch heute zeugen die von Christian Gottlob Fechhelm gearbeiteten Figurinen des mexikanischen Kaisers[85] von der enormen Prachtentfaltung einer Ausstattung, die der preußische Monarch mit ungeheurem materiellen Aufwand und enormen Gagen für

[81] Friedrich II.: *Correspondance de Frédéric Second, Roi de Prusse, avec le Comte Algarotti*, S. 98.

[82] Brief Algarottis vom 11. Januar 1754 aus Venedig an Friedrich II. In: Friedrich II.: *Correspondance de Frédéric Second, Roi de Prusse, avec le Comte Algarotti*, S. 100.

[83] Zit. nach Leithold, Norbert: *Friedrich II. von Preußen. Ein kulturgeschichtliches und bebildertes Panorama von A bis Z.* Frankfurt a. M.: Eichborn (Die Andere Bibliothek) 2011, S. 327.

[84] Leithold, Norbert: *Friedrich II. von Preußen. Ein kulturgeschichtliches und bebildertes Panorama von A bis Z*, S. 327.

[85] Vgl. hierzu Henze-Döhring, Sabine: *Friedrich der Große*, S. 89.

seine Opernstars[86] wie für sein Orchester, seine Dekorateure und Bühnenarchitekten betrieb.[87] Mit der Macht über die Sinne seiner Untertanen führte die Oper in ihrer sinnlich erfahrbaren Fülle selbst den Sinn der Macht vor, die sich im königlichen Librettisten leibhaftig verkörperte. Es ist ein Spektakel der Macht, das nicht die Macht als Spektakel, wohl aber den Sinn der Macht in der Macht über die Sinne zelebriert.

Lässt sich Friedrichs fürstliches Libretto und die Aufführung ‚seiner' Oper in der Musik von Carl Heinrich Graun, in der Theaterarchitektur von Giuseppe Galli Bibiena, in den Arien von Giovanna Astrua und Hunderter weiterer Mitwirkender als ein Vorspiel jener Berliner Debatte um die Neue Welt begreifen, die seit dem Ausgang der sechziger Jahre des 18. Jahrhunderts in einer längst weltweiten *République des Lettres* die Gemüter erhitzte?

Die Antwort auf diese Frage kann nicht einfach sein, sondern wird differenziert ausfallen müssen. Denn Friedrich II. verlegte ganz entgegen der von ihm selbst protegierten preußischen Traditionen der Hofoper den Schauplatz zwar ins räumlich wie zeitlich weit entfernte Land der Azteken, tat dies aber nicht, um einen wie auch immer gearteten anthropologischen Disput über die Bewohner der Alten wie der Neuen Welt in Gang zu setzen.[88] Zwar entfaltete er aus dem Erleben einer Phase beschleunigter Globalisierung, in der die neuen Mächte der europäischen Expansion ihre eigene Überlegenheit gegenüber Spanien und Portugal ebenso auf der materiellen wie – dank der Zuhilfenahme der *leyenda negra* – auf der ethisch-moralischen Ebene lautstark proklamierten, einen kritischen, ja vernichtenden Rückblick auf die Protagonisten der ersten Phase beschleunigter Globalisierung. Doch war es ihm dabei gewiss nicht um die programmatische Aufwertung außereuropäischer Kulturen zu tun, wie wir sie auf anthropologisch fundierter Basis in Preußen ein halbes Jahrhundert später im Werk von Alexander von Humboldt[89] sich entwickeln sehen, sondern um die Schaffung eines ästhetischen Erprobungsraumes, in dem das historisch Vorgefundene wie das künstlerisch Erfundene einem unmittelbar sinnlichen Erleben zugeführt werden sollte. Die Oper als politische

[86] Vgl. hierzu Leithold, Norbert: *Friedrich II. von Preußen. Ein kulturgeschichtliches und bebildertes Panorama von A bis Z*, S. 327; dort finden sich auch genauere Angaben etwa für die Primadonna Astrua oder den Kastraten Salimbeni.

[87] Ebd., S. 328 sowie Müller-Lindenberg, Ruth (Hg.): „Macht und Sinne? Zum Konzept der Ausstellung Friedrichs Montezuma". In: Müller-Lindenberg, Ruth (Hg.): *Friedrichs „Montezuma". Macht und Sinne in der preußischen Hofoper*. Publikation zur Sonderausstellung im Musikinstrumenten-Museum, Berlin 2012, S. 9–18.

[88] Dass sich Friedrich II. nur mit Mythen und Legenden rund um die Eroberung Mexicos beschäftigt habe, ist eine in der Forschung immer wiederkehrende Behauptung; vgl. etwa Detering, Susanne: Friedrich II: Camouflage und Selbstverteidigung im Bild Montezumas, S. 198; tatsächlich griff der preußische Monarch nachweislich auf die als historiographisches Standardwerk geltende *Historia* de la conquista de México von Antonio de Solís y Ribadeneyra von 1684 zurück; vgl. hierzu u. a. Klüppelholz, Heinz: Die Eroberung Mexikos aus preußischer Sicht – Zum Libretto der Oper ‚Montezuma' von Friedrich dem Großen, S. 68–79.

[89] Vgl. zu dieser anthropologischen Dimension Ette, Ottmar (Hg.): *Das Buch der Begegnungen: Menschen – Kulturen – Geschichten aus den Amerikanischen Reisetagebüchern*. München: Manesse 2018, für eine Gegenüberstellung von De Pauw und Alexander von Humboldt vgl. ders.: „Not just brought about by chance": reflections on globalisation in Cornelius de Pauw and Alexander von Humboldt. In: *Studies in Travel Writing* (Nottingham) XV, 1 (February 2011), S. 3–25.

Demonstration der Macht wie als die Demonstration politischer Macht lieferte und schuf dabei jenen Projektionsraum und jenen Resonanzboden, mit deren Hilfe sich die Frage der Macht auch und gerade in einem weltweiten Maßstab stellen ließ. Auf der Ebene Preußens wie auf jener der gesamten Welt.

Spätestens seit der Abwicklung der Restbestände seiner überseeischen Handelskompanie war Preußen kein Protagonist innerhalb der um die Mitte des 18. Jahrhunderts wieder einsetzenden Phase beschleunigter Globalisierung mehr. Vielleicht schuf gerade diese Distanz die Möglichkeit, die Globalisierungsschübe umso besser zu analysieren und theoretisch zu beurteilen. So ist es sicherlich kein Zufall, dass in Potsdam und Berlin mit außereuropäischen Fragen vertraute Schriftsteller und Philosophen wie Maupertuis oder Voltaire, wie de Pauw, Pernety oder Raynal verkehrten. Gewiss spielte die Berliner Debatte in der Provinz. Am preußischen Hof wie im aufstrebenden Berlin entwickelte sich aber mit einer gewissen Kontinuität eine Beschäftigung mit außereuropäischen Fragestellungen. Diese warf grundsätzliche Probleme jener Phasen beschleunigter Globalisierung auf, als deren wohl erster Theoretiker ein im provinziellen Berlin geborener Forscher, Gelehrter und Schriftsteller angesehen werden darf: der jüngere der beiden Humboldt-Brüder.

Lassen sich Alexander von Humboldts Schriften wie eine späte, aber keinesfalls verspätete Antwort auf die zweite Phase beschleunigter Globalisierung begreifen, so sind die in Potsdam und Berlin entstandenen Werke eines Cornelius de Pauw oder eines Antoine-Joseph Pernety, aber auch der Opernentwurf von Friedrichs *Montezuma* komplexe und in sich widersprüchliche Reaktionen auf eine sich verändernde politische, ökonomische und kulturelle Situation, die wir als die zweite Phase beschleunigter Globalisierung verstehen dürfen. *Montezuma* ist als Oper Friedrichs II. sicherlich nicht Teil der an ‚seiner' Akademie entbrannten Berliner Debatte; doch ist sie zugleich erheblich mehr als deren bloßes Vorspiel.

Friedrichs ‚Tragedia per musica' stellt die erst heute wieder unter veränderten Bedingungen neu zu beleuchtende Frage nach der Macht in ihrer globalen Dimension, wobei der preußische Monarch die Verwirrung der Sinne, die einst Hernán Cortés mit Pferdegetrampel und Artillerie zur Überwältigung der Mexica genutzt hatte, als Machtfaktor sinnlich erlebbar werden lässt. Gewiss sind heute in dieser Funktion längst andere mediale Verbundsysteme an die Stelle der Oper getreten. Doch die von Friedrich in Szene gesetzte Überwältigung der Sinne demonstriert nicht nur die Macht, welche die Sinne über unser Denken und unser Leben ausüben, sondern auch die Notwendigkeit, eine die Sinne berauschende Gewalt stets mit der kritischen Frage nach dem Sinn der Macht zu konfrontieren, soll eine neue Welt ästhetisch vorgedacht und vorbereitet werden. Doch lassen wir Eupaforice, Montezumas Braut, jener furchtlosen indigenen Frau, die anders als alle anderen Figuren eine reine Erfindung Friedrichs ist, wie am Ende des zweiten Akts das letzte Wort:

> Seconda il Ciel l'audace,
> Che di coraggio armato
> Sprezza il rigor del Fato,
> E paventar non sa.[90]

---

[90] *Montezuma. Tragedia per musica*, S. 102. „Der Himmel steht dem Kühnen bey, / Wenn er sich mit Muth bewaffnet, / Nicht erschrickt, und die Strenge des / Schicksals verachtet" (S. 103).

Dom Pernety und die Berliner Debatte

Reisen/Schreiben

In einer der wohl wichtigsten Anmerkungen zu seinem *Discours sur l'origine et les fondements de l'inégalité parmi les hommes* setzte sich Jean-Jacques Rousseau im Jahre 1755 kritisch mit dem im Europa seiner Zeit erreichten Stand anthropologischer Kenntnisse auseinander. Dabei hob er die unübersehbare, von den meisten der europäischen Philosophen aber sehr wohl übersehene Asymmetrie zwischen dem Wissensstand der aus den verschiedensten europäischen Ländern stammenden Reisenden einerseits und dem Reflexionsstand all jener Philosophen andererseits hervor, die ihre generalisierenden Überlegungen und Theorien zur Diversität des Menschengeschlechts nicht zuletzt auf der Grundlage mehr oder oftmals auch minder ausgedehnter und aufmerksamer Lektüren von Reiseberichten anstellten und entwickelten.

Jean-Jacques Rousseau betonte in diesem Zusammenhang die unabdingbare Notwendigkeit, diese fundamentale Asymmetrie innerhalb der weltweiten Zirkulation des Wissens zu durchbrechen, die im Übrigen nicht zuletzt durch die mangelnde Vorbereitung der allermeisten Reisenden verschärft werde. Zugleich aber hielt er auch einen gewissen Mangel hinsichtlich der (wissenschaftlichen) Ausrichtung mancher *hommes éclairés* fest, die sich dessen ungeachtet vielfältigen Gefahren ausgesetzt und lange, anstrengende Reisen unternommen hätten:

> Les Académiciens qui ont parcouru les parties Septentrionales de l'Europe et Méridionales de l'Amérique, avoient plus pour objet de les visiter en Géomètres qu'en Philosophes. Cependant, comme ils étoient à la fois l'un et l'autre, on ne peut pas regarder comme tout à fait inconnues les régions qui ont été vues et décrites par les La Condamine et les Maupertuis.[1]

[1] Rousseau, Jean-Jacques: *Discours sur l'origine et les fondements de l'inégalité parmi les hommes*. In (ders.): *Œuvres complètes*. Bd. III. Edition publiée sous la direction de Bernard Gagnebin et Marcel Raymond avec, pour ce volume, la collaboration de François Bouchardy, Jean-Daniel Candaux, Robert Derathé, Jean Fabre, Jean Starobinski et Sven Stelling-Michaud. Paris: Gallimard 1975, S. 213.

O. Ette, *Mobile Preußen*, https://doi.org/10.1007/978-3-476-04854-7_3

Der Verfasser des *Discours sur l'inégalité*, wie dieser *Second Discours* auch in abgekürzter Form oft benannt wird, ließ keinerlei Zweifel aufkommen: Nicht von den Geometern, sondern von den Philosophen erhoffte sich Rousseau die entscheidenden Verbesserungen des Kenntnisstandes über die außereuropäische Welt. Räumte der Bürger von Genf auch gerne Gehalt und Qualität mancher Reiseberichte ein, die im 18. Jahrhundert veröffentlicht worden waren, so verbarg er doch seine fundamentale Kritik am allgemeinen Niveau anthropologischer beziehungsweise ethnologischer Kenntnisse nicht, wobei er bei aller Bewunderung für das Werk eines Buffon auch den Bereich der Naturgeschichte und insbesondere der von ihren Vertretern genutzten Quellen nicht von dieser Kritik ausnahm. Nach der Erwähnung einiger weniger glaubwürdiger Berichte stellte er mit aller wünschenswerten Deutlichkeit fest:

> A ces relations près, nous ne connoissons point les Peuples des Indes Orientales, fréquentées uniquement par des Européens plus curieux de remplir leurs bourses que leurs têtes. [..] toute la terre est couverte de Nations dont nous ne connoissons que les noms, et nous nous mêlons de juger le genre- humain! Supposons un Montesquieu, un Buffon, un Diderot, un Duclos, un d'Alembert, un Condillac, ou des hommes de cette trempe voyageant pour instruire leurs compatriotes, observant et décrivant comme ils savent faire, la Turquie, l'Egipte, la Barbarie, l'Empire de Maroc, la Guinée, les pays des Caffres, l'intérieur de l'Afrique et ses côtes Orientales [...]: puis dans l'autre Hémisphére le Méxique, le Perou, le Chili, les Terres Magellaniques, sans oublier les Patagons vrais ou faux [...]; supposons que ces nouveaux Hercules, de retour de ces courses mémorables, fissent ensuite à loisir l'Histoire naturelle, Morale et Politique de ce qu'ils auroient vu, nous verrions nous mêmes sortir un monde nouveau de dessous leur plume, et nous apprendrions ainsi à connoître le nôtre.[2]

Aufgrund ihrer alles beherrschenden persönlichen wie kommerziellen Interessen entgehen die meisten europäischen Reisenden mit ihren so zahlreichen, aber oft auch so ungesicherten und vor allem interessengeleiteten Berichten dem letztlich vernichtenden Urteil Rousseaus nicht. Doch der Verfasser des *Diskurses über die Ungleichheit* leugnete die grundlegende Bedeutung der Reisen für die Ausweitung der menschlichen Kenntnisse und die umfassende Zirkulation von Wissen im europäisch-außereuropäischen Spannungsfeld keineswegs. Ganz im Gegenteil: Für ihn ging es darum, wohlvorbereitete Reisende, ‚Philosophen' (im Sinne des 18. Jahrhunderts) auszusenden, die nicht nur über ein Wissen (*savoir*), sondern mehr noch über ein *savoir faire* und ein *savoir voir* verfügten und in der Lage sein mussten, nach ihrer Rückkehr nach Europa das, was sie gesehen hatten, ebenso an ihre Landsleute wie an ihr Lesepublikum innerhalb einer tendenziell weltumspannenden *République des Lettres* der Aufklärung weiterzugeben. Denn nur auf diese Weise sei es möglich, neue Grundlagen für ein neues Wissen zu schaffen.

Die Vorstellungen Rousseaus sind von größter epistemologischer Tragweite: *Savoir faire* und *savoir voir* sollten auf diese Weise für die künftigen Leser des Reisenden in ein *savoir faire voir*, ein Wissen und eine Technik des Vor-Augen-Führens, umschlagen, das nicht nur die europäische Sichtweise der Neuen Welt modifizieren

[2] Ebd., S. 213.

und den *Nouveau-Monde* in einen *monde nouveau* verwandeln, sondern den Blick auch auf die europäischen Länder selbst grundlegend verändern könnte.[3] Fremderkenntnis impliziert stets Selbsterkenntnis; und mehr noch: Selbsterkenntnis ist ohne Fremderkenntnis nicht zu haben. Im Übrigen kann nicht übersehen werden, dass innerhalb einer weltweiten – wenn auch zweifellos von Europa beherrschten – Relationalität die Kenntnisse reisender europäischer Philosophen auch für die Bewohner anderer Areas und Weltregionen von Nutzen sein mussten. Rousseaus Argumente sind jener Ethik mit universalisierendem Anspruch verpflichtet, wie sie der (europäischen) *République des Lettres* zugrunde lag.

In der angeführten Passage erscheinen Sehen und Schreiben in ihrer Verbindung mit dem Reisen als komplementäre Handlungen, die in ihrer Abfolge einen Sinn (bezüglich) der Neuen Welt hervorbringen, den Rousseau dann auch zu glauben bereit wäre: „il faudra les en croire."[4] Doch gründet dieser Glaube für Rousseau nicht auf dem Schreiben, der *écriture*, allein. Nicht die Bewegung des Diskurses, sondern die Bewegung des Reisens, das eine direkte Sicht auf die Dinge gewährt, jene Ortsveränderung also, die ein unmittelbares Sehen des Anderen ermöglicht, verleiht dem Schreiben über das Andere Autorität und damit erst eine Autorschaft im starken Sinne. Die Glaubwürdigkeit dieser Autorschaft ist in diesen Passagen des *Second Discours* folglich an die Legitimation durch eine Augenzeugenschaft zurückgebunden, die mit Blick auf das Wissen über weit entfernte Länder das eigene Reisen voraussetzt.

Ein Gedanke glimmt hier auf, der für unsere Zeit, für unsere eigenen wissenschaftlichen und wissenschaftspolitischen Epistemologien (und ‚Selbstverständlichkeiten') von größter Aktualität und Dringlichkeit ist. Denn über lange Zeit – und bis in unsere Gegenwart – hielt sich die Vorstellung, man habe die ‚allgemeine', die generalisierende Theorie von den sogenannten Regionalwissenschaften, den *Area Studies*, als ‚systematische' oder systematisierende Wissenschaft klar zu trennen, da Letztere nur ein regional begrenztes Wissen – etwa über die Türkei, Nordafrika oder Südamerika, um bei den Beispielen Rousseaus zu bleiben – hervorzubringen in der Lage wären. Nichts aber ist – und auch dies wird die Berliner Debatte um die Neue Welt in der historischen Rückschau zeigen – anmaßender und den Gegenständen inadäquater als eine derartige Trennung.

Denn die vorgeblich ‚allgemeine' Theorie beruht zumeist auf äußerst lückenhaften Kenntnissen, die sich in der Regel auf das Wissen über einen mehr oder minder kleinräumigen und bestenfalls europäischen Ausschnitt beschränken, der ungerührt und unhinterfragt als normgebend gesetzt wird. Um aber eine allgemeine Theorie adäquat fundieren und entwickeln zu können, ist die Kenntnis verschiedenster Areas

---

[3] Diese Überlegungen habe ich aus einer anderen Perspektive und mit Blick auf die Epistemologie von Auge und Ohr erstmals vorgestellt in Ette, Ottmar: Diderot et Raynal: l'oeil, l'oreille et le lieu de l'écriture dans l'‚Histoire des deux Indes'. In: Lüsebrink, Hans-Jürgen/Strugnell, Anthony (Hg.): *L'‚Histoire des deux Indes': réécriture et polygraphie.* Oxford: Voltaire Foundation 1996, S. 385–407.

[4] Rousseau, Jean-Jacques: *Discours sur l'origine et les fondements de l'inégalité parmi les hommes*, S. 214.

unverzichtbar. Denn dann erst kann die Zielvorstellung Rousseaus greifen, unsere Welt in ihrer Gesamtheit auf neue Weise zu erfassen: „nous verrions nous mêmes sortir un monde nouveau de dessous leur plume, et nous apprendrions ainsi à connoître le nôtre.“[5]

Man könnte den ausführlich zitierten Überlegungen Rousseaus eine Passage aus der Feder des von ihm im obigen Zitat erwähnten Diderot an die Seite stellen, die erstmals[6] 1780 im elften Buch der dritten Ausgabe der *Histoire philosophique et politique des établissements et du commerce des européens dans les deux Indes* veröffentlicht wurde. In gewissem Sinne handelt es sich um eine Antwort und mehr noch um eine scharfsinnige erkenntnistheoretische Replik fünfundzwanzig Jahre nach der Veröffentlichung des zweitem *Discours*. Zu Beginn von Rousseaus Überlegungen findet sich seine Klage darüber, niemals „deux hommes bien unis, riches, l'un en argent, l'autre en génie, tous deux aimant la gloire“ gefunden zu haben, einen Ruhm, für den der eine bereit wäre, ‚zwanzigtausend Taler' zu opfern, der andere ‚zehn Jahre seines Lebens' zugunsten einer erfolgreichen Reise um die Welt.[7]

Uns interessiert hier nicht die bemerkenswerte Beziehung zwischen den Zahlenangaben, sondern die Tatsache, dass Diderot die diskursive Struktur dieser Passage wiederaufnahm, um zugleich ihrem kritischen Sinn eine neue Wendung zu geben:

> L'homme riche dort; le savant veille; mais il est pauvre. Ses découvertes sont trop indifférentes aux gouvernemens pour qu'il puisse solliciter des secours ou espérer des récompenses. On trouveroit parmi nous plus d'un Aristote; mais où est le monarque qui lui dira: ma puissance est à tes ordres [...].[8]

Ein Vierteljahrhundert nach dem Erscheinen des zweiten *Discours* Rousseaus ist die Verbindung zwischen dem Reichen und dem Genie, zwischen dem Monarchen und dem Gelehrten nicht realistischer geworden. Anders als Rousseau, der am liebsten einen Buffon, aber auch einen Diderot auf eine Weltreise geschickt hätte, war der Ko-Autor von Guillaume-Thomas Raynals *Histoire des deux Indes* in keiner Weise dazu bereit, sein Arbeitszimmer in Paris zu verlassen und die Welt zu umsegeln. Und in einer Passage aus seiner Feder führte er hierzu keineswegs persönliche, sondern epistemologische Gründe an:

> L'homme contemplatif est sédentaire; & le voyageur est ignorant ou menteur. Celui qui a reçu le génie en partage, dédaigne les détails minucieux de l'expérience; & le faiseur d'expériences est presque toujours sans génie.[9]

---

[5] Ebd., S. 213.

[6] Vgl. Duchet, Michèle: *Diderot et l'Histoire des Deux Indes ou l'Ecriture Fragmentaire.* Paris: Nizet 1978, S. 84.

[7] Ebd., S. 213.

[8] Raynal, Guillaume-Thomas: *Histoire philosophique et politique des établissements et du commerce des européens dans les deux Indes.* Tome cinquième. Genève: Chez Jean-Léonard Pellet, Imprimeur de la Ville & de l'Académie 1781, S. 43.

[9] Ebd.

Bei Rousseau basiert das Wissen auf dem Sehen, das *sa-voir* auf dem *voir*. Ist die Verbindung zwischen dem mit Geld und dem mit Genie gesegneten Menschen zufälliger Natur, so ist die Einheit zwischen dem Philosophen und dem Reisenden, zwischen *philosophe* und *voyageur* für Rousseau bewusst und konzeptionell fundiert: Sie ist Programm. Wir finden bei Diderot die Spaltung zwischen dem Mächtigen und dem Gelehrten zwar wieder, doch unternimmt dieser *savant* keine physischen Reisen, sind seine Bewegungen doch rein geistiger Natur. Diderot weist ihm einen Ort zu, den er nicht verlassen wird: Der Ort des Arbeitens und der Ort des Schreibens unterscheiden sich in einem rein räumlichen Sinne nicht voneinander. Dem *homo contemplativus* stellt Diderot nicht den *homo faber*, sondern den Reisenden, eine Art *homo migrans*, gegenüber, der entweder unter einem Mangel an Wissen (*ignorant*) oder unter einem Mangel an Wahrheit und Wahrhaftigkeit (*menteur*) leide und daher für Diderot in einem System hierarchisierter Wissenszirkulation auf eine bestenfalls zweitrangige Bedeutung herabgestuft werden muss. *A beau mentir qui vient de loin* – und man könnte aus heutiger Sicht fast glauben, dieses Sprichwort sei auch geprägt worden für jene Wissenschaften, die vor wenigen Jahren einmal ein wenig unglücklich als ‚Fernwissenschaften' bezeichnet wurden.

Doch bleiben wir im 18. Jahrhundert. Nicht umsonst ließ Denis Diderot die Dialogpartner seines *Supplément au voyage de Bougainville* darüber debattieren, ob der berühmte französische Entdeckungsreisende bei seiner Weltumsegelung nicht eher ein sesshafter Bewohner auf den Planken seines schwimmenden Hauses („maison flottante")[10] gewesen sei, während der Leser von Bougainvilles berühmtem Reisebericht als der eigentliche Weltreisende betrachtet werden müsse, sei er es doch, der – scheinbar unbeweglich auf den Dielen seines fest gebauten Hauses – kraft seiner Lektüre die Welt umrundet habe.[11] Man könnte hier mit guten Gründen gewiss nicht von einem Diderot'schen *paradoxe sur le comédien*, wohl aber vom Paradox über den Reisenden, vom *paradoxe sur le voyageur* sprechen, welcher in seiner höchsten Form der Leser ist – und wäre er ein Leser des Buches der Welt.[12]

Ohne an dieser Stelle die Tatsache ausführen zu können, dass die epistemologisch so relevante Scheidung zwischen den Reisenden und den Daheimgebliebenen keineswegs eine Erfindung des 18. Jahrhunderts war, sondern sich seit der ersten Phase beschleunigter Globalisierung durch den gesamten abendländischen Diskurs über die Neue Welt zog und im Übrigen bereits in der Antike hinsichtlich des Zusammenspiels von Auge und Ohr als Quellen der Information über eine unbekannte Welt präsent war,[13] sei doch darauf verwiesen, dass jenseits des hier markierten und

[10] Diderot, Denis: Supplément au Voyage de Bougainville ou Dialogue entre A et B. In (ders.): *Œuvres*. Edition établie et annotée par André Billy. Paris: Gallimard 1951, S. 964.

[11] Vgl. hierzu Ette, Ottmar: ‚Le tour de l'univers sur notre parquet': lecteurs et lectures dans l',Histoire des deux Indes'. In: Bancarel, Gilles/Goggi, Gianluigi (Hg.): *Raynal, de la polémique à l'histoire*. Oxford: Voltaire Foundation 2000, S. 255–272.

[12] Vgl. Blumenberg, Hans: *Die Lesbarkeit der Welt*. Frankfurt a. M.: Suhrkamp 1986.

[13] Vgl. zu diesen Zusammenhängen umfassender das dritte Kapitel in Ette, Ottmar: *Literatur in Bewegung. Raum und Dynamik grenzüberschreitenden Schreibens in Europa und Amerika*. Weilerswist: Velbrück Wissenschaft 2001.

in der Tat markanten epistemologischen Gegensatzes zwischen Rousseau und Diderot die beiden großen Philosophen der europäischen Aufklärung in einem nicht unwesentlichen Punkt miteinander übereinstimmen. Denn der reisende Philosoph, der *philosophe voyageur* Rousseaus wählt ganz wie der sesshafte *homo contemplativus* Diderots denselben Ort, um sein Werk niederzuschreiben: den europäischen Schreibtisch.

Das hermeneutische Bewegungsmuster der Reise beruht für beide europäische *philosophes* als Verstehensprozess stets auf einem Kreis. Und so ist es auch keineswegs zufällig, dass Rousseau in der oben angeführten Passage von einer Reise um die Welt spricht. Ist der reisende Philosoph erst einmal nach Hause zurückgekehrt und aufgrund seiner Mühen und seines Leidens in einen ‚neuen Herkules' verwandelt, wird er sich bald an seinen Schreibtisch setzen und seine Ansichten niederschreiben. Dass die Niederschrift des Textes, die eigentliche Textproduktion, ‚selbstverständlich' nicht in Übersee, sondern in Europa erfolgt, erscheint beiden Europäern als geradezu natürlich.

Denn der Ort des Schreibens kann als Ort der Wissensproduktion innerhalb eines zutiefst asymmetrischen Zirkulationssystems von Wissen nur in Europa angesiedelt sein. Das Lesen im Buch der Natur mag oder muss weltweit erfolgen; die Niederschrift dieser Lektüre der Natur aber kann – dies braucht weder ein Rousseau noch ein Diderot zu thematisieren – ‚natürlich' nur in den europäischen Zentren des Wissens erfolgen. Die ganze Welt mag ein Reich der Zeichen sein: Europa aber versteht sich als das Reich des Wissens.

Alte Welt/Andere Welt

Innerhalb der hier von Jean-Jacques Rousseau und Denis Diderot skizzierten Problematik der Beziehung zwischen Reisen und Wissen sowie Reisen und Schreiben situiert sich auch die *Berliner Debatte um die Neue Welt*, die als ein eminent wichtiger Teil des von Antonello Gerbi in einer längst kanonisch gewordenen Studie so bezeichneten ‚Disputs um die Neue Welt'[14] angesehen werden muss. Einer der beiden wichtigsten Protagonisten dieser nicht nur in Europa, sondern gerade auch in Übersee mit größter Aufmerksamkeit registrierten und kommentierten Berliner Debatte, Antoine-Joseph Pernety, war einst in der Funktion eines Schiffskaplans mit keinem Geringeren als Bougainville zwar nicht um die gesamte Erdkugel, wohl aber in die einst von Amerigo Vespucci so genannte ‚Neue Welt' gereist. Diese Tatsache sollte in jenen Auseinandersetzungen, die in der aufstrebenden Hauptstadt des ehrgeizigen Preußenkönigs Friedrich II. – der mit seinem Libretto für die am 6. Januar 1755 erstmals in der Lindenoper aufgeführte Oper *Montezuma* selbst eine Art sinnlich-machtpolitisches ‚Vorspiel' für diese Debatte lieferte[15] – ihren Ausgang

[14] Vgl. Gerbi, Antonello: *La disputa del nuovo mondo. Storia di una polemica: 1750–1900.* Nuova edizione a cura di Sandro Gerbi. Con un profilo dell'autore di Piero Treves. Milano/Napoli: Riccardo Ricciardi editore 1983.

[15] Vgl. hierzu das zweite Kapitel im vorliegenden Band.

nahmen, aber rasch auf ein weltweites Echo stießen, eine wichtige Rolle spielen. Preußen war zwar nicht im Kolonialismus und der kolonialistischen Aufteilung der Erde, aber sehr wohl in der kolonialen Diskussion *on the map*.

Mit einigen der zentralen Fragen aufklärerischer Anthropologie, aber auch mit den hier dargestellten Problemen wahrnehmungstheoretischer Epistemologie beschäftigte sich der früher von der Inquisition in Avignon verfolgte und nach Preußen geflüchtete Benediktiner Antoine-Joseph Pernety bereits in seinem 1769 in französischer Sprache zu Berlin erschienenen *Journal historique*, in welchem der auf der Titelseite stolz als „Membre de l'Académie Royale des Sciences & Belles-Lettres de Prusse" und als „Bibliothécaire de Sa Majesté le Roy de Prusse" Bezeichnete von seiner Reise unter der Leitung von Louis-Antoine de Bougainville zu den tropischen Küsten des heutigen Brasilien, zu den Malwinen-Inseln und an die Südspitze des amerikanischen Kontinents berichtete.[16]

In seinem *Journal* betonte Pernety immer wieder die grundsätzliche Andersartigkeit der Neuen Welt; so schilderte er auch auf nicht weniger als zwanzig Seiten die am 10. November 1763 erfolgte Querung des Äquators und damit jene Szenerie, die sich so oder in vergleichbarer Form auf allen französischen wie europäischen Schiffen vollzog, welche die Äquatoriallinie, den Zentralbereich des Tropengürtels, passierten und in eine andere Hemisphäre eintraten. Längst waren die Tropen für die europäischen Seefahrtsnationen zum planetarischen Bewegungs-Raum *par excellence* geworden,[17] doch stellten sie damit zugleich den Schwellenbereich eines Übergangs dar, den man bei diesem sich auf Südkurs nach Brasilien befindenden Schiff als einen symbolträchtigen Übergang von der östlichen in die westliche Hemisphäre, gleichzeitig aber auch von der nördlichen auf die südliche Halbkugel beschreiben darf. Diesen doppelten Übergang markiert der Reisebericht des Franzosen auf durchaus eindrucksvolle Weise.

Dom Pernetys ausführliche Darstellung des „*Baptême de la ligne*,"[18] das noch in der glühenden Mittagshitze an Deck des französischen Schiffes mit der Aufstellung eines Beckens mit Meerwasser, eines Throns für den „Seigneur Président de la Ligne" sowie weiterer Sitzgelegenheiten für den „Chancelier" sowie den (aus Sicht des *aumônier* sicherlich besonders interessanten) „Vicaire" nebst einer Versammlung der gesamten Mannschaft und aller Passagiere begann,[19] hebt detailreich und nicht ohne literarisches Geschick den zeremoniellen und rituellen Charakter dieser Äquatortaufe hervor. Die karnevalesken Züge der Szenerie sind unübersehbar, betritt doch zunächst – selbstverständlich mit dem Einverständnis Kapitän

---

[16] Vgl. Pernety, Antoine-Joseph: *Journal historique d'un Voyage aux Iles Malouïnes en 1763 & 1764, pour les reconnoître, & y former un établissement; et de deux Voyages au Détroit de Magellan, avec une Relation sur les Patagons.* 2 Bde. Berlin: Etienne de Bourdeaux 1769.

[17] Vgl. hierzu Ette, Ottmar: Diskurse der Tropen – Tropen der Diskurse: Transarealer Raum und literarische Bewegungen zwischen den Wendekreisen. In: Hallet, Wolfgang/Neumann, Birgit (Hg.): *Raum und Bewegung in der Literatur. Die Literaturwissenschaften und der Spatial Turn.* Bielefeld: transcript 2009, S. 139–165.

[18] Pernety, Antoine-Joseph: *Journal historique d'un Voyage aux Iles Malouïnes en 1763 & 1764*, Bd. 1, S. 95.

[19] Ebd., S. 96.

Bougainvilles – ein von sechs Schiffsjungen sekundierter und in einen Schafspelz gehüllter und bemalter Matrose, dessen Verkleidung und Verwandlung präzise beschrieben wird,[20] die Bühne, bevor der ebenfalls in Schafsfelle gekleidete *bonhomme de la Ligne* höchstselbst, umgeben von seinem herausgeputzten Hofstaat, das Kommando an Bord übernimmt. Das Schauspiel travestierter Alterität beginnt.

Die Querung der Äquatoriallinie stellt vergleichbar mit dem Zeit-Raum des Karnevals die ‚natürlichen' Hierarchien auf den Kopf: ein *monde à l'envers*, der das karnevaleske Element mit der Vorstellung der Antipoden – einer Welt, deren Bewohner gleichsam auf dem Kopf stehen und in der die Bäume nach unten wachsen – zu verbinden scheint. Dem Lesepublikum wird auf diese Weise anschaulich vor Augen geführt, dass es dem Reisenden in eine andere, in eine fremde Welt folgt, die über einen eigenen Zeichenvorrat verfügt. Es lohnt daher, der literarischen Ausgestaltung dieser Szenerie, die zweifellos den reiseliterarischen Ort eines Höhepunkts[21] von Pernetys *Journal historique* markiert, etwas Aufmerksamkeit zu schenken.

Ohne die von Pernety entworfene literarische Szene in all ihren Details wiedergeben zu können, ist es doch aufschlussreich zu beobachten, dass die Inszenierung einer Gegen-Ordnung, die für einen Tag zwischen den Wendekreisen symbolisch in Kraft tritt, jene Wendungen und Wandlungen vorführt, welche die Tropen als gegenüber Europa *andere* Welt im Zeichen der Trennlinie des Äquators repräsentieren. Inwieweit diese andere Ordnung aus einer ihrerseits nicht unterlaufenen patriarchalischen Perspektive zugleich auf das ‚andere' Geschlecht projiziert wird, mag das folgende Zitat der fruchtbaren ‚Versprechen' des Kapitäns belegen:

> Les choses ainsi disposées, le Vicaire dit à Mr. de Bougainville: „Pour être reçu dans la noble & puissante société du Seigneur Président de la Ligne, il faut prendre, au préalable, quelques engagemens, que vous promettez d'observer. Ces engagemens n'ont pour objet que des choses raisonnables. A la bonne heure, répondit Mr. de Bougainville. Promettez-vous, dit alors le Vicaire, d'être bon Citoyen, & pour cet effet de travailler à la population, & de ne pas laisser chômer les filles, toutes les fois que l'occasion favorable s'en présentera? Ä Je le promets."[22]

Die Serie von Versprechen, die mit einem Schwur und einer ritualisierten Taufszene abgeschlossen wird, in der aus christlicher Sicht stets die Symbolik des Beginns eines anderen Lebens gegenwärtig ist, eröffnet eine Abfolge weiterer Lustbarkeiten, bei denen auch zwei paradiesische „Demoiselles Acadiennes"[23] sowie allerlei neckische Spiele nicht fehlen dürfen, die sich in der Folge auf Bougainvilles Fregatte unter dem Kommando des *bon-homme de la Ligne* abspielen.

Die Projektion männlich beherrschter sexueller Freizügigkeit auf die Tropen, auf die ‚andere' Welt, zählt zum Kernbestand europäischer Bilderwelten von fernen

---

[20] Ebd., S. 98 f.

[21] Vgl. zu diesem reiseliteraturtheoretischen Begriff Ette, Ottmar: *Literatur in Bewegung*, S. 53–58.

[22] Pernety, Antoine-Joseph: *Journal historique d'un Voyage aux Iles Malouïnes en 1763 & 1764*, Bd. 1, S. 107 f.

[23] Ebd., S. 109.

Ländern. So werden von europäischen Sexualphantasien geprägte Erörterungen über die Geschlechtlichkeit und das Geschlechtsleben der indigenen Bevölkerungen nicht von ungefähr auch in der Berliner Debatte über die Neue Welt eine wichtige (wenn auch hier nicht weiter verfolgte) Rolle spielen. Doch der patriarchalisch-kolonialistische Grundzug des europäischen Diskurses ist unverkennbar.

Innerhalb der narrativen Abfolge des *Journal historique* schärft die ausführliche Darstellung der Äquatortaufe die Aufmerksamkeit des Lesepublikums für die diskursive (und epistemologisch grundlegende) Andersartigkeit der ‚anderen' Welt. Denn zwischen den Kapverden und der brasilianischen Küste quert die Fregatte nicht nur die Äquatoriallinie, sondern tritt mit ihrer Besatzung und ihren Passagieren symbolisch in eine andere Welt, in ein für die französische Besatzung neues Leben ein. Entscheidend ist nicht, dass sich die Formen der Taufe von Nation zu Nation, aber auch von Schiff zu Schiff unterscheiden; ausschlaggebend ist vielmehr die Tatsache, dass dieses *Baptême* stets an Bord durchgeführt wird und ein verbrieftes Recht der Mannschaften darstellt.[24] Dabei ist die Taufe nicht vorrangig an die Querung der Äquatoriallinie selbst, sondern an den Eintritt in die Zone der Wendekreise gebunden, wie Pernety abschließend erläutert:

> Lorsque le Navire dans sa route ne doit pas passer la Ligne, mais seulement le Tropique, ceux des Equipages qui l'ont déjà passé, ne voulant pas perdre ce droit de tribut, se sont avisés de nommer le Tropique, le fils aîné du Bon-homme [de] la Ligne, héritier présomptif de ses droits. Ils jouent en conséquence, au passage du Tropique, la même farce que les autres sous l'Equateur.[25]

So stellen die Tropen als weltumspannender Bewegungs-Raum den ‚eigentlichen' dynamischen Kern europäischer Alteritätsvorstellungen dar. Dass diese gerade auch religiöse Elemente karnevalisierende Szenerie in der Folge freilich ebenso auf andere ‚Grenzlinien' übertragen wurde und – wie etwa die rituelle ‚Polartaufe' an Bord des deutschen Forschungsschiffes ‚Polarstern' noch heute zeigen kann – auch in unseren Tagen an Bord vieler Schiffe gefeiert wird, vermindert keineswegs die anhand dieser *rites de passage* erkennbar werdende symbolische Bedeutung der Bewegungsfigur der Tropen. Denn diese abendländisch entworfenen Tropen sind Tropen der Verwandlung, der Metamorphose, in denen der Transfer von einer ‚Alten' in eine ‚Neue' Welt mit einer fundamentalen Transformation aller Sitten, Gewohnheiten und Lebensverhältnisse einhergeht. Die Neue Welt ist eine andere Welt, die von der Alten Welt als klar geschiedene Gegen-Welt re-präsentiert wird.

Doch diese Andersheit der Tropen und des tropischen Amerika steht im europäischen Wissenschaftsdiskurs nur allzu oft im Zeichen einer fundamentalen Inferiorität. Wie sehr sich in der zweiten Hälfte des 18. Jahrhunderts, während der zweiten Phase beschleunigter Globalisierung, auch die historischen Kontexte gewandelt haben mögen und an die Stelle der iberischen Mächte längst Frankreich und England als globalisierende Führungsnationen getreten sind: Jene Tropen, die aus

[24] Ebd., S. 111.

[25] Ebd., S. 112.

europäischer Perspektive den Blick auf die Tropen bestimmen, finden sich weitgehend unverändert in den Schriften der *philosophes* der *europäischen* Aufklärung.

Ohne über einen längeren Zeitraum jemals Gehör in Europa zu finden, wehrten sich amerikanische Aufklärer wie der neuspanische Jesuit Francisco Javier Clavijero[26] vehement und mit guten Gründen dagegen, in der Nachfolge Buffons von der zeitgenössischen europäischen Wissenschaft zum inferioren Anderen Europas abgestempelt zu werden. Jenseits ihrer Fülle aber erscheint die Tropenwelt Amerikas in den Augen der meisten europäischen Philosophen als eine Falle, die ganz im Zeichen ihrer behaupteten grundlegenden Inferiorität eine von der ‚eigenen' grundsätzlich geschiedene ‚andere' Welt konfiguriert.

So verweist die Beschreibung der am 10. November 1763 erfolgten Querung des Äquators im *Journal historique* von Antoine-Joseph Pernety bereits voraus auf grundsätzliche Auseinandersetzungen, die im Verlauf der wenige Jahre nach dieser Reise ausgebrochenen Berliner Debatte um die Neue Welt geführt werden sollten. Denn gerade die These von der fundamentalen Schwäche und Unterlegenheit der Neuen Welt hatte in der europäischen Aufklärungsliteratur Bilder erzeugt, die in den 1768 und 1769 in Berlin erschienenen *Recherches philosophiques sur les Américains*[27] des Cornelius de Pauw im Zeichen der Degenerationsthese die Stufe einer teilweise geradezu apokalyptischen Bilderwelt erreichten.

Für den 1739 in Amsterdam geborenen und 1799 in Xanten verstorbenen Kleriker de Pauw war es schließlich evident, dass sich von den Tropen ausgehend Krankheiten und Epidemien wie Syphilis oder Gelbfieber über den gesamten Erdball ausbreiten würden und das menschliche Leben auf dem Planeten in seinem Fortbestand gefährden mussten. Er hatte begriffen, dass seine Zeit die Zeit eines erheblich intensivierten Austausches war, eine Zeit, in der jener Prozess *de longue durée*, den wir heute ‚die' Globalisierung nennen, wieder erheblich an Fahrt aufgenommen hatte.

Greifen wir der konkreten Abfolge der Ereignisse rund um die Berliner Debatte um die Neue Welt nicht vor. Doch mochte Antoine-Joseph Pernety in seiner Rede vom 7. September 1769 vor jener Berliner *Académie des Sciences & Belles-Lettres*, deren Mitglied er war, auch eine dezidierte Gegenposition gegen Cornelius de Pauw entwickeln, so zeigte sich gleichwohl, dass in dieser ‚Berliner Debatte' über die Neue Welt,[28] die weit über die Grenzen Preußens und Europas hinaus wahrgenommen wurde, die Position de Pauws und damit eine Position obsiegte, in der die ‚Neue Welt', die auch geologisch jünger als die Alte und folglich viel später erst aus den Wassern emporgestiegen sei, als Ort einer prinzipiellen, von Anfang an gegebenen Inferiorität schlechthin stigmatisiert wurde. Diese ebenso radikale wie (in der Tradition Buffons) populäre These stammte wohlgemerkt von einem Autor, der zu

[26] Vgl. das zunächst im italienischen Exil in italienischer Sprache erschienene Werk von Clavijero, Francisco Javier: *Storia Antica del Messico*. 4 Bde. Cesena: Gregorio Biasani 1780.

[27] Vgl. Pauw, Cornelius de: *Recherches philosophiques sur les Américains, ou Mémoires intéressants pour servir à l'Histoire de l'Espèce humaine*. 2 Bde. Berlin: Chez Georges Jacques Decker, Imp. du Roi 1768–1769.

[28] Vgl. zur Berliner Debatte auch den Beginn des vorausgehenden Kapitels.

keinem Zeitpunkt Europa jemals verlassen oder gar die von ihm dargestellte Hemisphäre Amerikas je betreten hatte.

Pernety/de Pauw

Gleich zu Beginn seiner am 7. September 1769 vor der Berliner Akademie vorgetragenen und im Folgejahr veröffentlichten *Dissertation sur l'Amérique et les Américains, contre les Recherches philosophiques de Mr. de P****[29] baute Antoine-Joseph Pernety eine Frontstellung gegen die Thesen de Pauws auf, deren Strategie wir bereits an ihrem Beginn leicht erkennen können:

> Monsieur de P. vient de mettre au jour un Ouvrage sous ce titre, Recherches Philosophiques sur les Américains. Il s'efforce d'y donner l'idée la plus désavantageuse du nouveau Monde & de ses habitants. Le ton affirmatif & décidé avec lequel il propose et résoud ses questions; le ton d'assurance avec lequel il parle du sol & des productions de l'Amérique, de sa température, de la constitution corporelle & spirituelle de ses habitants, de leurs moeurs & de leurs usages, enfin des animaux; pourroient faire croire qu'il a voyagé dans tous les pays de cette vaste étendue de la terre; qu'il a vêcu [sic!] assez longtemps avec tous les peuples qui l'habitent. On seroit tenté de soupçonner, que, parmi les Voyageurs, qui y ont fait de longs séjours, les uns nous ont conté des fables, ont travesti la vérité par imbécillité, ou l'ont violée par malice.[30]

Dom Pernety, der – wie bereits dargestellt – im selben Jahr 1769 ebenfalls in Berlin und in französischer Sprache seinen zweibändigen Reisebericht vorlegte, spielte hier von Beginn an die Karte dessen, der als Augenzeuge jene Länder bereiste, die sein Widersacher Cornelius de Pauw ungeachtet des Grundtons größter Selbstsicherheit, mit der er nicht zuletzt auch die Berichte von Reisenden in der Tat einer pauschalen Kritik unterwarf, niemals selbst zu Gesicht bekam. Demgegenüber stellte sich Pernety selbst, der als Akademiemitglied zurecht auf eine positive Aufnahme seiner Überlegungen durch die Berliner Akademie hoffen durfte, in den ihm sicherlich bekannten Zusammenhang jener Forderung nach einem *philosophe voyageur*, welche Rousseau in seinem *Discours sur l'origine et les fondements de l'inégalité parmi les hommes* erhoben hatte.

Daher betonte er bereits auf den ersten Zeilen seiner ‚Préface', dass er sich der Welt Amerikas nicht allein als Leser angenähert habe: „J'avois lu & relu quantité de rélations de l'Amérique; j'avois vu de mes propres yeux la plupart des choses, qui y

[29] Vgl. hierzu auch Gerbi, Antonello: *La Disputa del Nuovo Mondo*, S. 120–125.

[30] Ich zitiere nach der von Cornelius de Pauw in den dritten Band seiner 1770 erschienen dreibändigen Ausgabe der *Recherches philosophiques* aufgenommenen Fassung; vgl. Pernety, Antoine-Joseph: Dissertation sur l'Amérique et les Naturels de cette partie du Monde. In: Pauw, Cornelius de: *Recherches philosophiques sur les Américains, ou Mémoires intéressants pour servir à l'Histoire de l'Espèce humaine par Mr. de P. Nouvelle Edition, augmentée d'une Dissertation critique par Dom Pernety; & de la Défense de l'Auteur des Recherches contre cette Dissertation.* 3 Bde. Bd. 3. Berlin: Decker 1770, S. 7 f.

sont rapportées.“[31] Und es habe ihn sehr erstaunt, all die Dinge, die er mit eigenen Augen gesehen habe, verworfen oder verkleidet zu *sehen*: „voir contredites, ou travesties par Mr. de P.“[32] Wie bei Rousseau ist auch bei Pernety das eigene Sehen und damit der Gesichtssinn des reisenden Philosophen von entscheidender Bedeutung für eine fundierte Beurteilung.

Auch an anderen Stellen der *Dissertation* lässt sich unschwer erkennen, dass die Gedankenwelt Rousseaus in den Argumentationen Pernetys eine nicht zu unterschätzende Rolle spielt. So kehrt Pernety de Pauws Bild von den schwachen, geistig wie körperlich unterlegenen und unmännlichen (da bartlosen) Indianern um in ein genau gegenläufiges Bild, besitze die indigene Bevölkerung doch „une santé ferme, vigoureuse, une vie qui passe ordinairement les bornes de la nôtre.“[33] Dem starken, langlebigen Naturmenschen eignet aber auch ein wacher Geist: „un esprit sain, instruit, éclairé & guidé par une philosophie vraiment naturelle, & non subordonnée comme la nôtre, aux préjugés de l‘éducation; une ame noble, courageuse, un coeur généreux, obligeant: que faut-il donc de plus à Mr. de P. pour être véritablement hommes?“[34]

Die Diskussion des Mensch-Tier-Gegensatzes nutzt Pernety geschickt, um neben der schon früh in seinen Text eingefügten und oft wiederholten Erwähnung amerikanischer Hochkulturen wie der Incas zugleich seine Gegen-These von der Superiorität des *homme naturel*, also der Urbevölkerung Amerikas, gegen de Pauw in Stellung zu bringen. Die Vertreter einer „philosophie vraiment naturelle“ dürfe man keinesfalls auch nicht als Wilde, als „*Sauvages*“, bezeichnen, müssten sich doch eher die Europäer ein derartiges Etikett gefallen lassen: „puisqu‘en effet nos actions sont contraires à l‘humanité, ou du moins à la sagesse qui devroit être le guide des hommes, qui se piquent d‘être plus éclairés qu‘eux.“[35]

Mokiert sich hier Pernety über die von seinem Gegner in der Berliner Debatte vorgetragene „Belle leçon dictée par les lumieres de la pure raison,“[36] so beklagt er im gleichen Atemzug das Unglück und die Unruhe eines Teils des Menschengeschlechts, das sich über alle anderen Teile erhaben glaube. Die Gesellschaft derer, die man als ‚Wilde‘ bezeichne, sei hingegen eine Gemeinschaft, die auf einem *Contrat social*, auf einem Gesellschaftsvertrag ganz im Sinne Rousseaus gründe:

> J‘avoue que nous sommes faits les uns pour les autres, & que de cette dépendance mutuelle résulte tout l‘avantage de la société. Mais la premiere intention de cette union, ou Contract Social; a été d‘obliger tous les contractants à se prêter des secours mutuels, & non de laisser tout usurper aux uns; de les authoriser même dans leurs usurpations & de laisser manquer de tout aux autres.[37]

---

[31] Ebd., S. 4 f.

[32] Ebd., S. 5.

[33] Ebd., S. 114.

[34] Ebd., S. 114 f.

[35] Ebd., S. 115.

[36] Ebd.

[37] Ebd., S. 115 f.

Damit wird deutlich, dass Antoine-Joseph Pernety der vernichtenden Einschätzung der indigenen Bevölkerung durch Cornelius de Pauw nicht nur den starken Naturmenschen und Naturphilosophen auf der individuellen Ebene, sondern auch den Menschen der Gemeinschaft, den Menschen des *Contrat social*, auf der kollektiven Ebene geradezu idealtypisch – und in jedem Falle idealisierend – gegenüberstellt. Man darf hierin sehr wohl eine Schwäche der Argumentationsstrategie Pernetys erkennen, stellt er den negativ eingefärbten Bildern de Pauws doch allzu oft einfach positiv eingefärbte Gegen-Bilder entgegen.

Diese gleichsam inverse Darstellung macht seine eigene Argumentation abhängig von jener seines Gegners, da sich Pernety immer wieder darauf beschränkt, die negativen Vorzeichen auf allen Ebenen in positive zu verwandeln. Darunter aber leidet die Eigenständigkeit seiner Beobachtungen wie die Originalität und Beweglichkeit seiner *Dissertation*, die zeitweise zum reinen Gegen-Diskurs verkommt. De Pauw machte sich diese Strategie zunutze.

Die von Pernety verfolgte Argumentationslinie, das genaue Gegenteil dessen zu behaupten, was de Pauw in seinen *Recherches philosophiques* vorstellte, prägt auch die ‚Seconde Partie' der Pernetyschen Akademierede, die sich schon auf den ersten Zeilen von dem abwendet, was man ‚Herrn de P. zufolge glauben müsste.'[38] Denn dieser Teil der Erde sei weltweit der beste, das Land sei äußerst fruchtbar, die Bäume überladen mit Früchten, wie er selbst im Garten des Gouverneurs von Montevideo mit eigenen Augen gesehen habe[39] – und überhaupt könne man diesen wunderbaren Erdteil am besten mit dem Irdischen Paradies[40] und mit den Gärten des Goldenen Zeitalters vergleichen: eine Welt der Wunder und einer Fülle, wie sie einst ein Vergil besungen habe.[41]

Würde man de Pauw folgen, so müsste man die amerikanische Hemisphäre als eine „terre maudite" begreifen;[42] in Wirklichkeit aber habe sich Pernety selbst davon überzeugen können, dass in Amerika „le principe de vie", folglich das Lebensprinzip und wohl auch die Lebenskraft, wesentlich stärker ausgeprägt seien als in Europa.[43] Nichts von dem, was de Pauw in seinen *Recherches philosophiques* behauptet, bleibt in Pernetys Gegen-Diskurs bestehen. Aber war dies eine intelligente Diskursstrategie?

Zweifellos war es ebenso zutreffend wie klug, gegen die einseitigen Anschuldigungen de Pauws, der amerikanische Kontinent habe den Rest der Welt mit Epidemien und Krankheiten – allen voran der Syphilis – überzogen, mit guten Gründen auf eine wechselseitige Globalisierung von Krankheiten aufmerksam zu machen, wie sie in der Tat mit der ersten Phase beschleunigter Globalisierung einhergegangen war. Die Bewohner Amerikas würden keineswegs von unendlich vielen und

---

[38] Ebd., S. 32.

[39] Ebd.

[40] Ebd., S. 35.

[41] Ebd., S. 36.

[42] Ebd., S. 43.

[43] Ebd., S. 42.

schrecklichen Krankheiten gepeinigt, sondern seien vielmehr als überaus gesund und robust anzusehen:

> Soit par l'exercice, soit par la constitution de leur tempérament, ils sont fort sains, exempts de paralysie, d'hydropilie, de goutte, d'héthysie, d'asthme, de gravelle, de pierre; maladies dont la Nature qui a tant donné à notre continent, a bien encore voulu nous favoriser. Elle avoit cependant laissé la pleuresie au Canada; & nous leur avons porté la petite vérole. Les Américains nous ont communiqué la leur par droit d'échange & de commerce.[44]

Gegen die gewiss nicht nur von de Pauw vertretene These von der Degenerierung des Menschengeschlechts in den Tropen der Neuen Welt setzt Pernety eine hemisphärische Konstruktion, die den amerikanischen (d. h. indigenen) Menschen vom hohen Norden bis zum tiefen Süden unter Verweis auf die unterschiedlichsten Reisenden in das glanzvollste Licht rückt:

> Si nous remontons du septentrion jusqu'à l'extrémité méridionale du nouveau Continent, tous les peuples que nous rencontrons sur notre route, offrent des hommes bien constitués. Tels sont, si nous en croyons Vincent le Blanc & les autres Voyageurs, les Mexicains, les Brésiliens, les Péruviens, ceux du Paraguai, du Chili & enfin les Patagons.[45]

Dabei zeichneten sich nicht nur einzelne Völker, sondern alle Amerikaner ebenso durch eine den Europäern gegenüber weit größere und ehrlichere Gastfreundschaft aus, ja legten Tugenden an den Tag, die man zu bewundern nicht umhin könne:

> Sans avoir de Licurgues pour Législateurs, les Caraibes, & en général tous les Américains respectent infiniment les vieillards, les écoutent avec attention, déferent aux sentiments des anciens, & se réglent sur leurs volontés Ils sont naturellement francs, véridiques, & ont donné dans tous les temps des marques de candeur, de courtoisie, d'amitié, de générosité, & de gratitude. Ceux qui les ont pratiqué long-temps leur rendent plus de justice que Mr. de P. Si l'on trouve aujourd'hui chez eux le mensonge, la perfidie, la trahison, le libertinage, & plusieurs autres vices, on doit s'en prendre aux pernicieux exemples des Européans, & aux mauvais traitements que ceux ci ont exercés contre eux. A chaque page des rélations, on voit combien ceux de l'ancien Continent ont fait valoir dans le nouveau, l'art qu'ils savent si bien, de tromper vilainement.[46]

Angesichts eines derartigen Sittengemäldes, das in einem scharfen Kontrast den robusten und guten Naturmenschen vom nicht nur verdorbenen, sondern weit mehr noch die anderen Völker verderbenden Europäer absetzt, verwundert es nicht, dass Pernety die Bewohner Amerikas auch zu den glücklicheren Menschen erklärt.[47] Die wenig nunancierende Argumentationsstrategie, die es alleine darauf anlegt, de Pauws Behauptungen durch Gegen-Behauptungen zu widerlegen, affiziert letztlich weite Teile der *Dissertation*, die sich in diesen langen Passagen weder empirisch noch epistemologisch den Ausführungen de Pauws als überlegen erweist. Dies hatte

---

[44] Ebd., S. 48.

[45] Ebd., S. 49 f.

[46] Ebd., S. 81–83.

[47] Ebd., S. 87.

Konsequenzen für die zunächst in Berlin angesiedelte und von Berlin ausgehende Debatte.

Mit der von Pernety immer wieder vorgetragenen Frage nach den Patagoniern greift das Mitglied der Berliner Akademie eine Problematik auf, die auch Jean-Jacques Rousseau nicht von ungefähr erwähnt hatte („sans oublier les Patagons vrais ou faux"),[48] um sie zweieinhalb Jahrhunderte nach Pigafettas ersten Berichten von Riesen in Patagonien endlich einer wissenschaftlichen Erforschung und abschließenden Bewertung zuführen zu können. Nicht umsonst hatte Pernety seinem Reisebericht eine *Relation sur les Patagons* beigefügt, die er publikumswirksam bereits in den Titel seines *Journal historique* aufnahm – und hatte nicht Pierre Moreau de Maupertuis höchstselbst, der Präsident der Berliner Akademie, zu den riesenhaften Patagoniern verlauten lassen, dass man vernünftigerweise nicht mehr an ihrer Existenz zweifeln könne?[49]

Es dürfte kaum überraschen, dass er de Pauws Behauptung, bei der Rede von den Menschen mit riesenhaften Wuchs in Patagonien handele es sich um von europäischen Reisenden erflunkerte Fabelwesen, nicht nur die teilweise Manipulation von Quellen vorwarf,[50] sondern in ganz grundsätzlicher Manier entgegentrat:

> Je ne conçois pas comment Mr. de P. a entrepris d'anéantir l'existence des Patagons Géants. En raisonnant suivant sa méthode philosophique, rien n'étoit plus capable que cette d'existence, de prouver à ses yeux, la dégradation & la dégénération de la race humaine en Amérique.[51]

Doch gerade an dieser Stelle wird deutlich, wie sehr Pernety mit seinem nicht selten sehr mechanisch wirkenden Bemühen, de Pauw in allen Punkten zu widerlegen, über sein Ziel hinausschoss und die Legitimität und Autorität seines eigenen Diskurses auf grundlegende Weise beschädigte. Dies dürfte entscheidend zu dem unbestreitbaren Faktum beigetragen haben, dass sich die von Pernety inkriminierte *méthode philosophique* des Cornelius de Pauw in der Berliner Debatte, also in jener zunächst von Berlin ausgehenden *europäischen* Phase des Disputs um die Neue Welt, letztlich durchzusetzen vermochte.

Schon die ersten Runden dieses Disputs gingen ohne Frage an Cornelius de Pauw. Denn dieser hatte nur auf die Chance eines Gegenangriffs, der im Wesentlichen seine Abwertung der Amerikaner in ein idealisierendes Gegen-Bild alles Amerikanischen umzukehren suchte, gewartet und druckte großzügig Pernetys Attacke in seiner bereits erwähnten und noch 1770 wiederum in Berlin veröffentlichten dreibändigen Neuausgabe seiner *Recherches* ab. Ihr fügte er eine vehemente und doch wohlkalkulierte Verteidigungsschrift seiner eigenen, vielfach weiter zugespitzten

---

[48] Rousseau, Jean-Jacques: *Discours sur l'origine et les fondements de l'inégalité parmi les hommes*, S. 213.

[49] Vgl. hierzu Moureau, François: L'Amérique n'a aucun avenir: les idées ‚philosophiques' de Cornelius De Pauw. In: *Travaux de Littérature* (Genève) 24 (2011), S. 66.

[50] Pernety, Antoine-Joseph: Dissertation sur l'Amérique et les Naturels de cette partie du Monde, S. 68.

[51] Ebd., S. 51.

Thesen bei. Pernetys über weite Strecken inverse Darstellung der Thesen seines Kontrahenten konnte von diesem leicht diskursiv vereinnahmt werden.

Gewiss darf man bei Pernety „elements of a modern ethnological attitude“[52] erkennen, zu denen man sicherlich „the critique of Eurocentrism; the importance of gathering data in the field and verifying sources; the recognition of the cultural diversity of the Other“[53] rechnen kann. Doch blieb seine Argumentationsweise – wie wir bereits sahen – allzu sehr an die von de Pauw ins Feld geführten Thesen, die der Bibliothekar Friedrichs II. oftmals nur mit anderen Vorzeichen versah, ohne ihnen eine neue argumentative (und wissenschaftlich begründbare) Fundierung zu geben, gebunden.

So wurde de Pauw zum Mann der Stunde – und weit darüber hinaus. Ungeachtet aller weiteren Publikationen von Pernety, die freilich kaum noch Wesentliches zur Debatte beitrugen,[54] sollte sein Werk noch für lange Jahre im Zentrum der von ihm ausgelösten hitzigen und weltweit erbittert geführten Debatten um Amerika und die Amerikaner stehen, bevor es dann in ein im Grunde bis in die jüngste Vergangenheit andauerndes Vergessen fiel. Nicht umsonst aber erklärte die französische Nationalversammlung in einem Dekret vom 26. August 1792 Cornelius de Pauw gemeinsam mit anderen um die Freiheit der Völker verdienten Persönlichkeiten, zu denen auch George Washington zählte, zum *citoyen français*.[55]

Und doch entwickelte sich die vielleicht entscheidende Widerstandsfront gegen die Vorstellungen de Pauws ausgehend von Berlin selbst. Denn es wäre ein Leichtes zu belegen, dass den in der Berliner Debatte vorgetragenen Positionen bereits jene Schriften, die der *philosophe voyageur* Alexander von Humboldt wenige Jahre nach der Rückkehr von seiner Reise in die amerikanischen Tropen (1799–1804) veröffentlichte, den wissenschaftlichen Todesstoß versetzten. So notierte der weitgereiste Gelehrte in seiner auf Paris im April 1813 datierten Einleitung in seine *Vues des Cordillères et Monumens des Peuples Indigènes de l'Amérique* mit großer Klarheit:

> L'ardeur avec laquelle on s'étoit livré à des recherches sur l'Amérique, diminua dès le commencement du dix-septième siècle; les colonies espagnoles, qui enferment les seules régions jadis habitées par des peuples civilisés, restèrent fermées aux nations étrangères; et récemment, lorsque l'abbé Clavigero publia en Italie son Histoire ancienne du Mexique, on regarda comme très-douteux des faits attestés par une foule de témoins oculaires souvent ennemis les uns des autres. Des écrivains célèbres, plus frappés des contrastes que de l'harmonie de la nature, s'étoient plu à dépeindre l'Amérique entière comme un pays marécageux, contraire à la multiplication des animaux, et nouvellement habité par des hordes aussi peu civilisées que les habitans de la mer du Sud. Dans les recherches historiques sur les Américains, un scepticisme absolu avoit été substitué à une saine critique. On confondoit les descriptions déclamatoires de Solis et de quelques autres écrivains qui n'avoient pas

[52] Mannucci, Erica Joy: The savage and the civilised: observations on a dispute between an enlightened writer and an illuminist. In: *Studies on Voltaire and the Eighteenth Century* (Oxford) 303 (1992), S. 384.

[53] Ebd.

[54] Vgl. u. a. Pernety, Antoine-Joseph: *Examen des Recherches philosophiques sur les Américains et de la Défense de cet ouvrage.* 2 Bde. Berlin: G.J. Decker, Imprimeur du Roi 1771.

[55] Vgl. hierzu Moureau, François: L'Amérique n'a aucun avenir, S. 68.

quitté l'Europe, avec les relations simples et vraies des premiers voyageurs; il paroissoit du devoir d'un philosophe de nier tout ce qui avoit été observé par des missionnaires.

Depuis la fin du dernier siècle, une révolution heureuse s'est opérée dans la manière d'envisager la civilisation des peuples et les causes qui en arrêtent ou favorisent les progrès. Nous avons appris à connoître des nations dont les moeurs, les institutions et les arts diffèrent presque autant de ceux des Grecs et des Romains, que les formes primitives d'animaux détruits diffèrent de celles des espèces qui sont l'object de l'histoire naturelle descriptive. La société de Calcutta a répandu une vive lumière sur l'histoire des peuples de l'Asie. Les monumens de l'Egypte, décrits de nos jours avec une admirable exactitude, ont été comparés aux monumens des pays les plus éloignés, et mes recherches sur les peuples indigènes de l'Amérique paroissent à une époque où l'on ne regarde pas comme indigne d'attention tout ce qui s'éloigne du style dont les Grecs nous ont laissé d'inimitables modèles.[56]

Diese Passage markiert einen freilich vorläufigen Schlusspunkt in jener Berliner Debatte, in die Antoine-Joseph Pernety, ‚Le Philosophe la Douceur' alias Zaccaria de Pazzi de Bonneville,[57] Giovanni Rinaldo Carli, Fray Servando Teresa de Mier y Guerra, Delisle de Sales, Francisco Javier Clavijero, George Washington, Drouin de Bercy und viele andere eingegriffen hatten. Mit unverkennbaren Anspielungen auf die Werke de Pauws und Raynals signalisierte Alexander von Humboldt nicht nur die Entstehung eines neuen Diskurses über die Neue Welt, in dessen Geschichte der Name Clavijeros nicht fehlen durfte, sondern machte auch darauf aufmerksam, dass mit Blick auf ‚Westindien' wie auf ‚Ostindien' neue, empirische Grundlagen der Zirkulation von Wissen über die gesamte außereuropäische Welt entstanden waren. Das Bewusstsein, sein eigenes Werk in einer veritablen Epochenschwelle vorzulegen und zu dieser etwas Substanzielles beizutragen, hätte bei Alexander von Humboldt kaum ausgeprägter sein können. Erneut also gingen in dieser Debatte um die Neue Welt in einer neuerlichen Runde die wesentlichen Impulse von Berlin und Preußen aus.

Die in der angeführten Passage in dichter Folge aufgeführten Aspekte wurden von Humboldt überdies in die heitere Semantik einer ‚glücklichen Revolution' (die sich zutiefst von jener „étonnante révolution" unterscheidet, von der de Pauw zu Beginn seines Werkes sprach)[58] gerückt. Zug um Zug entkräfteten neue Dokumente in den Archiven und Bibliotheken der Neuen wie der Alten Welt, aber auch die Feldforschungen vieler amerikanischer wie europäischer Gelehrter vor Ort die unhaltbar gewordenen Thesen des niederländischen Philosophen, dessen Name in den Schriften Humboldts kaum mehr genannt zu werden brauchte.

Die Berliner Debatte hatte zu einem weltweiten Disput geführt, der in seinem Ergebnis wesentlich zu der von Humboldt beobachteten und belegten wissenschaftlichen Revolution beitrug. Ohne die Erfahrung und das Erleben der zweiten Phase beschleunigter Globalisierung und ihrer Konsequenzen hätte sich diese Wissenschaftsrevolution nicht auf eine so durchschlagende Weise vollzogen.

---

[56] Humboldt, Alexander von: *Vues des Cordillères et Monumens des Peuples Indigènes de l'Amérique*. Nanterre: Editions Erasme 1989, S. 96, S. II f.

[57] Vgl. hierzu Zantop, Susanne: *Colonial Fantasies*, S. 47.

[58] Pauw, Cornelius de: *Recherches philosophiques sur les Américains, ou Mémoires intéressants pour servir à l'Histoire de l'Espèce humaine*, Bd. I, S. a2v.

All dies sollte uns freilich nicht dazu verleiten, die Auswirkungen gerade auch der Thesen des Cornelius de Pauw zu unterschätzen. Denn dem Hauptwerk de Pauws kam zweifellos eine zwar diffuse, aber langanhaltende und nicht selten subkutane Wirkung zu, die sich keinesfalls an der *expliziten* Bezugnahme auf den Namen des in Amsterdam Geborenen festmachen lässt. Es wäre daher keinesfalls übertrieben, in Weiterentwicklung der Überlegungen Antonello Gerbis[59] von einer diffusen Langzeitwirkung zu sprechen, die sich insbesondere auf die Philosophie, aber auch auf den Spannungsraum von Philologie und Rassismus beziehen ließe.

Denn das Inferioritätsdenken de Pauws blieb mit Blick auf die außereuropäische Welt nicht nur in Hegels berühmten *Vorlesungen über die Philosophie der Weltgeschichte* noch lange in Europa lebendig. Mit der Einsicht in das Historisch-Gewordensein der Berliner Debatte verbindet sich heute die Notwendigkeit, ihr historisches Gewordensein polylogisch und relational, kritisch und selbstkritisch an den Anforderungen *unserer* Phase beschleunigter Globalisierung zu überprüfen, um die konstruktive, kreative – und nicht die zerstörerische – Macht der Wissenschaften zu nutzen.

Dabei gilt es, in einer ganz grundlegenden Weise Aufklärung als ein weltumspannendes Epochenphänomen zu begreifen, wobei man allen Versuchungen widerstehen sollte, Vertreter der Aufklärung europäischer oder amerikanischer Herkunft schematisch einander entgegenzustellen und unter Missachtung der tatsächlichen Komplexität der Diskussionen, Diskurse und Debatten je nach eingenommenem Blickwinkel positiv oder negativ zu bewerten. Auch mit Blick auf diese Herausforderung ist die Berliner Debatte noch längst nicht zu einem Ende gekommen. In Berlin aber, wo diese Debatte ihren Ausgang nahm und von wo im 18. Jahrhundert nur selten einmal eine Fragestellung ausging, die weltweit diskutiert wurde, ist diese Berliner Debatte um die Neue Welt weitestgehend vergessen. Es ist an der Zeit, dieses historisch gewordene Phänomen aber in Erinnerung zu rufen, um die zeitgenössischen Dämonen von Rassismus und Kolonialismus in heute aktualisierter Form in ihrer Entwicklung zu untersuchen und zu begreifen. Denn die Fortführer der Thesen de Pauws sind nicht verschwunden.

---

[59] Vgl. hierzu Gerbi, Antonello: *La Disputa del Nuovo Mondo*, S. 118 f.

Alexander von Humboldt oder von Revolution zu Revolution

‚Paris croisé' – Revolution und Zirkulation

Im dritten Band seines zwischen April 1834 und August 1838 in Paris in französischer Sprache erschienenen Werkes über die Entdeckungsgeschichte der Neuen Welt ließ Alexander von Humboldt eine Fußnote abdrucken, in der er sich mit den Quellen für die gewagten Berechnungen des Weltendes durch Christoph Columbus auseinandersetzte. Dabei wies er über mehrere Seiten die Lektüren des europäischen Entdeckers und die komplexen Textfiliationen nach, die über die *Alphonsinischen Tafeln* bis zu den Schriften des Kardinals Pierre d'Ailly führen, nach dessen Berechnungen im Jahre 1789 eine der großen Perioden des Saturn beendet sein sollte.[1] Ob die Welt die sich daraus ergebenden und besonders die Gesetze betreffenden Veränderungen überleben werde, habe der Kardinal, so Humboldt, im Jahre 1414 nicht zu sagen vermocht.[2] Diese aufgrund astronomischer Anzeichen für das Jahr 1789 erwartete Ankunft des Antichrist kommentierte Humboldt – wie so oft den Zeitpunkt und den Raum, mit denen er sich in diesem Werk eigentlich beschäftigte, bewusst verlassend – wie folgt:

> On se demande si cette coïncidence accidentelle de dates, cette prédiction d'une révolution qui occupe une si grande place dans l'histoire du genre humain, n'auraient pas déjà été signalées par ceux qui se plaisent de nos jours à tout ce qui est mystique et ténébreux.[3]

Diese Voraussage einer Jahrhunderte später eintretenden Revolution und deren Kommentierung durch den Verfasser eines fünfbändigen Werkes, in dessen Mittelpunkt die mit höchster Sorgfalt und historischer wie philologischer Genauigkeit durchgeführte Untersuchung der Entdeckungsgeschichte Amerikas und damit der

[1] Humboldt, Alexander von: *Examen critique de l'histoire de la géographie du Nouveau Continent et des progrès de l'astronomie nautique aux quinzième et seizième siècles.* 5 Bde. Paris: Librairie de Gide 1836–1839, hier Bd. 3, S. 256 f.

[2] Ebd., S. 257.

[3] Ebd.

O. Ette, *Mobile Preußen*, https://doi.org/10.1007/978-3-476-04854-7_4

ersten Phase beschleunigter Globalisierung steht, ist in mehrfacher Hinsicht aufschlussreich. Denn man könnte zum einen durchaus die Vermutung wagen, dass Alexander von Humboldt mit Bedacht den Verweis auf die Französische Revolution in seine *Kritische Untersuchung* der Expansion Europas einschmuggelte, gab er seinem Lesepublikum doch damit zu verstehen, dass man den Ereignissen von 1789 in der Geschichte des Menschengeschlechts durchaus einen ähnlich herausragenden Platz einräumen müsse wie jenen Entwicklungen, die zur Findung und Erfindung einer Neuen Welt führten. Und zum anderen verwies der damals am preußischen Hof – wo man nicht eben gerne von Revolutionen hörte – lebende Gelehrte damit nicht nur auf ein Ereignis, das von den im damaligen Europa durchaus zahlreichen Anhängern eines ‚mystischen und geheimnisvollen Dunkels'[4] aus der kollektiven Erinnerung getilgt werden sollte, sondern das für seine eigene geistige Entwicklung von größter Bedeutung gewesen war: die Beendigung des *Ancien Régime* und die paradigmatische Revolution der europäischen Moderne.

Denn am Ende seiner vom 25. März bis zum 11. Juli 1790 zusammen mit keinem Geringeren als Georg Forster durchgeführten Reise an den Niederrhein, nach Holland, England und Frankreich – und damit in drei europäische Protagonisten der beschleunigten Globalisierung – hatte der jüngere der beiden Humboldt-Brüder ein revolutionäres Paris kennengelernt, das ihn von Beginn an in seinen Bann zog. Die französische Hauptstadt, die er zum ersten Mal und überdies aus der Perspektive des revolutionär gesinnten Forster erblickte, der James Cook auf dessen zweiter Weltumsegelung begleitet und darüber einen gefeierten und Humboldt stark beeinflussenden Reisebericht verfasst hatte, faszinierte ihn ebenso wie die unüberhörbare Bewegung und Erregtheit der Massen, die die Straßen von Paris füllten. Der junge Mann, der später beschrieb, mit welchem Enthusiasmus er selbst Hand angelegt und für die Errichtung des „noch unvollendeten Freiheitstempels [...] Sand gekarrt" hatte,[5] nahm Bilder in sich auf, die ihn sein ganzes Leben lang begleiten und ihm „vor der Seele"[6] stehen sollten. Paris bot Alexander von Beginn an das Spektakel einer gegenüber Berlin ganz anderen Welt.

Die bereits Konturen annehmende Hauptstadt des 19. Jahrhunderts war für Alexander von Humboldt aber nicht allein die Stadt einer revolutionär erkämpften Freiheit und das herausragende Zentrum der Wissenschaften und Künste, sondern zugleich auch jener Ort, von dem aus er sich die Verwirklichung der von ihm erträumten eigenen Weltreise versprach.

Als sich Alexander von Humboldt ab März 1799 am Hof von Madrid und Aranjuez beim spanischen König Carlos IV. und dessen damals noch mächtigen Staatsminister Mariano Luis de Urquijo um die Erlaubnis bemühte, die spanischen Kolonien weltweit besuchen zu dürfen, verfasste er eine Kurzdarstellung seines eigenen Lebensweges. Auf diesen vieles gerafft darstellenden, aber auch vieles verschweigenden

---

[4] Ebd.

[5] Vgl. hierzu Beck, Hanno: *Alexander von Humboldt*. 2 Bde. Bd. 1. Wiesbaden: Franz Steiner 1959, S. 27.

[6] Ebd.

Seiten betonte er, wie sehr er von „dem heißen Wunsch beseelt"[7] sei, „eine andere Weltgegend zu sehen, und zwar unter Beziehung auf die allgemeine Naturkunde, nicht nur die Arten und ihre Charakteristika zu studieren (ein Studium, dem man sich bis heute zu ausschließlich gewidmet hat), sondern den Einfluss der Atmosphäre und der chemischen Zusammensetzung auf die Lebewesen, den Bau des Erdballs, die Übereinstimmung der Schichten in den voneinander entferntesten Ländern, endlich die großen Harmonien in der Natur."[8]

Er habe daher den preußischen König gebeten, einstweilen seinen Dienst „für einige Jahre" verlassen und einen Teil seines „kleinen Vermögens dem Fortschritt der Wissenschaften" opfern zu dürfen.[9] Humboldt war fest entschlossen, das nach dem Tod seiner Mutter ererbte und nicht ganz unbeträchtliche Vermögen für eine außereuropäische Forschungsreise zu verwenden, die er gemeinsam mit dem Franzosen Aimé Bonpland antreten wollte.

In dieser aufschlussreichen Skizzierung seines weitgespannten und fürwahr globalen (und globalisierenden) Forschungsprogramms für eine Reise, die ihn in die ‚Äquinoktial-Gegenden des Neuen Kontinents' führen sollte, hatte Humboldt, der als Preuße und Protestant (und überdies in Begleitung eines Franzosen) zu anderen Zeiten am spanischen Königshof als doppelt gefährlich erschienen wäre, geflissentlich sein nachhaltiges Interesse sowohl an den Kulturen der ‚eingeborenen Völker' – wie er sie schon bald im Titel seiner *Vues des Cordillères et Monumens des Peuples Indigènes de l'Amérique* bezeichnen sollte – als auch an den gesellschaftlichen, politischen und wirtschaftlichen Entwicklungen in den spanischen Kolonien ‚vergessen'.[10] Hätte er sein Interesse an den kolonialen Zuständen erwähnt, so wäre ihm niemals – trotz der für Humboldt so günstigen liberalen Zwischenphase Urquijos – der Zutritt zu den spanischen Kolonien in Übersee gewährt worden.

Nicht vergessen hat der zum damaligen Zeitpunkt noch kaum Dreißigjährige (der sich durch Vorträge in Paris auch international längst einen Namen gemacht hatte) jedoch, dass ursprünglich nicht Madrid, sondern Paris zum Ausgangspunkt seiner geplanten Weltreise hatte werden sollen:

> Das französische Direktorium hatte beschlossen, eine Weltumseglung mit drei Schiffen unter dem Kommando des Kapitäns Baudin durchführen zu lassen; ich wurde durch den Marineminister eingeladen, meine Arbeiten mit denen der Gelehrten zu verbinden, die an der Expedition teilnehmen sollten. Ich bereitete mich bereits darauf vor, nach Le Havre aufzubrechen, als Geldmangel das Projekt scheitern ließ.[11]

---

[7] Humboldt, Alexander von: Mein Lebenslauf 1769–1799. In: (ders.): *Aus meinem Leben. Autobiographische Bekenntnisse.* Zusammengestellt und erläutert von Kurt-R. Biermann. München: C. H. Beck 1987, S. 27.

[8] Ebd., S. 27 f.

[9] Ebd., S. 28.

[10] Zur spanischen Dimension der Reise Alexander von Humboldts vgl. auch die Dissertation von Rebok, Sandra: *Alexander von Humboldt und Spanien im 19. Jahrhundert: Analyse eines wechselseitigen Wahrnehmungsprozesses.* Frankfurt a. M.: Vervuert 2006; sowie den zahlreiche wichtige Dokumente versammelnden Band von Puig-Samper Mulero, Miguel Angel/Rebok, Sandra: *Sentir y medir. Alexander von Humboldt en España.* Prólogo Ottmar Ette. Aranjuez: Ediciones Doce Calles 2007.

[11] Humboldt, Alexander von: Mein Lebenslauf. In: (ders.): *Aus meinem Leben*, S. 29 f.

So wie er noch in Madrid das – am spanischen Königshof nicht eben beliebte – Bild eines Paris des *Directoire* evozierte, sollte Alexander von Humboldt auch viele Jahre später noch als demokratischen Prinzipien und den Idealen der Französischen Revolution verpflichteter Kammerherr am preußischen Königshof die Kleidung des *Directoire* tragen. Noch als weit über die Grenzen Preußens wie Europas hinaus berühmte Figur am preußischen Königshof galt Humboldt vielen zwar nicht als der Antichrist – auch wenn er seines ‚gottlosen' *Kosmos* wegen im Januar 1857 öffentlich als ‚Seelenmörder' beschimpft wurde,[12] – wohl aber als verkappter Antimonarchist. Nicht umsonst folgte er am 22. März 1848 im Trauerzug den Särgen der gefallenen Revolutionäre in Berlin. Sein ganzer Habitus war ein symbolisches Zeichen seiner Verbundenheit nicht nur mit der französischen Hauptstadt, in der er im Verlauf seines langen Lebens mehrere Jahrzehnte lang lebte, und mit der französischen Sprache, in der er den größten Teil seines wissenschaftlichen und schriftstellerischen Werkes verfasste, sondern auch seiner Treue zu den republikanischen Idealen seines ersten Paris-Besuches und der Faszinationskraft, welche die *ville lumière* stets auf den weltbewussten Preußen ausgeübt hatte. Es ist bis heute faszinierend zu sehen, wie viele Jahrzehnte Humboldt in einem politischen und sozialen Kontext in Preußen lebte und dachte, der seinen Idealen weitestgehend widersprach. Und wie er es bewerkstelligte, mit allen im Dialog und im wechselseitigen Austausch zu bleiben und zugleich von seinen politischen und gesellschaftlichen Vorstellungen nicht abzuweichen.

Das Paris, das Alexander von Humboldt verehrte, war nicht allein das Paris der Wissenschaften und seiner wissenschaftlichen Freunde, nicht nur das Paris der Salons und jenes französischen Lebensrhythmus, dem sich Humboldt nach seiner Rückkehr von der amerikanischen Forschungsreise (1799–1804) so hervorragend anpasste, nicht nur das Paris der französischen Sprache und großer Verlage, dem er sich ebenso als deutscher wie als französischer Schriftsteller zugehörig fühlte, sondern vor allem jenes *Paris croisé*, das zum Ort einer ungeheuren Zirkulation unterschiedlichster Formen des Wissens geworden war. Paris war für Alexander von Humboldt selbst während jener Zeiten, in denen die französische Hauptstadt von reaktionären politischen Kräften beherrscht schien, der Knotenpunkt einer *circulation des savoirs*, die weltweiten Zuschnitts war und die beschleunigte (Heraus-)Bildung dessen repräsentierte, was der Autor des *Kosmos* als das Weltbewusstsein[13] bezeichnete.

Alexander von Humboldts Paris ist das Paris der Ideen – und vielleicht eben darum immer auch ein wenig idealisiert. Vor allem aber war die französische Hauptstadt für ihn längst in gewisser Weise ubiquitär geworden – Humboldt schleppte sie in seinem Habitus wie in seinem Lebensrhythmus, ja selbst noch in seiner Kleidung mit sich herum. Paris war ihm von Beginn an weit mehr als ein geographisch lokalisierbarer Ort: Es stand für die Faszination der Revolution.

---

[12] Vgl. Biermann, Kurt-R./Schwarz, Ingo: Warum bezeichnete sich Alexander von Humboldt als ‚der Alte vom Berge' (Vecchio della Montagna)? In: *Alexander von Humboldt-Stiftung. Mitteilungen, Alexander von Humboldt-Magazin* (Bonn) 60 (1992), S. 71–73.

[13] Vgl. Ette, Ottmar: *Weltbewußtsein. Alexander von Humboldt und das unvollendete Projekt einer anderen Moderne.* Weilerswist: Velbrück Wissenschaft 2002.

Ici est un autre

Als sich Alexander von Humboldt während des letzten Drittels seines Lebens – mithin nach dem Ende seiner russisch-sibirischen Forschungsreise von 1829 – über lange Zeiträume in Potsdam aufhielt, unternahm er es auf die für ihn so charakteristische ironisch-selbstironische Weise immer wieder gerne, die preußische Residenzstadt mit Elementen seiner amerikanischen Forschungsreise gleichsam zu möblieren. So wurde etwa Potsdams Brauhausberg, der über lange Jahre Humboldts Hausberg war und bis ins hohe Alter blieb und den er noch im hohen Alter gerne mit seinem Freund Berghaus bestieg, von ihm zu seinem „Potsdamer Chimborazo“[14] stilisiert, während die Havel an der Stelle, an der sie die sogenannte Lange Brücke in unmittelbarer Nähe des Potsdamer Stadtschlosses – wo Humboldt im Zwischengeschoss über gut heizbare Räumlichkeiten verfügen konnte – überspannt, in die „Magellanische Meerenge“[15] umbenannt wurde. Humboldt liebte es, amerikanische Reisebilder auf Potsdam zu projizieren und die preußische Residenzstadt damit zu amerikanisieren.

Waren dies die Launen eines alten Mannes oder – wie Humboldt sich in seinen späten Jahren, in einem Brief vom 3. Dezember 1856 an seinen Freund Varnhagen von Ense, einmal selbst beschrieb – eines „Supergreis[es] mit bemoostem Haupte“?[16] Als er im Frühjahr 1829, noch ehe seine russisch-sibirische Forschungsreise wirklich begonnen hatte, wegen des Eisgangs und der dadurch unmöglichen Überfahrt nach Memel mit seinem Forscherteam für einige Tage auf der Kurischen Nehrung festsaß, begann er, über seine missliche Lage zu spotten und in die vor ihm liegende Landschaft aus Sand und Gestrüpp jene andere ‚Sandwüste‘ hineinzuphantasieren, die er auf seiner Reise eben erst verlassen hatte:

> Wenn Schinkel dort einige Backsteine zusammenkleben liesse, wenn ein Montagsclub, ein Cirkel von kunstliebenden Judendemoiselles und eine Akademie auf jenen mit Gestrüppe bewachsenen Sandsteppen eingerichtet würde[n], so fehlte nichts, um ein neues Berlin zu bilden, ja, ich würde die neue Schöpfung vorziehen, denn die Sonne habe ich herrlich auf der Nährung sich in das Meer tauchen sehen.[17]

Zum Auftakt seiner zwischen dem 12. April und dem 28. Dezember 1829 durchgeführten russisch-sibirischen Forschungsreise in das Reich jenes Zaren, dem man

---

[14] Vgl. hierzu ebd., S. 58.

[15] Ebd.

[16] *Briefe von Alexander von Humboldt an Varnhagen von Ense aus den Jahren 1827 bis 1858.* Nebst Auszügen aus Varnhagen's Tagebüchern und Briefen von Varnhagen und Andern an Humboldt. [Hg. von Ludmilla Assing.] Leipzig: F. A. Brockhaus 1860, S. 341.

[17] Humboldt, Alexander von: Brief vom 29. April 1829 an Wilhelm von Humboldt. In: *Briefe Alexander's von Humboldt an seinen Bruder Wilhelm.* Hg. von der Familie von Humboldt in Ottmachau. Stuttgart: Verlag der J. G. Cotta'schen Buchhandlung 1880, S. 170. Vgl. hierzu ausführlich Ette, Ottmar: Amerika in Asien. Alexander von Humboldts *Asie centrale* und die russisch-sibirische Forschungsreise im transarealen Kontext. In: *HiN – Alexander von Humboldt im Netz. Internationale Zeitschrift für Humboldt-Studien.* VIII, 14 (2007), S. 17–40, http://dx.doi.org/10.18443/89.

aufgrund seiner kompromisslos autoritären Herrschafts- und Unterdrückungsmethoden den Beinamen eines „Gendarmen Europas“[18] gegeben hatte und den Humboldt in seiner Widmung in der für ihn so charakteristischen hintersinnigen Art in den Horizont dessen einrückte, was „le libre développement des facultés intellectuelles“[19] fördere und entwickle, entstand in Alexanders Brief an seinen Bruder in Berlin ein eigenartig schillerndes Bild der preußischen Hauptstadt, deren „Unnatur“[20] sich nach dem Oranienburger Tor nun bereits seit 200 Meilen gen Nordwesten ausdehne. Berlin schien nach Osten nicht enden zu wollen.

Die russisch-sibirische Forschungsreise war von gravierenden Einschränkungen begleitet: Für die Genehmigung und Finanzierung dieser von ihm seit Jahrzehnten erträumten großen Asienreise hatte Humboldt in die Bedingung einwilligen müssen, nur über die ‚tote Natur‘, nicht aber die maroden und repressiven gesellschaftlichen Zustände des Riesenreiches zu berichten.[21] Wie hätte er bei dieser asiatischen nicht an seine weitgehend unabhängig durchgeführte amerikanische Reise denken sollen?

So wie Berlin urplötzlich an der Kurischen Nehrung erschien, so wurde in seinem 1843 in Paris und in französischer Sprache veröffentlichten Werk *Asie Centrale* inmitten der sibirischen Steppen zunächst völlig überraschend das Bild des Chimborazo sowie anderer Andengipfel eingeblendet. Und so, wie sich in der Kleidung Humboldts am preußischen Königshof zu Berlin oder Potsdam unerwartet die Pariser Zeit verkörperte, so tauchten in den Schriften dieses großen Forschungsreisenden und Schriftstellers unter den Orten andere Orte, unter den Landschaften andere Landschaften auf. Oft machte sich in seinen Briefen und Schriften ein eigentümliches Oszillieren bemerkbar, das einen bestimmten Ort stets mit anderen Orten in Verbindung bringt, ja ferne Städte in ihm gegenwärtige Städte – zunächst ohne jeden erkennbaren Grund – unversehens einblendet. Man könnte daher in Abänderung einer berühmten autobiographischen Formel Arthur Rimbauds (*Je est un autre*) vom gleichzeitigen Anderssein (und Woanderssein) des je Eigenen sprechen: *Ici est un autre*.

Ein bestimmter Ort erscheint folglich bei Humboldt nicht als statischer, in seinen Grenzen und seiner Territorialität klar zu umreißender und zu fixierender Raum, sondern als ein Bewegungs-Raum, der durch oft verblüffende Verbindungen, stets aber durch sein Eingebundensein in mobile Strukturen und Strukturierungen charakterisiert wird. Mit Blick auf derartige Relationen gewinnt man einiges an nicht nur biographischer Tiefenschärfe, wenn man jenen autobiographischen Text hinzuzieht, mit

---

[18] Vgl. hierzu wie auch zur Kritik Humboldts am zaristischen Regime u. a. Suckow, Christian: Alexander von Humboldt und Rußland. In: Ette, Ottmar/Hermanns, Ute/Scherer, Bernd M./Suckow, Christian (Hg.): *Alexander von Humboldt – Aufbruch in die Moderne*. Berlin: Akademie-Verlag 2001, S. 249.

[19] Humboldt, Alexander von: *Asie Centrale. Recherches sur les chaînes de montagnes et la climatologie comparée.* 3 Bde. Paris: Gide 1843, hier Bd. I, S. viii.

[20] Humboldt, Alexander von: Brief vom 29. April 1829. In: *Briefe Alexander's von Humboldt an seinen Bruder Wilhelm,* S. 170.

[21] Vgl. hierzu Ette, Ottmar: Amerika in Asien, Kap. „Rahel Levin Varnhagen oder das Mobile Preußens“.

dessen Niederschrift Humboldt auf Cuba begonnen hatte und den er auf Santa Fe de Bogotá, den 4. August 1801 datierte. Humboldt erinnerte sich damals an die sich ihm 1790 bietende Chance, Georg Forster auf der bereits erwähnten Reise begleiten zu dürfen:

> Ich war damals krank, März 1790, in Göttingen und mit der Herausgabe meines ersten literarischen Produkts, den Basalten am Rhein, beschäftigt. Dennoch, mit welcher Freude nahm ich teil an dieser Reise. Ohnerachtet sie mich wie jedes nahe Zusammenleben unter Menschen und besonders bei Forsters kleinlich-eitelem Charakter mehr von ihm entfernte, als ihm nahe brachte, so hatte das Zusammenleben mit dem Weltumsegler doch großen Einfluß auf meinen Hang nach der Tropenwelt. Wie sehr erwachte diese Sehnsucht vollends bei dem Anblick des allverbreiteten, beweglichen, länderverbindenden Ozeans, den ich bei Ostende zuerst sah, wie sehr bei der kleinen Überfahrt von Hellevoetsluis nach Dover.[22]

Für Humboldts Denken charakteristisch ist, dass das Meer in dieser Passage – wie auch in späteren Schriften – nicht als ein verschiedene Landmassen voneinander trennendes, sondern diese miteinander verbindendes und überdies als das *bewegliche* Element *par excellence* begriffen wird. Humboldt beobachtet in der autobiographischen Rückschau, wie sich seine „warme Fantasie mit ersehnten Gestalten ferner Dinge" füllt, nachdem sein Gemüt – so der freiheitsliebende Reisende – „18 Jahre lang im väterlichen Hause gemißhandelt und in einer dürftigen Sandnatur eingezwängt worden" sei.[23] In seinem Zimmer in England fasziniert ihn das Bild eines „ostindischen Schiffes", das „in einem Sturme unterging"[24] – und auch später sollte die Vorstellung des eigenen Schiffbruchs bei aller Lust zu Fernreisen stets lebendig bleiben.

Der junge Humboldt lebt wie in einem Traum, wie in einem Woanders. Er glaubt sich „in der Kapstadt vor Anker", doch war „mit aufgehender Sonne" der „süße Traum hinweggewischt".[25] Alles erregt den „Wunsch nach der Tropenwelt"[26] in ihm: „Ein Wunsch wie dieser, der mich ewig begleitete, das Streben nach Ländern, in denen wir durch grenzenlose Räume von den Unsrigen getrennt sind".[27] Und Humboldt schloss die Reflexionen seines EigenLebenSchreibens mit den folgenden Sätzen:

> Ich weinte oft, ohne zu wissen warum, und der arme Forster quälte sich zu erkunden, was so dunkel in meiner Seele lag. Mit dieser Stimmung kehrte ich über Paris nach Mainz zurück. Ich hatte entfernte Pläne geschmiedet.[28]

---

[22] Humboldt, Alexander von: Ich über mich selbst (mein Weg zum Naturwissenschaftler und Forschungsreisenden 1769–1790). In: (ders.): *Aus meinem Leben*, S. 36.

[23] Ebd., S. 38.

[24] Ebd.

[25] Ebd., S. 39.

[26] Ebd.

[27] Ebd.

[28] Ebd., S. 40.

Auch in diesen Passagen, welche die Erfahrungen eines jungen Reisenden reflektieren, erscheint unter einem Ort immer ein anderer Ort, wird in der Präsenz einer Landschaft, eines Landes immer ein anderes Land, eine andere Landschaft sichtbar: *Ici est un autre*. Das Faszinosum der Ferne wird im Fernweh eines jungen Mannes begreifbar, der sich in Gesellschaft eines Weltreisenden auf einer Europareise befindet, sich vor allem aber nach einer anderen Welt weit entfernter Länder und Meere sehnt.

Springen wir von der Ebene des erzählten Ich auf jene des erzählenden Ich, so wird deutlich, dass die Niederschrift von eben jener Weltreise aus erfolgt, von der das erzählte Ich einst träumte. Hinter der gemeinsamen Reise Forsters und Humboldts nach England und Frankreich wird somit nicht nur *en amont* die Weltumsegelung Forsters mit Cook, sondern auch *en aval* die amerikanische Forschungsreise Humboldts mit Bonpland gegenwärtig. Die Reisen überlagern sich: Unter der einen Reise wird eine ganz andere sichtbar, die ihrerseits auf künftige Reisen verweist, die selbst wiederum schon längst wieder zu realisierten Reisen geworden sind. Humboldts autobiographisches Fern-Schreiben aus der Bewegung entfaltet ein komplexes Verwobensein von (Reise-)Bewegungen: *Un voyage peut en cacher un autre.*

Im EigenLebenSchreiben Alexander von Humboldts zeichnet sich erkennbar ab, dass die Raumerfahrung wie die Raumkonzeption des Verfassers der *Ansichten der Natur* in einem Lebenswissen und einer Lebenserfahrung gründen, die sich niemals nur von einem einzigen Orte herleiten. Einem Ort ist immer das ‚Fort' eingeschrieben, dem vermeintlich trennenden Meer immer ein Mehr an verbindender Bewegung.

Zum Zeitpunkt seiner amerikanischen Forschungsreise hatte Alexander von Humboldt längst eine komplexe Theorie von Raum und Bewegung entwickelt. In den vorangehenden Überlegungen war es mir folglich nicht darum zu tun, seine spatiale Konzeptionen allein in einer Lebenserfahrung zu verankern und die Humboldtsche Episteme in eine Reihe aufschlussreicher, aber nicht konzeptionell durchdachter Biographeme aufzulösen. Entscheidend ist vielmehr, die Humboldtsche Epistemologie als eine – im Übrigen auch für unsere Zeit noch höchst anspruchsvolle und zukunftsweisende – Struktur und Strukturierung zu begreifen, die hinter keiner auch noch so bewegenden Biographie verschwinden darf.

Doch ohne die vitalen Kontexte, ohne die Biographeme kann die Humboldtsche Episteme in ihrer Entstehung nicht wirklich gedacht werden: Zu sehr sind Lebensstil und Denkstil beim Autor des *Kosmos* miteinander unzertrennlich verwoben. Reisen und Bewegung sind in der transdisziplinären und interkulturellen Humboldtschen Wissenschaft von Anfang an Programm.

Der Hafen von Havanna und die Insel als Bewegungs-Raum

Wir hatten gesehen, dass Alexander von Humboldt das Meer schon sehr früh als das mobile, bewegliche und verbindende Element an sich begriff. Insofern hat der Autor der *Geographie der Pflanzen* in seinem Reisewerk immer wieder Szenen der Abfahrt oder der Ankunft zu Schiff besonders sorgfältig gestaltet. Denn sie bilden hervorgehobene reiseliterarische Orte, die auf literarischer Ebene eine besonders hohe semantische Dichte und Signifikanz aufweisen. Hafenstädten kommt in diesem Zusammenhang eine spezifische Relevanz zu, erschließen sie doch gleichsam den Raum, für den sie als Eingangstore stellvertretend stehen.

Der kubanische Schriftsteller und *poeta doctus* Alejo Carpentier traf daher eine exzellente Wahl, als er für seine literarische Liebeserklärung an Havanna – das entgegen der von ihm oft verbreiteten Legende nicht seine Geburtsstadt war – als *incipit* jene Schilderung der Einfahrt in den Hafen der kubanischen Hauptstadt aussuchte, die Alexander von Humboldt im 28. Kapitel seiner *Relation historique* abdrucken ließ.[29]

Dieses Kapitel seines Fragment gebliebenen und zwischen November 1814 und April 1831 in Paris auf Französisch publizierten Berichts von der amerikanischen Forschungsreise erschien im dritten Band der *Relation* und wurde parallel zum Reisebericht als Separatdruck unter dem Titel *Essai politique sur l'île de Cuba* 1826 veröffentlicht. Die Einfahrt in den Hafen von Havanna, die Humboldt ein erstes Mal am 19. Dezember 1800 genießen konnte, wird spektakulär in Szene gesetzt:

> L'aspect de la Havane, à l'entrée du port, est un des plus rians et des plus pittoresques dont on puisse jouir sur le littoral de l'Amérique équinoxiale, au nord de l'équateur. Ce site, célébré par les voyageurs de toutes les nations, n'a pas le luxe de végétation qui orne les bords de la rivière de Guayaquil, ni la sauvage majesté des côtes rocheuses de Rio Janeiro, deux ports de l'hémisphère austral: mais la grâce qui, dans nos climats, embellit les scènes de la nature cultivée, se mêle ici à la majesté des formes végétales, à la vigueur organique qui caractérise la zone torride. Dans un mélange d'impressions si douces, l'Européen oublie le danger qui le menace au sein des cités populeuses des Antilles; il cherche à saisir les élémens divers d'un vaste paysage, à contempler ces châteaux forts qui couronnent les rochers à l'est du port, ce bassin intérieur, entouré de villages et de fermes, ces palmiers qui s'élèvent à une hauteur prodigieuse, cette ville à demi cachée par une forêt de mâts et la voilure des vaisseaux.[30]

Die literarische Gestaltung dieser eindrucksvollen Passage basiert gleichsam auf einem erzähltechnischen *travelling*, entfalten sich doch der Hafen und die Stadt Havanna aus der Perspektive eines von Bord aus beobachtenden Reisenden, der aus der eigenen Bewegung den Bewegungsort des kubanischen Haupthafens porträtiert. Dieses Prinzip eines Schreibens und einer Darstellung aus der Bewegung hat Alexander von Humboldt des Öfteren angewandt: Selbst in seiner *Summa*, dem *Kosmos*, wird das Lesepublikum gleichsam auf kosmischen Pfaden durch den Weltraum zum Erdball und auf die Oberfläche unseres Planeten geführt.

Im Kontext unserer Überlegungen soll es hier nicht um die spezifisch literarischen Formen des *Humboldtian Writing* als eines Schreibens (in) der Moderne

---

[29] Vgl. Carpentier, Alejo: *La ciudad de las columnas.* La Habana: Editorial Letras Cubanas 1982.

[30] Humboldt, Alexander von: *Relation historique du Voyage aux Régions équinoxiales du Nouveau Continent [...].* Nachdruck des 1814–1825 in Paris erschienenen vollständigen Originals, besorgt, eingeleitet und um ein Register vermehrt von Hanno Beck. Bd. III. Stuttgart: Brockhaus 1970, S. 348.

gehen.[31] Die kontrastive Situierung dieses ‚pittoresken' und häufig von Reisenden aller Herren Länder aufgesuchten und ‚gefeierten' Hafens gegenüber den Häfen von Guayaquil (den Humboldt kannte) und Rio de Janeiro (der ihm nur durch Stiche und reiseliterarische Beschreibungen bekannt war) leitet in dieser Passage über zur Bestimmung einer spezifischen Zwischenstellung Havannas. Denn in diesem Hafen überkreuzen sich die klimatischen Bedingungen der gemäßigten Zone und die ‚kultivierte Natur' des Nordens einerseits mit der ‚Majestät' tropischer Gewächse, wie sie die heiße Zone charakterisieren.

So erscheint der Hafen von Havanna bereits auf dieser Ebene als ein Ort des Austauschs, einer Zirkulation, die offenkundig den Norden mit dem Süden und zugleich den Osten mit dem Westen, Europa mit Amerika, verbindet. Auf diese Weise deutet sich bereits die Notwendigkeit an, einen Raum aus der Bewegung heraus zu begreifen und zwar von seinem Hafen, seinem Haupthafen aus, der überhaupt erst die Kommunikationen und die dadurch entstehende Zirkulation von Wissen ermöglicht.

Der Mischung der Klimate und der Pflanzen entspricht eine ‚Vermischung' so süßer und angenehmer Eindrücke, dass sie den dadurch sinnlich verwirrten und betörten europäischen Reisenden über die Gefahr hinwegtäuschen, die nicht weniger von der Zirkulation in diesen dicht bevölkerten Städten der Antillen ausgeht. Die Gegensätze von Natur und Kultur, von Stadt und Land, von mobilem Wasser und festem Fels werden sorgfältig miteinander verwoben und vermischt, so dass sich eine bewegte und zugleich bewegende Szenerie entfaltet, die in der Folge weiter ausgeführt wird. Natur und Kultur werden zusammengedacht: Wir haben es hier unzweifelhaft mit einem literarischen Naturgemälde Alexander von Humboldts zu tun.

Leicht ließe sich belegen, dass die Einfahrt in den Hafen von Havanna wie eine *mise en abyme* des gesamten Textes funktioniert. Für unsere Fragestellung relevant ist folglich die Tatsache, dass Alexander von Humboldt durch die von ihm gewählte mobile Perspektivierung den Hafen von Havanna als *fraktales* Muster[32] der gesamten Insel von Beginn an als einen Bewegungsort in Szene setzt, an dem sich höchst gegensätzliche Klimate, Pflanzenformen, Städte und Bevölkerungen begegnen und eine Zirkulation von Waren wie von Menschen – und auch von Menschen als Waren, wird doch schon früh der Blick auf den Verkauf der „malheureux esclaves"[33] gelenkt, – von Kulturen und Sprachen, von Traditionen und Ideen einsetzt. Der epistemologische Status dieser Passage ist offenkundig: Dort, wo sich bei Cornelius de Pauw oder Antoine-Joseph Pernety die Gegensätze mehr oder minder statisch gegenüberstanden, werden sie bei Alexander von Humboldt dank jenes „Anblick[s]

---

31 Vgl. hierzu Ette, Ottmar: Eine ‚Gemütsverfassung moralischer Unruhe' – ‚Humboldtian Writing': Alexander von Humboldt und das Schreiben in der Moderne. In: Ette, Ottmar/Hermanns, Ute/Scherer, Bernd M./Suckow, Christian (Hg.): *Alexander von Humboldt – Aufbruch in die Moderne,* S. 33–55.

32 Zur epistemologischen Bedeutung des Fraktals für die Literaturwissenschaft vgl. Ette, Ottmar: *WeltFraktale. Wege durch die Literaturen der Welt.* Stuttgart: J. B. Metzler 2017.

33 Humboldt, Alexander von: *Relation historique*, Bd. III, S. 350.

des allverbreiteten, beweglichen, länderverbindenden Ozeans“[34] intensiv aufeinander bezogen und miteinander in ständigen und wechselseitig verändernden Austausch gebracht. Der Hafen von Havanna ist ein Ort des Transits, der nur aus seiner mobilen Relationalität, nicht aus seiner statischen Territorialität heraus verstanden werden kann.

Gewiss könnte nichts die Insel Cuba, die eine gewichtige Rolle ebenso in der ersten wie in der zweiten und dritten Phase beschleunigter Globalisierung spielte, besser vermitteln als eine Darstellung, welche die größte der Antilleninseln als intensiven transozeanischen Bewegungs-Raum erscheinen lässt. Der tropischen Fülle der Palmen an Land entsprechen ganze Wälder von Masten, die mit ihren Segeln die Fülle der vom Menschen initiierten Zirkulationsformen repräsentieren. Die Beschreibung des Hafens von Havanna erinnert nicht von ungefähr an die Beschreibung des Hafens von Amsterdam in jenem Reisebericht, den Georg Forster von der gemeinsamen Reise in seinen *Ansichten vom Niederrhein* entwarf. Doch dazu im letzten Kapitel des vorliegenden Bandes mehr.

Die epistemologische Qualität dieser literarisch gelungenen Ankunft ist somit evident: Humboldts Verständnis von Cuba basiert nicht auf dem Vergleich zwischen zwei grundlegend voneinander getrennten und unterschiedenen Seiten des Atlantik, sondern arbeitet jenseits des Vergleichs eine mobile Relationalität heraus, in der alles mit allem verbunden scheint. Das für das Humboldtsche Denken vielleicht zentrale Theorem – „Alles ist Wechselwirkung“[35] – bezieht sich nicht nur auf die wechselseitigen Transformationen von Natur und Natur, Kultur und Kultur oder Natur und Kultur, sondern zielt auf einen globalen Raum beständigen Austauschs ab, der durch den länderverbindenden Ozean als mobilisierende Kraft, als Grundelement der Dynamik erschlossen wird.

Dass diese beschleunigte Bewegung nicht nur weltweite Austauschbeziehungen hervorbringen, sondern auch die Grundfesten der kubanischen Sklavenhaltergesellschaft selbst hinwegspülen konnte – die Erfahrung der zum Zeitpunkt von Humboldts beiden Aufenthalten auf Cuba noch immer auf der Nachbarinsel tobenden Haitianischen Revolution war auch zur Zeit der Niederschrift dieser Passagen nicht verblichen, – war dem Verfasser des *Essai politique sur le royaume de la Nouvelle-Espagne* höchst bewusst. Die Revolutionen und Umwälzungen, die von politischen, sozialen oder anderen emanzipatorischen Bewegungen ausgelöst werden konnten, waren Teil des Humboldtschen Bewegungskonzepts und Lebenswissens.[36]

Vor dem Hintergrund der revolutionären Ereignisse in Saint-Domingue, der ehemals reichsten europäischen Kolonie der Antillen, aber auch angesichts der

---

[34] Humboldt, Alexander von: Ich über mich selbst, S. 36.

[35] Humboldt, Alexander von: *Reise auf dem Río Magdalena, durch die Anden und Mexico.* Teil I: Texte. Aus seinen Reisetagebüchern zusammengestellt und erläutert durch Margot Faak. Mit einer einleitenden Studie von Kurt-R. Biermann. Berlin: Akademie-Verlag 1986, S. 358.

[36] Zu den Dimensionen des Lebenswissens in Humboldts Amerikanischen Reisetagebüchern vgl. die Ausgabe von Humboldt, Alexander von: *Das Buch der Begegnungen. Menschen – Kulturen – Geschichten aus den Amerikanischen Reisetagebüchern.* Hg., aus dem Französischen übersetzt und kommentiert von Ottmar Ette. Mit Originalzeichnungen Humboldts sowie historischen Landkarten und Zeittafeln. München: Manesse 2018.

Französischen Revolution und seines eigenen Erlebens des revolutionären Paris wusste Humboldt, wie rasch sich unter dem Einfluss erst einmal in Zirkulation gesetzter Ideen stets für stabil gehaltene Strukturen abrupt verändern konnten. So schrieb er unter Berücksichtigung der raschen demographischen Entwicklungen auf Cuba:

> Si la législation des Antilles et l'état des gens de couleur n'éprouvent pas bientôt des changemens salutaires, si l'on continue à discuter sans agir, la prépondérance politique passera entre les mains de ceux qui ont la force du travail, la volonté de s'affranchir et le courage d'endurer de longues privations. Cette catastrophe sanglante aura lieu comme une suite nécessaire des circonstances, et sans que les noirs libres d'Haïti s'en mêlent aucunement, sans qu'ils abandonnent le système d'isolement qu'ils ont suivi jusqu'ici. Qui oseroit prédire l'influence qu'exerceroit une Confédération africaine des États libres des Antilles, placée entre Colombia, l'Amérique du Nord et Guatimala, sur la politique du Nouveau-Monde?[37]

Die *Historia*, dies wusste Humboldt, war nicht länger die *Magistra Vitae*.[38] Wer wollte die Zukunft einer Revolution oder dieser von Humboldt ins Spiel gebrachten ‚afrikanischen Konföderation' – die interessanterweise in spanischen Übersetzungen mit dem Begriff „confederación americana" übersetzt zu werden pflegt – voraussagen? Die erfolgreichen Revolutionen in den englischen Kolonien Nordamerikas, in Frankreich und auf Saint-Domingue hatten dem von Paris aus in französischer Sprache schreibenden Humboldt gezeigt, wie offen die Geschichte(n), wie plural die Zukünfte waren.

Für diese von einer Epochenerfahrung untersetzte Erkenntnis gab es vielleicht keinen besseren Ort als Paris, jene Stadt, die den eigentlichen (wenn auch nicht ausschließlichen) Lebensmittelpunkt Humboldts während der zweiten Phase seines Lebens, zwischen der amerikanischen Forschungsreise (1799–1804) und der russisch-sibirischen Forschungsreise (1829), bildete. Denn von hier aus ließ sich nicht nur die globale Zirkulation von Waren, Menschen und Ideen, sondern auch die Geschichte als komplexer Bewegungs-Raum mit seinen weitgespannten Wegen des Wissens erfassen.

Raum als Bewegung

Durch Vergleiche zwischen unterschiedlichen Räumen allein war dem Phänomen weltweiter Verflechtung in einer Phase beschleunigter Globalisierung nicht länger epistemologisch beizukommen. Alexander von Humboldt begriff, dass statische Vergleiche auf die Ebene mobiler Relationalitäten gehoben werden mussten, wollte man auf wissenschaftlichem Wege das verstehen, was Georg Forster mit Blick auf die Entwicklung des Welthandels durchaus gesehen hatte. Unter dem Eindruck,

---

[37] Humboldt, Alexander von: *Relation historique*, Bd. III, S. 389.

[38] Vgl. Koselleck, Reinhart: Historia Magistra Vitae. Über die Auflösung des topos im Horizont neuzeitlich bewegter Geschichte. In: (ders.): *Vergangene Zukunft*. Frankfurt a. M.: Suhrkamp ^{2}1984, S. 38–66.

dass sich „die ganze Weltgeschichte“ in den Handel der europäischen Mächte aufzulösen im Begriff stand, erblickte Forster die Pflicht des Forschers darin, „so viele Ideen und Thatsachen“ als möglich zu berücksichtigen und „in einen Brennpunkt zu sammeln“.[39] War aber wirklich noch alles in *einem* Brennpunkt, von einem Blickpunkt her zu bündeln?

Für Alexander von Humboldts Wissenschaftsmodell konnte die Metapher des Brennspiegels nicht länger taugen. Er hatte überdies erkannt, dass sich um 1800 ein grundlegender Wandel in den Wissenschaften vollzogen hatte, wie er ihn in seiner auf Paris im April 1813 datierten Einleitung zu seinen *Vues des Cordillères et Monumens des Peuples Indigènes de l'Amérique* prägnant konstatierte:

> L'ardeur avec laquelle on s'étoit livré à des recherches sur l'Amérique, diminua dès le commencement du dix-septième siècle; les colonies espagnoles, qui renferment les seules régions jadis habitées par des peuples civilisés, restèrent fermées aux nations étrangères; et récemment, lorsque l'abbé Clavigero publia en Italie son Histoire ancienne du Mexique, on regarda comme très-douteux des faits attestés par une foule de témoins oculaires souvent ennemis les uns des autres. Des écrivains célèbres, plus frappés des contrastes que de l'harmonie de la nature, s'étoient plu à dépeindre l'Amérique entière comme un pays marécageux, contraire à la multiplication des animaux, et nouvellement habité par des hordes aussi peu civilisées que les habitans de la mer du Sud. Dans les recherches historiques sur les Américains, un scepticisme absolu avoit été substitué à une saine critique. On confondoit les descriptions déclamatoires de Solis et de quelques autres écrivains qui n'avoient pas quitté l'Europe, avec les relations simples et vraies des premiers voyageurs; il paroissoit du devoir d'un philosophe de nier tout ce qui avoit été observé par des missionnaires.
>
> Depuis la fin du dernier siècle, une révolution heureuse s'est opérée dans la manière d'envisager la civilisation des peuples et les causes qui en arrêtent ou favorisent les progrès. Nous avons appris à connoître des nations dont les mœurs, les institutions et les arts diffèrent presque autant de ceux des Grecs et des Romains, que les formes primitives d'animaux détruits diffèrent de celles des espèces qui sont l'objet de l'histoire naturelle descriptive. La société de Calcutta a répandu une vive lumière sur l'histoire des peuples de l'Asie. Les monumens de l'Égypte, décrits de nos jours avec une admirable exactitude, ont été comparés aux monumens des pays les plus éloignés, et mes recherches sur les peuples indigènes de l'Amérique paroissent à une époque où l'on ne regarde pas comme indigne d'attention tout ce qui s'éloigne du style dont les Grecs nous ont laissé d'inimitables modèles.[40]

In dieser langen, aber zugleich sehr verdichteten wissenschaftshistorischen wie wissenschaftstheoretischen Passage, die aufgrund ihrer Wichtigkeit in diesem Band ein zweites Mal angeführt sei, rechnet Alexander von Humboldt zunächst – ohne Namen zu nennen – mit den de Pauw, Pernety oder Raynal, den *philosophes* und Vertretern einer mittlerweile überholten Episteme ab, die alles in Gegensätzen („contrastes“) abgehandelt, über keine empirische Grundlage ihres Wissens verfügt und

[39] Forster, Georg: Die Nordwestküste von Amerika, und der dortige Pelzhandel. In: (ders.): *Werke. Sämtliche Schriften, Tagebücher, Briefe.* Bd. V: Kleine Schriften zur Völker- und Länderkunde. Hg. von Horst Fiedler, Klaus-Georg Popp, Annerose Schneider und Christian Suckow. Berlin: Akademie-Verlag 1985, S. 395.

[40] Humboldt, Alexander von: *Vues des Cordillères et Monumens des Peuples Indigènes de l'Amérique.* Nanterre: Editions Erasme 1989, S. II f.

keine fundierte Kritik jenseits unsinniger Verallgemeinerungen vorgetragen hätten. Doch eine neue Zeit, eine neue Epoche war angebrochen.

Denn diese Situation habe sich grundlegend an der Wende zum 19. Jahrhundert verändert: Humboldt glaubte, eine ‚glückliche Revolution' – mithin eine weitere Revolution, diesmal jedoch auf dem Gebiet der Wissenschaften – konstatieren zu können, die zum einen auf empirischen Grundlagen beruhe und zum anderen über ein weltweit erhobenes Datenmaterial verfüge. Diese Veränderungen bildeten in der Tat die Grundlage für Humboldts neuen Diskurs über die Neue Welt: ein Diskurs auf der Grundlage einer Revolution.

Spätestens an dieser Stelle wird deutlich, dass die zweite Phase beschleunigter Globalisierung im Verlauf der zweiten Hälfte des 18. Jahrhunderts zu einer grundlegenden Veränderung insofern geführt hatte, als nunmehr Untersuchungen und Erkenntnisse aus den unterschiedlichsten Weltgegenden eintrafen und darauf warteten, mit anderen Datensätzen kritisch in Beziehung gesetzt zu werden. „Alles ist Wechselwirkung" – dieses Humboldtsche Theorem galt nicht nur für die Natur, sondern auch und gerade für die unterschiedlichsten kulturellen Phänomene, deren sich der Verfasser des *Kosmos* annahm.

Dies ermöglichte eine neue dynamische Relationalität, zu deren beschleunigter Verflechtung Humboldt selbst beizutragen suchte. Dazu verstärkte er sein bereits vor der amerikanischen Forschungsreise aufgebautes Korrespondentennetz nun von Paris aus, was ihm erlaubte, auch nach seiner Rückkehr nach Europa den Datenaustausch mit Spezialisten aus verschiedenen Regionen, aber auch den unterschiedlichsten Disziplinen nicht nur aufrecht zu erhalten, sondern erheblich zu intensivieren. An die Stelle dichotomischer Gegensätze stellte Humboldt zunehmend Verkettungen und dynamische Netzwerkstrukturen, die seiner durchgängigen Vorstellung von einer ‚Harmonie der Natur', in der alles mit allem zusammenhängen musste, weitaus besser entsprach.

Die Zusammenführung und mehr noch das Zusammendenken von Informationen über die voneinander wie von Europa entferntesten Gebiete der Welt machte im Kontext einer nicht mehr einfach zu bündelnden, sondern in Vernetzungen umzusetzenden Datenflut die Entwicklung von Konzeptionen notwendig, die sich nicht allein auf eine einzige Area (wie etwa die iberischen Kolonien Amerikas) beschränken konnten. So führen bereits Humboldts *Vues des Cordillères et Monumens des Peuples Indigènes de l'Amérique* die titelgemäß doppelte Verbindung von Phänomenen der Natur wie der Kultur im weltweiten Maßstab vor und verlangen zugleich auch nach Schreibformen, die dieser dynamischen Vielverbundenheit gerecht zu werden vermögen.

Diese von Humboldt im Verlauf eines langen Gelehrtenlebens immer komplexer gestaltete Konzeption lässt sich aus heutiger Perspektive als einzelne *Areas* querende Relationalität und folglich als transareal bezeichnen. Die Untersuchung etwa des Kalendersteins der Azteken bleibt keineswegs auf die Erforschung verschiedener Kulturen und ihrer Zeitvorstellungen in den Hochtälern Anáhuacs, der iberischen Kolonien oder der gesamten amerikanischen Hemisphäre beschränkt. Vielmehr werden vielfältige Relationen mit Zeitvorstellungen und Zeitrechnungen etwa bei den Tartaren oder Tibetern, Chinesen oder Japanern, bei Kulturen des Nahen oder Mittleren Ostens, aber auch den unterschiedlichen Kulturen des Abendlands seit den Griechen und Römern hergestellt.

Humboldts Untersuchungen widmen sich aus dieser Sicht zwar einer bestimmten Area, begreifen diese aber nicht ‚aus sich selbst', sondern aus ihren Verbindungen und Beziehungen mit anderen Areas. Damit entsteht ein wissenschaftlicher Ansatz, den man durchaus der bereits skizzierten „révolution heureuse"[41] in den Wissenschaften zurechnen, darüber hinaus aber als eine frühe Form der Entstehung von *TransArea Studies* begreifen könnte. Was aber ist hierunter aus heutiger Perspektive zu verstehen?

Vektorielle Dimension und TransArea Studies

Versucht man, diese wichtige Dimension der Humboldtschen Wissenschaft aus heutiger Perspektive weiterzudenken, so ergeben sich epistemologische und wissenschaftstheoretische Herausforderungen, die im Folgenden näher ausgeführt werden sollen.

In Alexander von Humboldts Wissenschaftskonzept werden die untersuchten Phänomene aus der Perspektivik ihrer Dynamiken, Wege und Verlagerungen fokussiert. Dies gilt ebenso für seine pflanzengeographischen Studien (die stets die ‚Wanderungen' der Pflanzen miteinbezogen) wie für seine geologischen und mineralogischen Untersuchungen (die es ihm erlaubten, aufgrund der Heranziehung weltweiter Zusammenhänge Diamanten- und Platinfunde im Ural vorauszusagen), für seine klimatologischen Forschungen (bei denen er zunehmend die vom Menschen ausgelösten Klimaveränderungen miteinbezog) wie auch für die Untersuchungen zur weltweiten Zirkulation von Edelmetallen.

Auch auf dem von ihm bearbeiteten weiten Feld kultureller Phänomene standen für ihn Fragen der Wissenszirkulation – etwa mit Blick auf seine Studien zum Kalenderstein der Azteken und der Wissensbewegungen zwischen Asien und Amerika – an oberster Stelle. Wissen selbst ist für Humboldt stets prozesshaft und radikal unabgeschlossen.

So deutet sich bei Alexander von Humboldt bereits eine Wissenschaftskonzeption an, die von der These ausgeht, dass Räume (wie auch Wissensformationen) in grundlegender Weise durch die sie querenden Bewegungen definiert, konfiguriert und herausgebildet werden. Damit wird eine allein an der topographisch-geographischen Dimension ausgerichtete Auffassung von Räumen durch eine dynamische, vektorielle Perspektivierung ersetzt, die mit Blick auf die unterschiedlichsten natur- und kulturwissenschaftlich zu untersuchenden Phänomene ein hochdynamisches Grundkonzept voraussetzt. Dabei ist unter dem Begriff des Vektoriellen„ der Vektorisierung oder der vektoriellen Dimension zu verstehen, dass historisch und kulturell gespeicherte Bewegungsmuster wesentlich in ein Verständnis vernetzter Generierungsprozesse von Räumen einbezogen werden müssen. Denn es sind oft die gespeicherten, bestimmte Räume immer wieder in derselben Bewegungsfigur querenden Bewegungen, die zur

[41] Ebd., S. II.

Kontinuität von Räumen im Sinne ihrer ständigen Rekonfiguration Entscheidendes beitragen. Humboldt besaß somit ein hochdynamisches Verständnis nicht nur des Territorialen, sondern aller in Natur und Kultur ablaufenden Prozesse.

Innerhalb eines wissenschaftsgeschichtlichen Kontexts impliziert dies, dass die längst in die Krise geratenen *Area Studies* durch *TransArea Studies* erweitert, ergänzt und transformiert werden müssen, die sich in erster Linie der Vektorizität von Räumen ebenso auf translokaler, transregionaler und transnationaler wie auf transarealer und transkontinentaler Ebene wissenschaftlich annehmen.[42] Nicht die Bestimmung eines Raumes durch dessen (vermeintlich naturgegebene) Territorialität mit ihren jeweils zu untersuchenden Grenzen und Grenzziehungen, sondern die historisch akkumulierten und entfalteten Netzwerke von Bewegungsformen und Bewegungsfiguren sollen als Ausgangspunkt und Grundlage dafür herangezogen werden, eine bestimmte *Area* vermittels der sie querenden und dadurch mobil konstituierenden Beziehungsgeflechte und Verknüpfungen relational-dynamisch zu begreifen sowie transareal zu analysieren. Dies bedeutet selbstverständlich auch, dass Humboldt sein Preußen nicht in erster Linie als einen Territorialstaat begriff, sondern ihn in die vielfältigsten weltweiten Vorgänge eingebunden sah. Hierzu zählten für ihn ebenso die internationalen Wirtschaftsbeziehungen, für die er immer wieder weltweite Bewegungskarten entwarf, wie auch die Migrationen von Bevölkerungen, die einen wichtigen Teil der preußischen Gesellschaft seiner Zeit ausmachten.

Generell gewendet bedeutet dies für uns heute: All dies beinhaltet nicht nur eine kritische Hinterfragung der Macht der Grenzen[43] einer bestimmten *Area* wie etwa Lateinamerika oder die Einbindung dieser *Area* in übergeordnete – etwa kontinentale oder hemisphärische – Konstruktionen,[44] sondern meint den Versuch einer grundlegenden transarealen Neukonzeptionierung eines zuvor vor allem in seiner internen Relationalität verstandenen Raumes.[45] Die wechselseitige Verknüpfung unterschiedlicher *Areas* untereinander erfolgt dabei nicht länger über eine ‚vermittelnde' und zumeist zentrierende Rolle Europas; vielmehr stehen gerade Bewegungen im Vordergrund, die durch die bisherige Fokussierung auf Europa oftmals übersehen oder zu ‚Randphänomenen' degradiert wurden.

Als besonders prägnantes Beispiel für eine komplex strukturierte *Area* kann die Karibik gelten, die sich in geradezu paradigmatischer Weise als hochgradig fragmentiertes Geflecht von Insel-Welten und Inselwelten, als multi- und translinguale und zugleich zutiefst transkulturelle Einheit von insulären Teilräumen und diese

---

[42] Vgl. hierzu ausführlich Ette, Ottmar: *TransArea. Eine literarische Globalisierungsgeschichte*. Berlin; Boston: de Gruyter 2012; sowie ders.: *Writing-Between-Worlds. TransArea Studies and the Literatures-without-a-fixed-Abode*. Translated by Vera M. Kutzinski. Berlin; Boston: de Gruyter 2016.

[43] Vgl. Braig, Marianne/Ette, Ottmar/Ingenschay, Dieter/Maihold, Günther (Hg.): *Grenzen der Macht – Macht der Grenzen. Lateinamerika im globalen Kontext*. Frankfurt a. M.: Vervuert 2005.

[44] Vgl. Birle, Peter/Braig, Marianne/Ette, Ottmar/Ingenschay, Dieter (Hg.): *Hemisphärische Konstruktionen der Amerikas*. Frankfurt a. M.: Vervuert 2006.

[45] Vgl. Ette, Ottmar/Pannewick, Friederike (Hg.): *ArabAmericas. Literary Entanglements of the American Hemisphere and the Arab World*. Frankfurt a. M./Madrid: Vervuert/Iberoamericana 2006.

umgebenden Festlandssäumen im Sinne eines circumkaribischen Raumes abgrenzen lässt.[46] Jede Insel bildet dabei ihre eigene Welt, mit ihrem Klima, ihrer Landwirtschaft, ihrer Sprache und Kultur; und komplementär zu dieser Insel-Welt ergibt sich zugleich aber auch eine Inselwelt, in der die Vielverbundenheit aller Inseln miteinander ebenso in archipelischer wie transarchipelischer Hinsicht entscheidend ist.

Ein transareales Verständnis dieser *Area* geht wesentlich davon aus, dass sich die Karibik nur begreifen lässt, wenn wir ihre historisch stark wandelbaren Beziehungen insbesondere zum Rest der amerikanischen Hemisphäre, zu verschiedenen Regionen Europas und Afrikas, zur arabischen Welt, zu Indien und zu China dynamisch miteinbeziehen. Dabei stehen die bislang noch immer vorwiegend disziplinär verankerten ‚Aufteilungen' der Karibik gemäß ihrer jeweiligen Zugehörigkeit zu europäischen Hegemonialmächten – traditionelle Ansätze, die keineswegs ausgeblendet, wohl aber neu perspektiviert werden müssen – einer relational-dynamischen Raumkonzeption der Karibik im Wege. Diese aber hat naturräumliche Bedingungen ebenso in ihr Konzept miteinzubeziehen wie multi-, inter- und transkulturelle Zusammenhänge innerhalb des dynamischen Rahmens einer Abfolge beschleunigter Globalisierungsprozesse. Auch hier steht das Präfix ‚trans' für die Querung von Räumen, Zeiten, Kulturen oder Praktiken.

Für die Systematik von Disziplinen ist in diesem Zusammenhang wichtig, dass ein in dieser Weise fundiertes Verständnis der *TransArea Studies* nicht länger zwischen einer vermeintlich ‚allgemeinen' beziehungsweise ‚systematischen' Theoriebildung, die in aller Regel sehr wohl auf der Untersuchung von Phänomenen fußt, welche aus bestimmten privilegierten Teilregionen oder *Areas* stammen, und Fragestellungen unterscheidet, die aus dem Bereich der ‚generellen' Theoriebildung einer Disziplin verbannt und an regionalwissenschaftliche Institutionen oder Teilbereiche delegiert werden.

Oft wird die sogenannte ‚Fernkompetenz' institutionell so missverstanden, dass darunter all jene Kompetenzen versammelt werden, die fern von den ‚eigentlichen' Mittelpunkten und angenommenen ‚Kernen' der jeweiligen Fächer liegen. So beruhen – um nur ein Beispiel herauszugreifen – die als wesentlich und grundsätzlich erachteten Ansätze der Literaturtheorie fast durchgängig auf der Kenntnis und der Analyse sehr weniger – und zumeist west- und mitteleuropäischer – Literaturen, während (mit Ausnahme der USA) die literaturtheoretische Produktion anderer *Areas* nicht in die ‚allgemeine' Theoriebildung eingeht.

Innerhalb eines globalisierten Theorie- und Forschungshorizontes ist eine derartige – zumeist unreflektiert bleibende – Trennung nicht länger tolerierbar: *TransArea Studies* hinterfragen daher die vorherrschenden Inklusions- und Exklusionsmechanismen auf wissenschaftstheoretischer Ebene und entwickeln disziplinäre und spatiale Konzepte, die sich weit weniger durch ihre territorialen Grenzziehungen als durch die Erfassung vektorieller Dimensionen – und damit jener Bewegungen, die Räume erst als solche konstituieren – charakterisieren. Es würde nicht

---

[46] Vgl. Ette, Ottmar (Hg.): *Caribbean(s) on the Move – Archipiélagos literarios del Caribe. A TransArea Symposium*. Frankfurt a. M.; New York; Oxford: Peter Lang 2008.

schwer fallen zu belegen, dass ein theoretisch fundiertes Verständnis dessen, was eine europäische Literatur ausmacht, jenseits lediglich additiver, einzelne Nationalliteraturen summierender Konzepte ohne einen transarealen Ansatz schlechterdings nicht möglich ist. Stets aber gilt: Der *spiritus rector* der *TransArea Studies* ist der *spiritus vector*.

Paris/Berlin

Doch kehren wir zu Humboldt und zu seinem Preußen zurück. Das von Alexander von Humboldt über sieben Jahrzehnte lang erarbeitete und ausgestaltete Wissenschaftskonzept war sowohl auf der Gegenstandsebene als auch auf der Analyseebene im oben skizzierten Sinne durchaus transareal strukturiert. Innerhalb der sich herausbildenden Humboldtschen Wissenschaft spielten Reisen – wie wir sahen – von Beginn an eine zentrale Rolle. Insbesondere die Ausdifferenzierung der Feldforschung, die schon im Rahmen der amerikanischen Forschungsreise vom deutsch-französischen Forscherteam Humboldt-Bonpland, aber auch später während der russisch-sibirischen Reise mit Rose und Ehrenberg auf höchst professionelle Weise durchgeführt wurde, spielte in der Praxis der *Humboldtian Science* eine entscheidende Rolle.

Denn Humboldts Forschungsprogramm vor Ort in Amerika oder Asien – und das damit einhergehende *Sammeln* von Gegenständen, Daten und Informationen – war auf ausgeklügelte Weise mit international renommierten *Sammlungen* von Artefakten, Belegen und Informationen in Museen, Bibliotheken und Archiven in Frankreich und Preußen wie auch in Spanien abgestimmt. Die in Übersee erfolgte Arbeit im Feld steckte in fundamentaler Weise das Feld der nachfolgenden Arbeiten in Europa ab.

Die Wissenschaftskonzeption Alexander von Humboldts lässt sich – wie gerade die kritische Überwindung einer enzyklopädisch geprägten und empirisch wenig fundierten Epistemologie des 18. Jahrhunderts belegte – ohne Reisen schlechterdings nicht vorstellen. Dies gilt nicht nur für die großen transkontinentalen Reisen in die amerikanische Hemisphäre und nach Asien, sondern auch für die kleinen und vermeintlich ‚unwichtigeren' Reisen, die Humboldt nach Holland und England, Böhmen oder Polen, Österreich oder die Schweiz, Italien oder Spanien führten.

Von zentraler Bedeutung aber waren für Humboldt – dies sollte nicht übersehen werden – die beständigen Bewegungen und Reisen zwischen Berlin und Paris, die 1790 mit dem spektakulären Besuch in der revolutionären französischen Hauptstadt begonnen hatten und mit einem letzten, sich zwischen Oktober 1847 und Januar 1848 sich erstreckenden Paris-Aufenthalt im diplomatischen Auftrag des preußischen Königs ihr Ende fanden. Erst als Humboldt physisch nicht mehr konnte, verzichtete der fast Achtzigjährige auf Reisen in die französische Hauptstadt.

Zweifellos war Paris mit seinen renommierten wissenschaftlichen Institutionen, seinen Archiven, Bibliotheken und Museen, seinen Verlagen und wissenschaftlichen Zirkeln, aber auch mit seinem literarischen und kulturellen Leben sowie mit seinen Salons als großes europäisches Zentrum für Humboldt der ideale Ort, um seine wissenschaftlichen Arbeiten voranzutreiben und jene sich beschleunigende Zirkulation von Wissen zu beobachten, die seine eigenen Arbeiten beflügelte. Zweifellos war die französische Sprache, deren sich Humboldt über Jahrzehnte bevorzugt bediente, ein ideales Werkzeug, um auf einer nicht nur nationalen, sondern auch weit über Europa hinausreichenden internationalen Bühne wahrgenommen werden zu können. Zweifellos gab es in Europa keinen besseren Ort als Paris, um die Vielzahl politischer und gesellschaftlicher wie wissenschaftlicher Revolutionen zu überblicken. Und zweifellos waren die Formen wissenschaftlicher wie allgemeiner Soziabilität, deren sich Humboldt in Paris erfreute, für den Preußen von unschätzbarem Wert mit Blick auf die dynamische Konzeption eines Weltbewusstseins, dessen Komplexität man in Paris sicherlich weitaus direkter und intensiver als in Berlin wahrnehmen konnte. Humboldt wusste, was er an seinem Paris hatte.

Und dennoch war die Entwicklung Alexander von Humboldts und seines Lebens-Werkes weniger mit einem bestimmten konkreten Ort als vielmehr mit einer Vektorizität verknüpft, die in all seinen Schriften beispielsweise in den Überlagerungen der unterschiedlichsten Orte und Landschaften zutage tritt. Für Humboldt selbst schien hinter einem Ort immer ein anderer auf, verwies ein Raum immer auf einen anderen. Quer zu den bis heute in ihren Dimensionen wie in ihren Ergebnissen erstaunlichen Reisen Humboldts zeigt sich eine oszillierende Bewegung, die kontinuierlich – über einen Zeitraum von nahezu sechs Jahrzehnten – Berlin und Potsdam mit Paris verband. Die Humboldtsche Wissenschaft bewegt sich nicht nur zwischen dem 18. und dem 19. Jahrhundert, zwischen der Alten und der Neuen Welt, zwischen der Epistemologie der *Encyclopédie* und der Epistemologie Darwins.[47] Sie entsteht vor allem auch aus den beständigen Bewegungen zwischen der deutschen und der französischen Sprache, zwischen der deutsch- und der französischsprachigen Wissenschaftslandschaft, zwischen Berlin und Paris.

Die beiden Hauptstädte stehen sich dabei nicht so sehr als Gegensätze gegenüber, die es miteinander zu vergleichen gilt, sondern lassen sich vielmehr als Bezugspunkte einer weitgespannten Relationalität begreifen, insofern beide Städte auch jeweils unterschiedliche Freundeskreise und wissenschaftliche Netzwerke sowie verschiedenartige Lebensstile und Denkstile verkörpern.

Der Name Paris steht nicht nur für eine Humboldt zeit seines Lebens faszinierende Stadt, sondern für ein Kreuzen, für eine bestimmte vektorielle Dimension und Potenzialität, die einen Ort wie die französische Hauptstadt auszeichnen. Das Humboldtsche Denken und die Humboldtsche Wissenschaft sind ohne dieses *croisement* zwischen Berlin und Paris, Paris und Berlin schlechterdings nicht vorstellbar. Es verschaffte Humboldt jene Beweglichkeit und jene Freiheit, welche die Voraussetzungen für seine demokratische, am Erreichen eines möglichst breiten Publikums ausgerichtete Wissenschaft bildeten.

Als Humboldt im Jahre 1790 ‚Sand für die Errichtung des Freiheitstempels karrte', schuf er folglich die Voraussetzungen für die Freiheit seiner Wissenschaft,

[47] Vgl. Gould, Stephen Jay: Church, Humboldt, and Darwin: The Tension and Harmony of Art and Science. In: Franklin Kelly et al. (Hg.), Frederic Edwin Church, Washington D.C.: National Gallery of Art and the Smithsonian Institution Press 1989, S. 94–107.

seines Denkens, seines eigenen Lebens. Er sah die Französische Revolution und die Erklärung der Menschenrechte als die Grundlage jeden Zusammenlebens im weltweiten Maßstab an und erblickte zugleich in den Revolutionen der Gesellschaft wie der Wissenschaft ebenso in Europa wie in den Amerikas jene Impulsgeber, die eine freiere Gesellschaft heraufführen würden. Dass sich sein eigenes Leben zum größten Teil jenseits aller gesellschaftlichen (wenn auch nicht wissenschaftlichen) Revolutionen abspielte, mag zu den Paradoxa seines Lebens und – wie der Briefwechsel mit Karl August Varnhagen von Ense zeigt –den Widrigkeiten einer Existenz zählen, die sich mit den Verhältnissen zu arrangieren wusste, ohne je die Ideale und Hoffnungen auf eine bessere, offenere Gesellschaft fahren zu lassen. So überrascht es nicht, dass er sich noch im Alter selbst als einen ‚trikoloren Lappen' bezeichnete.

Heinrich von Kleist: Saint-Domingue und die Haitianische Revolution

Vom Zusammenbruch des Zusammenlebens

Die Macht, ja Gewalt, die von Heinrich von Kleists (1777–1811) Texten auszugehen pflegt, beginnt nicht selten mit dem Titel. So auch im Falle jenes Erzähltextes, der wie kein anderer aus der Feder Kleists die Frage nach den Formen und Normen weltweiten Zusammenlebens stellt. Denn bereits mit diesem paratextuellen Element der ‚Schwelle'[1] setzt jenes eigentümliche Oszillieren ein, das die Gesamtheit einer Erzählung durchzieht, die erstmals in der Berliner Zeitschrift *Der Freimüthige* als Fortsetzungsgeschichte in den Ausgaben zwischen dem 25. März und dem 5. April des Jahres 1811 unter dem Titel ‚Die Verlobung' erschien.

Bereits die ursprüngliche Titelgebung wirft Fragen auf. Denn um eine Verlobung geht es in diesem semantisch ungeheuer verdichteten Text zumindest auf den ersten Blick nicht: Eine Verlobung im eigentlichen Sinne als Ankündigung eines gemeinsamen Willens zur künftigen Eheschließung, die – wie Roland Reuß zurecht bemerkt hat – „ohne Einbeziehung von Öffentlichkeit undenkbar ist,"[2] findet im gesamten Erzähltext bekanntlich nicht statt. Heinrich von Kleist, der seine eigene Verlobung mit der Generalstochter Wilhelmine von Zenge 1802 in schroffer Form und aus der Ferne aufgekündigt hatte, war dies gewiss bewusst. Der Text selbst unterstreicht diese Tatsache recht unverblümt[3] und macht damit auf seine eigene

[1] Vgl. Genette, Gérard: *Seuils*. Paris: Seuil 1987.

[2] Reuß, Roland: ‚Die Verlobung in St. Domingo' – eine Einführung in Kleists Erzählen. In: *Berliner Kleist-Blätter* (Basel) 1 (1988), S. 6. Dieser Aufsatz findet sich in der im Folgenden unter der Sigle V direkt im Text zitierten Ausgabe von Kleist, Heinrich von: *Die Verlobung in St. Domingo*. Hg. von Roland Reuß in Zusammenarbeit mit Peter Staengle. In (ders.): *Sämtliche Werke. Berliner Ausgabe*. Hg. von Roland Reuß und Peter Staengle. Bd. II/4. Basel/Frankfurt a. M.: Stroemfeld – Roter Stern 1988.

[3] Vgl. Reuß, Roland: ‚Die Verlobung in St. Domingo' – eine Einführung in Kleists Erzählen, S. 6.

O. Ette, *Mobile Preußen*, https://doi.org/10.1007/978-3-476-04854-7_5

immanente Poetik aufmerksam: Diese steht von Anfang an im Zeichen einer Täuschung und *Verstellung* des Sinns.[4]

Doch damit nicht genug. Als der Erzähltext (nach einer weiteren, im Juni erfolgten Veröffentlichung als Fortsetzungsgeschichte in der Wiener Zeitschrift *Der Sammler*) im August 1811 im Berliner Verlag der Realschulbuchhandlung als Eröffnungstext des zweiten Bandes von Kleists *Erzählungen* erstmals in Buchform publiziert wurde, erweiterte ihr Verfasser die Titelwendung zu ihrer endgültigen Form: *Die Verlobung in St. Domingo*. Diese scheinbar nur räumlich verortende Hinzufügung, die man gemeinhin in Forschung wie breiterer Öffentlichkeit ‚in Santo Domingo' auszusprechen pflegt, deutet auf eine weitere Täuschung und Verstellung des Sinnes, der doch so evident zu sein scheint.

Denn die Abkürzung ‚St.', die im Deutschen wie im Französischen gebräuchlich ist, kürzt nicht das spanische ‚Santo' (Sto.) ab, was im Zusammenhang der Erzählung auch wenig Sinn machen würde, sondern verweist zurück auf den Namen der französischen Kolonie *Saint-Domingue*, jene ‚Perle der Karibik', die über weite Strecken des 18. Jahrhunderts mit guten Gründen als die reichste und für ihre Herren wie ihr Mutterland ertragreichste Kolonie nicht nur der ‚Neuen', sondern der gesamten Welt galt. Saint-Domingue war der Inbegriff einer auf Sklavenwirtschaft und Sklavenausbeutung beruhenden Kolonie schlechthin.

Die von Kleist nachträglich hinzugesetzte Ortsbezeichnung ist folglich eine Hybridbildung, die man als ‚Sankt Domingo', der Diegese aber wohl angemessener als ‚Saint Domingo' aussprechen sollte, eine Form, durch welche die doppelte Zugehörigkeit der gesamten Insel in ihrem wirtschaftlich extrem intensiv genutzten Westteil zum französischen, in ihrem größeren und extensiver genutzten Ostteil zum spanischen Kolonialsystem perfekt zur Geltung kommt. Der Titel, dies zeigt sich bereits an dieser Stelle, hat es durchaus in sich und baut ein oszillierendes Spannungsfeld auf.

Die Insel, die von Christoph Columbus im Spätjahr 1492 in einem europäischen Akt der Koppelung von Namensgebung und Besitzergreifung auf den Namen ‚Española' getauft wurde und unter der Bezeichnung ‚Hispaniola'[5] in die Nomenklaturen geographischer Lehrwerke und Atlanten einging, ist folglich eine am Ausgang des 18. Jahrhunderts noch immer zwischen zwei europäischen Kolonialmächten aufgeteilte ‚Doppel-Insel', worauf bereits in den ersten Zeilen der Erzählung aufmerksam gemacht wird. Dort ist freilich die Rede von „dem französischen Antheil der Insel St. Domingo" (V 7), womit die wie stets bei Kleist raffiniert gestaltete Erzählerfigur ihre Leserschaft zum einen korrekt auf die Teilung der großen Antillen-Insel hinweist, zum anderen aber offenkundig in bewusster Täuschung von

---

[4] Auf die paradoxe Einheit von Leben und Werk Heinrich von Kleists sowie auf „subtile Strategien der Verstellung" hat gleich zu Beginn seiner Biographie hingewiesen Amann, Wilhelm: *Heinrich von Kleist. Leben – Werk – Wirkung*. Berlin: Suhrkamp 2011, S. 8.

[5] Zur Geschichte der Entdeckung und Kolonisierung der Insel Hispaniola vgl. Bernecker, Walther L.: *Kleine Geschichte Haitis*. Unter Mitarbeit von Sören Brinkmann und Patrick Ernst. Frankfurt a. M.: Suhrkamp 1994, S. 11–22.

einer Insel namens „St. Domingo" spricht, die es als solche – wie wir sahen – gar nicht gibt. Eine bloße Unachtsamkeit oder Gedankenlosigkeit Kleists?

Wohl kaum. Die mit dem zweiten Bestandteil des Titels identische Formulierung im Erzähltext weist uns auf eine semantische Verstellung, die in der Kombinatorik zweier Sprachen und zweier Herrschaftstraditionen ein semantisches Oszillieren in Gang setzt, das zuallererst auf ein Drittes, Abwesendes aufmerksam macht: auf den auf indigene Wurzeln zurückgehenden präkolumbischen Namen Haiti, der mit der erkämpften Unabhängigkeit und dem Triumph der Haitianischen Revolution im Jahre 1804 auf der politischen Landkarte wieder erschien.

So griffen die von Frankreich, der eigentlichen Führungsmacht der zweiten Phase beschleunigter Globalisierung, in die Karibik deportierten Sklaven auf jenen Namen zurück, den die von den Spaniern, der dominanten Führungsmacht der ersten Phase beschleunigter Globalisierung, ausgelöschte indigene Bevölkerung ihrer Insel einst gegeben hatte. Die schwarzen Sklaven knüpften damit an die gewaltsam unterdrückte präkolumbische Tradition der auf der Insel ursprünglich heimischen indigenen Bevölkerung an, deren ausfallende Arbeitskraft sie im spanischen Kolonialsystem seit Beginn des 16. Jahrhunderts gleichsam als ‚importierte Ureinwohner' ersetzten. Im hybriden Titel dieser im historischen Kontext der Haitianischen Revolution angesiedelten Erzählung[6] sind Spanien wie Frankreich sprachlich mithin höchst präsent. Man könnte mit Blick auf die Lexik von einem dreisprachigen Titel sprechen.

In diesem hintergründigen Spiel mit dem Inselnamen, das ein Spiel der Täuschung und einer vom Text selbst signalisierten Verstellung ist, werden nicht nur unterschiedliche Sprachen und Bedeutungstraditionen, sondern auch zwei historische Epochen zusammengeführt, die wir als die *erste*, mit dem Jahre 1492 ihren frühen Höhepunkt erreichende Phase beschleunigter Globalisierung – in deren Verlauf die iberischen Mächte Spanien und Portugal sich weite Teile des amerikanischen Kontinents aneigneten – und als die *zweite* Phase beschleunigter Globalisierung bezeichnen dürfen, wobei die letztgenannte in der zweiten Hälfte des 18. Jahrhunderts ganz im Zeichen der Kolonialmächte Frankreich und England stand.[7] Infolge dieses nicht allein politischen und ökonomischen, sondern auch sozialen und kulturellen Prozesses war die Karibik – und darin an erster Stelle das französische Saint-Domingue – zum weltweit am stärksten verdichteten Raum einer von Europa ausgehenden Globalisierung geworden, die alle Bereiche des Lebens wie des Zusammenlebens in diesem geostrategisch zentralen Teil der amerikanischen Hemisphäre erfasste.

---

[6] Zu der sich von Kleist herleitenden Textfiliation vgl. Uerlings, Herbert: Die Haitianische Revolution in der deutschen Literatur: H.v. Kleist – A.G.F. Rebmann – A. Seghers – H. Müller. In: *Jahrbuch für Geschichte von Staat, Wirtschaft und Gesellschaft Lateinamerikas* 28 (1991), S. 343–389; sowie (ders.): Preussen in Haiti? Zur interkulturellen Begegnung in Kleists ‚Verlobung in St. Domingo'. In: *Kleist-Jahrbuch* (1991), S. 185–201.

[7] Vgl. zu einer ersten Ausarbeitung dieser Periodisierung Ette, Ottmar: *Weltbewußtsein. Alexander von Humboldt und das unvollendete Projekt einer anderen Moderne.* Weilerswist: Velbrück Wissenschaft 2002, S. 26 f.; sowie (ders.): Wege des Wissens. Fünf Thesen zum Weltbewusstsein und den Literaturen der Welt. In: Hofmann, Sabine/Wehrheim, Monika (Hg.): *Lateinamerika. Orte und Ordnungen des Wissens. Festschrift für Birgit Scharlau.* Tübingen: Gunter Narr 2004, S. 169–184.

In der von Kleist gewählten Wendung *St. Domingo* werden diese beiden Phasen europäischer Expansion auf die vielleicht kürzeste und verdichtetste Weise nicht nur zusammengefügt, sondern auch zusammengefasst und zusammengedacht. Es ist offenkundig: Der Titel *Die Verlobung in St. Domingo* lässt sich als ein Titelfraktal verstehen, insofern in dieser Formel – die im Hinweis auf den Heiligen und in der Hervorhebung des *St.* zugleich eine Dimension der Transzendenz eröffnet – eine ungeheure semantische Verdichtung, eine historische Zusammenschiebung sowie die immanente Poetik der gesamten Erzählung zum Ausdruck kommen. Im Grunde blendet Heinrich von Kleist von Beginn seiner Erzählung an in miniaturisierter Form die gesamte Geschichte der europäischen Kolonisierung ein.

Auf diese Tatsache macht bereits die beobachtete enge Verzahnung von Titel und *incipit* des Kleist'schen Erzähltextes aufmerksam, wie sie sich in den nicht anders als spektakulär zu nennenden Auftaktsätzen äußert:

> Zu Port au Prince, auf dem französischen Antheil der Insel St. Domingo, lebte, zu Anfange dieses Jahrhunderts, als die Schwarzen die Weißen ermordeten, auf der Pflanzung des Hrn. Guillaume von Villeneuve, ein fürchterlicher alter Neger, Namens Congo Hoango. Dieser von der Goldküste von Afrika herstammende Mensch, der in seiner Jugend von treuer und rechtschaffener Gemüthsart schien, war von seinem Herrn, weil er ihm einst auf einer Überfahrt nach Cuba das Leben gerettet hatte, mit unendlichen Wohlthaten überhäuft worden. Nicht nur, daß Hr. Guillaume ihm auf der Stelle seine Freiheit schenkte, und ihm, bei seiner Rückkehr nach St. Domingo, Haus und Hof anwies; er machte ihn sogar, einige Jahre darauf, gegen die Gewohnheit des Landes, zum Aufseher seiner beträchtlichen Besitzung, und legte ihm, weil er nicht wieder heirathen wollte, an Weibes Statt eine alte Mulattinn, Namens Babekan, aus seiner Pflanzung bei, mit welcher er durch seine erste verstorbene Frau weitläufig verwandt war. Ja, als der Neger sein sechzigstes Jahr erreicht hatte, setzte er ihn mit einem ansehnlichen Gehalt in den Ruhestand und krönte seine Wohlthaten noch damit, daß er ihm in seinem Vermächtniß sogar ein Legat auswarf; und doch konnten alle diese Beweise von Dankbarkeit Hrn. Villeneuve vor der Wuth dieses grimmigen Menschen nicht schützen. (V 7 f)

Bereits der erste Satz von Kleists Meistererzählung blendet eine räumliche und zeitliche Situierung und Kontextualisierung ein, in der – für das Schaffen des in Frankfurt an der Oder geborenen Autors außergewöhnlich – die nur wenige Jahre zurückliegenden Ereignisse der Haitianischen Revolution als unmittelbarer historischer und geographischer Referenzrahmen dienen. Die Erzählerstimme, die wir nicht – wie immer wieder zu beobachten – mit dem realen textexternen Autor verwechseln dürfen, nimmt in diesem *incipit* eine unübersehbar parteiische Position insofern ein, als Aufstand und Revolution gegen das auf Sklaverei basierende Plantagensystem als ein Zeit- und Konflikt-Raum in Szene gesetzt werden, in dem schlicht „die Schwarzen die Weißen" ermordet hätten (V 7).[8] Diese als solche deutlich markierte anfängliche Schwarzweiß-Aufnahme präsentiert damit die komplexe historische Situation als die eines Rassenkrieges, in welchem die Weißen zu Opfern der Schwarzen geworden seien.

---

[8] Zur Frage nach dem Rassismus Kleists vgl. Loster-Schneider, Gudrun: Toni, Babekan und Homi Bhabha? Zu Problemen kultureller und ästhetischer Hybridisierung in Heinrich von Kleists ‚Die Verlobung in St. Domingo'. In: Lüsebrink, Hans-Jürgen (Hg.): *Das Europa der Aufklärung und die außereuropäische koloniale Welt.* Göttingen. Wallstein 2006, S. 231; dort finden sich auch zahlreiche weiterführende bibliographische Angaben.

Kein Zweifel: Der historische Hintergrund lässt sich als größter anzunehmender Unfall des Zusammenlebens bezeichnen, wobei ganz selbstverständlich davon auszugehen ist, dass der zuvor herrschende Zustand der Konvivenz auf einer extremen kolonialen Ausbeutung und brutalen Unterdrückung beruhte, wie sie die europäischen Herrschaftssysteme seit Beginn der ersten Globalisierungsphase charakterisierten. Das revolutionäre Frankreich reagierte auf die nicht weniger revolutionären Entwicklungen in seiner Kolonie mit ständig neuen Kurswechseln und Dekreten. Als der an die Macht gekommene Napoleon schließlich versuchte, mit der Entsendung einer von General Leclerc befehligten und am 1. Februar 1802 in Saint-Domingue gelandeten Expeditionsarmee unter massivstem Einsatz französischer Truppen die reiche Kolonie für Frankreich zurückzuerobern und die Sklaverei wiedereinzuführen, setzten sich die Revolutionäre hartnäckig und entschlossen zur Wehr: Die letzte Phase des an überraschenden Wendungen reichen Unabhängigkeitskampfes des künftigen Haiti begann.[9]

Nicht umsonst ist in den Formulierungen des *incipit* von der Grausamkeit der napoleonischen Truppen, die rücksichtslos gegen die Aufständischen vorgingen und diese gnadenlos massakrierten, nicht im Mindesten die Rede. Als ein an den Weißen verübtes Blutbad, ja als gefährlich auflodernder ‚Weltbrand' erschien in der zeitgenössischen europäischen Presse jener ‚Negeraufstand', der als die erste erfolgreiche Sklavenrevolution in die Weltgeschichte eingehen und das erste politisch unabhängige Land des entstehenden ‚Lateinamerika' – diese Bezeichnung findet sich erst seit Mitte des 19. Jahrhunderts[10] – bilden sollte. Die ‚Negersklaven von Haiti' hatten, wie man mit Hans Christoph Buch formulieren könnte, ‚Robespierre beim Wort' genommen[11] und sich ihre eigene Unabhängigkeit im Zeichen erhoffter *Liberté*, *Egalité* und *Fraternité* erkämpft. Wie viele seiner Zeitgenossen war Heinrich von Kleist – wie noch genauer erläutert werden soll – mit den Ereignissen auf der Insel Hispaniola selbstverständlich bestens vertraut.

Koloniale Inselwelten

Auch wenn die Haitianische Revolution über lange Zeit hinweg, bis in unsere Gegenwart, kaum einmal Eingang fand in die Entfaltung westlicher Revolutionstheorien,[12] wurden die oft als ‚Empörung' abqualifizierten Ereignisse aus Hispaniola

[9] Vgl. hierzu auch Nesbitt, Nick: The Haitian Revolution and the Globalization of the Radical Enlightenment. In: Ette, Ottmar (Hg.): *Caribbean(s) on the Move – Archipiélagos literarios del Caribe. A TransArea Symposium.* Frankfurt a. M./New York/Oxford: Peter Lang 2008, S. 40–59.

[10] Vgl. hierzu Jurt, Joseph: Entstehung und Entwicklung der Lateinamerika-Idee. In: *Lendemains* (Köln) 27 (1982), S. 17–26.

[11] Buch, Hans Christoph: *Die Scheidung von San Domingo. Wie die Negersklaven von Haiti Robespierre beim Wort nahmen.* Berlin: Klaus Wagenbach 1976.

[12] Vgl. hierzu Müller, Gesine: *Die koloniale Karibik zwischen Bipolarität und Multirelationalität. Transferprozesse in hispanophonen und frankophonen Literaturen.* Habilitationsschrift an der Philosophischen Fakultät der Universität Potsdam, Potsdam 2011, S. 128 f. Der ‚Fall Haiti' ist mit Blick auf die vorherrschende westliche Revolutionstheorie mehr als problematisch: In ihrem Grundlagenwerk *On Revolution* (New York: The Viking Press 1963) verzichtete Hannah Arendt

doch rasch zu einem Paradigma[13] und zum Ausnahmefall einer Katastrophe, die nicht nur im karibischen Raum, sondern auch in den kolonialen Mutterländern Europas bei den Weißen Furcht und Schrecken auslöste. Die „Geburt Haitis"[14] war ein überaus vielschichtiger, zugleich aber notwendig gewaltsamer Prozess, der in Europa, aber auch in den Nachbarkolonien der Karibik in blutroten Farben dargestellt wurde, mussten die weißen Herrschaftseliten doch befürchten, ähnlich wie in Saint-Domingue von einer zahlenmäßig überlegenen Bevölkerung schwarzer Sklaven hinweggefegt und bestenfalls ins Exil gezwungen zu werden.

Es erscheint vor diesem Hintergrund als folgerichtig, wenn Kleists Erzähler eine derartige Sichtweise als verbreitete Meinung gleichsam voraussetzt, um daraus ein Schreckensbild eines urplötzlich implodierenden, zusammenbrechenden Zusammenlebens zu zeichnen. *Die Verlobung in St. Domingo* erzählt aus großer zeitlicher Nähe vom Kollaps der Konvivenz im kolonialen Kontext, die – wie betont – auf den Regeln eines gnadenlos funktionierenden Kastenwesens beruhte. Leben, Erleben und erhofftes Überleben einer kleinen Gruppe Weißer, die sich nach Port-au-Prince durchzuschlagen versucht, stehen dabei im Vordergrund der literarischen Darstellung. Wenden wir uns hier also den entscheidenden Handlungselementen der Kleistschen Erzählung zu.

So signalisiert schon das erste Verb der Erzählung („lebte") die entscheidende Bedeutungsebene des Lebens und der Konvivenz, die ja in aller Deutlichkeit auch in die höchst durchdachte Titelgebung eingeflossen ist. Denn was könnte eine Verlobung anderes sein als das formalisierte Versprechen auf ein künftig gemeinsam angestrebtes Zusammenleben? Auf die prospektive Dimension des Lexems Verlobung wie auf die Perspektivik des Künftigen wird in diesem Zusammenhang noch wiederholt zurückzukommen sein.

Wenn also die Isotopie des Lebens und der Konvivenz geradezu unübersehbar – und doch in aller Regel übersehen – Titel und Auftakt von *Die Verlobung in St. Domingo* dominiert, so geschieht dies nicht, ohne dass auch die Herrschaftsverhältnisse zwischen den Herren und den Sklaven in aller Eindrücklichkeit vorgeführt werden würden. Auch hier bedient sich die Erzählerfigur eines erzählerischen Kunstgriffs, insofern die bei einem europäischen Lesepublikum zu erwartende Einschätzung der kolonialen Hierarchie und Asymmetrie in den Text als gleichsam

---

selbst auf eine Erwähnung Haitis. Kolonialismus und Sklaverei sind über lange Zeiträume in der Theorie der Moderne – und speziell auch in der Revolutionstheorie – lediglich als Randphänomene oder gar als Störfaktoren aufgefasst worden (vgl. hierzu Fischer, Sibylle: *Modernity Disavowed. Haiti and the Cultures of Slavery in the Age of Revolution.* Durham/London: Duke University Press 2004, S. 8 f.). Eine wissenschaftliche Hinwendung zur Haitianischen Revolution ist in jüngster Zeit unverkennbar; vgl. hierzu u. a. Bongie, Chris: *Friends and Enemies. The Scribal Politics of Post/Colonial Literature.* Liverpool: Liverpool University Press 2008.

[13] Vgl. u. a. Bremer, Thomas: Haiti como paradigma. La emancipación de los esclavos en el Caribe y la literatura europea. In: López de Abiada, J.M./Peñate Rivero, J. (Hg.): *Perspectivas de comprensión y explicación de la narrativa latinoamericana. Grandes Seminarios de Travers.* Bellinzona: Ed. Casagrande 1982, S. 43–66. Auf die außerordentliche Präsenz der Ereignisse auf Saint-Domingue sowie der Unabhängigkeit Haitis gerade auch im deutschsprachigen Raum etwa rund um die Zeitschrift *Minerva* machte ausführlich aufmerksam Buck-Morss, Susan: Hegel and Haiti. In: *Critical Inquiry* (Chicago) 26 (Summer 2000), S. 821–865.

[14] Bernecker, Walther L.: *Kleine Geschichte Haitis*, S. 37.

,selbstverständliche' Setzung miteingegeben wird. Denn Guillaume *von* Villeneuve – auch hier handelt es sich wiederum um eine zweisprachige Namensgebung – wird in mehrfacher Wiederholung als Herr tituliert, während ein „fürchterlicher alter Neger, Namens Congo Hoango" (V 7) keinerlei Anspruch auf eine respektvolle Anrede und Titulierung besitzt. Die Makrohistorie ist bis in die letzten Verästelungen der Erzählung sprachlich übersetzt.

Auch im Falle Congo Hoangos ist die von Kleist gewählte Namensgebung aufschlussreich, handelt es sich bei diesem Schwarzen doch nicht um einen auf Hispaniola geborenen Sklaven, sondern um einen aus Afrika deportierten „Mensch", in dessen Namen zwei Flüsse, der Congo und der Huang-he, also ein afrikanischer und ein asiatischer Strom, in einem Doppelnamen zusammenfließen. Dabei blendet die chinesische Bezeichnung für den ,Gelben Fluss' versteckt – wenn auch für die Benutzer zeitgenössischer Nachschlagewerke erkennbar[15] – erstmals die Farbe ,Gelb' in den Text ein. In das mit der Namensgebung ,Congo' aufgerufene Schwarze mischt sich hier auf hintergründige Weise das Gelbe als ein Drittes, das sich in dem von Kleists Erzählung bald schon explizit in Gang gesetzten Farbenspiel zwischen dem Weißen und dem Schwarzen platziert.

Congo Hoango wird uns in der Folge zunächst als Lebensretter seines französischen Besitzers und unmittelbar danach als Mörder desselben Herrn von Villeneuve vorgestellt. Dass Kleist die Rettung des Herrn durch seinen Sklaven ausgerechnet bei einer Überfahrt nach Cuba geschehen lässt, also genau jenem *Über*setzen zwischen den beiden Großen Antillen, das den späteren Fluchtweg der Pflanzeraristokratie Saint-Domingues auf die Nachbarinsel vorwegnimmt, ist keineswegs dem Zufall zu verdanken. Denn diese vektorielle Bahnung oder Einschreibung des künftigen Exodus der Vertreter einer hinweggefegten Herrschaftsstruktur über*setzt* die Leben rettende Aktion des Schwarzen wenig später in ein Tod bringendes Handeln, indem Villeneuve und seiner Familie keine Chance mehr gegeben wird, auf demselben Weg die rettende Flucht auf die Nachbarinsel Cuba anzutreten.

Die archipelische Vielverbundenheit der kolonialen Karibik erscheint bereits auf der Ebene des Personals der Kleist'schen Erzählung in aller Deutlichkeit: So ist die Mulattin Babekan von einem Weißen in Santiago de Cuba gezeugt (V 20); ihre Tochter Toni erblickt in Europa das Licht der Welt; Congo Hoango wurde aus Afrika deportiert; Villeneuve kommt aus Frankreich; Gustav oder Strömli stammen aus der Schweiz – die Reihe ließe sich leicht fortsetzen. Diese Vielverbundenheit jedoch wird in der Haitianischen Revolution mit nicht nur wirtschaftlich weitreichenden Folgen unterbrochen: Die *Inselwelt* wird tendenziell zu einer *Insel-Welt.*[16] Als solche führt uns der Kleist'sche Erzähler die ,Insel' St. Domingo auch vor.

---

[15] Vgl. hierzu das Zitat aus Zedlers *Großem Vollständigen Universallexicon aller Wissenschaften und Künste* in Reuß, Roland: ,Die Verlobung in St. Domingo' – eine Einführung in Kleists Erzählen, S. 18.

[16] Vgl. hierzu Ette, Ottmar: Von Inseln, Grenzen und Vektoren. Versuch über die fraktale Inselwelt der Karibik. In: Braig, Marianne/Ette, Ottmar/Ingenschay, Dieter/Maihold, Günther (Hg.): *Grenzen der Macht – Macht der Grenzen. Lateinamerika im globalen Kontext.* Frankfurt a. M.: Vervuert 2005, S. 135–180.

Werden sie auch affirmativ vom Erzähler vorgetragen, so sind die „Wohlthaten" des Herrn von Villeneuve doch Gunstbeweise eines Sklavenhalters, die dem System einer extrem profitorientierten Sklavenwirtschaft, für das die französische Zuckerkolonie Saint-Domingue paradigmatisch stand, ein menschlicheres Antlitz zu geben suchten. Nicht zufällig sollten es gerade die französischen Zuckeroligarchen aus Saint-Domingue sein, die nach ihrer Flucht auf die Nachbarinsel schon bald das in spanischem Besitz befindliche Cuba in den weltweit größten Zuckerproduzenten verwandelten, nicht ohne dabei maßgeblich dafür zu sorgen, dass die ‚Einfuhr' schwarzer Sklaven für den Anbau von Zuckerrohr und Kaffee sich binnen weniger Jahrzehnte vervielfachte und neue Techniken der Ausbeutung – die man wohl nur im Zeichen einer zynischen Vernunft als ‚Modernisierung' bezeichnen kann – implementiert wurden.[17] So setzte das *know-how* der Führungsmacht der zweiten Phase beschleunigter Globalisierung ins Kolonialreich Spaniens über, eine Tatsache, ohne welche die Ausnahmestellung Cubas im 19. Jahrhundert – ebenso hinsichtlich des beobachtbaren wirtschaftlichen Aufstiegs wie des Verbleibs der Insel im spanischen Kolonialbesitz – kaum adäquat zu verstehen ist.

Daher nimmt die von Kleist eingeblendete Überfahrt nach Cuba eine historische Entwicklung vorweg, die 1811, also wenige Jahre nach der Unabhängigkeit Haitis, bereits in ihren Folgen deutlich absehbar war. Die in die Erzählung eingeflochtene Freilassung von Congo Hoango verwandelte zugleich den schwarzen Sklaven auf Geheiß seines Herrn in einen Aufseher, der selbstverständlich auch die Sklaven seines Herren zu ‚beaufsichtigen' hatte, Aufgaben also, die ihn in eine Position zwischen seinem Herrn und den ihm untergeordneten Sklaven einrückten, wobei die von Villeneuve geschaffene Verbindung mit der Mulattin Babekan diese Zwischenstellung zusätzlich in eine soziokulturell verankerte Skala der Hautfarben zwischen schwarz und weiß übersetzte. Congo Hoango ist kein einfacher schwarzer Sklave: Er ist es im Kolonialsystem von Saint-Domingue als *dominé dominant* gewohnt, selbst Befehle und Anordnungen zu erteilen.

Der freigelassene Sklave aber dankte es der Dankbarkeit seines Herren nicht, sondern jagte – in der Abfolge all jener politischen Ereignisse, welche durch die „unbesonnenen Schritte des National-Convents" erst ausgelöst worden seien – „seinem Herrn die Kugel durch den Kopf", wohlgemerkt: „eingedenk der Tyrannei, die ihm seinem Vaterlande entrissen hatte" (V 8). Der Herr wird in diesem Sinne als Repräsentant eines ebenso tyrannischen wie lukrativen Systems transatlantischen Sklavenhandels gerichtet, das sich im Kontext der zweiten Phase beschleunigter Globalisierung sehr stark weiterentwickelt und die intensivsten und menschenverachtendsten Formen der Ausbeutung des Menschen durch den Menschen noch ‚modernisiert' und damit auf die Spitze getrieben hatte. Villeneuve stirbt als Repräsentant eines weltweit agierenden französischen Kolonialsystems, das zeitgenössisch nur noch vom britischen *Empire* übertroffen wurde.

[17] Zur Entwicklung von Sklavenwirtschaft und Zuckerproduktion an der Wende vom 18. zum 19. Jahrhundert in Cuba vgl. die klassische Studie von Moreno Fraginals, Manuel: *El Ingenio. El complejo económico social cubano del azúcar.* Bd. 1: 1760–1860. La Habana: Comisión Nacional Cubana de la UNESCO 1964.

Vergessen wir an dieser Stelle nicht, wie sehr sich Heinrich von Kleist in einem Brief an Rühle von Lilienstern im Dezember 1805 darüber empört hatte, wie „aus dem ganzen cultivierten Theil von Europa ein einziges großes System von Reichen“[18] in Entstehung begriffen sei, das sich unter der Führung Napoleons – der sich im Dezember 1804 selbst die Kaiserkrone aufsetzte – in völliger Abhängigkeit befinde. Und nicht umsonst endete dieser Brief mit der Hoffnung auf einen Tyrannenmord in Formulierungen, die der Rede von der Tyrannei des Sklavenhandels in *Die Verlobung in St. Domingo* sehr nahe kommen: „Warum sich nur nicht Einer findet, der diesem bösen Geiste der Welt die Kugel durch den Kopf jagt.“[19]

Vor dem Hintergrund dieses in seiner ganzen Brutalität am eigenen Körper erlebten Systems war für Congo Hoango an ein friedliches Zusammenleben mit den Weißen nicht länger zu denken:

> [...] er steckte das Haus, worein die Gemahlin desselben mit ihren drei Kindern und den übrigen Weißen der Niederlassung sich geflüchtet hatte, in Brand, verwüstete die ganze Pflanzung, worauf die Erben, die in Port au Prince wohnten, hätten Anspruch machen können, und zog, als sämmtliche zur Besitzung gehörige Etablissements der Erde gleich gemacht waren, mit den Negern, die er versammelt und bewaffnet hatte, in der Nachbarschaft umher, um seinen Mitbrüdern in dem Kampfe gegen die Weißen beizustehen. (V 8 f)

So werden etwa in der Rede von der Tyrannei in und unter der Stimme des Erzählers in *Die Verlobung in St. Domingo* schon auf den ersten Seiten andere Stimmen hörbar, die nicht nur von dem Mord der Schwarzen an den Weißen, sondern auch von der Tyrannei eines global agierenden und auf Sklaverei basierenden Wirtschaftssystems der Zuckerrohrplantagen berichten. Zu diesen zeitgenössischen Stimmen gehörte auch ein weitgereister preußischer Landsmann Heinrich von Kleists, der anders als dieser zwar Frankreich nicht ablehnend gegenüberstand, wohl aber tiefgreifende Zweifel an dem immer rücksichtsloser ‚modernisierten‘ Kolonialsystem und dessen Sklavenwirtschaft äußerte.

Haiti als Herausforderung und Paradigma

Heinrich von Kleist war sicherlich mit Aspekten jenes sogenannten ‚Disputs um die Neue Welt‘[20] vertraut, der von den 1768 und 1769 in Berlin veröffentlichten *Recherches philosophiques sur les Américains* des Cornelius de Pauw ausgegangen war und einen ersten Höhepunkt mit der ‚Berliner Debatte‘ erreichte, welche sich an Antoine-Joseph Pernetys an der Berliner Akademie gehaltenen und gegen de Pauw

---

[18] Kleist, Heinrich von: *Sämtliche Werke und Briefe in vier Bänden*. Hg. von Ilse-Marie Barth, Klaus Müller-Salget, Stefan Ormanus und Hinrich C. Seeba. Bd. IV. Frankfurt a. M.: Deutscher Klassiker Verlag 1987 ff., S. 352.

[19] Ebd.

[20] Vgl. hierzu das Standardwerk von Gerbi, Antonello: *La Disputa del Nuovo Mondo. Storia di una Polemica: 1750–1900*. Nuova edizione a cura di Sandro Gerbi. Milano/Napoli: Riccardo Ricciardi Editore 1983. Vgl. Hierzu auch das zweite und vor allem dritte Kapitel im vorliegenden Buch.

gerichteten Vortrag vom 7. September 1769 entzündete.[21] Noch in Hegels Vorlesungen über die Weltgeschichte klingen lange Jahrzehnte später die Auseinandersetzungen nach, die nicht allein zwischen europäischen, sondern gerade zwischen neuweltlichen und altweltlichen Philosophen über Jahrzehnte ausgetragen wurden. Auch in *Die Verlobung in St. Domingo* lassen sich deutliche Spuren dieser bisweilen hitzig geführten Debatten und ihrer Ergebnisse finden.

Expliziter freilich sind aus diegetischen Gründen in diesem Erzähltext die politischen Debatten in Frankreich konturiert. Der bereits erwähnte Hinweis des Erzählers auf die „unbesonnenen Schritte des National-Convents" (V 8) verweist über die singulären Debatten und Dekrete der verschiedenen durch die Französische Revolution geschaffenen Verfassungsorgane hinaus auf die politischen Auseinandersetzungen in Paris, die von größter Bedeutung für die administrativen Rahmenbedingungen einer Konvivenz der unterschiedlichsten sozialen und ethnischen Gruppen in den französischen Kolonien waren.

Nicht nur die vom 7. bis 15. Mai 1791 in der *Constituante* geführte große Kolonialdebatte, sondern vor allem die am 4. Februar 1794 vom Nationalkonvent beschlossene Abschaffung der Sklaverei in den Kolonien führten zu unmittelbaren Reaktionen auch und gerade in der französischen Karibik. Diese Reaktionen beleuchten die Schnelligkeit politischer wie administrativer Umsetzungen, wie sie die transatlantischen Beziehungen in der zweiten Phase beschleunigter Globalisierung charakterisierten. Nicht umsonst verfügte die Karibik als Zone verdichtetster Globalisierung über sehr rasche Verbindungen, welche die Kolonien mit ihren jeweiligen europäischen Mutterländern in engstem Austausch über das atlantische Längstal hinweg hielten.

Umfassende Analysen der demographischen Grundlagen wie der wirtschaftlichen Auswirkungen dieser Prozesse wurden erst mit deutlichem zeitlichem Abstand in Untersuchungen erzielt, die sich aus globalisierender Perspektive der Gesamtheit jenes Raumes zuwandten, den wir heute als *Greater Caribbean* bezeichnen. In seinem separat erstmals 1826 veröffentlichten und im Kontext seines französischsprachigen Reiseberichts über den gemeinsam mit Aimé Bonpland unternommenen *Voyage aux Régions équinoxiales du Nouveau Continent*[22] entstandenen *Essai politique sur l'île de Cuba* machte Alexander von Humboldt immer wieder auf die extrem unmenschlichen Produktionsbedingungen auf Saint-Domingue aufmerksam, wobei er seine Überlegungen mit umfangreichem statistischen Material unterlegte.[23]

[21] Vgl. hierzu den Text von Pernety, Antoine-Joseph: Dissertation sur l'Amérique et les Naturels de cette partie du monde. In: Mr. de P*** [Pauw, Cornelius de]: *Recherches philosophiques sur les Américains ou Mémoires intéressants pour servir à l'Histoire de l'Espèce Humaine.* Avec une Dissertation sur l'Amérique & les Américains, par Dom Pernety. Et la Défense de l'Auteur des Recherches contre cette Dissertation. Berlin: Chez Georges Jacques Decker, Imp. du Roi 1770.

[22] Vgl. Humboldt, Alexander von: *Relation historique du Voyage aux Régions équinoxiales du Nouveau Continent* ... Nachdruck des 1814–1825 in Paris erschienenen vollständigen Originals, besorgt, eingeleitet und um ein Register vermehrt von Hanno Beck. 3 Bde. Stuttgart: Brockhaus 1970.

[23] Vgl. hierzu die Angaben und zahlreichen Anmerkungen auch in der jüngst erschienenen englischsprachigen Ausgabe dieses Grundlagenwerks in Humboldt, Alexander von: *Political Essay on the Island of Cuba. A Critical Edition.* Edited with an Introduction by Vera M. Kutzinski and

Der preußische Schriftsteller und Gelehrte, der sich zum Zeitpunkt der Haitianischen Revolution zweimal zu mehrmonatigen Aufenthalten auf der Nachbarinsel Cuba befand, hatte sich freilich schon wesentlich früher aus der Perspektive der in Paris proklamierten Menschenrechte mit der aus seiner wissenschaftlich fundierten Sicht verabscheuenswürdigen und durch nichts zu rechtfertigenden Sklavenwirtschaft auseinandergesetzt. Bezüglich des Umgangs mit Sklaven notierte er am 6. Dezember 1800 an Bord eines Schiffes auf dem Weg nach Cuba: „Man kann nichts übertreiben, so schändlich ist diese Behandlung."[24] In Europa spreche man zwar bewundernd vom Glanz von Saint-Domingue, doch alles Unnatürliche müsse früher oder später verschwinden: „und es ist nicht natürlich, dass ein paar Felseninseln so viel hervorbringen."[25] Humboldt war bewusst, dass die Erwirtschaftung so großer Reichtümer nur durch eine bis an ihre äußersten Grenzen getriebene Ausbeutung von Sklaven möglich sein konnte.

In seinem *Essai politique* führte er wiederholt anhand konkreten Zahlenmaterials vor, in welchem Maße Saint-Domingue das System der Plantagenwirtschaft auf die Spitze getrieben hatte. Und hatte der Zusammenbruch der französischen Kolonie nicht auch die verstärkte Einfuhr schwarzer Sklaven nach Cuba ausgelöst? Humboldt belegte dies anhand der offiziellen Einfuhrzahlen des Hafens Havanna, wobei er in seiner Erfassung der Jahre 1790 bis 1820 zwei große Sprünge nachwies. So stiegen die Zahlen eingeführter Sklaven zwischen 1801 und 1802 von 1659 auf 13.832 sowie zwischen 1814 und 1816 von 4321 über 9111 auf 17.737, um im darauffolgenden Jahre 1817 den Spitzenwert von 25.841 allein über den Hafen von Havanna aus Afrika deportierter Sklaven zu erreichen.[26]

Was Sklaverei und Plantagenwirtschaft für das Zusammenleben der Menschen in abhängigen Kolonialsystemen bedeuteten, hatte Humboldt selbst immer wieder hautnah miterlebt. Auf der Überfahrt von Guyaquil nach Acapulco etwa musste er entsetzt zur Kenntnis nehmen, dass ein Mitreisender, ein gut angezogener junger Mann, an Bord des Schiffes eine seiner Sklavinnen mit einem Messer ermordet hatte. Humboldt formulierte in seinem Tagebucheintrag vom 4. März 1803 nicht allein seine tiefe Abscheu, sondern stellte diese Szenerie in den Kontext aktueller politischer Entwicklungen, mit denen das napoleonische Frankreich – durch die

---

Ottmar Ette. Translated by J. Bradford Anderson, Vera M. Kutzinski, and Anja Becker. With Annotations by Tobias Kraft, Anja Becker, and Giorleny D. Altamirano Rayo. Chicago/London: The University of Chicago Press 2011. Entsprechende Passagen sind leicht über das Register auffindbar. Zu einer allerersten Fassung von Humboldts Essay über die Insel Cuba mit ausblicken auf die gesamte Karibik vgl. Ette, Ottmar: Insel-Text und archipelisches Schreiben: Alexander von Humboldts ‚Isle de Cube. Antilles en général'. In: *edition humboldt digital*. Hg. Von Ottmar Ette. Berlin: Berlin-Brandenburgische Akademie der Wissenschaften. Version 1 vom 10.05.2017 http://edition-humboldt.de/v1/H0016213.

[24] Humboldt, Alexander von: *Lateinamerika am Vorabend der Unabhängigkeitsrevolution. eine Anthologie von Impressionen und Urteilen aus seinen Reisetagebüchern*. Mit einer einleitenden Studie von Manfred Kossok. 2., durchgesehene und verbesserte Auflage. Berlin: Akademie-Verlag 2003, S. 247. Ich danke Tobias Kraft für den Hinweis auf diese Passage.

[25] Ebd., S. 248.

[26] Humboldt, Alexander von: *Relation historique*, Bd. III, S. 404.

blutigen Aufstände gegen die Tyrannei der Sklavenwirtschaft keines Besseren belehrt – mit der Wiedereinführung der Sklaverei die Kolonien und insbesondere Saint-Domingue wieder unter seine Kontrolle bringen wolle:

> Cette nouvelle nous causa d'autant plus d'horreur que peu de jours avant notre embarquement nous était venue la gazette avec l'affreux discours de Bruix dans lequel comme orateur du Gouvernement il propose au Corps législatif de reintroduire l'Esclavage et la traite des Nègres de la même manière qu'elle subsistait avant 1789. Nous étions heureusement dans une société dans laquelle beaucoup de personnes partagaient l'horreur morale avec laquelle on doit recevoir une nouvelle aussi affligeante. Voilà donc le fruit de tant de sang répandu aux Indes [...].[27]

Früh schon setzte sich Humboldt mit den ökonomischen, politischen, juristischen und sozialen Folgen auseinander, welche die blutigen Entwicklungen von Saint-Domingue für das weltweit ausgespannte Netzwerk der Plantagenwirtschaft zeitigen musste. Denn die Konsequenzen der (Wiedereinführung der) Sklaverei waren verheerend.

So kritisierte er in einem Brief vom 20. Juni 1804 aus Philadelphia an William Thornton die Sklavereigesetzgebung in den Südstaaten der USA in scharfem Ton und verband seine Kritik mit der vehementen Frage nach Gerechtigkeit sowie der Eindämmung eines rein ökonomischen Denkens:

> Plus que les événemens récens de S. Domingue ont offusqué la vérité et plus il paraît du devoir de tout homme moral de replacer le problème dans son vrai jour. [...] Qu'il serait beau si les Etats méridionaux préparaient la chose sans attendre la Crise dangereuse de l'an 1808. Cette abominable loi qui permet l'importation des Nègres dans la Caroline méridionale est un opprobre pour un Etat, dans lequel je sais qu'ils existent des têtes très bien organisées. En suivant la seule marche que dicte l'humanité, on exportera sans doute au commencement moins de Coton. Mais hélas!, que je déteste cette Politique qui mesure et évalue la félicité publique simplement d'aprés la valeur des Exportations! [...] Avant d'être libre, il faut être juste, et sans justice il n'y a pas de prospérité durable.[28]

Mit größerem zeitlichem Abstand warnte Alexander von Humboldt in seiner Analyse der Situation Cubas im karibischen Kontext vor einer Wiederholung des Endes der einst so reichen französischen Kolonie Saint-Domingue. Angesichts eines stetig steigenden Anteils schwarzer Sklaven an der Gesamtbevölkerung betonte er die immer wahrscheinlicher werdende Möglichkeit, dass ohne jedes Zutun der benachbarten haitianischen Republik auch auf anderen Antilleninseln eine neue revolutionäre Situation entstehen könnte, die zu einer zutiefst veränderten geopolitischen Lage führen müsse:

> Wenn die Rechtsprechung der Antillen und der Zustand der Bevölkerung der Farbigen nicht bald hilfreiche Veränderungen erfahren, wenn man weiterhin diskutiert, ohne zu handeln, dann wird das politische Übergewicht in die Hände derer fallen, die im Besitz der Arbeitskraft sind, des Willens, sich zu befreien, und des Mutes, lange Entbehrungen auszuhalten. Diese blutige Katastrophe wird sich als eine notwendige Folge der Umstände ereignen, und

[27] Ebd., S. 249 f.

[28] Humboldt, Alexander von: *Briefe aus Amerika 1799–1804.* bearbeitet von Ulrike Moheit. Berlin: Akademie-Verlag 1993, S. 300.

> ohne daß sich die freien Schwarzen aus Haiti auch nur im geringsten einmischen würden, ohne daß sie also das System der Isolierung aufgäben, das sie bislang befolgt haben. Wer würde es wagen, den Einfluß vorauszusagen, den eine zwischen Kolumbien, Nordamerika und Guatemala gelegene Afrikanische Konföderation der freien Staaten der Antillen auf die Politik der Neuen Welt ausüben würde?[29]

Indem er die Möglichkeit der Entstehung einer ‚Afrikanischen Konföderation' im Zentrum der amerikanischen Hemisphäre ins Spiel brachte, skizzierte Alexander von Humboldt die radikale Offenheit einer Geschichte, die in ihrem Verlauf keinerlei vorgegebenem Muster mehr folgen würde. Denn längst hatten die ehemaligen Sklaven Haitis bewiesen, dass sie eine politische *agency* größten Ausmaßes entfalten konnten, eine Fähigkeit, die Humboldt fortan mit ins Kalkül zog. Die *Historia* hatte im Zeichen des Erlebens der Französischen Revolution aufgehört, im „Horizont neuzeitlich bewegter Geschichte" noch als *Magistra Vitae* zu dienen:[30] Die Objekte europäischer Kolonialpolitik hatten angefangen, zu Subjekten ihrer eigenen Geschichte zu werden. Und sie waren nicht gewillt, sich das Heft des Handelns noch einmal aus den Händen nehmen zu lassen.

Damit war die Frage nach der Zukunft und vor allem nach den Möglichkeiten und Grenzen eines Zusammenlebens innerhalb einer grundlegend veränderten Machtkonstellation in der Neuen Welt gestellt: innerhalb einer neuen Verteilung von Gewalt und Einfluss, in der die ehemaligen Sklaven – dem Beispiel der Schwarzen in Saint-Domingue folgend – zu Herren ihrer eigenen Geschichte, ihres eigenen Schicksals werden konnten. Wie aber würden sich dann zu einem Zeitpunkt, zu dem in vielen Regionen des zirkumkaribischen Raumes einschließlich der Südstaaten der USA die Sklaverei auch weiterhin herrschte, die Grundlagen und ‚Spielregeln' des Zusammenlebens verändern?

Selbst also für den Fall, dass sich Saint-Domingue – entgegen der von den Kolonialherren und Zuckerrohrpflanzern überall in der Karibik geäußerten Befürchtungen – als letztlich nur kleine politische Macht nicht in die Angelegenheiten der europäischen Kolonialmächte[31] oder der USA einmischen würde, war nun die Frage auf radikale Weise gestellt, wie ein künftiges Zusammenleben ebenso im nationalen

---

[29] Humboldt, Alexander von: *Relation historique du Voyage aux Régions équinoxiales du Nouveau Continent* ... Nachdruck des 1814–1825 in Paris erschienenen vollständigen Originals, besorgt, eingeleitet und um ein Register vermehrt von Hanno Beck. Bd. III. Stuttgart: Brockhaus 1970, S. 389: „Si la législation des Antilles et l'état des gens de couleur n'éprouvent pas bientôt des changemens salutaires, si l'on continue à discuter sans agir, la prépondérance politique passera entre les mains de ceux qui ont la force du travail, la volonté de s'affranchir et le courage d'endurer de longues privations. Cette catastrophe sanglante aura lieu comme une suite nécessaire des circonstances, et sans que les noirs libres d'Haïti s'en mêlent aucunement, sans qu'ils abandonnent le système d'isolement qu'ils ont suivi jusqu'ici. Qui oseroit prédire l'influence qu'exerceroit und *Confédération africaine des Etats libres des Antilles*, placée entre Colombia, l'Amérique du Nord et Guatimala, sur la politique du Nouveau-Monde?"

[30] Vgl. hierzu Koselleck, Reinhart: Historia Magistra Vitae. Über die Auflösung des Topos im Horizont neuzeitlich bewegter Geschichte. In (ders.): *Vergangene Zukunft. Zur Semantik geschichtlicher Zeiten*. Frankfurt a. M.: Suhrkamp ^{2}1984, S. 38–66.

[31] Aus einer eingestandenermaßen sehr spezifischen Perspektivik wird Kleists Erzählung analysiert in Zantop, Susanne: *Colonial Fantasies. Conquest, Family, and Nation in Precolonial Germany, 1770–1870*. Durham/London: Duke University Press 1997, S. 155.

und regionalen wie im hemisphärischen und transarealen Maßstab zu gestalten und zu organisieren sein würde. Innerhalb dieses transarealen diskursiven Feldes situiert sich auch die hier untersuchte Erzählung.

Denn man darf ohne jede Übertreibung behaupten, dass Heinrich von Kleists *Die Verlobung in St. Domingo* wie in einem literarischen Brennspiegel auf all jene Herausforderungen reagiert und komplexe Antworten zu geben versucht, welche Alexander von Humboldts Reaktionen auf die Haitianische Revolution geradezu exemplarisch vor Augen führen. Damit ist keine wie auch immer geartete ‚realistische' Mimesis, keine ‚dargestellte Wirklichkeit' im traditionellen Sinne gemeint, sondern eine verdichtete Darstellung *gelebter* und *lebbarer* Wirklichkeit, in der das historisch *Vorgefundene* mit dem literarisch *Erfundenen* so zu einem Erprobungsraum konfiguriert wird, dass das *Lebbare* und Erlebbare wie in einer Laborsituation in diesem ersten Dreieck nicht allein imaginiert, sondern zugleich erkundet und mehr noch *durchgespielt*, ja vom Lesepublikum *durcherlebt* werden kann. *Die Verlobung in St. Domingo* bildet, so scheint mir, in geradezu idealtypischer Weise einen derartigen experimentellen Erprobungsraum – und zwar keineswegs zufällig am Beispiel jenes Haiti, das im globalen Maßstab als Herausforderung und Paradigma zugleich die Frage nach Konvivenz im weltweiten Maßstab radikal stellte.

Gerade weil Kleists Erzählung von Beginn an auch stereotype Darstellungen von einem Kampf der Rassen in Saint-Domingue in die literarische Modellierung aufnimmt, wird es möglich, diese Erzählung als einen Erprobungsraum für die Chancen und Risiken künftigen Zusammenlebens zu begreifen – eines Zusammenlebens nicht nur auf Hispaniola oder in der Karibik, sondern im Kontext der zweiten Phase beschleunigter Globalisierung in der ganzen Neuen wie in der Alten Welt. *Die Verlobung in St. Domingo* avanciert damit zu einem höchst vieldeutigen und vielstimmigen Text, der auf die Herausforderungen einer durch die Haitianische Revolution zutiefst erschütterten Praxis der Globalisierung reagiert und komplexe Sinnangebote entwickelt.

Diese Sinnangebote stellen sich der Frage, wie zu Beginn einer neuen historischen Epoche, an deren Horizont sich nicht nur der Untergang einer auf Sklaverei gegründeten Plantagenwirtschaft, sondern des gesamten Kolonialsystems europäischer Prägung abzeichnet, neue Lebensformen und Lebensnormen entwickelt werden können, die ein künftig friedliches Zusammenleben zu regeln in der Lage wären. Wie aber ließe sich *Die Verlobung in St. Domingo* über die Behandlung des historischen Paradigmas hinaus in einem prospektiven Sinne als Erprobungsraum künftigen Zusammenlebens verstehen und lesen?

Figurale Konstruktionen

Fragen wir an dieser Stelle nach den Entstehungsbedingungen des Textes. In der Kleist-Forschung ist es unstrittig, dass Heinrich von Kleist entscheidende Anregungen zu diesem Stoff durch seine Aufenthalte in den Jahren 1801/02 sowie 1803 in Paris, 1802 in der Schweiz sowie vor allem durch seine Inhaftierung als französischer Kriegsgefangener im Jahre 1807 in der im Jura unweit der Schweizer Grenze imposant gelegenen Festung von Joux erhalten haben dürfte.[32] Ein Gedenkstein erinnert an diesem Ort noch immer an die Tatsache, dass hier in einer engen kalten Zelle der einst so mächtige ‚Sklavengeneral' und ‚schwarze Spartakus' François Dominique Toussaint-L'Ouverture (1745–1803), der am 15. Juni 1802 an die napoleonischen Truppen verraten und unter unmenschlichen Bedingungen nach Frankreich verbracht worden war, jämmerlich zugrunde ging – und dies in eben jener Todeszelle, in welcher sich Kleists Bekannter Gauvain vier Jahre später in Haft befand.[33] Nicht nur durch die französische und deutsche Presse, durch die in die Schlussphase der Haitianischen Revolution fallenden Aufenthalte in Paris sowie durch seinen über die Vorgänge in Saint-Domingue gut informierten Freund Zschokke dürfte Kleist mit für ihn wichtigen Materialien versorgt worden sein, sondern auch durch die geradezu hautnahe Berührung mit jener Welt von Toussaint-L'Ouverture,[34] die Kleist so fern sein musste und die ihn doch so faszinierte.

Aber war diese Welt wirklich so fern? Hatte die neue globale Ordnung, die Napoleon für eine Welt unter französischer Vorherrschaft ersann, nicht den haitianischen Sklavengeneral Toussaint-L'Ouverture ebenso wie den aus einem alten Geschlecht preußischer Generäle stammenden Kleist gleichermaßen in die Forteresse de Joux gespült? Hingen die Besetzung des aufständischen Haiti und die Besetzung Berlins durch französische Truppen nicht unmittelbar miteinander zusammen? Und stand Preußen nicht im Begriff, zu einer bloßen innereuropäischen Kolonie, zu einer Marionette im globalen Machtspiel Frankreichs zu verkommen?

Manche Züge der Figur des blutrünstigen Congo Hoango mögen an Charaktermerkmale erinnern, die Toussaint-L'Ouverture und – gerade mit Blick auf eine „unmenschliche Rachsucht" (V 9) – mehr noch Dessalines im kolonialistischen Diskurs nachgesagt wurden. Der Vorhang der Kleist'schen Erzählung jedenfalls hebt sich mit Bedacht erst während der Abwesenheit von Congo Hoango, der – wie wir sahen – kein gewöhnlicher Schwarzer ist, sondern über eine gewisse Macht und Befehlsgewalt verfügt. Als Vertreter der sich herausbildenden neuen Herrschaftsstrukturen ist er ein schwarzer Herr, der anders als seine Gefolgsleute, die im Stall wohnen, mit der alten Babekan und deren Tochter, „einer jungen fünfzehnjährigen Mestize" namens Toni, „das Hauptgebäude der Pflanzung" (V 9) bewohnen kann.

Dieses einsam an einer Landstraße liegende Gebäude wird zum eigentlichen Schauplatz einer Geschichte, deren Fäden sich in diesem Haus kreuzen und verknoten. Denn das Haus, irgendwo zwischen Fort Dauphin und Port-au-Prince gelegen, wird zum ebenso *heim*lichen wie un*heim*lichen zentralen Protagonisten der Erzählung.

---

[32] Vgl. Loster-Schneider, Gudrun: Toni, Babekan und Homi Bhabha? Zu Problemen kultureller und ästhetischer Hybridisierung in Heinrich von Kleists ‚Die Verlobung in St. Domingo', S. 228.

[33] Ebd., S. 230. Vergleiche hierzu auch Kleist, Heinrich von: *Sämtliche Werke in vier Bänden*, Bd. IV, S. 374.

[34] Vgl. hierzu auch Bernecker, Walther L.: *Kleine Geschichte Haitis*, bes. S. 41. Eine kurze biographische Skizze des als Sklave geborenen Revolutionsgenerals findet sich auch in Buch, Hans Christoph: *Die Scheidung von San Domingo*, S. 173 f.

Dieses Haus also, das bis vor kurzem noch dem Sklavenhalter Guillaume von Villeneuve gehört hatte, erscheint zunächst als Falle, versuchen Congo Hoango und Babekan doch erfolgreich, auf Hilfe angewiesene Weiße mit tatkräftiger Unterstützung der schönen Toni ins Haus zu locken, „die, wegen ihrer ins gelbliche gehenden Gesichtsfarbe, zu dieser gräßlichen List besonders brauchbar war" (V 10). Ein zweites Dreieck tut sich auf: zwischen einer mörderischen *List*, die es erlaubt, eine durch Sklaverei und Kolonialismus ererbte *Last*, die aus immer wieder benannten und bis vor kurzem erlittenen Demütigungen und Misshandlungen besteht, in eine *Lust* umzuwandeln, die als Mordlust zweifellos im Zeichen der Rache an den Weißen und ihrem grausamen System der Unterdrückung steht.

Kleists Erzählung präsentiert uns diese Lust von Congo Hoango wie von Babekan freilich von Beginn an als verwerflich, wird sie an der Textoberfläche doch ins Zeichen einer Undankbarkeit gestellt, die den Mörder des wohltätigen Herren in einen Herren über grausame Mörder verwandelte. Die hellhäutige Toni nimmt dies billigend in Kauf und hat neben mehreren Franzosen auch schon Portugiesen oder Holländer in die tödliche Falle des Hauses gelockt.

In der Erzählung stehen sich nicht nur Schwarze und Weiße gegenüber. Zwischen weiß und schwarz stehen die Mulattin Babekan und ihre Tochter Toni, die – wie ihre gelbliche Gesichtsfarbe es anzeigt – ebenfalls Mulattin ist. Der Text bezeichnet sie begrifflich unzutreffend als „Mestize", ist Toni doch keineswegs aus einer Verbindung zwischen indigener (indianischer) Bevölkerung und weißen Zuwanderern hervorgegangen. Auf struktureller Ebene ist diese Bezeichnung jedoch aufschlussreich nicht nur, weil Heinrich von Kleist einer zeitgenössischen Wendung auf den französischen Antillen gefolgt sein dürfte, bei der die Benennung als *métisse* gleichsam den ‚schwarzen', afrikanischen Anteil auszublenden pflegt, um die entsprechende Person hinsichtlich ihrer weißen Herkunft aufzuwerten.[35] Denn das von Kleist für Toni offenkundig sehr bewusst gewählte Lexem „Mestize" integriert zusätzliche Sinnebenen, blendet die junge Frau in ihrer schillernden Gestalt, in ihrem fundamentalen ‚Dazwischensein' auf diese Weise doch die schon von den Spaniern größtenteils ausgerottete indigene Bevölkerung ein, so dass die schöne Toni sich auf der begrifflichen Ebene im dritten Dreieck zwischen Europa, Afrika und Amerika bewegt. Die „Mestize" ist auf den verschiedensten Ebenen eine Bewegungs-Figur.

Die vom Erzähler ostentativ gewählte scheinbar ‚fehlerhafte', ‚unzutreffende' Terminologie verwandelt Toni in ein Wesen, das mehr als jeder andere Mensch in Kleists Erzählung für die Karibik in der ersten wie in der zweiten Phase beschleunigter Globalisierung einzustehen vermag. Dass ihr Vater ein reicher französischer Kaufmann aus Marseille ist (V 27), der später als Gesandter der jungen Französischen Republik an den türkischen Hof nach Istanbul gegangen sei (V 28), verstärkt diesen Aspekt: Toni ist ein Produkt all jener Bewegungen, in denen von Europa aus Ostindien und Westindien, Asien, Amerika und Afrika globalisiert wurden.

---

[35] In verschiedensten Zusammenhängen wird diese begriffliche Verwendung beleuchtet von dem weitgereisten Schriftsteller irisch-griechischer Abstammung Lafcadio Hearn; vgl. hierzu seinen gegenüber den japanischen Schriften weniger beachteten originellen Reisebericht *Two Years in the French West Indies*, wiederabgedruckt in Hearn, Lafcadio: *American Writings*. New York: The Library of America 2009, S. 149–541.

Gewiss lässt sich die Farbe Gelb im Farbenspektrum zwischen schwarz und weiß verorten, wie dies in der Forschung immer wieder herausgearbeitet wurde.[36] Gelb schreibt sich darüber hinaus jedoch in eine lange patriarchalisch-kolonialistische und sexistische Tradition in der Karibik ein, in der aus der Perspektive des weißen Mannes – und hier öffnet sich ein weiteres, viertes Dreieck, das diesmal abhängige Geschlechterbeziehungen betrifft – die schwarze Frau vor allem für die Arbeit, die weiße Frau vorrangig für die Ehe und die Mulattin für Lust und Liebe vorgesehen hatte.[37]

Kein Wunder also, wenn die schöne Mulattin nicht nur zum Mythos, sondern bald auch zum Gegenstand literarischer Allegoresen wurde, die sich auf die emergierenden Nationen der amerikanischen Hemisphäre bezogen. Denn im weiteren Verlauf des 19. Jahrhunderts avancierte im spanischsprachigen Raum – und die Nachbarinsel Cuba bietet hier das sicherlich beste Beispiel – die *mulata* zur Verkörperung der künftigen Nation, bot ihre Allegorese doch im Kontext problematischer Nationenbildungsprozesse die Möglichkeit, bei hohem identifikatorischem Wert die Schönheit wie das Scheitern dieses Projekts angestrebter Konvivenz ebenso sinnlich wie hautnah vorzuführen.[38] Kleist greift motiv- und stoffgeschichtlich früh auf die Mulattin als Zentralfigur zurück.

In der französischsprachigen Karibik hatte sich die Farbe Gelb weit stärker und weit früher als im spanischsprachigen Raum als Euphemismus für alles ‚Mulattische' durchgesetzt. So findet sich diese rassistisch eingefärbte ‚Farbenlehre' in einschlägigen Texten wie etwa bei Moreau de Saint-Méry, der neben weiß und schwarz das Gelbe als eine dritte Schattierung bezeichnet: „La troisième nuance est celle du Mulâtre qu'on pourrait presque subdiviser en deux, attendu que les Mulâtres comparés entr'eux, offrent deux nuances très distinctes qui sont exactement celle du cuivre rouge & celle du cuivre jaune."[39] Médéric-Louis-Elie Moreau de Saint-Méry hatte in seinem Werk von 1802 über Saint-Domingue, das zu einer wichtigen Quelle Heinrich von Kleists wurde,[40] höchst komplizierte farbliche Unterteilungen ins Feld geführt, wie sie sich im Übrigen zeitgenössisch auch in anderen Teilen der Karibik finden lassen. Kleist konzentrierte sich im Farbenspektrum jedoch auf das Gelbe.

---

[36] Vgl. etwa Uerlings, Herbert: *Poetiken der Interkulturalität. Haiti bei Kleist, Seghers, Müller, Buch und Fichte.* Tübingen: Max Niemeyer 1997, S. 25–40.

[37] Vgl. hierzu u. a. Phaf, Ineke: Motivforschung altmodisch? Mit der Mulattin zu einem karibischen Nationaltext. In: Kohut, Karl (Hg.): *Rasse, Klasse und Kultur in der Karibik. Akten der Fachtagung ‚Rassenbeziehungen und Rassenbegegnungen in der Karibik' am 15. und 16. Mai 1987 an der Katholischen Universität Eichstätt.* Frankfurt a. M.: Vervuert 1989, S. 85–98.

[38] Vgl. hierzu Ette, Ottmar. Cirilo Villaverde: ‚Cecilia Valdés o La Loma del Angel'. In: Roloff, Volker/Wentzlaff-Eggebert, Harald (Hg.): *Der hispanoamerikanische Roman.* Bd. 1: *Von den Anfängen bis Carpentier.* Darmstadt: Wissenschaftliche Buchgesellschaft 1992, S. 30–43.

[39] Moreau de Saint-Méry, Louis Elie: *Description topographique, physique, civile, politique et historique de la partie française de l'île de Saint-Domingue.* 2 Bde. Philadelphie 1797, S. 75. Mit dem Titel dieses wichtigen Werkes dürfte Kleist bei seiner Titelgebung gespielt haben. Ich danke Gesine Müller für den Hinweis auf diese Verbindung.

[40] Vgl. hierzu Loster-Schneider, Gudrun: Toni, Babekan und Homi Bhabha? Zu Problemen kultureller und ästhetischer Hybridisierung in Heinrich von Kleists ‚Die Verlobung in St. Domingo', S. 229 und 238.

Wie etabliert die Begrifflichkeit der Farbe Gelb als Bezeichnung für eine Situierung unter den *mulâtres* im frankophonen Raum der Karibik war, mag auch der nachfolgende Beleg beweisen:

> Le fondement de cette nomenclature raciale était de prétendre souligner le plus ,scientifiquement', possible que la marque du sang noir restait à jamais ineffaçable. Ainsi, les libres sont-ils nommés par les Blancs tantôt ,sang-mêlés', tantôt ,gens de couleur', tantôt ,mulâtres' et, plus tard, seront-ils appelés ,jaunes' par les Noirs de Saint-Domingue. Quant aux appellations de ,métis' ou de ,métive', elles sont reservées aux très rares descendants des Indiens. Aux îles du Vent on ne s'embarrasse de tant de subtilités: les libres sont généralement des ,mulâtres'.[41]

Deutlicher könnte hier ganz nebenbei die terminologische Grenze zwischen Mestize und Mulatte nicht gezogen sein. Dass diese biologistische, primär auf die Hautfarbe bezogene Unterscheidung im 19. Jahrhundert kulturalisiert und etwa auf die in Entstehung begriffene haitianische Literatur übertragen werden konnte, zeigt die Kategorie der *littérature jaune*, der unter diesem Titel eine in zwei Teilen veröffentlichte Studie in der renommierten Pariser *Revue des deux Mondes* gewidmet werden konnte.[42] Gustave d'Alaux versuchte in diesem aufschlussreichen Artikel, der haitianischen Literatur Existenzrecht zu verschaffen und erstmals aus literarhistorischer Sicht gerecht zu werden, wobei er allerdings die ,gelbe Literatur' ins Zeichen des Plagiats und der Imitation fremder, europäischer Modelle französischer Provenienz rückte. Zugleich aber machte er damit die Existenz dieser im eigentlichen Sinne als haitianisch zu bezeichnenden *littérature jaune* ein für alle Mal in Europa aktenkundig.

Es kann kein Zweifel daran bestehen, dass Heinrich von Kleist auch über Moreau de Saint-Méry hinaus mit Teilen dieser sich spätestens im 18. Jahrhundert im französischsprachigen Bereich verbreitenden Begriffsverwendung gut vertraut war. Und so verweist in seiner Erzählung *Die Verlobung in St. Domingo* die gelbe Gesichtsfarbe auch nicht nur auf eine mulattische Herkunft, sondern impliziert auch kulturelle Werte und Dispositionen, die – wie der weitere Verlauf der Erzählung zeigt – vom männlichen Protagonisten Gustav beziehungsweise August gleichsam an der Haut und an den Augen, an der Körperoberfläche der schönen jungen Frau, abgelesen werden können – oder zumindest abgelesen werden sollen.

Die Farbe Gelb, die wir auf indirekte Weise schon im Namen von Congo *Hoango* aufleuchten sahen, wird im Verlauf der Erzählung immer wieder neu kontextualisiert, so etwa unmittelbar nach ihrem ersten expliziten Auftauchen durch den Hinweis auf das Vorrücken von „General Dessalines mit 30,000 Negern" (V 10) auf Port au Prince, wo sich nun „Alles, was die weiße Farbe trug" (V 11), gesammelt habe, um nicht vollends ausgelöscht zu werden.

---

[41] Abénon, Lucien-René: *La Révolution aux Caraïbes. Antilles 1789.* Paris: Nathan 1989, S. 61.

[42] Vgl. hierzu ausführlich Müller, Gesine: *Die koloniale Karibik zwischen Bipolarität und Multirelationalität. Transferprozesse in hispanophonen und frankophonen Literaturen,* besonders das Unterkapitel IV.4.1.1. Die ,littérature jaune' zwischen Frankophilie und Plagiat.

Dies ist die in *Die Verlobung in St. Domingo* mit wenigen Strichen kurz und prägnant skizzierte Situation in der Schlussphase der Haitianischen Revolution, als das eigentliche Geschehen, von dem Kleists Erzählung berichtet, mit dem nächtlichen Klopfen eines Fremden an „die hintere Thür“ des ehemaligen Herrenhauses von Guillaume von Villeneuve einsetzt (V 11). Auf Babekans Frage zu Beginn dieses ‚Nachtstücks‘, „wer da sei?“ (V 11), antwortet der Fremde unter Anrufung von „Maria und allen Heiligen“ (V 11) – also *Toussaint*[43] – mit einer Gegenfrage: „seid ihr eine Negerin?“ (V 12) Mit einer klugen Verrätselung ihrer Antwort öffnet die Mulattin das Tor: Und mit dieser *Ouverture*, die gleichsam den Namen des berühmten Gefangenen von der Festung von Joux in den Text einschreibt, beginnt der Handlungskern des Kleist'schen Revolutionsstücks.

Wie meisterhaft es Heinrich von Kleist verstand, makrohistorische Entwicklungen in mikrohistorische und vor allem mikronarrative Bewegungen zu übersetzen, zeigt *Die Verlobung in St. Domingo* auf beispielhafte Weise. Dass der fremde Weiße in stockfinsterer schwarzer Nacht mit der Hand nach Babekan greift, um leibhaftig und haptisch zu begreifen, hat mit der ihn bis zu seinem eigenen Tod, seinem Selbstmord, verfolgenden Frage zu tun, welche die Welt in weiß und schwarz einteilt und alles nur mit diesen Farben identifiziert sehen will. Die Scheidung zwischen weiß und schwarz charakterisiert – wie wir sahen – die vom Erzähler vorgenommene historische Situierung des Geschehens im Kontext von Dessalines Marsch auf Port-au-Prince. Diese schwarzweiße Zweiteilung aber reicht, wie sich bald zeigen wird, weder aus, um die eigene Situation adäquat zu begreifen, noch dafür hin, das eigene Überleben des aus einem gänzlich anderen Kulturkreis stammenden Fremden abzusichern.

Kein Wunder also, wenn die Selbstbezeichnung Babekans als Mulattin und die Bezeichnung ihrer Tochter – nun nicht mit der Stimme des Erzählers, sondern der Mulattin selbst – als „Mestize“ (V 12) den jungen Schweizer Gustav verwirrt und in große Unsicherheit stürzt. Doch als er – von Nanky, einem unehelichen Sohn Congo Hoangos, über die neuen Besitzverhältnisse im Herrenhaus aufgeklärt – die Flucht ergreifen will, hält Toni ihn in ihrer Eigenschaft als Lockvogel zurück, indem sie ihr Gesicht geschickt mit einer Laterne weiß beleuchtet. Die Frage, mit der er sich an „ihre junge liebliche Gestalt“ (V 15) wendet, wird er bis zu ihrem wie zu seinem eigenen Tode nicht beantworten können: „Wer bist Du?“ (V 15)

Toni gelingt es, den Weißen „mit sich fortzureißen“ (V 15) und mit sich an der Hand ins Innere des Hauses hineinzuziehen. Die junge Frau spielt die ihr von Congo Hoango und Babekan zugewiesene Rolle ihres Lebens und ihres Todes – ihre Rolle als Lockvogel, um Weiße im Hause festzuhalten, wo Congo Hoango sie in Seelenruhe ermorden kann – mit großer Perfektion und routiniert. Und doch ist in ihrem Fortreißen schon ein Fortgerissensein, mischt sich in ihre Lockungen doch auch die so ambivalente Rede von einem schwarzen „Wütherich“, der in der Tat den Namen Congo Hoango führe (V 15), der aber derzeit nicht im Hause sei, da er die Armee Dessalines' mit Blei und Pulver versorge. Die Koinzidenz des zufälligen Zusammentreffens von Toni und Gustav beginnt, sich auf die Möglichkeiten und Risiken einer künftigen Konvivenz zu öffnen.

[43] Die Anrufung wiederholt sich in Gustavs Formel „Gott und alle Heiligen“, die sich nur wenige Seiten später findet (V 17).

Rasch will der Fremde, der sich selbst als Gustav von der Ried und als „Offizier von der französischen Macht, obschon […] kein Franzose" (V 17) zu erkennen gibt, seinen Weg von Fort Dauphin, wo alle Weißen ermordet worden seien, „mitten durch ein in Empörung begriffenes Mohrenland" hindurch (so Babekan) (V 17) nach Port-au-Prince fortsetzen. Er will dies nicht allein, sondern gemeinsam mit einem aus zwölf Menschen bestehenden Tross, zu dem auch sein Oheim Strömli, dessen Frau und fünf Kinder gehören. Dies alles vertraut der Schweizer hoffnungsvoll der alt gewordenen Mulattin Babekan an, weil ihm „aus der Farbe" ihres Gesichts „ein Strahl von der meinigen" entgegenschimmert (V 18).

Wiederholt wird die teils von Plantagen genutzte, teils unbebaute wilde Landschaft einer Insel, eines Eilandes heraufbeschworen, wobei die Inselhaftigkeit hier als Isolation erscheint, als ein Gefängnis, aus dem man nur durch Flucht sich vor dem Tode retten könne. Innerhalb dieser in sich abgeschlossenen *Insel-Welt* bildet das Haus, aus dem sich Gustav für sich und die Seinen Rettung erhofft, eine Insel der Zuflucht innerhalb eines den Weißen feindlich gesonnenen Landes, wobei dieses Haus von Beginn an aus vektorieller Sicht erscheint. Es bildet den Knotenpunkt innerhalb einer von revolutionären Bewegungen erschütterten Insel, ist selbst ein Zeugnis jenes Umsturzes der Verhältnisse, welcher in der Ermordung des Sklavenhalters und seiner Familie gipfelte, liegt zugleich aber an der großen Landstraße, die allein noch den Zugang zur allerletzten Zufluchtsinsel der Weißen ermöglicht: der vom Rest der französischen Truppen gesicherten Hafenstadt Port-au-Prince. Der Raum des Hauses ist folglich nicht statisch, sondern ein hochgradig vektorisierter Bewegungsraum, in dessen Inselhaftigkeit sich alle historischen, politischen und zwischenmenschlichen Bewegungen überkreuzen.

Überraschend schnell wird dieses Haus auch zum Vektorenfeld der Liebe, die sich in Augenblicken höchster Bedrohung zwischen Gustav und Toni anbahnt. Die Todesgefahr erotisiert das Leben. Mit der „lieblichen jungen Mestize, die mir das Haus aufmachte" (V 20), verbindet Gustav von Beginn an ein Begehren, das schon nach wenigen Stunden im Haus in Lust umschlägt. Schlang Gustav früh schon bei dem von Toni zubereiteten Gastmahl seinen „Arm sanft um ihren Leib", wobei „er sie lebhaft an seine Brust drückte" (V 26), so wird sie ihrerseits dieses Begehren schnell erwidern. Und doch hatte sie ihn eben noch als Lockvogel, gleichsam als *femme fatale*, ins Verderben ziehen wollen. Tonis Zwischen-Position, ihr Leben in einem vielfältigen Dazwischen, sind evident.

Zwischen die Nacht der Begegnung und die Nacht der Liebe eingeschoben aber ist die der schönen Toni von Gustav erzählte Geschichte von jenem „Mädchen" vom „Stamm der Negern", das zum Zeitpunkt des Aufstands „an dem gelben Fieber" erkrankt war, welches „zur Verdoppelung des Elends in der Stadt ausgebrochen war" (V 31). Die Geschichte dieser schwarzen Sklavin bildet aus narratologischer Sicht ihrerseits eine Verdoppelung, insofern im Bezug zum narrativen Hauptstrang bereits die Farbe gelb eine direkte Verbindung zwischen dieser von ihrem ehemaligen Herrn misshandelten Sklavin und der schönen Toni mit ihrer ins Gelbliche spielenden Hautfarbe herstellt. Aus Rache lockt die Sklavin ihren früheren Herrn ins Haus, gibt sich scheinbar seinen Liebkosungen hin, schleudert ihm dann aber voller Wut im Bett entgegen: „eine Pestkranke, die den Tod in der Brust trägt, hast du geküßt: geh und gieb das gelbe Fieber allen denen, die dir gleichen!" (V 32 f)

Die figurale[44] Komposition dieser eingeschobenen Mikroerzählung als Verdoppelungsstruktur wird nicht nur durch das Element des Hauses oder die Farbe Gelb, sondern auch durch die Brust als Ort des Todes betont – wird Gustav später Toni doch nicht zufällig in die Brust, ins liebende Herz schießen. Darüber hinaus führt das Gelbfieber, das die Leitepidemie der zweiten Phase beschleunigter Globalisierung ist (so wie die Krankheit Aids für die vierte Phase paradigmatisch steht), jene Imaginationen fort, die sich an die Leitepidemie der ersten Phase beschleunigter Globalisierung knüpften. Denn an der Wende zum 16. Jahrhundert hatten die Europäer – wie es in vielen späteren Darstellungen heißt – als Rache für den von ihnen an der indigenen Bevölkerung verübten Genozid von Indianerinnen die Syphilis empfangen, eine Seuche, die rasch – wie etwa Cornelius de Pauw in seinen überaus einflussreichen *Recherches philosophiques sur les Américains* betonte – auf die Alte Welt übergegriffen hatte. Der Zusammenhang zwischen den von Weißen verübten Gräueltaten, der Rache der Natur und der lustvollen Vereinigung mit doppelt kolonisierten abhängigen Frauen erweist sich im Vergleich mit dieser 1768 erstmals in Berlin veröffentlichten Schrift des Amsterdamer Philosophen als eine offenkundige Deutungslinie:

> Après le prompt massacre de quelques millions de Sauvages, l'atroce vainqueur se sentit atteint d'un mal épidémique, qui, en attaquant à la fois les principes de la vie & les sources de la génération, devint bientôt le plus horrible fléau du monde habitable. L'homme déjà accablé du fardeau de son existence, trouva, pour comble d'infortune, les germes de la mort entre les bras du plaisir & au sein de la jouissance: il se crut perdu sans ressource: il crut que la nature irritée avoit juré sa ruine.[45]

In den Armen der Lust, an den Brüsten der Wollust lauert die Gefahr tödlicher Ansteckung: Die Semantisierung des Körpers der Frau[46] besitzt eine lange koloniale Vorgeschichte,[47] auf die auch Heinrich von Kleist aufmerksam macht. Die namenlose schwarze Sklavin, deren Geschichte von Gustav erzählerisch eingeblendet wird, konfiguriert in einer ersten Verdoppelungsstruktur die männlichen Ängste, die sich für den Schweizer mit dem weiblichen Hereinlocken ins Haus und mit der als Lockvogel so effizienten Mulattin verbinden.

---

[44] Zum Begriff der *figura* vgl. Auerbach, Erich: Figura. In (ders.): *Gesammelte Aufsätze zur romanischen Philologie.* Hg. von Fritz Schalk und Gustav Konrad. Bern/München: A. Francke 1967, S. 55–93.

[45] Pauw, Cornelius de: *Recherches philosophiques sur les Américains, ou Mémoires intéressants pour servir à l'Histoire de l'Espèce humaine.* 2 Bde. Berlin: Chez Georges Jacques Decker, Imp. du Roi 1768–1769, hier Bd. I, S. a3v. Vgl. in diesem Zusammenhang auch Ette, Ottmar: ‚Not just brought about by chance': reflections on globalisation in Cornelius de Pauw and Alexander von Humboldt. In: *Studies in Travel Writing* (Nottingham) XV, 1 (February 2011), S. 3–25.

[46] Vgl. hierzu Weigel, Sigrid: Der Körper als Kreuzpunkt von Liebesgeschichte und Rassendiskurs in Heinrich von Kleists Erzählung ‚Die Verlobung in St. Domingo'. In: *Kleist Jahrbuch* (Stuttgart/Weimar) (1991), S. 202–217.

[47] Vgl. hierzu Hölz, Karl: *Das Fremde, das Eigene, das Andere. Die Inszenierung kultureller und geschlechtlicher Identität in Lateinamerika.* Berlin: Erich Schmidt Verlag 1998.

Nicht zufällig aber wird dies im klug aufgebauten Handlungsablauf mit der Gefahr einer Ansteckung durch Gelbfieber gekoppelt, hatte Kleist diese um sich greifende Krankheit der *fièvre jaune* doch in seinem im Januar 1811 in den *Berliner Abendblättern* veröffentlichten Artikel ‚Kurze Geschichte des gelben Fiebers in Europa' mit dem Begriff einer „occidentalischen Pest" belegt.[48] Seine medizinhistorisch angelegte kurze Studie, die wenige Wochen vor der ersten Veröffentlichung der hier untersuchten Erzählung erschien, hatte insbesondere die großen Gelbfieber-Epidemien von 1793 und 1804 beleuchtet, die beide nicht von ungefähr in den Zeitraum der Haitianischen Revolution und damit in die Diegese von *Die Verlobung in St. Domingo* fallen.

Kleists Überlegungen dokumentieren sein Bewusstsein, wie sehr das Gelbfieber zu einer Krankheit und Seuche geworden war, wobei sich der Schriftsteller nicht nur für die Symptomatik dieser ‚occidentalischen Pest', sondern auch für deren weltweite Verbreitung interessierte. Kleists Erzählung spielt immer wieder mit Phänomenen von welthistorischer Bedeutung, spielt diese zugleich aber mikrohistorisch auf der Ebene seiner Erzählung durch.

Der Ausbruch des Gelbfiebers bei den französischen Truppen unter General Leclerc – der selbst dieser Krankheit im Verlauf des Krieges bereits am 1. November 1802 erlag – darf auf der Ebene des historischen Hintergrundes durchaus als ein wichtiges, vielleicht sogar kriegsentscheidendes Ereignis angesehen werden. Eine Übertragung auf die Handlungsebene der Kleist'schen Erzählung erfolgt auch insoweit, als es der „Officier" Gustav ist, der Toni befragt, „ob *sie* wohl einer solchen That fähig wäre" (V 33). Auch wenn Toni die Frage klar verneint: Als Gustav in das ihm angewiesene Zimmer tritt, das zuvor wohl Guillaume von Villeneuve gehört hatte, bemerkt er deutlich, wie sich „ein Gefühl der Unruhe wie ein Geyer um sein Herz" legte (V 35).

Doch der Blick auf die „dunklen Locken" und „die jungen Brüste" des Mädchens (V 35), das die Fußwaschung des fremden Gastes vorbereitet, lenkt Gustav von allen Todesahnungen ab und heitert ihn wieder auf. In Todesgefahr erfreut er sich am Schauspiel des Lebens. Und doch gibt es, was die betörende Schönheit Tonis angeht, eine Einschränkung, denn „er hätte, bis auf die Farbe, die ihm anstößig war, schwören mögen, dass er nie etwas Schöneres gesehen" (V 36). Hat sich die gelbe Hautfarbe Tonis hier nicht mit dem Gelbfieber ihrer schwarzen *figura* schillernd verbunden?

Kurze Zeit später fällt Gustav eine „entfernte Ähnlichkeit" (V 36) auf, die er zunächst nicht zu konkretisieren weiß, die aber eine zweite Verdoppelungsstruktur einleitet, in der die Figur Tonis gleichsam zwischen die *figura* der schwarzen Sklavin mit Gelbfieber und die *figura* eines weißen Mädchens gestellt wird. Ein fünftes und letztes Dreieck entsteht, die das Dreieck von Schwarzer, Weißer und Mulattin personalisiert.

---

[48] Vgl. Kleist, Heinrich von: Kurze Geschichte des gelben Fiebers in Europa. In: *Berliner Abendblätter* (Berlin) 19 und 20 (23. Januar und 24. Januar 1811), S. 73–75 und 77–79, hier S. 78. Vgl. hierzu Loster-Schneider, Gudrun: Toni, Babekan und Homi Bhabha? Zu Problemen kultureller und ästhetischer Hybridisierung in Heinrich von Kleists ‚Die Verlobung in St. Domingo', S. 239.

Denn schon bald wird sich die Unbekannte als niemand anderes als die unter tragischen Umständen verstorbene Braut Gustavs herausstellen. Indem der Fremde das gerade fünfzehnjährige Mädchen zu sich auf den Schoß zieht und es mit seinen Händen umfängt, entspinnt sich ein vertrautes, fast inniges Gespräch, bei dem sich Toni schließlich „unter einem überaus reizenden Erröthen, das über ihr verbranntes Gesicht aufloderte" (V 38), an die Brust des fremden Mannes schmiegt. Nach einem ersten scheuen Kuss auf ihre Stirn (V 39) erkennt er in ihr wie in einer Anagnorisis das Abbild jener jungen Frau, die sich als seine liebe Braut einst für ihn aufgeopfert hatte. Erneut wird Toni mit dem Tode, aber auch mit Liebe und Lust konnotiert.

Die eingeflochtene Mikroerzählung um die aus Straßburg stammende Mariane Congreve, Gustavs verliebte Braut, die einst an seiner Statt unschuldig guillotiniert worden war, stellen das Bild von Toni *zwischen* jene der schwarzen Sklavin und der weißen Verlobten, so dass die Mulattin als zwischen beiden Polen oszillierendes Objekt männlicher Begierde in den Vordergrund rückt. Wie die namenlose Sklavin erscheint auch das Bild der Mariane Congreve als das einer todgeweihten Frau, eine (da stets von Gustav erzählte) männliche, nur über ihre schöne Leiche[49] vermittelbare Projektion von Frauenbildern, die sich dank der bereits erwähnten figuralen Überlagerung notwendig auch auf Toni überträgt.

Hatte sich Gustav unbesonnen kritisch über das Revolutionstribunal der jüngst errichteten Französischen Revolution geäußert, so wurde Mariane anstelle ihres flüchtigen Bräutigams hingerichtet – nicht ohne dem entsetzten Gustav, der sie nicht mehr zu retten vermochte, vom Schafott aus einen letzten, sich unauslöschlich einprägenden Blick zuwerfen zu können (V 42). Mariane opferte sich auf, indem sie öffentlich verleugnete, den schuldlos schuldig gewordenen Gustav überhaupt zu kennen. Und wird sich Toni nicht verleugnen, um sich und Gustav doch noch vor dem Verrat zu retten? Im Kleist'schen Spiel von Täuschungen und Verstellungen behält jedoch der Tod zumeist das letzte Wort.

Erst jetzt, nach der verdoppelten Verdoppelung, kann der Erzähler von der Liebesnacht berichten. Indem Toni ihre Tränen um Mariane Congreve mit den Tränen Gustavs mischt (V 43), lässt sie die Körperflüssigkeiten beider in einer allzu kurzen Liebesnacht zusammenfließen und tritt zugleich das figurale Erbe der hingerichteten Straßburger Braut an. Wird Gustav nicht auch ihr den Tod bringen? Es ist dabei zunächst der kleine Tod. Die früh schon angelegte Zwischenstellung der Mulattin erfüllt sich in einer Vereinigung, die in der Mitte der Erzählung nur durch Schweigen narrativ ausgeführt werden muss: „Was weiter erfolgte, brauchen wir nicht zu melden, weil es jeder, der an diese Stelle kommt, von selbst lies't." (V 43)

Danach sind Tonis Tränen kaum zu stillen. Die weitreichenden Folgen jener „That, die er begangen" (V 43), bleiben dem Schweizer zunächst noch unklar; und doch ist jene Geste, mit der er Toni das goldene Kreuz der Mariane Congreve als Geschenk übergibt, nicht nur die Übergabe eines Schmuckstücks, sondern weit mehr noch der Abschluss eines Vertrags, den Gustav ursprünglich mit seiner weißen Braut geschlossen hatte.

---

[49] Vgl. hierzu Bronfen, Elisabeth: *Nur über ihre Leiche. Tod, Weiblichkeit und Ästhetik.* München: dtv 1994.

Es ist, wie sich bald zeigen wird, ein im Verborgenen bleibender Vertrag mit der kaum fünfzehnjährigen Mulattin, mit dem ein künftiges Zusammenleben über Rassenschranken hinweg vereinbart wird. Es ist ein Pakt auf Augenhöhe, bei dem sich aber bald schon die Amerika, Afrika und Europa verbindende Antillanerin ihrem Partner als nicht nur ebenbürtig, sondern deutlich überlegen erweist.[50] Denn nur durch ihre List eröffnet sich die Chance, der kolonialen Last eine künftig zu genießende Lust entgegenzustellen.

Eine Vision von Konvivenz

Dass Mariane Congreve aus Straßburg, jener ‚Stadt der Straßen' stammt, ist deshalb wohl kein Zufall, weil auch ihre Erbin Toni ihrem Haus an der großen Landstraße die Zufallsbegegnung mit Gustav von der Ried verdankt. Beide Begegnungen stehen im Zeichen des Transitorischen, eines Transits, von dem nicht anzunehmen war, dass jemals eine Verstetigung des nur vorübergehenden Zusammenlebens denkbar wäre. Denn wie wäre mitten im militärischen Konflikt der kolonialen Gegenspieler, mitten in der Zerreißprobe unterschiedlicher Geschlechteridentitäten und ethnischer Herkünfte damit ernsthaft zu rechnen, dass allen Exklusionen, allen Ausgrenzungen und Massakern zum Trotz die Chance auf ein Zusammenleben bestünde? Ist das Spiel, auf das sich Toni und Gustav eingelassen haben, nicht von Anfang an ein verlorenes Spiel, das blutig enden muss?

Mag sein. Doch Kleist lässt sie es im Erprobungsraum seiner Erzählung durchspielen und durchleben. So erst wird *Die Verlobung in St. Domingo* zum vielstimmigen Experimentierraum eines Zusammenlebens, das im Grunde keine Chance auf Zukunft haben dürfte. Das „Brautgeschenk" (V 43) macht klar, dass die geschlechtliche Vereinigung von Weißem und Mulattin, von Kolonialherrn und kolonisierter Frau, eine Verlobung darstellt, die nur durch das Projekt künftigen Zusammenlebens die tradierte patriarchalische Verfügbarmachung der Mulattin für die männliche Lust zu unterlaufen in der Lage wäre. Denn ist nicht aus kolonialistischer Sicht die Schwarze zur Arbeit, die Weiße zur Heirat, die Mulattin aber für die rasche sexuelle Befriedigung da?

Der zwischen Gustav und Toni vereinbarte Vertrag, ihre ‚Verlobung', hält gegen diese kolonialistische Pflanzer-Ideologie Gustavs Versprechen, schon am nächsten Morgen bei der Mutter um ihre Hand anzuhalten, und geht sofort über in die Vision künftiger Konvivenz, eines idyllischen Zusammenlebens in einer vermeintlich heilen Welt Europas:

> Er beschrieb ihr, welch ein kleines Eigenthum, frei und unabhängig, er an den Ufern der Aar besitze; eine Wohnung, bequem und geräumig genug, sie und auch ihre Mutter, wenn ihr Alter die Reise zulasse, darin aufzunehmen; Felder, Gärten, Wiesen und Weinberge; und einen alten ehrwürdigen Vater, der sie dankbar und liebreich daselbst, weil sie seinen Sohn gerettet, empfangen würde. (V 44)

---

[50] Vgl. hierzu auch Fleming, Ray: Race and the Difference It Makes in Kleist's ‚Die Verlobung in St. Domingo'. In: *The German Quarterly* (Riverside, California) LXV, 3–4 (summer – fall 1992), S. 306–317.

Diese Vision lässt einen Anderort, eine idyllische Heterotopie entstehen, die alle Züge eines Lustorts, eines *locus amoenus*, trägt. Es ist die Idylle einer von Privatbesitz und patriarchalischer Güte geregelten Welt, die sich der Raserei und Mordlust einer aus den Fugen geratenen kolonialen Welt entgegenstellt. Schwört Gustav seiner Toni auch, er habe nur „im Taumel wunderbar verwirrter Sinne, eine Mischung von Begierde und Angst, die sie ihm eingeflößt" (V 44), und nicht aus männlichem Kalkül von ihr Besitz ergriffen, so ist sein Gegenbild einer auf Dauer gestellten ehelichen Verbindung doch wohlkalkuliertes Zeugnis einer rational entworfenen Welt, die ihrerseits eine kleine, in sich abgeschlossene Insel bürgerlicher Glückseligkeit darstellt, die in schärferem Kontrast zur Situation in Saint-Domingue kaum stehen könnte.

Und doch schleicht sich in diese Idylle eines schweizerischen Anderorts auf höchst ambivalente Weise ein nicht unwesentliches Stückchen Saint-Domingue ein. Denn wird hier die Mulattin nicht von Gustavs Vater aus Dankbarkeit dafür mit der Aufnahme in die Familie geehrt, seinem Sohn das Leben gerettet zu haben? Wird somit nicht in einer weiteren Verdoppelungsstruktur das Zeichen großer Dankbarkeit ganz so als patriarchalische Wohltat zelebriert, wie einst Congo Hoango für die Errettung seines Herrn mit Freilassung, finanziellen Mitteln, der mulattischen Lebenspartnerin Babekan und einer Inklusion in den Kreis derer belohnt wurde, die Befehlsgewalt über Sklaven ausüben dürfen?

Es scheint daher nicht übertrieben zu behaupten, dass sich in Gustavs glückliche Vision künftiger Konvivenz ein kolonialer Geburtsfehler eingeschlichen hat, der die Mulattin Toni noch in der Schweiz mit jenen kolonialen Asymmetrien konfrontiert, die sie am liebsten doch gänzlich hinter sich gelassen hätte. Noch in der europäischen Idylle steckt der koloniale Keim.

Gleichwohl ist Gustavs schweizerische Idylle das Gegenbild zu einer kolonialen Gesellschaft, deren Kollaps zuvor schon in ein gewalttätiges, nicht stillzustellendes, da sich zerstückelndes Körperbild[51] übersetzt worden war: „Ist es nicht", so hatte Babekan gesagt, „als ob die Hände Eines Körpers, oder die Zähne Eines Mundes gegen einander wüthen wollten, weil das Eine Glied nicht geschaffen ist, wie das andere?" (V 19 f) In der Gesellschaft der gnadenlosen europäischen Sklavenhalter wie in der Gegen-Gesellschaft einer Haitianischen Revolution, welche die Polung einer von Rassenhierarchien geprägten Gemeinschaft nur umkehrt, stehen sich in Kleists Erzählung in spiegelsymmetrischer Ausschließlichkeit Mechanismen der Exklusion blutrünstig gegenüber, die auch den eigenen Körper im Bild des in sich selbst zerbissenen und zerrissenen Leibes nicht verschonen.

Gegen alle Schreckensbilder setzt Gustav von der Ried – der nicht umsonst mit Herrn von Villeneuve (aber auch mit Kleist selbst) den Adelstitel teilt – die schweizerische Vision einer Inklusion, die in besonderer Weise den Einschluss der schönen Mulattin in den Kreis der Familie vornimmt. Damit wird eine die Rassenschranken transgredierende Verbindung zwischen dem weißen Offizier und der hellhäutigen Mulattin konkret vorstellbar, so dass sich an dieser Stelle der

[51] Vgl. zum zerstückelten Körper bei Kleist die Überlegungen in Jauß, Hans Robert: Befragung des Mythos und Behauptung der Identität in der Geschichte des ‚Amphitryon'. In (ders.): *Ästhetische Erfahrung und literarische Hermeneutik*. Frankfurt a. M.: Suhrkamp 1982, S. 534–584.

Erzählung, nach der sexuellen Vereinigung von Toni und Gustav, ein alternatives Modell für ein Zusammenleben zwischen verschiedenen ethnischen Gruppen abzuzeichnen beginnt. Die Überwindung von Rasseschranken wird imaginierbar, denkbar, vielleicht sogar lebbar. Heinrich von Kleist lotet die Chancen und Grenzen seines Experimentalstückes aus.

Gewiss ist dieses Modell in eine ferne Schweiz verlegt, in der die Felder, Gärten, Wiesen und Weinberge eine Landschaft der Theorie entwerfen, in der im Zeichen allgemeiner Fruchtbarkeit die Gegensätze nicht länger unvermittelt aufeinanderprallen, sondern lieblich ausgeglichen werden. Die Konvivenz zwischen verschiedenen Geschlechtern und Ethnien, zwischen unterschiedlichen Kulturen und Klassen wird vorstellbar, auch wenn Kleists Erzählung am Beispiel der Haitianischen Revolution vorführt, wie weit der Weg bis zur Verwirklichung einer derartigen Vorstellung eines friedlichen Zusammenlebens – und sei es noch so patriarchalisch eingefärbt – noch ist. Die Liebe bildet hier gewiss ein stets prekäres Bewegungsmittel, kann sie doch auch bei Missverständnissen in Hass umschlagen, der sich – wie Kleist in seiner Erzählung eindrucksvoll vorführt – zerstörerisch und selbstzerstörerisch auswirkt. Und doch: Es zeichnet sich zwischen beiden Liebenden eine Verlobung ab, die für die Zukunft nicht nur Glück, sondern gelebte Konvivenz verspricht.

Das in *Die Verlobung in St. Domingo* polylogisch entfaltete ZusammenLebensWissen[52] entwirft ein hintergründiges, gewiss auch tragisch eingefärbtes Bild von Konvivenz auf individueller wie auf kollektiver Ebene. Dabei ist es faszinierend zu sehen, wie Heinrich von Kleist die Modernität seines Blickes nicht nur – wie die meisten seiner deutschen Zeitgenossen – mit einem kritischen Rückblick auf die europäische Doppelrevolution schärft und historisch auflädt. Er beschränkt sich nicht auf die Einbeziehung von Reflexen der von Frankreich ausgehenden politischen und auf der von England ausgehenden industriellen Revolution, sondern bietet seinen Lesern eine welthistorische Dimension, indem er die Haitianische Revolution im Kreuzungspunkt verschiedenster Diskurse zum Reflexionsort seiner verzweifelten Liebesgeschichte macht. Bringt nicht die Antriebskraft der Liebe all jene widersprüchlichen Faktoren zum Vorschein, die von entscheidender Bedeutung sind für ein Zusammenleben im weltweiten Maßstab, eine Konvivenz, die sich gerade nicht auf eine Schweizer Idylle beschränkt wissen will?

Die Vergangenheit der Tyrannei einer erbarmungslosen Plantagenwirtschaft wie die Gegenwart einer gewaltsamen, grausamen Befreiung ihrer Opfer hält beide Liebende fest in ihren Krallen. Gustav macht gegenüber Toni deutlich, dass er das „allgemeine Verhältniß" der Weißen zu den Schwarzen – womit er euphemistisch die Sklaverei bezeichnet – nicht vorbehaltlos „in Schutz zu nehmen" gewillt ist (V 31). Doch seien Missetaten „vielfacher und tadelswürdiger Mißhandlungen" nur „von einigen schlechten Mitgliedern" der Zuckeroligarchie begangen worden (V 31), so dass all dies den „Wahnsinn der Freiheit" und die Racheaktionen der Schwarzen an den Weißen für deren „schon seit vielen Jahrhunderten" bestehendes System (V 31) nicht rechtfertigen

[52] Zu diesem Konzept vgl. Ette, Ottmar: *ZusammenLebensWissen. List, Last und Lust literarischer Konvivenz im globalen Maßstab (ÜberLebenswissen III).* Berlin: Kulturverlag Kadmos 2010.

könne. Wie hätten die Sklaven, wie hätte eine Babekan, die nicht nur vom Vater ihrer Tochter verleugnet, sondern auch von Herrn von Villeneuve misshandelt und ausgepeitscht wurde (V 29), einer derartigen Einschätzung zustimmen sollen?

In der Erzählung werden unter der Stimme des Erzählers viele unterschiedliche Diskurse hörbar, so dass man im Bachtinschen Sinne sicherlich von einem Kosmos der Redevielfalt sprechen kann, der auf die Herausforderungen der zweiten Phase beschleunigter Globalisierung höchst sensibel reagiert. Heinrich von Kleist ist es in *Die Verlobung in St. Domingo* gelungen, aus dieser Rede- und Stimmenvielfalt einen literarischen Erprobungsraum zu modellieren, in dessen Mittelpunkt es um die Frage nach den Chancen, aber auch nach den Risiken und Gefahren künftigen Zusammenlebens im weltweiten Maßstab geht.

Heinrich von Kleists Erzählung entfaltet so ein breit angelegtes ZusammenLebensWissen, das von keiner einzelnen Erzählerstimme in seiner Bedeutungsvielfalt begrenzt oder beschnitten werden kann. Die *polylogische*, vielen verschiedenen Logiken zugleich verpflichtete erzählerische Strukturierung führt die Perspektiven vor, die im Brennspiegel der Haitianischen Revolution gewaltsam aufeinanderprallen. Nicht nur für Humboldt, sondern auch für Kleist wird Haiti zur Herausforderung, ja zum Paradigma, an dem sich Zukunft im globalen Kontext nicht nur abschätzen, sondern auch narrativ erproben lässt.

Wie stark und zerstörerisch dieser Zusammenprall in der zweiten Hälfte der Erzählung auch immer sein mag: Er vermag nicht zu verdecken, was man die prospektive, auf künftige Konvivenz gerichtete Dimension der Kleist'schen Erzählung nennen muss.

Konvivenz und Katastrophe

Erscheint die schöne Mulattin am Ende der ersten und einzigen Liebesnacht „wie eine Leblose" (V 45) – ein kleiner Tod, der schon auf den großen vorausweist, – so bringt der neue Tag Babekans Plan herauf, die Reisegesellschaft der Weißen durch Täuschung und Verstellung noch so lange festzuhalten, bis Congo Hoango diese weißen oder kreolischen Halbhunde, wie er sie nennt (V 21 f), wie so viele vor ihnen ihrem verdienten Schicksal zuführen könne (V 46). Das Bild der Lust wird von der lebensbedrohlichen Last, das Bild heterotoper Konvivenz von jenem topischer Konfrontation verdrängt: Alles droht, in einer blutigen Katastrophe zu versinken. Mit Hilfe welcher neuen List aber könnte es gelingen, eine auf Dauer gestellte Lust der Konvivenz wiederzugewinnen?

Toni begehrt augenblicklich gegen den Plan ihrer Mutter auf, durch ein System wohlkalkulierter Lügen das „Haus" – wie schon zu oft – in eine Falle, in eine „Mördergrube" zu verwandeln (V 47). Ihre Liebe lässt sie erfinderisch werden. Doch Babekan verweist auf frühere Beispiele, wie man nicht nur Franzosen, sondern auch Portugiesen oder Holländer (und damit die Repräsentanten anderer europäischer Kolonialmächte) erfolgreich zur Strecke gebracht habe (V 48 f) – ganz unabhängig von einer jeweils individuellen Schuld, und ohne, dass man ihnen etwas Konkretes hätte „zur Last" legen können (V 49).

Toni aber möchte von der Mutter nicht mehr an „diese Gräuelthaten" erinnert werden, habe sie sich doch längst dagegen empört, zur Teilnahme an diesen geradezu rituell verübten Morden gezwungen zu werden (V 49). So stellt sich die junge Frau schützend vor den Schweizer, schwört, lieber „zehnfachen Todes" zu sterben, als mitansehen zu müssen, wie Gustav auch nur ein Haar gekrümmt werde (V 49).

Dann aber wechselt Toni ihre Taktik und greift zu einer neuen List, indem sie scheinbar auf die Vorschläge der Mutter eingeht. Babekan aber schöpft Verdacht und fragt, was Toni denn zuvor in einer einzigen Nacht bewogen habe, so grundlegend ihre Meinung zugunsten des Fremden zu ändern (V 52). Die Tochter aber hat sich fest auf ihre List verlegt und hebt hervor, beim Anblick ihrer Mutter sei ihr erst wieder „die ganze Unmenschlichkeit der Gattung, zu der dieser Fremde gehöre", klar vor Augen getreten (V 52 f). Denn Babekans Körper zeigt noch immer alle Zeichen ihrer im Kolonialsystem erlittenen Misshandlungen: Sie ist die lebendige Figuration der Brutalität und Unmenschlichkeit des gesamteuropäischen Kolonialismus.

Für Gustav aber wird Tonis Verhalten bald schon rätselhaft. Er vermag nicht wirklich darauf zu vertrauen, was der Erzähler weiß: Dass Toni in dem gestern noch Fremden nicht mehr nur einen bloßen Gast, sondern „ihren Verlobten und Gemahl" erblickt (V 59). Weder versteht er noch vertraut er. Dabei ist nicht nur für Gustav, sondern auch für Toni die Verlobung nun vollzogen, ja schließt schon die Hochzeit mit dem jungen Offizier mit ein. Aus ihrer einzigen Liebesnacht ist für die junge Mulattin eine Verlobung, ja eine Vermählung geworden, so dass sie wie Mariane Congreve, die erste Braut des Schweizers, jederzeit bereit ist, ihr Leben für ihren Mann bedenkenlos hinzugeben. Doch auch dieses Mal wird Gustav nicht rechtzeitig verstehen.

Damit aber wird das Bild künftiger Konvivenz vom Anderort der Schweiz in das Hier und Heute eines Zusammenlebens in der Karibik geholt, das in seiner Existenz zutiefst bedroht ist. Und dies nicht nur von außen, von all jenen Protagonisten und Gruppen her, die sich auf die erbarmungslose Jagd nach Weißen gemacht haben, sondern auch aus dem Innern der Beziehung selbst. Denn Toni hat Gustav nicht in die von ihr gewählte List eingeweiht, mit der sie die schwer auf beiden lastende tödliche Gefahr in gemeinsame Lust verwandeln will. Diese Asymmetrie des Wissens wird fatale Folgen haben.

Erneut wird nun das Haus zur Spielfläche einer tödlichen Auseinandersetzung. Dabei steht die „List" der Tochter gegen die „List" der Mutter (V 62). Für ihren eigenen Plan erhofft sich Toni göttlichen Beistand, kniet sie sich doch vor dem „Bildniß der heiligen Jungfrau, das neben ihrem Bette hing", nieder (V 62) und fleht ihren Sohn Jesus Christus, „in einem Gebet von unendlicher Inbrunst, um Muth und Standhaftigkeit an", auch um die von ihr mitbegangenen Verbrechen, „die ihren jungen Busen beschwerten", eingestehen zu können (V 63). Diese Last wiegt schwer auf ihr, doch hofft sie auf Gustavs Vergebung und darauf, dass er „sie als sein treues Weib mit sich nach Europa führen möchte" (V 63).

So verwandelt sich das Gebet an eine allgegenwärtige Transzendenz in die Hoffnung auf eine heterotopische Konvivenz, hat Gustav von der Rieds in die Schweiz projizierter Entwurf künftigen Zusammenlebens doch bei der Mulattin offenkundig eine Wirkung ausgelöst, die wohl noch größer ist als jene der sexuellen Vereinigung. Nicht diese, sondern das Geloben künftiger Konvivenz bildet den Kern einer Verlobung, die einen prospektiven Akt und Pakt darstellt, der Rassenschranken zwischen gelb und weiß überwinden will.

Auch Gustav selbst scheint diesen Pakt zu leben – freilich im Traum, in dem er öfters „mit glühenden, zitternden Lippen" Tonis Namen flüstert, ohne vom Rufen des realen Mädchens zu erwachen (V 64). So kann sich Toni in Gustavs Schlafgemach nicht dazu durchringen, „ihn aus den Himmeln lieblicher Einbildung in die Tiefe einer gemeinen und elenden Wirklichkeit herabzureißen" (V 64) – ein folgenschwerer Fehler, da Gustav Tonis List zu spät begreifen wird. In dieser letzten Szene vor dem Sturm leben die beiden Liebenden in zwei verschiedenen Welten, im Traum und in der Wirklichkeit, im Himmel und in elender Tiefe.

Folglich kann das Schlafgemach im Bewegungsraum des Hauses auch nicht mehr zum Erprobungsraum ihres Zusammenlebens werden. Denn schon dringt nicht mehr nur das Mondlicht, sondern auch „der Nachtwind" durch die „geöffneten Fenster" (V 63) ins Innere des Hauses ein, ein Eindringen, das als Hereinbrechen bald nicht mehr nur mit dem Haar auf Gustavs Stirn, sondern mit seinem ganzen Körper wie mit dem von Toni spielen wird. Das Bett wird niemals mehr zur Spielfläche ihrer Lust, sondern der Fesselung: Von nun an beherrschen fremde Mächte ihre Körper.

Nur wenige Zeilen später dringt Congo Hoango mit dem von ihm befehligten Hilfstrupp für General Dessalines in den soeben noch Schutz verheißenden Innenraum von Hof und Haus, wird das „Geräusch von Menschen, Pferden und Waffen" hörbar (V 64). Zugleich wird deutlich, dass die Mutter die List ihrer Tochter erahnt und sie deshalb bei Congo Hoango schon als „Verrätherinn" (V 65) denunziert.

Darüber hinaus schwebt die Tochter Babekans in der Gefahr, dass auch Gustav selbst sie fortan „für eine Verrätherinn halten" könnte, die im Einklang mit ihrer Mutter und Congo Hoango gehandelt hätte (V 67). Erneut steht die junge Mulattin zwischen zwei Polen, zwischen zwei Kräftefeldern und Gefahren; und ihre durch einen Zufall glücklich eingegebene List, Gustav noch vor Congo Hoango an Händen und Füßen rasch zu fesseln, wird bei dem Schweizer Offizier die falsche Einsicht festigen, dass Toni ihn mit ihren Reizen nur ans Bett gefesselt habe, um ihn als Weißen an die Schwarzen auszuliefern. Lustvolle Konvivenz bleibt auf den Traum beschränkt: Die Wirklichkeit erfasst die Liebenden und reißt sie mit sich fort in einen unentrinnbaren Todeswirbel.

Im ehemaligen Haus des Sklavenhalters, in jenem Herrenhaus, in dem Congo Hoango seinem einstigen Herrn die Kugel durch den Kopf jagte, ist an ein friedliches Zusammenleben nicht einmal mehr im Traum zu denken. All diese Bewegungen sind im Fraktal des nun vom ehemaligen Sklaven bewohnten Herrenhauses vektoriell gespeichert: Die Leser der Erzählung können hier all jene Bahnungen abrufen, die das Verhalten aller Beteiligten mitbestimmen.

Projekt und Projektion der Konvivenz erweisen sich im ‚Stresstest' dieser karibischen Wirklichkeit in Saint-Domingue als Traum, der sofort in den Albtraum umzuschlagen droht. Heinrich von Kleists Erzählung kostet alle Details dieses Umschlagens ästhetisch aus. Nicht nur, dass Congo Hoango, Tonis List ebenso wenig durchschauend wie Gustav von der Ried, diese als „sein liebes Mädchen" bezeichnet (V 70), womit ihre Zwischenstellung zwischen schwarz und weiß noch einmal – und diesmal mit Blick auf die von ihr ausgelösten Gefühlsbewegungen – hervorgehoben wird. Die Tochter Babekans wird vielmehr hart von jenen Blicken getroffen, die der noch immer im Bett gefesselte Gustav ihr „voll Verachtung" zugeworfen hatte und die ihr sogleich, „wie Messerstiche, durchs Herz gegangen" waren (V 72). Sie fühlt zu Recht, wie statt der Konvivenz die Katastrophe ständig näher rückt. Doch anders als Gustav ist sie in ihrem Handeln nicht gelähmt.

Denn es gelingt ihr, Strömli und seine Gemeinschaft weißer Flüchtlinge vor der Falle, vor der Mördergrube zu warnen, in die sich das Haus des Guillaume von Villeneuve wieder verwandelt hat. Toni ist ganz in die Rolle von Gustavs erster Braut geschlüpft und frohlockt „bei dem Gedanken, in dieser zu seiner Rettung angeordneten Unternehmung zu sterben" (V 73). Denn Konvivenz erscheint zunehmend weder an diesem Ort, der Insel Hispaniola, noch am anderen Ort, der Insel an der Aare, sondern nur noch in einer Transzendenz realisierbar, so dass der kleine Tod geschlechtlicher Vereinigung nur noch im großen Tod gemeinsam durcherlebt werden kann. Aus dieser stringent durchgehaltenen narrativen Logik schöpft die Erzählung ihre Kraft, ja ihre Gewalt.

Ein letztes Mal keimt Hoffnung auf, als es Toni gelingt, Strömli und seine Gemeinschaft vor der Gefahr zu warnen und dazu zu bringen, zur Rettung von „Vetter August" zu den Waffen zu greifen und zum Haus zu eilen (V 76). Die oft debattierte[53] Verdoppelung von Gustavs Namen in August zeigt dasselbe Oszillieren zwischen zwei Namensgebungen an, das sich bereits im Titelfraktal ausmachen ließ. Der hybriden Zweiteilung der Insel entspricht die Zweiteilung eines Menschen, der Toni, aber auch dem Leser während dieser Phase höchster Anspannung und Gefahr in anderer, in seinem Lebenswissen zutiefst verwirrter Form entgegentreten wird.

War Gustav trotz anfänglichen Zögerns Toni zugetan und zu ihrem Bräutigam geworden, so wird er sich nun als dummer, Tonis List nie wirklich durchschauender August aufführen, auch wenn er noch immer mit Gustav das etymologisch auf das Lateinische zurückverweisende und damit das Französische und Spanische zusammenführende Lexem *gust* teilt. Dieses verweist nicht zuletzt auf das Gefallen, auf den Geschmack, das sinnliche und ästhetische Erleben, das *Gust*av/Au*gust* immer noch mit der schönen Mulattin verbindet. Doch rückt es in der Verdoppelung des Namens von der mit Majuskel geschriebenen Anfangsposition in eine mit Minuskel versehene Endposition, was auf grundlegende Umbesetzungen, ja eine gewisse Verkehrung aufmerksam macht. Der Traum von Konvivenz schlägt bald schon in die Katastrophe um. Hätte Gustav sie abwenden können, wäre er am Morgen seines Todes Gustav geblieben?

Die Eroberung und Besetzung des Hauses durch Strömlis kleine Truppe geht rasch vonstatten und hebt die Auseinandersetzung zwischen Schwarzen und Weißen im Mikrokosmos des Hauses von der individuellen auf die kollektive Ebene: Es ist

[53] Vgl. hierzu etwa Loster-Schneider, Gudrun: Toni, Babekan und Homi Bhabha? Zu Problemen kultureller und ästhetischer Hybridisierung in Heinrich von Kleists ‚Die Verlobung in St. Domingo', S. 245 f.

der Kampf unauflösbar miteinander verfeindeter Gemeinschaften, in dem es die Seiten zu wählen gilt, da es keine Zwischentöne mehr gibt. Daher bezeichnet sich Toni gegenüber ihrer Mutter, von der sie als „Niederträchtige und Verrätherinn" beschimpft wird, wie in einem Akt der Selbstenttarnung als eine Weiße, die mit dem jungen Schweizer „verlobt" sei (V 81): „ich gehöre zu dem Geschlecht derer, mit denen ihr im offenen Kriege liegt, und werde vor Gott, dass ich mich auf ihre Seite stellte, zu verantworten wissen." (V 81 f)

Zu der bereits figural in den Gestalten der schwarzen Sklavin und der weißen Braut Mariane vorgezeichneten Katastrophe kommt es, als „Vetter August" (V 83), wie er von den Protagonisten, aber auch vom Erzähler selbst nun immer wieder genannt wird, nach seiner Befreiung erstmals wieder Toni erblickt und „bei diesem Anblick die Farbe" wechselt (V 84). Nur wenige Sekunden später wird der von Strömli und seinen Söhnen als „ungeheurer Mensch" (und damit als Zwitterwesen[54] zwischen Ungeheuer und Mensch) bezeichnete August „knirschend vor Wuth" die schöne Mulattin durch einen Pistolenschuss „mitten durch die Brust" töten (V 84). Zu spät erfährt der dumme August von seinen Reisegefährten, dass die junge Mulattin bereit gewesen sei, „mit ihm, dem sie Alles, Eltern und Eigenthum, aufgeopfert, nach Port au Prince zu entfliehen" (V 85). Hätte August ihre List begriffen, mit der sie sich von ihrer Last, von ihrer Schuld am Tode anderer, befreien wollte, so wäre es zwar nicht in der Karibik, wohl aber andernorts sehr wohl möglich geworden, den Traum von Konvivenz zumindest im fernen Europa in die Tat umzusetzen. Das Paradies war beinahe schon erreicht: Doch kurz davor schlugen die Tore zu. Für immer.

Der Katastrophe geht unmittelbar – wie wir gesehen haben – ein doppelter Farbenwechsel voraus. Während die Mulattin oder, wie sie mehrfach im Text ganz bewusst genannt wird, Mestize sich zur Weißen wandelt, wechselt Gustav seinen Namen nicht nur in August, sondern auch seine Farbe. Der Erzähler verrät seinen Lesern nicht, in welche Farbe der junge weiße Offizier wechselt: Ist es das Rot der Wut, das Gelb des oszillierenden ‚Dazwischen' und der Eifersucht oder das Schwarz des Todes? In jedem Falle ist der Wechsel doppelt todbringend, denn als man ihm nun seinen alten Namen Gustav „in die Ohren" donnert (V 85) und sich die sterbende Toni gegen den Vorwurf des Verrats verwahrt, erhebt sich „Vetter Gustav" (V 86) wieder von seinem Bett, legt noch einmal „seine Arme um ihren Leib" und nimmt „mit jammervoll zerrissenem Herzen" ihre letzten Worte entgegen: „‚du hättest mir nicht mißtrauen sollen!'" (V 87). Als Toni „ihre schöne Seele" aushaucht (V 87) und bereits „zu besseren Sternen entflohn" ist (V 88), jagt sich der wieder zu Gustav Gewordene die Kugel mit einem rasch angesetzten Mundschuss „durchs Hirn" (V 88).

Der Selbstmord, in dessen literarischer Inszenierung[55] die Kleist-Forschung schon oft die Vorwegnahme des eigenen Freitods Kleists gemeinsam mit der unheilbar erkrankten Henriette Vogel am 21. November 1811 am Kleinen Wannsee sah,

---

[54] Auf die Wichtigkeit von Zwitterwesen macht u. a. aufmerksam Blamberger, Günter: *Heinrich von Kleist. Biographie*. Frankfurt a. M.: S. Fischer 2011, S. 434.

[55] Vgl. hierzu auch das Kapitel ‚Ökonomie und Anökonomie des Opfers – Kleists letzte Inszenierung: der Freitod am Wannsee' in Blamberger, Günter: *Heinrich von Kleist. Biographie*, S. 450–468.

lässt in der Katastrophe selbst die zum Greifen nahe Möglichkeit der Konvivenz aufscheinen. Tonis und Gustavs Hände verfehlen sich ein letztes Mal, zeigen in dieser letzten Bewegung aber auf, wie nahe sie einer Vereinigung gekommen waren. Toni leiht dem Bild der schönen Seele einen schönen Körper, gewiss.[56] Doch Gustav hätte diese Seele, diesen dreifach – als ‚Farbige', als Frau und als Antillanerin – diskriminierten Körper über alle Rassenschranken hinweg in eine *neue* Welt geholt, die freilich in den europäischen Kolonien der Neuen Welt noch nicht zu finden war. Doch noch im Scheitern, noch im Sterben wird die Lebbarkeit, ja das Durchleben einer solchen Konvivenz ästhetisch eindrucksvoll bestätigt.

Die abschließend getroffene und auch wechselseitig eingehaltene Vereinbarung zwischen Strömli und Congo Hoango, die als Geiseln für freies Geleit genommenen Kinder des Schwarzen in „Sainte Lüze" (V 90) – auch dies selbstverständlich ein hybrides, gleichsam zweisprachiges Toponym – zurückzugeben, zeigt auf, wie sehr Verträge auf Vertrauensbasis möglich sind: auch dann, wenn es nur allererste Schritte auf einer kollektiven Ebene sind.

Auf einer individuellen, die zentral gestellte Liebesgeschichte betreffenden Ebene öffnet sich das gescheiterte Projekt künftigen Zusammenlebens auf eine Projektion, die jenseits des irdischen Lebens ein Zusammenleben aufscheinen lässt, werden die Leichen von Toni und Gustav doch am Möwenweiher – ungeachtet ihrer unterschiedlichen Herkunft – in einem gemeinsamen Grab bestattet, nachdem man die Ringe an ihren Händen gewechselt hatte. Die Gräber der beiden Liebenden aber verwandeln sich in „die Wohnungen des ewigen Friedens" (V 90), wobei der Ort dieses friedlichen Zusammenlebens in Differenz nun ein Anderort, eine Heterotopie ist, so dass die Konvivenz in eine Transzendenz verlagert und ins Himmlische übersetzt wird.

Die Flucht nach Port-au-Prince, die Rettung (nach der Eroberung der Stadt durch Dessalines) auf die Schiffe der (logischerweise) englischen Flotte, die Überfahrt nach Europa und die Heimkehr in die Schweiz beenden wie im Zeitraffer eine in ihren narrativen Verfahren ausgeklügelte Erzählung, die nicht in der Schweizer Idylle von Gustav, wohl aber der Familie von Herrn Strömli ausklingt. Die letzten Worte der Erzählerfigur gelten jenem Denkmal, das der wackere Strömli „Gustav, seinem Vetter, und der Verlobten desselben, der treuen Toni", errichten ließ und das man „noch im Jahr 1807" auf dem Anwesen in der Schweiz habe sehen können.

Dass man das Denkmal *noch* im Jahre 1807 dort finden konnte, macht angesichts der wenigen Jahre, die seit den berichteten Ereignissen vergangen sind, im Grunde wenig Sinn; entscheidend vielmehr ist, dass diese Jahreszahl auf ein bereits genanntes Biographem, auf Heinrich von Kleists direkte Bekanntschaft als Häftling mit jener Jurafestung von Joux verweist, deren Kerker für Toussaint-L'Ouverture zur Folterkammer und zum kalten Grab geworden war. So wird in das Denkmal für Toni und Gustav ein nicht weniger literarisches Denkmal für eine der großen Figuren der Haitianischen Revolution eingeblendet, gleichsam die Vorwegnahme einer Gedenktafel für den großen Haitianer, wie wir sie heute vor jener Festung an der Schweizer Grenze finden. Noch 1807 hätte sie dort niemand anzubringen gewagt.

---

[56] Vgl. hierzu Weigel, Sigrid: Der Körper als Kreuzpunkt von Liebesgeschichte und Rassendiskurs in Heinrich von Kleists Erzählung ‚Die Verlobung in St. Domingo', S. 212.

Heinrich von Kleists bis heute faszinierende Erzählung *Die Verlobung in St. Domingo* entfaltet ausgehend von ihrem Titelfraktal ein vielstimmiges und mehr noch *viel-logisches* Lebenswissen, das uns dank einer raffinierten Erzählkunst als ein Erlebenswissen entgegentritt, welches das Überlebenswissen wie das Zusammenlebenswissen eines Zeitraums präsentiert, der in der zweiten Phase beschleunigter Globalisierung durch den Zusammenbruch eines überkommenen, auf Sklaverei und damit auf extremer Ungleichheit beruhenden Zusammenlebens gekennzeichnet war. Im Kollaps einer nicht mehr tragfähigen rassistischen Konvivenz entfaltet die Erzählung die Diegese einer Neuen Welt, in der sich neben den Zeichen der Zerstörung erste Anzeichen eines künftigen friedvollen Zusammenlebens abzeichnen.

Hatte nicht Simón Bolívar, der selbst Anfang des Jahres 1816 auf seiner Flucht im Freiheitskampf Zuflucht in Haiti hatte suchen müssen, von der karibischen Nachbarinsel Jamaica aus in seiner berühmten *Carta de Jamaica* 1815 das intermediäre ZwischenWeltenLeben für die Neue Welt als bestimmend reklamiert? So betonte der mit Humboldt im Briefwechsel stehende *Libertador*, sich an die Bewohner seines Amerika – die eine „kleine Menschheit" für sich darstellten – richtend, dass „wir weder Indianer noch Europäer sind, sondern eine mittlere Spezies zwischen den rechtmäßigen Eigentümern des Landes und den spanischen Usurpatoren: dass wir folglich Amerikaner von Geburt und unsere Rechte die von Europa sind."[57]

Heinrich von Kleist hat in den Figuren seiner Erzählung, besonders aber in der als Mestizin bezeichneten Mulattin Toni jenes Oszillieren zwischen verschiedenen Welten gezeichnet, das gerade für die Karibik, für jene Zone verdichtetster Globalisierung, seit dem Beginn der europäischen Kolonisierung so charakteristisch ist. Aus europäischer Sicht hat dieses Oszillieren, dieses ständige Wechseln der ‚Farbe', seit jeher für Argwohn gesorgt. Ist Gustav nicht daran gescheitert, dass er die schöne Mulattin entweder den Schwarzen *oder* den Weißen, nicht aber einer unabschließbaren Bewegung im Zwischenraum zurechnen wollte?

In Tonis letzten, an „ihren" Gustav gerichteten Worten, in jenem „‚du hättest mir nicht mißtrauen sollen!'" (V 87), wird sicherlich keine simplistische Moral aus der Geschichte gezogen, wohl aber jenes Lexem betont, das in der Rede von der „treuen Toni" (V 91) in den letzten Worten des Erzählers noch einmal widerhallt. Gewiss hat sich Toni auf die Seite der Weißen geschlagen, gewiss hat sie den Weg nach Europa, wo sie gezeugt und geboren wurde (V 20), gewählt, und gewiss scheint die gesamte Erzählung in der idyllischen „Gegend des Rigi" (V 91) zur Ruhe zu kommen. Doch die unterschiedlichen, widersprüchlichen und oft antagonistischen zeitgenössischen Diskurse, die Heinrich von Kleist in seine Erzählung einzuweben verstand, machen diese zum Erprobungsraum einer möglichen Konvivenz, in deren Scheitern ein Wissen vom künftigen Zusammenleben aufscheint.

Wenn alle Literatur ein Schreiben und damit Leben nach dem Paradies ist,[58] dann ließen sich Kleists Überlegungen aus seinem berühmten Essay ‚Über das

[57] Bolívar, Simón: *Carta de Jamaica. The Jamaica Letter. Lettre à un Habitant de la Jamaïque.* Caracas: Ediciones del Ministerio de Educación 1965, S. 69.

[58] Vgl. hierzu u. a. das Eröffnungskapitel in Ette, Ottmar: *Konvivenz. Literatur und Leben nach dem Paradies.*

Marionettentheater' sehr wohl auf jene Erzählung beziehen, die sich diegetisch mit der Haitianischen Revolution nicht nur dem zeitgenössischen Paradigma und damit der Frage nach dem Zusammenleben, sondern auch jener Region annäherte, wo Christoph Columbus einst das irdische Paradies vermutet hatte. Heinrich von Kleists Schreiben weiß davon, dass nach der Vertreibung von Adam und Eva aus dem Paradies und damit nach einer ersten Anwendung von körperlicher Gewalt in der menschheitsgeschichtlichen Fiktion der *Genesis* die Rückkehr nach Eden verboten ist und für alle Zeiten als undurchführbar erscheint. Die Literatur aber hat im Sinne von Kleist noch nicht alle Hoffnung fahren lassen: „Doch das Paradies ist verriegelt und der Cherub hinter uns; wir müssen die Reise um die Welt machen und sehen, ob es vielleicht von hinten irgendwo wieder offen ist."[59]

[59] Kleist, Heinrich von: Über das Marionettentheater. In (ders.): *Sämtliche Werke und Briefe in vier Bänden*, Bd. III, S. 559.

Rahel Levin Varnhagen oder das Mobile Preußens

‚Alles ist aber vorbei!'

> Bei meinem Teetisch ... sitze nur ich mit Wörterbüchern; Tee wird gar nicht mehr bei mir gemacht; so ist alles anders! Nie war ich so allein. Absolut. Nie so durchaus und bestimmt ennuyirt. Denn nur Geistreiches, Gütiges, Hoffnungsgebendes kann eine so Gekränkte, eine so Getötete noch hinhalten. Alles ist aber vorbei! Im Winter, und im Sommer auch noch, kannte ich einige Franzosen: Mit denen sprach ich hin und her, und wir sprachen das ab, was fremde gesittete, Literatur liebende und übende Menschen, die nicht eines Landes sind, absprechen und abstreiten können. Die sind alle weg. Meine deutschen Freunde, wie lange schon; wie gestorben, wie zerstreut![1]

Eine Frau sitzt vor den Trümmern ihrer Existenz, ihres Lebens. An einem Teetische in einer Wohnung, in der gar kein Tee mehr zubereitet wird, weil niemand mehr da ist, weil es kein Zusammenleben mehr gibt: keine Konvivialität und keine Konvivenz[2] in einem sich ehedem stetig erweiternden Kreis. Alle Freundinnen und Freunde der Frau, alle ihre Gäste, alle ihre Seelenverwandten sind gegangen, verschwunden, vom Winde verweht, zerstreut. Absolute Einsamkeit.

Wo einst das Gespräch, die gepflegte Konversation, der gesellige Austausch vorherrschten, sind nur noch Wörterbücher geblieben: Bücher, in denen jene Wörter aufbewahrt und aufgehoben sind, die einst in lebendigem Wechselspiel die Runde machten und eine ganze Gesellschaft erhellten. An die Stelle der Konvivenz, des freudigen Zusammenlebens in einem von Soziabilität erfüllten Kreis, ist die Absenz getreten, eine Einsamkeit, die in ihrer Absolutheit auf der nicht mehr ganz jungen Frau lastet wie niemals zuvor. Konvivenz und Konvivialität haben einer gähnenden Leere, einer trauererfüllten Einsamkeit Platz gemacht: ‚Alles ist vorbei!'

Zumindest will es so scheinen. Die einsame Frau am verwaisten Teetisch ist Rahel Levin, die in tiefster Bestürzung, in absolutem Alleinsein in einem Raum

---

[1] Varnhagen, Rahel: Brief an Gustav von Brinckmann (1808). In (dies.): *Gesammelte Werke*. Bd. I. München: Matthes & Seitz 1983, S. 328.

[2] Zu diesem Term vgl. Ette, Ottmar: *Konvivenz. Literatur und Leben nach dem Paradies*. Berlin: Kulturverlag Kadmos 2012.

O. Ette, *Mobile Preußen*, https://doi.org/10.1007/978-3-476-04854-7_6

sitzt, der von Bewegungen innerer wie äußerer Art erfüllt gewesen war und nun für immer menschenleer ist – und es auch bleiben wird. Bis vor kurzem noch war sie der umschwärmte Mittelpunkt einer Gesellschaft gewesen, die fröhlich und zuversichtlich in die Zukunft blickte. Doch selbst die wenigen Franzosen, mit denen sie noch in Kontakt stand, sind gegangen und haben sie alleine zurückgelassen.

Es ist die (literarische) Nachhut jener Franzosen, die 1806 mit Napoleon in Berlin einmarschierten und der preußischen Gesellschaft, noch ganz in der nachfriderizianischen Zeit im Zeichen von Toleranz und Offenheit, ein jähes Ende bereiteten. Preußen selbst schien am Ende. Die Zeit Friedrichs des Großen war nun endgültig vorbei, der Geist von Sanssouci verweht: das preußische Rokoko mit seiner Heiterkeit und seinen Pflanzengirlanden entschwunden wie seine Soldaten und die Langen Kerls. Was war eigentlich von Preußen noch geblieben?

Und die Franzosen? Nun sind auch sie weitergezogen, nach Osten wohl, ihrem eigenen Untergang, dem Untergang der *Grande Armée*, siegreich im Licht der brennenden Dörfer und Städtchen Russlands entgegen. Doch auch die preußischen Freunde und Gäste sind fort, sind entweder gefallen wie der Hohenzollern-Prinz Louis Ferdinand bei Saalfeld im Kampf gegen die Franzosen oder zwischen die Fronten von Preußen und Franzosen geraten wie Adelbert von Chamisso; haben es vorgezogen, beim Einmarsch von Napoleon in Berlin lieber in Paris zu bleiben, wie der mit seinem Amerikanischen Reisewerk beschäftigte Alexander von Humboldt, oder sind schon bald mit der Reorganisation des preußischen Staates betraut wie sein älterer Bruder Wilhelm; tragen sich mit dem Gedanken, den preußischen Staatsdienst zu quittieren und Königsberg wieder zu verlassen, wie der bald in französische Kriegsgefangenschaft geratende Heinrich von Kleist, oder der seiner zutiefst anti-französischen Haltung ergebene und sich an Österreich ausrichtende Friedrich von Gentz. Sie alle gehörten wie selbstverständlich dem Kreis an, der sich um Rahel Levin geschart hatte. Und sie waren fort.

Die Spuren vieler, die sich im vorliegenden Band versammelt finden, weisen in alle Richtungen: Die preußische Gesellschaft musste sich neu finden und erfinden, bevor ein Neubeginn, der doch im Kern nicht Regeneration, sondern Restauration bedeutete, angegangen werden konnte. Im napoleonischen Wirbelsturm ordnen sich alle Figuren neu, bevor sich die reich mit Wappen bestickten Stühle des Wiener Kongresses endgültig zur neuen Ordnung der Monarchien formieren. Auch Wilhelm von Humboldt hatte hier seinen eigenen Stuhl:[3] Preußen war wieder *on the map*.

Aber mit dem Einmarsch der französischen Armee in die preußische Hauptstadt waren die alte Gesellschaft Preußens und die fröhliche Gesellschaft der Rahel Levin gemeinsam und unwiederbringlich untergegangen. Es ist schon wahr: ‚Alles ist aber vorbei!' Nichts konnte diese Gesellschaften mehr zurückbringen und zu neuem Leben erwecken. All das, wofür zwischen 1790 und 1806 der sogenannte Salon der Rahel Levin gestanden hatte, all das, was er noch nicht gesellschaftsfähig, aber doch zumindest salonfähig gemacht hatte – mithin die gezielte Überwindung ebenso

[3] Dieser Stuhl Wilhelm von Humboldts ist eines der Objekte der neuen den Brüdern Humboldt gewidmeten Ausstellung, die aus Anlass des 250. Geburtstages Alexander von Humboldts von Bénédicte Savoy und David Blankenstein am Deutschen Historischen Museum kuratiert wird.

nationaler wie religiöser, ebenso ‚rassischer‘ wie ständischer oder gesellschaftlicher Schranken – war ein für alle Mal dahin. Absolut.

Atmosphäre und Logosphäre hatten sich gewandelt. Mit dem stark aufkommenden Franzosenhass gingen ein nie ausgerotteter Antisemitismus in Preußen und zugleich ein aufglühender Nationalismus einher, eine Kombinatorik, welche über anderthalb Jahrhunderte die Geschicke Preußens und Deutschlands bestimmen sollte. Die Welt ihres ureigenen Kreises, ihre Dachstuben-Gesellschaft, war fast über Nacht für Rahel Levin zur ‚Welt von gestern‘ geworden, zu einem plötzlich unerreichbaren Traum[4] von einer Gemeinschaft, die sich in der Tee-Gesellschaft um Rahel über ein Jahrzehnt lang geradezu modellartig verwirklichen sollte. Was von diesem Traum blieb? Eine Frau sitzt 1808 vor den Trümmern ihrer Existenz. Aber auch ihres Lebens?

Hannah Arendt hätte diese letztere Frage sicherlich bejaht. In ihrem Buch *Rahel Varnhagen. Lebensgeschichte einer deutschen Jüdin aus der Romantik*,[5] das sie im Jahre 1929 zeitgleich mit dem Abschluss ihrer Dissertation bei Karl Jaspers über den Liebesbegriff bei Augustinus in Angriff genommen hatte, bis auf zwei noch fehlende Kapitel bis zu ihrer Flucht aus Nazideutschland im Jahre 1933 fertigstellte und die Schlusskapitel im französischen Exil niederschrieb, bevor sie 1957 zuerst eine englischsprachige[6] und dann 1959 eine deutschsprachige Fassung erscheinen ließ, stellte sie von Beginn an ihre Rahel ganz in das Licht des Judentums. Was uns heute selbstverständlich erscheint, war ein Jahrhundert nach Rahels Tod durchaus innovativ (Abb. 1).

Gleich mit dem *incipit* ihres einflussreichen Bandes machte sie deutlich, dass Rahel Teil einer Geschichte ist, die weit über sie hinausgeht – und dass sie ihre eigene Lebensgeschichte auch auf eben diese Weise verstand:

> ‚Welche Geschichte! – Eine aus Ägypten und Palästina Geflüchtete bin ich hier und finde Hilfe, Liebe und Pflege von Euch! … Mit erhabenem Entzücken denk' ich an diesen meinen Ursprung und diesen ganzen Zusammenhang des Geschickes, durch welches die ältesten Erinnerungen des Menschengeschlechts mit der neuesten Lage der Dinge, die weitesten Zeit- und Raumfernen verbunden sind. Was so lange Zeit meines Lebens mir die größte Schmach, das herbste Leid und Unglück war, eine Jüdin geboren zu sein, um keinen Preis möcht ich das jetzt missen‘. So berichtet Varnhagen von Rahels Totenbett. Dreiundsechzig Jahre hat sie gebraucht zu lernen, was 1700 Jahre vor ihrer Geburt begann, zur Zeit ihres Lebens eine entscheidende Wendung und hundert Jahre nach ihrem Tode – sie starb am 7. März 1833 – ein vorläufiges Ende nahm.
>
> Schwer mag es sein, seine eigene Geschichte zu kennen, wenn man 1771 in Berlin geboren wird und diese Geschichte schon 1700 Jahre früher in Jerusalem beginnt. Kennt man sie nicht, und ist man auch nicht geradezu ein Lump, der jederzeit Gegebenes anerkennt, Widriges umlügt und Gutes vergißt, so rächt sie sich und wird in ihrer ganzen Erhabenheit zum persönlichen Schicksal, was für den Betroffenen kein Vergnügen ist.[7]

---

[4] Vgl. zur Wichtigkeit des Traumes Hahn, Barbara: *‚Im Schlaf bin ich wacher.‘ Die Träume der Rahel Levin Varnhagen*. Frankfurt a. M.: Luchterhand 1990.

[5] Arendt, Hannah: *Rahel Varnhagen. Lebensgeschichte einer deutschen Jüdin aus der Romantik*. München/Zürich: Piper 1981.

[6] Mir liegt vor: Arendt, Hannah: *Rahel Varnhagen. The Life of a Jewess*. First complete edition. Edited by Liliane Weissberg. Translated by Richard and Clara Winston. Baltimore/London: The Johns Hopkins University Press 1997.

[7] Arendt, Hannah: *Rahel Varnhagen. Lebensgeschichte einer deutschen Jüdin aus der Romantik*, S. 15.

Abb. 1 Rahel Levin [Varnhagen] „Rahel Lievin Berlin 1807", 1807, Bleistift auf Papier, 7 × 9 cm, Paris, Bibliothèque du Conseil d'Etat, Album Houdetot, n°124

Hannah Arendt stellt Rahel in ihrem einflussreichen, ja die Rezeptionsgeschichte der von ihr Porträtierten bis heute prägenden Biographie in den größeren Zusammenhang einer Geschichte des Judentums, dem die in Königsberg geborene Philosophin selbst auch angehörte. Ganz so, wie sie ihre ursprünglich als Habilitationsschrift gedachte Studie hundert Jahre nach Rahels Tod vorläufig abschloss und mit einer Vielzahl an autobiographischen Fenstern versah, welche ihre Biographie kunstvoll als Autobiographie zu einem verdoppelten Überlebensschreiben werden ließen,[8] so verstand sie Rahel wie auch sich selbst auf der Hintergrundfolie einer jüdischen Geschichte und eines jüdischen Schicksals, von dem es in der letzten Kapitelüberschrift heißt: „Aus dem Judentum kommt man nicht heraus."[9]

Diese Überschrift bezieht sich auf Rahel Varnhagen, ist zugleich aber auch auf Hannah Arendt und ihr diskursives Handeln[10] selbst gemünzt. Hinter dem Leben der einen Jüdin ist immer auch das Leben der anderen Jüdin zu erkennen: Beide teilen

[8] Vgl. das Hannah Arendts Buch über Rahel Varnhagen gewidmete sechste Kapitel ‚Auswanderung. Leben über Leben: Überlebenswissen aus der Verdoppelung' in Ette, Ottmar: *ÜberLebenswissen. Die Aufgabe der Philologie.* Berlin: Kulturverlag Kadmos 2004, S. 171–188; sowie Sánchez, Cecilia: Sobrevivir: transiciones del cuerpo mortal e inmortal en Hannah Arendt. In: Vatter, Miguel/Nitschack, Horst (Hg.): *Hannah Arendt: sobrevivir al totalitarismo.* Santiago de Chile: LOM Ediciones 2008, S. 77–88.

[9] Arendt, Hannah: *Rahel Varnhagen*, S. 201.

[10] Vgl. hierzu Lobo, María Fátima: *Hannah Arendt y la pregunta por la relación entre el pensamiento y la acción.* Buennos Aires: Editorial Biblos 2013.

sie ein Schicksal, das ihrem Leben Sinn gibt und Sinn macht: ein jeweils verdoppeltes Leben, eingeschrieben in die lange Geschichte des Judentums.

Dabei ist auffällig, dass es Hannah Arendt[11] nicht um die *condition féminine*, nicht um die Weiblichkeit und mehr noch ihre spezifische Situation und Marginalisierung als Frau geht,[12] sondern allein die *condition juive* im Mittelpunkt der Aufmerksamkeit steht. Aus dieser Perspektive ist das abrupte Ende des Rahelschen Salons auch gleichbedeutend mit dem Absturz von einem Höhepunkt, den die ‚deutsche Jüdin aus der Romantik' im Sinne Hannah Arendts in ihrem Leben nie wieder erreichen konnte. Aus dieser Blickrichtung musste auch alles, was mit Karl August Varnhagen von Ense, mit seiner aufopferungsvollen Bewunderung, mit seiner Vermählung mit Rahel und selbst noch mit seiner Pflege ihres Nachlasses und ihrer Schriften zu tun hatte, im Zeichen eines Abstieges, eines Unverständnisses, ja eines Nicht-Begreifen-Könnens stehen, dessen sie Varnhagen mit nachhaltigen Folgen bezichtigte. Denn der erst nach der Hochzeit nachträglich nobilitierte Varnhagen wurde zu so etwas wie dem dummen Trottel in der jüdischen Lebensgeschichte Rahels stilisiert.

Aber musste dies so sein? War nicht Karl August Varnhagen von Ense just in jenem Jahr 1808, in dem wir Rahel Levin vor den Trümmern ihrer Existenz gesehen hatten, mit seiner Bewunderung und Liebe am Horizont ihres Lebens und Schreibens aufgetaucht, hatte ihr nach ihrer Konvertierung zum Christentum die so lange Vermählung offeriert und schließlich auch die Möglichkeit geboten, in Berlin ihren zweiten Salon zu eröffnen und damit die Fäden ihres Lebens weiterzuspinnen, kurz: zu jener Rahel Varnhagen zu werden, wie Hannah Arendt sie selbst zu nennen pflegte? Entsteht so nicht erst jene komplexe Figur einer Rahel Levin Varnhagen, deren schillernde Widersprüchlichkeit sich erst in vollem Maße entwickeln kann?

Nein: Im Jahre 1808 war längst noch nicht alles vorbei: Es bildeten sich vielmehr Bedingungen heraus, welche Rahel erst zu dem werden ließen, was sich dem ‚Andenken für ihre Freunde' eröffnete und sie zu einer großen Figur der deutschsprachigen Literatur- und Ideengeschichte machte.

Im Salon der Rahel Levin

Rahel Levin war in Berlin 1771 in eine wohlhabende jüdische Kaufmanns- und Bankiersfamilie als ältestes Kind hineingeboren worden und wuchs in behüteten Verhältnissen auf. Ihr Vater Markus Levin war als Juwelierhändler in Geldgeschäften geschickt und lenkte als Patriarch die Geschicke seiner Frau Chaie wie seiner

[11] Vgl. allgemein Brunkhorst, Hauke: *Hannah Arendt*. München: Beck 1999.

[12] Vgl. zur Kritik an dieser ‚Leerstelle' Arendts insbesondere Maslin, Kimberly: Rahel Varnhagen: Arendt's Experiential Ontology. In: *New German Critique* (Durham) XL, 119 (Summer S. 77–96); sowie aus anderer Perspektive Benhabib, Seyla: The Pariah and Her Shadow: Hannah Arendt's Biography of Rahel Varnhagen. In: Honig, Bonnie (Hg.): *Feminist Interpretations of Hannah Arendt*. University Park: The Pennsylvania State University Press 1995, S. 83–104; sowie (dies.): The Pariah and Her Shadow: Hannah Arendt's Biography of Rahel Varnhagen. In: *Political Theory* XXIII, 1 (February 1995), S. 5–24.

Familie streng, aber stets in einem Rahmen, in welchem Geselligkeit und Konvivialität ein hoher Stellenwert zukamen. Die Kinder waren stets an ein Haus voller Gäste und vieler Gespräche gewöhnt: Soziabilität war ein hohes Gut, das auch die junge Rahel immer zu bewahren suchte.

Nach dem plötzlichen Tod ihres Vaters im Jahre 1790, der Übernahme der Geschäfte durch die männlichen Nachkommen und der raschen Regelung aller finanziellen Fragen entstand noch im selben Jahr in der Berliner Jägerstraße ein Salon, als dessen Mittelpunkt sich die junge, zwar nach Bekunden der Zeitgenossen nicht sehr hübsche, aber ungeheuer auffassungsschnelle und geistreiche Rahel Levin herauskristallisierte. Es handelte sich um einen jener jüdischen Salons, die sich auch um andere Frauen von jüdischer Abstammung wie Henriette Herz[13] oder Dorothea Schlegel gebildet hatten und für jene intellektuelle Offenheit einstanden, die für das Berlin des ausgehenden 18. Jahrhunderts so charakteristisch war. In den Salons herrschte ein freier Geist, der auch die traditionellen Geschlechterrollen erfasst hatte. Gerade für die Jüdinnen bot sich hier die Chance, mit anderen Lebensentwürfen und Lebenspraktiken zu experimentieren und sichtbar zu werden.

Diese insgesamt tolerante Atmosphäre der preußischen Hauptstadt machte sich die junge Rahel Levin zunutze und bildete um sich her einen rasch wachsenden Kreis, den man in Anlehnung an die Pariser Strukturen und Gepflogenheiten heute einen ‚Salon' zu nennen pflegt. Auch wenn sich die entstehenden jüdischen Salons in Berlin stark von ihren Pariser Vorbildern unterschieden, sei hier doch dieser längst eingebürgerte Begriff für jene Form von Soziabilität verwendet, in deren Mittelpunkt jeweils eine Frau als Salonière stand.

So entstand der erste Salon der Rahel Levin, die zwar nicht mit der Schönheit einer Henriette Herz konkurrieren konnte, wohl aber durch ihre schnelle Auffassungsgabe, ihre Schlagfertigkeit und die Offenheit ihres Denkens all jene begeisterte, die schon bald ihre vielfältigen Impulse und Anregungen zu schätzen gelernt hatten. Und auch der Ort war mit Bedacht gewählt. Denn nicht in den Gesellschaftsräumen, die einst ihr Vater für seine geselligen Runden benutzt hatte, sondern in der Dachstube war nun der Ort,[14] wo man sich in bewusst einfacher Umgebung traf, um über alles zu sprechen, was die Hauptstadt und ihre Bewohner, aber auch was Europa und die Welt anging. Die kleine Gesellschaft entwickelte sich zu einem Modell Preußens *en miniature* – zumindest eines Preußen, das Zugang zur Bildung hatte und Bildung nicht als einen Besitz, sondern als ein ständiges, ununterbrochenes Bemühen begriff.

Die kleine Rahel verstand es, ebenso Künstler wie Literaten, Intellektuelle wie Politiker, Wissenschaftler wie Philosophen an sich zu binden und in ihrer ‚Dachstube' bei Tee und Butterbroten jene Gesprächsatmosphäre zu kreieren, die all ihren Gästen ein Höchstmaß an Austausch und Gedankenfreiheit garantierte – und zugleich auch abverlangte. Bei ihr kam zusammen, was in Berlin den Anspruch hatte, gehört zu werden.

---

[13] Vgl. Arendt, Hannah: *Rahel Varnhagen*, S. 39 f.

[14] Zur Entstehung des ersten Salons der Rahel Levin vgl. Danzer, Gerhard: Die Dachstubenwahrheiten der Rahel Varnhagen. In (ders., Hg.): *Europa, deine Frauen. Beiträge zu einer weiblichen Kulturgeschichte.* Berlin – New York: Springer 2015, S. 57–70.

So trafen sich bei ihr zum Tee – um nur einige der Geister jener Zeit zu nennen – die Brüder Schlegel wie die Brüder Humboldt, Jean Paul oder Ludwig und Friedrich Tieck, Prinz Louis Ferdinand von Preußen wie dessen schöne Geliebte Pauline Wiesel, Friedrich de la Motte Fouqué und Friedrich von Gentz, Johann Gottlieb Fichte, Adelbert von Chamisso und ein so dichter Kreis an Adeligen und Bürgerlichen, an Wissenschaftlern und Künstlern, dass sich hier ein gesellschaftliches Experiment vollziehen konnte: Preußen als Modell, Preußen als Konfiguration von Ideen, Gedanken und Philosophemen zu (er)leben.

Gerade die gesellschaftliche „Aufbruchstimmung"[15] zwischen 1795 und 1805 bildete den entscheidenden Hintergrund für eine Entwicklung, in welcher Rahel Levins Salon zu einem wahren „Experimentierfeld"[16] für eine soziale, politische, kulturelle und literarische Situation werden konnte, in welcher ebenso die Standesgrenzen wie nationale Hemmnisse, ebenso die Grenzen zwischen verschiedenen Religionen und Konfessionen wie zwischen den Geschlechtern durchlässig wurden. Lebensformen und Lebensnormen erschienen als beweglich, als mobil.

In der Dachstuben-Gesellschaft Rahels bildete sich ein Preußen heraus, das hätte sein können und doch nicht sein durfte. Ein Preußen als Traum, ein Preußen, das niemals bestand. Es war ein Preußen der Potenzialitäten, des Polylogs über alle Grenzen hinweg, ein Preußen, für das sich die brillantesten Köpfe versammelten und Gesprächsfäden knüpften, die weit in die Zukunft reichen sollten. Es war ein Land, in welchem man zwischen Angehörigen aller Stände, aller Herkünfte und aller Religionen die Konvivenz in Differenz, das Zusammenleben über alle Brüche und Grenzen hinweg, gemeinsam durcherleben konnte.

Gewiss: Diese Gesellschaft lebte eine Gemeinschaft als Traum für die Zukunft. Die Gegenwart wurde bald rauer. Denn die napoleonischen Kriege veränderten schon bald die politische und soziale, aber auch ökonomische und kulturelle Situation grundlegend und ließen alle Hoffnungen schwinden, ein derartiges Gespräch in seiner Vielstimmigkeit und radikalen Offenheit fortzuführen und damit eine Skizze dessen zu entwerfen, was vom Imaginierbaren ins Denkbare und vom Denkbaren ins Schreibbare, vom Schreibbaren aber auch ins Lebbare und Gelebte hätte überführt werden können. Der Salon der Rahel Levin bildete mit all seinen Figuren von Politikern und Künstlern, von Schriftstellern und Philosophen, von Männern und Frauen ein sich in ständiger Bewegung befindliches Mobile, in welchem sich Beziehungen zwischen all ihren Figuren knüpften, die als Konfigurationen eines prospektiven Preußen gelten konnten: der Berliner Salon als Mobile einer heraufziehenden offeneren Gesellschaft.

Das schlagende Herz dieses Salons bildete eine Rahel Levin, die keineswegs nur die Meisterin des gesprochenen Wortes, der Konversation und des anregenden und gedankenreichen Gesprächs war. Denn sie hatte sehr früh schon damit begonnen, neben die so wichtige Ebene der Mündlichkeit das Netzwerk einer schriftlichen

---

[15] Danzer, Gerhard: Rahel Varnhagen – eine Frau entdeckt sich über die Kultur. In: Pilz, Elke (Hg.): *Bedeutende Frauen des 18. Jahrhunderts. 11 biographische Essays*. Würzburg: Königshausen & Neumann 2007, S. 162.

[16] Ebd.

Kommunikation zu legen, das sie in den folgenden Jahren weiter ausbauen sollte. Von ihren ersten Briefpartnern wie dem jüdischen Medizinstudenten David Veit an, der ihren Bildungshorizont wesentlich vergrößerte, entwickelte sie ein komplexes Netzwerk an Relationen, so dass bis in ihr Todesjahr 1833 eine intensive Korrespondenz entstand, die wohl bis weit über zehntausend Briefe umfasste.[17] Es war ein Fluss von Informationen, der selbst im Krisenjahr 1808 nicht versiegte.

Längst schon ist die These nicht mehr zu halten, dass es sich bei Rahel um eine ‚Schriftstellerin ohne eigentliches Werk'[18] handele. Sie habe lediglich Briefe verfasst – so lautete das Argument – und darüber die Schaffung eines eigentlichen literarischen Werkes vernachlässigt. Doch eine derartige Ansicht beruhte auf einem normativen Verständnis von Literatur – der Begriff bildete sich historisch erst im letzten Drittel des 18. Jahrhunderts in einer dem heutigen Verständnis nahen Form heraus, – das gerade auch die sogenannten kleinen Formen wie Briefe oder Aphorismen ausschloss oder an die Ränder verbannte.

Rahel Levin aber war eine Meisterin dieser kleinen Formen. Seit langem ist Rahel Levin Varnhagen als eine Autorin im eigentlichen Sinne berühmt und die Tatsache anerkannt, dass ihre Korrespondenz wesentlicher Bestandteil eines auch im engeren Sinne literarischen Werkes ist.[19] Gewiss hat sie sich eher randständiger[20] literarischer Gattungen bedient und sich vor allem mit Briefen, Tagebuchaufzeichnungen oder Aphorismen beschäftigt; aber sie tat dies so brillant, dass sich hier eine wahre literarische Pionierin hervortat. Seit langer Zeit ist das Briefwerk der Rahel Levin Varnhagen kanonisch geworden: Die unterschiedlichsten Ausgaben wechselten und wechseln einander ab, ihre Korrespondenz ist mehr als nur ein Zeugnis ihrer Zeit und ihres Mensch-Seins. Auf ihre Rezeptions- und Wirkungsgeschichte wird noch zurückzukommen sein; aber sie ist im besten Sinne ein Stück hoher Literatur.

Dabei sind die Briefpartnerinnen und Briefpartner von Rahel nicht weniger breit gestreut und verschiedenartig als die Besucher ihres Berliner Salons. Da gibt es zum einen die Korrespondenz mit ihren Freundinnen und Freunden, insbesondere mit Karl Gustav von Brinckmann, mit Alexander von der Marwitz oder gerade auch mit einer Pauline Wiesel,[21] mit der sie just seit ihren schweren Jahren und bis zu ihrem Tod verbunden blieb.

---

[17] Vgl. Danzer, Gerhard: Die Dachstubenwahrheiten der Rahel Varnhagen, S. 59.

[18] Vgl. Fuchs, Renata: ‚Soll ein Weib wohl Bücher schreiben; Oder soll sie's lassen bleiben?': The Immediate Reception of Rahel Levin Varnhagen as a Public Figure. In: *Neophilologus* (Budapest) XCVIII, 2 (April 2014), S. 314.

[19] Vgl. Krauss, Andrea: Major Minor Form: Marginalia on Rahel Levin Varnhagen's ‚Rahel. Ein Buch des Andenkens für ihre Freunde'. In: *The German Quarterly* (Cherry Hill) 88 (Spring 2015), S. 149–171; sowie allgemein Whittle, Ruth: *Gender, Canon and Literary History. The Changing Place of Nineteenth-Century German Women Writers*. Berlin/Boston: de Gruyter 2013.

[20] Vgl. hierzu Krauss, Andrea: Major Minor Form: Marginalia on Rahel Levin Varnhagen's ‚Rahel. Ein Buch des Andenkens für ihre Freunde', S. 149–171.

[21] Vgl. hierzu Schmid, Pia: Die Freundinnen Rahel Levin Varnhagen und Pauline Wiesel. Zum Freundschaftskult im deutschen Bildungsbürgertum. In: Labouvie, Eva (Hg.): *Schwestern und Freundinnen. Zur Kulturgeschichte weiblicher Kommunikation*. Köln/Weimar/Wien: Böhlau 2009, S. 101–119.

Doch Rahels Korrespondenz reicht weit über den Austausch mit ihren intimen Freunden oder Liebhabern wie Graf Karl von Finckenstein,[22] Wilhelm Bokelmann, Raphael d'Urquijo oder Karl August Varnhagen von Ense hinaus. Wir sehen eine Briefeschreiberin bei der Arbeit, die über das Anekdotische oder Dokumentarische hinausgeht und in ihrer Korrespondenz mit Wilhelm oder Alexander von Humboldt, mit Jean Paul,[23] Karoline Gräfin von Schlabrendorff oder Heinrich Heine sich nicht nur offen für die Emanzipation der Juden in Preußen, sondern auch für die Emanzipation der Frauen mit Verve einsetzt.[24] Die Breite ihrer Themen, aber zugleich deren geistige Tiefe ist dabei erstaunlich. Dies gilt für Wort und Schrift. So vermerkt etwa ein Wilhelm von Humboldt über die gemeinsamen Monate in der französischen Hauptstadt rückblickend:

> Als ich mich mit meiner Familie in Paris aufhielt, war sie [d.i. Rahel] mehrere Monate dort, und es fiel nicht leicht ein Tag aus, wo wir uns nicht gesehen hätten. Man suchte sie gerne auf, nicht bloß, weil sie wirklich von sehr liebenswürdigem Charakter war, sondern weil man fast mit Gewissheit darauf rechnen konnte, nie von ihr zu gehen, ohne nicht etwas von ihr gehört zu haben und mit hinweg zu nehmen, das Stoff zu weiterem ernsten, oft tiefen Nachdenken gab oder das Gefühl lebendig anregte.[25]

Ganz so, wie Rahel Levin Varnhagen eine Meisterin des Gesprächs und der gebildeten Konversation war, so war sie auch eine Meisterin der brieflichen Kommunikation: rasch von einem Gegenstand zum anderen springend, sich in der Gedankenwelt ihrer Zeitgenossen hin- und her bewegend, einfallsreich und stets mit jener Intensität schreibend, wie sie ihr ebenso im mündlichen Gespräch wie in der schriftlichen Korrespondenz so natürlich war.

Aus ihrer Zeit in Paris stammt ein Brief vom 2. April des Jahres 1801 an David Veit, in welchem sie ihre Einschätzung der französischen Hauptstadt und auch ihre Enttäuschung kundtut über einen schriftlichen Eintrag, den sie an ihren Briefpartner weiterleitet. Die Lebendigkeit ihrer Konversation ist in diesen Zeilen ebenso präsent wie die Auseinandersetzung mit einem Anderen, das für sie längst aufgehört hatte, ein Anderes und damit eine Herausforderung zu sein:

> Ich schrieb mir letzthin in ein kleines Büchelchen: ‚Lange existieren die guten Dinge, ehe sie ihr Renommee haben, und lange existiert ihr Renommee, wenn sie nicht mehr sind.' Das ist alles, was ich Ihnen über Paris sagen möchte. Lange, dünkt mich, ist es und kann es nicht mehr Paris sein; nachdem seit Jahrhunderten ganz Deutschland Paris geworden ist. Denn mir kömmt Paris vor wie ein zusammengedrängtes Deutschland, und wenig verschieden. Das könnt ich sehr ausspinnen: ein andermal! tun Sie's selbst, derweil.[26]

---

[22] Vgl. hierzu Stern, Carola: *Der Text meines Herzens. Das Leben der Rahel Varnhagen.* Reinbek bei Hamburg: Rowohlt 1994, S. 63–78.

[23] Vgl. Albrecht, Andrea: Bildung und Ehe ‚genialer Weiber'. Jean Pauls ‚Diesjährige Nachlesung an die Dichtinnen' als Erwiderung auf Esther Gad und Rahel Levin Varnhagen. In: *Deutsche Vierteljahresschrift für Literaturwissenschaft und Geistesgeschichte* (Stuttgart) 80 (2006), S. 378–407.

[24] Vgl. Albrecht, Andrea: Bildung und Ehe ‚genialer Weiber'. Jean Pauls ‚Diesjährige Nachlesung an die Dichtinnen' als Erwiderung auf Esther Gad und Rahel Levin Varnhagen, S. 378–407.

[25] Humboldt, Wilhelm von: Brief an Charlotte Diede (1834). In: Varnhagen, Rahel: *Gesammelte Werke*, Bd. 10, S. 383 f.

[26] Varnhagen, Rahel: *Briefe und Aufzeichnungen.* Hg. von Dieter Bähtz. Frankfurt a. M.: Insel 1986, S. 66.

Stets zielt Rahel in ihren Briefen darauf ab, ihre Briefpartner in ihr Spiel zu ziehen, sie ‚ausspinnen' zu lassen, was sie im Zwiegespräch mit sich selbst gefunden und erfunden hat. Die lebendige Interaktion steht im Herzen ihrer Rede an ihre Korrespondenten, ohne dass sich Rahel dadurch in ihrer Bewegung festlegen ließe. Die überraschende Wendung ist ihr Grundzug im Mündlichen wie im Schriftlichen.

Insofern ist das überraschende Moment für Rahel charakteristisch, ihr versuch, den Anderen mit-denken, mit-schreiben zu lassen und ein wenig koboldhaft in das eigene Spiel zu ziehen. Wenn ganz Deutschland zu Paris geworden ist, was ist dann noch von einer französischen Hauptstadt zu erwarten, die sich längst in ihrem Gegenüber verkörpert hat?

Rahels unstillbare Neugier und ihr anhaltendes Interesse gerade gegenüber allen Ausdrucksformen weiblicher Existenz zeigt sich durchgängig, besonders aber in der Korrespondenz mit all jenen Briefpartnerinnen, die ihr – wie etwa die berühmte Schauspielerin Auguste Henriette Brede[27] – die harten professionellen Bedingungen eines beruflichen Lebens als selbstständige, unabhängige Frau vor Augen zu führen suchten. Die Rahelsche Korrespondenz ist im Kern keine Fortsetzung des Salons in einem anderen Medium, spinnt nicht das mündliche Salongespräch mit anderen, schriftlich textuellen Mitteln weiter. Die Korrespondenz eröffnet vielmehr eine *weitere* Welt, eine räumlich wie zeitlich ausgeweitete Welt, welche über das Hier und Jetzt der unmittelbaren, direkten Interaktion hinausgeht.

Und es ist die Korrespondenz, die gerade in jenen Jahren so wichtig und gewichtig wird, als ihr Salon zum Erliegen kommt und schließlich alle Freundinnen und Freunde der Dachstube fernbleiben. Man könnte sagen, dass Rahel Levin gleichsam mit doppeltem Netz arbeitet und ihr zweites, schriftliches Netzwerk schon längst gesponnen hat, als ihr mündliches Netz von den politischen Ereignissen so jäh zertrennt wurde.

Das Mobile der Figuren verändert seine Konfigurationen; doch es verschwindet nicht, sondern besteht in schriftlicher Form verändert fort, ehe es in einem wiederum grundlegend transformierten politischen Umfeld eine zweite Chance in der Mündlichkeit erhält, ein zweites Leben erlebt.

Übergänge

Brachte das Jahr 1808 auch die endgültige Einsicht in das Scheitern all ihrer Pläne, eine kleine, aber ausgewählte Gesellschaft um sich zu scharen, die so etwas sein konnte wie der Mikrokosmos eines künftigen Berlin und Preußen, so läutete dieses Jahr auch eine Entwicklung ein, an deren Ende ein neuerlicher Entwurf stehen sollte, ein Mobile einer preußischen Gesellschaft, wie sie zumindest idealiter bestehen sollte. Denn in diesem Jahr lernte Rahel Levin Karl August Varnhagen näher kennen.

[27] Vgl. hierzu Deiulio, Laura: Performing German Women's Professional Identity: The Correspondence of Rahel Levin Varnhagen and Auguste Brede. In: *German Studies Review* XXXVIII, 3 (October 2015), S. 509–529.

Rahel hatte zwar bereits schon 1803 und 1807 den vierzehn Jahre jüngeren Medizinstudenten eher flüchtig kennengelernt;[28] aber erst 1808 kam sich das künftige Paar näher. Von Varnhagens Seite bestand sehr bald schon eine Leidenschaft für Rahel, diese aber war in Liebesdingen mittlerweile vorsichtiger geworden und reagierte zunächst abwartend. Am 12. Mai 1808 beginnt ihr Briefwechsel, der bereits die ganze Spannbreite ihrer Beziehung bis zu ihrem Tode auszuleuchten unternahm. In einer Zeit, in welcher sich Rahel von ihrer Mutter und von der berühmten Wohnung in der Jägerstraße und damit von ihrer Dachstube trennte, entspann sich aber ein Band zwischen den beiden, das ungeachtet einiger Wirren und Zerwürfnisse nicht mehr abreißen sollte.

Gewiss ist seit Hannah Arendt viel über diese Beziehung geschrieben worden; und in aller Regel war es der jüngere Varnhagen, der stets in allen Vergleichen sehr schlecht wegkam. Als Beispiel hierfür sei nur kurz die Ansicht eines Herausgebers der Briefe Rahel Levin Varnhagens erwähnt, der das Paar mit den folgenden Worten beschrieb:

> Dennoch, es war nicht zu übersehen: allzu ungleich waren die Gaben verteilt; aller Glanz ging von ihr aus, er war nicht viel mehr als ein bewundernder Spiegel.[29]

Wenn Friedhelm Kemp zurecht anmerkt, dass Hannah Arendt „Rahels Judentum als ein zentrales Thema ihres Lebens erörtert"[30] und treffend festhält, der Band sei „auf eine sehr eigenwillige Weise, und eben deshalb, das Bedeutendste, Selbständigste und Eindringlichste, das bis heute über die Rahel geschrieben wurde,"[31] so wird auch die Figur von Varnhagen von Ense auf den Spuren Arendts förmlich weggewischt, ja erscheint nur noch als bloßer Reflektor eines Lichtes, das nicht seines war. Aber darf man nicht vermuten, dass Hannah Arendt diesen Varnhagen von Ense in den Hintergrund drängen wollte, weil er sich nicht in die jüdische Geschichte der Rahel einbauen ließ?

Wie dem auch immer sein mag: Karl August Varnhagen von Ense hielt zu Rahel Levin – auch und gerade in ihren schwersten Monaten und Jahren. Nicht zuletzt wurde er auch zum ersten Herausgeber ihrer Briefe und schuf damit die Grundlage, die uns noch heute dazu dient, die ganze Größe und Bedeutung der Rahel Levin Varnhagen jenseits ihrer Tätigkeit als Salonière zu erkennen. Und dieser Mann soll nichts, rein gar nichts von ihr verstanden haben? Nichts als ein geschwätziger Begleiter soll er gewesen sein, oder gar ein stummer, wenn auch bewundernder Spiegel?

Wenn sich Varnhagen von Ense im Juni 1809 der österreichischen Armee unmittelbar nach dem Sieg der Österreicher unter Erzherzog Karl im Mai über Napoleon andient und mit guten Gründen sowie letztlich erfolgreich hofft, damit eine bessere

[28] Vgl. Danzer, Gerhard: Rahel Varnhagen – eine Frau entdeckt sich über die Kultur, S. 161.

[29] Kemp, Friedhelm: Nachwort. In: Varnhagen, Rahel: *Briefwechsel.* Bd. II. München: Winkler 1979, S. 401.

[30] Ebd., S. 403.

[31] Ebd.

Grundlage für sein Leben legen und in die Diplomatie aufsteigen zu können, so beginnt damit recht bald schon eine unstete Zeit der Reisen und der Ortswechsel, welche aber auf Dauer die Beziehung zu Rahel nicht zu erschüttern vermag. So verbringt das Paar etwa den Sommer 1811 gemeinsam in Teplitz und erweitert seinen Bekannten- und Freundeskreis beständig, so dass sich schon bald ein weiteres Beziehungsnetz herausbildet, welches das Netzwerk der Korrespondenten weiter nährt.

Der österreichische Offizier Varnhagen von Ense knüpft klug an seinen Beziehungen und stellt geschickt Verbindungen mit Preußen her, die ihm noch einmal nützlich werden sollten. Aber noch ist alles prekär, alles scheint an einem seidenen Faden zu hängen: die Zukunft, die Politik, das persönliche Glück, die Freundinnen und Freunde, ja das Leben und Überleben in Kriegszeiten selbst. Rahel schreibt am 16. September 1811 aus Dresden an Varnhagen von Ense:

> Höre zum Troste, daß ich mich weit mehr über das Getrenntsein von Dir gräme, als ich's je gedacht hätte. Auch mir ist ganz ängstlich: ich fühle mich plötzlich so abgerissen, von Schutz, Sicherheit, und Liebe, daß ich rund um mich herumgehen könnte, um nur zu sehen, um nur zu finden: zu wem gehörst Du denn? zu was? Gestern machte ich gegen Abend den herrlichsten Gang mit Marwitz und Lippe, wohl eine Meile, die Ostrawiese hinauf. Du weißt, ob und wie ich Marwitz liebe, es waren zwei Freunde: wir gingen manchmal still, groß und göttlich war der weite Raum, die prachtvolle Sonne und Abendröte, die ernsten und ganz anderen Bäume als in Böhmen, die unendlichen Alleen; allein ich mußte denken: Allein und fremd bist du hier, wenn diese beiden nicht mitgehen wollen; allein und fremd, wenn sie auch neben dir bleiben; du bist nicht ihr Liebstes, sie beziehen nicht alles auf dich. Wie gewiß lebt' ich bisher! Und ich war nicht undankbar, Varnhagen! nimm es nicht so roh, wie das Wort hier dasteht: es war nicht nur Dankbarkeit, es war liebende Sehnsucht; und mein Herzenssehnen antwortete Deinem, mein Herz hielt Takt mit Deinem. Und so sind meine meisten Momente.[32]

In einer Zeit und in einem Kontext der Unsicherheit, in einer Epoche großer Umwälzungen und unabsehbarer Veränderungen, konstatiert Rahel den fehlenden Schutz, die fehlende Sicherheit, um in der Präsenz neuer Freunde doch die Absenz des ihr fehlenden Varnhagen anzurufen. Varnhagen von Ense aber war jederzeit bemüht, Rahel eben jene Gewissheit und Sicherheit zu geben, derer sie bedurfte.

Zugleich bemüht er sich um Rahels literarisches Werk, bittet er 1811 doch erfolgreich Goethe, Auszüge aus seinem Briefwechsel mit Rahel Levin zur Veröffentlichung zu bringen: Die Korrespondenz erscheint 1812 in Cottas ‚Morgenblatt', die meines Wissens erste Herausgeberschaft des jungen Varnhagen, die Korrespondenz Rahels betreffend. Damit war zugleich nicht nur der Bewunderung von Rahel Levin für Goethe Ausdruck gegeben, sondern die Grundlage gelegt für jenen überschwänglichen Goethe-Kult, der von Rahels zweitem Salon ausgehen sollte. Aber greifen wir nicht vor.

In den Wirren der napoleonischen Kriege sieht sich das Paar nur selten, verbringt nach der Völkerschlacht bei Leipzig und der Niederlage Napoleons aber den darauf

---

[32] Varnhagen, Rahel: Brief an Varnhagen von Ense vom 16. September 1811. In (dies.): *Briefwechsel*, Bd. 2, S. 166.

folgenden Sommer des Jahres 1814 gemeinsam wiederum in Teplitz. Fast ein Jahrzehnt lang reist Rahel immer wieder ihrem Liebhaber in verschiedenste Städte Europas nach und folgt ihm schließlich auch nach Wien, wo er in Diensten Hardenbergs am Wiener Kongress teilnimmt.

Die Zeit der Reisen, des Abschieds und des Wiedersehens neigt sich noch nicht ihrem Ende zu, denn noch immer herrscht über Europa der napoleonische Sturm, der noch nicht abgeflaut ist. Im Privaten wenden sich die Dinge. Im September 1814 konvertiert Rahel Levin zum Christentum und nimmt die Taufnamen Antonie Friederike an; Die Vermählung mit Karl August Varnhagen folgt auf dem Fuße. Zwei Wochen zuvor, am 13. September 1814, schickt sie an ihren Varnhagen die folgenden Worte:

> Goldener August, wie kann ich Deinen liebevollen feinen Brief beantworten, als mit mir selbst, als mit dem Anerkennen, was Du bist [...]. Bei mir zeigt sich mein Rechttun in Deiner Person: aber daß Du recht habest, ist schwer zu sehen. Heute morgen lag das Sophakissen in meinem Bette, welches Du in Teplitz gebrauchtest. Es erregte mein ganzes Herz mit seinem Riß, den es von Dir hat! Nun aber kein zärtlich Wort mehr! Denn – außer der Zeit kann man nichts tun ...[33]

Auch hier sehen wir wieder eine Rahel als Briefeschreiberin, die ihren Briefpartner antippt, ihm einen Impuls gibt, ohne doch selbst alles zu sagen und zu kommentieren. Der Brief gibt einen guten Eindruck vom Ton, der zwischen beiden herrscht, ohne doch jeweils zu viel preiszugeben – ganz so, als wäre auch dieser Brief von Anfang an so konzipiert, als dass er mühelos veröffentlicht werden könnte.

Das Glück hält Einzug, als Varnhagen im Juli 1816 zum preußischen Geschäftsträger am badischen Hofe in Karlsruhe ernannt wird. Für Rahel Varnhagen sind es, nach langen Jahren des Reisens, des Wiedersehens und der erneuten Trennung von Varnhagen nach eigenem Bekunden die glücklichsten Jahre, die sie in der badischen Residenzstadt verbringen darf. Im Oktober 1819 aber ist diese Zeit zu Ende. Varnhagen wird ohne Angabe von Gründen abberufen: Man zieht gemeinsam zurück nach Berlin. Die Zeit der Übergänge ist vorüber.

Im Salon der Rahel Varnhagen

Karl August Varnhagen, der bald schon seinen Adelstitel von Ense anerkennen lässt, entwickelt sich nach seiner Abberufung als preußischer Geschäftsträger in Karlsruhe zu jenem Publizisten, Geschichtsschreiber und Sammler, als der er uns heute wohl überwiegend bekannt ist. Berühmt wurde er später auch durch seinen Briefwechsel mit Alexander von Humboldt, den Rahels Nichte Ludmilla Assing[34] postum

---

[33] Varnhagen, Rahel: Brief an Varnhagen vom 13. September 1814. In (dies.): *Briefwechsel*, Bd. 2, S. 295 f.

[34] Vgl. hierzu *Briefe von Alexander von Humboldt an Varnhagen von Ense aus den Jahren 1827 bis 1858. Nebst Auszügen aus Varnhagen's Tagebüchern, und Briefen von Varnhagen und anderen an Humboldt.* Hg. von Ludmilla Assing. Leipzig: F.A. Brockhaus 1860.

und zudem kurz nach Alexander von Humboldts Tod veröffentlichte – nicht ohne damit dem Bild Alexanders Schaden zuzufügen, da man von ihm eine solche Offenheit und starke Kritik am preußischen Königshofe nicht erwartet hatte. Doch im Grunde war die Freimütigkeit, mit der Alexander von Humboldt Karl August Varnhagen von Ense in seine wissenschaftlichen und literarischen, aber auch in seine politischen Überzeugungen Einblick gewährte, Beweis genug für die Wertschätzung, die dem Ehemann von Rahel zumindest in den liberalen Kreisen der preußischen Gesellschaft zuteilwurde. Die Briefe liefern ein gutes Bild beider Persönlichkeiten und ihres kritischen Verhältnisses gegenüber jenen Zeitläuften, gegen die sich Humboldt mehr als ein halbes Leben lang stemmte. Varnhagen war ihm hierbei ein wichtiger Gesprächspartner.

Bald bezog das Ehepaar Varnhagen eine geräumige Wohnung unweit von Rahels ursprünglichen Wirkungskreise. Das schriftliche Netzwerk der vielen Freundinnen und Freunde, Vertrauten und Weggefährten bestand ja noch immer. Bald schon konnte Antonie Friederike Varnhagen von Ense, die freilich allen auch weiterhin als Rachel bekannt war, erneut einen illustren Kreis um sich scharen, den man gemeinhin als ihren ‚zweiten Salon' bezeichnet.

Vierzehn Jahre waren vergangen, seit ihre Dachstuben-Gesellschaft ein abruptes Ende gefunden hatte. Auch dieser zweite Zirkel vereinigte in einem veränderten politischen Umfeld der Restauration Mitglieder unterschiedlicher Stände, Wissenschaftler verschiedenster Herkunft, jüdische Schriftsteller und Gelehrte zu einem Kreis, der sich um die zentrale Figur der Rahel Varnhagen schloss. Denn Rahel – und nicht etwa ihr Ehemann Varnhagen – bildete das unbestrittene Zentrum ihrer Gesellschaft, ihres ‚Salons': Ihr Mann hielt sich im Hintergrund und überließ die Bühne seiner erfahrenen Frau, die es verstand, Adlige und Bürgerliche, Juden und Christen gleichermaßen anzuziehen. Ihre Gemeinschaft wurde wieder zu einem Hort des freien Wortes in einer Gesellschaft, die nach dem Wiener Kongress und den Karlsbader Beschlüssen zunehmend repressiv geworden war. Andere Zirkel gaben nun den Ton an wie etwa die von Clemens Brentano mitbegründete Christlich-Deutsche Tischgesellschaft, die über feste Statuten verfügte und allein Männern vorbehalten war.[35]

In Kontrast zu derartigen Zirkeln nationalistischer Romantiker ließen sich auch mit Blick auf Rahels zweiten Kreis wiederum mancherlei Zelebritäten anführen, die ihren Salon bevölkerten und ihm eine beeindruckende Lebendigkeit und Offenheit verliehen. Zum Kreis von Rahels Gästen zählten etwa Fürst Hermann von Pückler-Muskau oder Alexander und Wilhelm von Humboldt, Leopold von Ranke oder verschiedene Mitglieder der Familie Mendelssohn, Eduard Gans oder Adelbert von Chamisso, Hegel, Fichte oder Schleiermacher, die Schriftsteller Heinrich Heine oder Ludwig Börne, Autoren, für die sich Rahel nachdrücklich einsetzte.

Doch das politische Umfeld hatte sich verändert. Clemens Brentanos Zirkel mag hier beispielgebend sein, verbannte er aus seinem Kreis doch nicht nur alle Franzosen, sondern auch die Frauen, die Philister und vor allem die Juden: Seine Christlich-Deutsche Tischgesellschaft propagierte offen antijüdische und gewiss

---

[35] Vgl. Arendt, Hannah: *Rahel Varnhagen*, S. 86 und 119 f.

auch antisemitische Tendenzen, an denen sich Brentano selbst durchaus aktiv beteiligte. Das Modell für eine künftige Gesellschaft war hier offen restriktiv und restaurativ; es stand in einem klaren Gegensatz zur Konvivialität und Konvivenz jener Gemeinschaft, die sich um Rahel Varnhagen scharte. Diese Gemeinschaft aber war nun unverkennbar minoritär.

Die Veränderungen zwischen erstem und zweitem Salon waren gleichwohl eher gradueller Natur und lassen sich im Grunde wie folgt beschreiben:

> In ihrem zweiten Salon übernahm Rahel neben der Rolle als Integrationsfigur auch diejenige der mütterlichen Pädagogin und Mentorin. So ist es kein Wunder, dass neben den anerkannten Geistesgrößen wie Hegel oder Alexander von Humboldt auch das ‚Junge Deutschland' und der begabte Nachwuchs regelmäßig bei ihr verkehrten.[36]

Neben künstlerischen, literarischen und philosophischen Gegenstandsbereichen dominierten nun neben dem wichtigen Goethe-Kult in Rahels zweitem Salon die politischen Themen, wobei gesellschaftsutopische und speziell saint-simonistische Vorstellungen von großer Bedeutung waren. Manches erscheint wie eine Flucht in eine Zukunft, die noch weiter hinausgeschoben war als beim ersten Salon, welcher sich mehr als ein auf die Gegenwart bezogenes Gesellschaftsmodell *en miniature* verstehen lässt.

Vielleicht mochte dies ein Fingerzeig sein, dass hier ein Mobile Preußens in Bewegung geraten war, dessen Konfigurationen nicht in einer unmittelbaren Gegenwart oder nahen Zukunft greifen würden, sondern etwas von dem vorwegzunehmen und vorzudenken versuchten, was als bewegliches Modell dereinst die Konstellationen einer ferneren Zukunft bestimmen könnte. Aber auch hier verstand es Rahel Varnhagen, die stärker politische Ausrichtung ihres Salons in ein Mobile der Möglichkeiten zu übersetzen, das in einer kleinen Gesellschaft gleichzeitig Modell und lebbare, ja im wahrsten Sinne *gelebte* Wirklichkeit bilden sollte. Diese prospektive Dimension des zweiten Salons sollte man nicht übersehen.

In all ihren Aktivitäten wurde Rahel Levin Varnhagen nunmehr von ihrem Ehemann tatkräftig unterstützt. Gewiss besaß er nicht die literarische und künstlerische Strahlkraft, die für seine Frau so bezeichnend war; doch war er immer wieder bemüht, sich positiv ebenso in ihr Netzwerk an mündlichen Dialogen und Gesprächen einzubringen wie auch ihr sich stetig vergrößerndes literarisches Netzwerk zu befördern. Mit nicht wenigen der Salonbesucher führte er seinerseits eine interessante Korrespondenz und erlangte einen Überblick über die Entwicklungen in Preußen, der sich auch in dem Vierteljahrhundert nach Rahels Tod im Jahre 1833 bis zu seinem Tod im Jahre 1858 beständig vergrößerte.

Die tiefe Trauer über das frühe Ableben seiner Frau zeigt sich auch in Varnhagens Korrespondenz, machte aber sehr rasch seinem konkreten Bemühen Platz, das Andenken der Rahel zu ehren und ihr einen Platz in der literarischen (und auch politischen) Welt Preußens zu verschaffen und zu sichern. Bereits wenige Monate nach dem Tod der Rahel Levin Varnhagen gab er eine (noch im Einverständnis mit

---

[36] Danzer, Gerhard: Rahel Varnhagen – eine Frau entdeckt sich über die Kultur, S. 164.

ihr) zusammengestellte Sammlung heraus, deren Bedeutung schlicht nicht überschätzt werden kann: *Rahel. Ein Buch des Andenkens für ihre Freunde.*[37]

Diese zunächst in einem einzigen und nachfolgend für den Buchhandel in drei Bänden herausgebrachte Sammlung bildet gleichsam den Ursprung all jener Editionen und Herausgeberschaften, die bis heute immer wieder die verschiedenen Phasen der Rezeption Rahel Levin Varnhagens begleiten.[38] Es war, wie schon erwähnt, nur eine weitere in Varnhagens Herausgeberschaften von Rahel Levin Varnhagens Briefen; aber sie war als monographisches Werk doch bahnbrechend und zukunftsweisend, adressierte diese Sammlung doch die unmittelbaren Freunde, griff aber bewusst weit über den Freundeskreis auf ein allgemeines Publikum aus. Es war die Keimzelle jener Entwicklung, die *post mortem* Rahel ihren Status als große deutschsprachige Schriftstellerin verlieh.

Allgemein wird berichtet, dass zu Beginn der 1830er-Jahre ebenso die Salongäste wie die Brieffreunde das langsame Schwinden von Rahels Kräften bemerkten. Man vermeinte zu spüren, dass sie nicht mehr mit aller Energie und Intensität bei der Sache, dass sie leicht kränkelte und bettlägerig war. Doch am 1. Februar 1833, also kaum mehr als einen Monat vor ihrem Tod, schrieb ihr Alexander von Humboldt kurioserweise ganz in Sorge nicht um sie, sondern um Varnhagen von Ense. Seine Wortwahl im Brief an Rahel ist dabei bemerkenswert: „Möchten Sie mir doch ein tröstendes Wort über den theuren Varnhagen sagen, die einzige glänzende Stütze unserer Literatur (im edleren Sinne des Wortes) unseres Vaterlandes."[39] In derlei Formulierungen kommt zum Ausdruck, wie sehr Humboldt Rahels Ehemann zu schätzen wusste und wie wenig er ihr eigenes baldiges Sterben in Betracht zog.

Doch fünf Wochen später erfuhr Alexander von Humboldt vom Tod der Rahel und wandte sich in einem Brief vom 9. März desselben Jahres an den um sie trauernden Varnhagen:

> Einem Geiste wie dem Ihrigen, mein edler Freund, ist Einsamkeit und Ruhe nöthig, Sie schöpfen nur aus sich selbst. Denken Sie, dass ich die Schreckensnachricht [vom Tod Rahels] erst gestern Nacht durch Fürst Carolath erhielt. Sie wissen, welche warme, langgeprüfte, nachsichtsvolle Freundin ich an Ihr, der Zierde ihres Geschlechts, verliere [...].[40]

---

[37] Varnhagen von Ense, Karl August (Hg.): *Rahel. Ein Buch des Andenkens für ihre Freunde.* 3 Bde. Berlin 1834; mir liegt die folgende Ausgabe vor: *Rahel. Ein Buch des Andenkens für ihre Freunde.* Berlin: Matthes & Seitz 2010.

[38] Vgl. zur frühen Rezeptionsgeschichte u. a. Volkening, Heide: Die Philologin, Rahel Varnhagen und das allgemein Menschliche. Varnhagen-Studien im ersten Drittel des 20. Jahrhunderts. In: Kauko, Miriam/Mieszkowski, Sylvia/Tischel, Alexandra (Hg.): *Gendered Academia. Wissenschaft und Geschlechterdifferenz 1890–1945.* Göttingen: Wallstein 2005, S. 237–253; sowie Whittle, Ruth: *Gender, Canon and Literary History. The Changing Place of Nineteenth-Century German Women Writers*, S. 64–84.

[39] Humboldt, Alexander von: Brief an Rahel vom 1. Februar 1833. In: *Briefe von Alexander von Humboldt an Varnhagen von Ense*, S. 12.

[40] Humboldt, Alexander von: Brief an Varnhagen von Ense vom 9. März 1833. In: *Briefe Alexander von Humboldts an Varnhagen von Ense*, S. 16.

So wie Humboldt reagierten viele ihrer Freundinnen und Freunde. Das von Varnhagen edierte *Buch des Andenkens für ihre Freunde* war durchaus in erster Linie für die Mitglieder ihres Zirkels, ihres Salons bestimmt. Doch es schuf die Grundlage für ihre postume Kanonisierung und ihren bis heute anhaltenden Aufstieg zu einer Zentralfigur der deutschen Literatur- und Ideengeschichte.

Mit der getroffenen Auswahl an Briefen und Tagebucheinträgen generierte es im eigentlichen Sinne das literarische Werk der Rahel Levin Varnhagen, indem es ihr Schreiben in die Reichweite einer breiten Öffentlichkeit im deutschsprachigen Raum rückte. Gewiss, es brauchte Zeit, bis die eigentliche Bedeutung der Rahel Levin Varnhagen als Jüdin und als weibliche Schriftstellerin, als Kämpferin für die Emanzipation der Juden wie für die Emanzipation der Frauen verstanden werden konnte. Aber ein Anfang war gemacht, das Fundament gelegt.

Nicht nur ihr mündliches, polylogisches Werk, sondern auch ihre schriftlichen Schöpfungen standen nun vor aller Augen und bezeugten eine Schriftstellerin, die sich ihrer doppelt marginalisierten Rolle als Jüdin und als Frau sehr wohl bewusst war und mit ihren Gesprächs- wie mit ihren Korrespondenzpartnern offen für eine doppelte Gleichstellung – die der Juden und die der Frauen – im damaligen Preußen eintrat.

Wenige Jahre später urteilte Heinrich Heine in seinem *Buch der Lieder* – eine offensichtliche Titelhommage für Rahels Andenken – in folgender Weise:

> Es ist, als ob Rahel wusste, welche posthume Sendung ihr beschieden war. Sie glaubte freilich, es würde besser werden, und wartete; doch als des Wartens kein Ende nahm, schüttelte sie ungeduldig den Kopf, sah Varnhagen an, und starb schnell – um desto schneller auferstehen zu können.[41]

Heinrich Heine erkannte nicht nur in aller Deutlichkeit, dass sich im damaligen Preußen nichts in eben jenem Sinne bewegte, der die kleine Gesellschaft in den beiden Salons der Rahel Levin Varnhagen und damit ihr Mobile Preußen antrieb. Er erkannte auch sehr scharf, dass Rahels literarisches Werk seine Zukunft noch vor sich hatte, dass ihre ‚Sendung' keineswegs zu Ende war. Denn Rahel Levin Varnhagens Wirkung entfaltete sich weit über ihren Tod – und auch weit über die Jahrzehnte der politischen Stagnation in Preußen – hinaus.

Soziabilität, Kommunikation und Konvivenz

Betrachtet man das Leben von Rahel Levin Varnhagen in seiner Gänze, so steht es deutlich im Zeichen einer Soziabilität, die gewiss von ihrem Vater auf sie übergegangen ist.[42] Ihr gesamtes Leben schreibt sich ein in die Herausbildung neuer

[41] Heine, Heinrich: Vorrede zum Buch der Lieder (1837). In (ders.): *Sämtliche Schriften.* Hg. von Klaus Briegeleb. Bd. 1. München: Carl Hanser 1968, S. 10. Vgl. hierzu Danzer, Gerhard: Rahel Varnhagen – eine Frau entdeckt sich über die Kultur, S. 165.

[42] Vgl. Danzer, Gerhard: Die Dachstubenwahrheiten der Rahel Varnhagen, S. 59.

Formen dieser Soziabilität,[43] der Freundschaft und Intimität sowie einer Konvivialität, wie sie sich in neuen Umgangsformen an der Wende zum 19. Jahrhundert in Preußen herausbildeten.

Dabei war es gerade für jüdische Frauen und deren Emanzipation in Familien, in denen oft ein strenges Patriarchat vorherrschte, von größter Bedeutung, in der Gründung von regelmäßigen Zusammenkünften und in Salons eine Spielfläche zu erreichen, die sie weithin in der damaligen Gesellschaft sichtbar machte und neue Formen eines Zusammenlebens eröffnete, welches bis zu diesem Zeitpunkt von den starren Schranken einer im Grunde überkommenen Ständeordnung charakterisiert gewesen war. Die sozio-kulturellen Bedingungen für die junge Rahel Levin waren folglich günstige gewesen.

Wenn sich die gesellschaftlichen Rahmenbedingungen in der Zeit der Übergänge zwischen beiden Salons auch geändert hatten, so erwiesen sich die einmal geschaffenen Strukturen und vor allem ihr Netzwerk an Korrespondenten doch als so beharrlich, dass eine gewisse Kontinuität unter veränderten politischen Vorzeichen gewährleistet schien. Dies mag die Tatsache erklären, warum es überhaupt zur Ausbildung eines zweiten Salons kommen konnte.

Insofern bot der Salon, die Dachstuben-Gesellschaft, Rahel Levin wie Rahel Varnhagen die unschätzbare Möglichkeit, aus den traditionellen Rollenerwartungen zu entfliehen und sich nach dem Tode des Vaters nicht von ihren Brüdern (wie ihre Schwester Rose) rasch verheiraten zu lassen. Neue Formen von Soziabilität, wie sie die aufkommenden Salons von Jüdinnen zeigten, waren das entscheidende Mittel zu einer Sprengung nicht nur überkommener Gesellschafts-, sondern auch Geschlechterordnungen.

Und neue Formen von Intimität, von Freundschaft und Liebe boten Selbstverwirklichungsmodi an, die gerade für jüdische Frauen, die in der preußischen Gesellschaft doppelt marginalisiert waren, höchst attraktiv schienen. Rahel machte davon regen Gebrauch.

Wenn Germaine de Staël[44] bei ihrem Besuch in den deutschen Salons den Eindruck hatte, man könne hier wesentlich unhierarchischer als in Frankreich zwischen den Ständen kommunizieren und selbst mit der Königsfamilie leicht in Kontakt kommen, so ließe sich diese Beobachtung auch auf die Normen wie die Formen der Geschlechterverhältnisse und vor allem auch der Liebeskonzeptionen übertragen. Für Rahel bot sich hier ein weites Experimentierfeld, das sie sehr bewusst für sich zu nutzen wusste. Denn sie experimentierte gerne.

Wenn Hannah Arendt die Entwicklung von Rahel Levin Varnhagen von der Parvenue zur Paria sich erstrecken sah,[45] so gab sie – nicht ohne autobiographische Emphase – dem Spannungsfeld zwischen beiden Polen gerade mit Blick auf die Situation jüdischer Frauen in der Berliner Gesellschaft eine große Bedeutung. Vielleicht markieren die Begrifflichkeiten von Parvenue und Paria recht gut das Spielfeld, das

---

[43] Vgl. Benhabib, Seyla: The Pariah and Her Shadow: Hannah Arendt's Biography of Rahel Varnhagen, S. 94.

[44] Vgl. hierzu ebd., S. 97.

[45] Vgl. hierzu Ette, Ottmar: *ÜberLebenswissen. Die Aufgabe der Philologie*, S. 185.

den marginalisierten jüdischen Frauen blieb, um ihre Visibilität zu steigern und nicht-traditionelle Lebensformen zu entwickeln. In jedem Falle bot sich ihnen hier die Möglichkeit, ihr Schicksal beherzt in die eigenen Hände zu nehmen und ihr Leben zu gestalten.

Wie keine andere vermochte es aber Rahel Levin Varnhagen, diese Spielräume nicht nur auszuloten, sondern für sich selbst nutzbar zu machen und sich zugleich ein hohes nationales wie internationales Renommee zu erarbeiten. Wenn Rahel auf der Grundlage der Rezeptionszeugnisse, wie sie im Varnhagen-Nachlass der Krakauer Jagiellonen-Bibliothek aufbewahrt werden, in einer neueren Studie als „contemporary superstar“[46] bezeichnet werden konnte, so gibt dies einen Einblick in die Internationalität der Rezeptions- und Wirkungsgeschichte der Berliner Jüdin und einen Eindruck von dem, wie sie zum Teil bereits von ihren Zeitgenossen wahrgenommen wurde. Rahel Levin Varnhagen wurde keineswegs nur als vorübergehender Mittelpunkt eines von ihr geführten Salons gesehen: Gerade auch in Frankreich schrieb man ihr wichtige ideengeschichtliche und philosophische Funktionen und Fähigkeiten zu.

Wenn Rahel folglich als eine große Figur innerhalb der deutschsprachigen Literaturszene der Jahrhundertwende und weit darüber hinaus wahrgenommen werden konnte, so ist dies nicht denkbar ohne ihre schriftlichen Zeugnisse, ohne ihre Tagebucheinträge und Aphorismen, aber vor allem auch ihre bis heute faszinierenden Briefe. Die Vielzahl an sehr unterschiedlichen Briefpartnern zeigt, dass sie zum einen die Briefe in gewisser Weise als eine Art der Verlängerung ihrer Tätigkeit als Salonière verstand und das mündliche Gespräch mit einer Persönlichkeit ihres Salons nun in schriftlicher Form fortsetzen und verlängern wollte. Es zeigt zugleich aber auch und vor allem, dass sie einen zweiten Freundes- und Bekanntenkreis in schriftlicher Form pflegte, der es ihr gestattete, weit über die räumlichen und zeitlichen Grenzen der unmittelbaren Face-to-face-Kommunikation hinauszugehen und so einen enormen Einfluss auf die literarisch-künstlerische Szene ihrer Zeit auszuüben.

Im Herzen von Rahel Levin Varnhagens Leben und Lebenswerk stand schlicht die Kommunikation in all ihren verschiedenartigen Formen. Sie war es, die ihr Leben immer wieder antrieb und beflügelte: ihm einen Sinn gab. Die unterschiedlichsten Formen der Soziabilität, die sie in ihren beiden Salons pflegte, waren verknüpft mit jener lebendigen, impulsreichen und an überraschenden Wendungen reichen Korrespondenz, die uns gewiss ein Gefühl für die Lebendigkeit ihrer mündlichen Konversation innerhalb des Salons wie außerhalb zu geben vermag.

Konversation und Korrespondenz bildeten die Pfeiler einer die Grenzen von Stand, Beruf und Religion überspannenden Kommunikation, die auf eine Gemeinschaft zielte, welche in beiden Salons, wenn auch mit unterschiedlichem Grad an jeweiliger gesellschaftlicher Verwirklichbarkeit, einen unbezweifelbaren politischen Anspruch besaß. Dies schloss etwa Körperpolitiken – wie etwa die damals

---

[46] Vgl. Fuchs, Renata: ‚Soll ein Weib wohl Bücher schreiben; Oder soll sie's lassen bleiben?‘: The Immediate Reception of Rahel Levin Varnhagen as a Public Figure, S. 303. Dieselbe Formulierung „contemporary superstar“ wird mit Blick auf Rahels Wirkung im Ausland bemüht (S. 309).

diskutierte Frage des Schicksals vergewaltigter Frauen – ebenso mit ein wie politische Fragen religiöser Identitätsbildung oder den Zugang breiter Bevölkerungsschichten zur Bildung. In einem breit verstandenen Sinne war Politik ihre Domäne, nicht nur mit Blick auf eine saint-simonistische Ideenwelt.

So können wir ihre beiden Salons, den Salon der Rahel Levin wie den Salon der Rahel Varnhagen, nicht nur als Entwürfe einer neuen Soziabilität begreifen, sondern als Projektionen und Projekte einer gewiss kleinen, ausgesuchten Gesellschaft, die auf Gemeinschaft hin angelegt war. Ihr Ziel war ein Zusammenleben, eine grundlegende Konvivenz, die in ihrem Kern die Fundamente einer neuen, einer anderen Gesellschaft legen sollte – einer Gesellschaft in ständigem Austausch, in ständiger Wechselwirkung, eine Gesellschaft als Gemeinschaft der miteinander Verbundenen und Denkenden.

Rahel Levin Varnhagen erprobte auf diese Weise und mit den innovativen, zum Teil auch ihre Zeitgenossen schockierenden Mitteln ihrer Epoche ein Mobile Preußens, in welchem ihre verschiedenen Figuren zu Bestandteilen jener Konfigurationen wurden, die für Preußen andere Formen und Normen der Konvivenz, des Zusammenlebens und der Partizipation entwarfen. Es war ein erträumtes[47] Preußen, gewiss: das Preußen einer Integration und Konvivenz in Differenz, quer zu den gängigen Bildern von Identitätszuweisungen für einzelne gesellschaftliche Gruppen. Ihr Gesellschaftsmodell war relational und integrativ: Sie setzte nicht auf Exklusion, sondern auf eine Inklusion unterschiedlicher sozialer oder religiöser Gruppen. In diesem Sinne war sie ihrer Zeit deutlich voraus.

Es mag durchaus so sein, dass ihr Vorhaben scheiterte, dass ihr Experimentierfeld letztlich aufgegeben werden musste in den Wirren einer Gesellschaft, die sich auf den Weg des Nationalismus, des Antijudaismus und Antisemitismus, der Ständeprivilegien und Geschlechterhierarchien machte. Mag also sein, dass Rahel Levin Varnhagen für eine verschüttete Tradition preußischer und deutscher Geschichte einsteht, die ihr Potenzial noch immer nicht verloren hat.

Doch vermittelt uns vor allem ihre Korrespondenz noch viel von jener Konvivenz, die Rahel zwischen Parvenue und Paria erträumte: eine Konvivenz auf der Grundlage einer allumspannenden Kommunikation, in der alle mit allen verbunden sein und miteinander in einen fruchtbaren Polylog eintreten würden. Die von ihr erträumte Gesellschaft mag ein ferner Traum gewesen sein: Ihre Gemeinschaft aber war es nicht.

[47] Vgl. hierzu Hahn, Barbara: *‚Im Schlaf bin ich wacher.‘ Die Träume der Rahel Levin Varnhagen.*

Wilhelm und Alexander von Humboldt oder die Humboldtsche Wissenschaft

‚Alles ist Wechselwirkung'

„*Alles ist Wechselwirkung.*"[1] Mit diesen wenigen Worten, die inmitten einer in französischer Sprache verfassten Passage auf Deutsch geradezu wie eine Formel detonieren, hat Alexander von Humboldt in seinen *Amerikanischen Reisetagebüchern* das Grundaxiom jener Wissenschaft auf den Punkt gebracht, die nach ihm benannt heute als die Humboldtsche Wissenschaft[2] bezeichnet wird. Nicht von ungefähr war es gerade Wilhelm von Humboldt, der wohl als erster das grundlegende Denkmodell seines Bruders erkannte, welches dieser wenige Jahre später auf seiner großen Reise durch die Tropen des amerikanischen Kontinents (1799–1804) entwickeln und in seinen Umrissen abstecken sollte. Denn bereits im Jahre 1793 hatte Wilhelm in einem Brief an Karl Gustav von Brinkmann seinem jüngeren Bruder eine besondere Gabe, ein Geschick der Kombinatorik bescheinigt und ihn als prädestiniert dafür bezeichnet, „Ideen zu verbinden, Ketten von Dingen zu erblicken, die Menschenalter hindurch, ohne ihn, unentdeckt geblieben wären".[3]

Wilhelm avanciert mit seinen Überlegungen zum ersten Exegeten, ja zum ersten Epistemologen jener sich 1793 erst andeutenden Humboldtschen Wissenschaft, die sich gewiss weniger in Ketten als vielmehr in einem netzartigen Gewebe entfaltet. Im ersten, auf Potsdam im November 1844 datierten Band seines *Kosmos* sprach Alexander selbst von einer „allgemeine[n] Verkettung, nicht in einfacher linearer

[1] Humboldt, Alexander von: *Amerikanische Reisetagebücher*, Bd. IX, S. 27r, 2–27v.

[2] Der Begriff wurde in die Forschung eingebracht von Cannon, Susan Faye: *Science in Culture: The Early Victorian Period.* New York: Dawson and Science History Publications 1978, S. 73–110, und weiterentwickelt von Ette, Ottmar: *Alexander von Humboldt und die Globalisierung. Das Mobile des Wissens.* Frankfurt a. M./Leipzig: Insel 2009, S. 16–22.

[3] Humboldt, Wilhelm von: *Briefe an Karl Gustav von Brinkmann.* Hg. von Albert Leitzmann. Leipzig 1939, S. 60. Maßgeblich zu Wilhelm von Humboldt noch immer Borsche, Tilman: *Wilhelm von Humboldt.* München: Beck 1990.

O. Ette, *Mobile Preußen*, https://doi.org/10.1007/978-3-476-04854-7_7

Richtung, sondern in netzartig verschlungenem Gewebe".[4] Wir dürfen heute hinzufügen, dass dieses Denk-, Wissenschafts- und Schreibmodell von zutiefst relationaler Natur ist und sich nicht nach einfachen Kausalketten ausrichtet, sondern die unterschiedlichsten Faktoren zu berücksichtigen sucht. Vielmehr geht es um viellogische Faktorenfelder, die wechselseitig interagieren und ganz dem Humboldtschen Grundaxiom entsprechen, demzufolge alles als Wechselwirkung aufzufassen und zu untersuchen sei.

Wie aber, wenn wir Wilhelm von Humboldt nicht nur als den ersten Epistemologen der 1793 noch gar nicht existierenden, sondern bestenfalls *in nuce* erahnbaren Humboldtschen Wissenschaft verstünden? Wie also, wenn Wilhelm Teil dieser von Alexander nicht nur ausgeheckten, sondern ausgedachten und mit seinem Namen verbundenen Wissenschaft wäre? Wenn es, mit anderen Worten, mithin eine Wissenschaft gäbe, eine *Humboldtsche* Wissenschaft, die sich mit dem Namen beider Brüder verbinden ließe?

Panoramatische Studien stehen gemeinhin nicht im Verdacht, dass in ihnen notwendigerweise risikoreiche oder riskante, vielleicht sogar radikale, also von der Wurzel her gedachte Denkvorstellungen oder bisherige Einteilungen revolutionierende Überlegungen zum Ausdruck kämen. Der aktuell sich bietende Kontext könnte dafür aber eine günstige Gelegenheit bieten. Und Gelegenheit sollte auch und gerade in der Wissenschaft die Liebe anregen, über vorhandene Grenzziehungen hinauszugehen.

Seit ich mich als junger Mann erstmals mit dem Schaffen des großen kubanischen Dichters, Essayisten und Revolutionärs José Martí beschäftigt habe, faszinierte mich eine kleine Verwirrung im Denken dieses lange Jahre in Manhattan ansässigen und international wohlinformierten Denkers und Globalisierungstheoretikers des ausgehenden 19. Jahrhunderts. Wie für die meisten Lateinamerikaner verband sich für ihn der Name Humboldt ‚natürlich' mit dem des weite Teile des spanischen Kolonialreichs in Amerika bereisenden Gelehrten, in dessen Schriften so etwas wie die Geburtsurkunde eines vom iberischen Kolonialismus unabhängigen Amerika erkennen ließ. José Martí aber dachte zumindest zeitweise in seinem Exil in Venezuela, der Heimat Simón Bolívars, dass dieser Mann, der so viel für die ‚Neue Welt' getan hatte, kein anderer sei als jener Gelehrte und Erforscher der baskischen Sprache (die der junge Martí etwas unglücklich als „dialecto" bezeichnete), von dem er ebenfalls gehört und gelesen hatte.[5]

Es erschien mir schon immer als eine lohnende Unternehmung, diese kleine Verwirrung als ein produktives *misreading* zu verstehen und für Denkansätze zu nutzen, die sich vielleicht auf etwas Unerhörtes oder zumindest bislang Ungehörtes öffnen könnten. Ich meine damit nicht, dass Wilhelm und Alexander ein und dieselbe Person wären, die sich zweier verschiedener *noms de plume* bedient hätten,

[4] Humboldt, Alexander von: *Kosmos. Entwurf einer physischen Weltbeschreibung*. 5 Bde. Stuttgart/Tübingen: Cotta 1845–1862, hier Bd. I, S. 33.

[5] Vgl. hierzu u. a. die Überlegungen in Martís ‚Sección Constante', die am 14. Januar 1882 in *La Opinión Nacional* erschien, in Martí, José: *Obras Completas*. Bd. 23: *Periodismo diverso*. La Habana: Editorial de Ciencias Sociales 1975, S. 152.

um auf diese Weise unterschiedliche Felder des Wissens bearbeiten zu können – ein Gedanke, der gleichwohl viel Verlockendes besäße, würde ihn ein begabter Autor einmal literarisch durchspielen. Gemeint ist vielmehr, dass sich von diesem Punkt aus Alexander und Wilhelm auf eine solche Art zusammendenken ließen, dass sich hieraus nicht eine simple homogene Einheit, wohl aber die Einheit des Viellogischen und zugleich in einem umfänglichen Sinne – und man verzeihe mir das Klangspiel – eine viellogische Philologie[6] ergäbe, die in der Lage wäre, unterschiedlichen Logiken gleichzeitig nachzugehen.

Dem steht bislang entgegen, dass über lange Zeiträume die Forschungen über Wilhelm und jene über Alexander von Humboldt durch klare, bisweilen sogar feindliche Grenzziehungen voneinander getrennt waren und zum Teil auch wohl noch sind. Als ich Anfang Juni 2017 im Rahmen einer sehr erfolgreichen polnisch-deutschen Zusammenarbeit an der Jagiellonen-Universität Krakau zu Alexander von Humboldt vortrug, wurde ich von einem in Deutschland beheimateten Spezialisten für Wilhelm von Humboldt – ich hoffe, dies erfolgte im Scherz – gleich zu Beginn mit den Worten vorgestellt, ich sei „von der Gegenpartei". WissenschaftlerInnen, die über Wilhelm oder Alexander von Humboldt arbeiten – nennen wir sie scherzhaft ‚Wilhelmisten' und ‚Alexandriner', – haben zumeist eine recht differierende wissenschaftliche Sozialisation erfahren, entstammen voneinander verschiedenen und nicht selten auch geschiedenen Disziplinen und spezialisieren sich in der Regel auf den einen *oder* den anderen der beiden Humboldt-Brüder. ForscherInnen, die in ausgewogener, gleichmäßiger Verteilung über Alexander *und* Wilhelm arbeiten, gibt es hingegen (um es vorsichtig auszudrücken) nur selten. Man widmet sich – um die gängigsten Klischees abzurufen – entweder dem preußischen Patrioten oder dem Kosmopoliten, entweder dem Sprach- oder dem Naturforscher.

Innerhalb der langen Geschichte der Humboldt-Forschung – und damit meine ich sowohl die Wilhelm als auch die Alexander zugeneigte *Humboldt Industry* – lassen sich gewiss etwas vereinfachend drei Phasen unterscheiden. In einer ersten hatten der *spiritus rector* der Friedrich-Wilhelms-Universität, die nach ihrer Wiedereröffnung dann im Jahre 1949 den Namen beider Brüder erhielt, und der Weltreisende kaum etwas miteinander gemein. Dies gilt im Übrigen auch für beider Ikonographie, die jeweils höchst unterschiedlichen Traditionslinien folgt. Die Darstellung beider Brüder auf einem einzigen Gemälde, in einem einzigen Bild, ist daher sehr selten und erfolgt nach meiner Kenntnis auch nur dann, wenn sich – wie im berühmten zeitgenössischen Stich von Friedrich Schiller, dem einander verbundenen Brüderpaar Humboldt und Johann Wolfgang Goethe in Jena – überschreitende Zusammenhänge eröffnen.

Selbst die beiden Statuen der Brüder weisen eine sehr unterschiedliche Entstehungs- und Begründungsgeschichte auf und folgen differierenden Repräsentationstraditionen. Es ist, als hätten der 1767 in Potsdam geborene Wilhelm und der 1769 in Berlin geborene Alexander, dessen zweihundertfünfzigsten Geburtstag wir in

[6] Zum Entwurf einer viellogischen Philologie vgl. Ette, Ottmar: *Viellogische Philologie. Die Literaturen der Welt und das Beispiel einer transarealen peruanischen Literatur.* Berlin: Walter Frey – edition tranvía 2013.

diesem Jahre feiern, über lange Zeit verschiedenen Welten angehört; der eine ein Bewohner der ‚Alten', der andere einer der ‚Neuen Welt'. Aber gibt es zwischen beiden Welten keine Beziehung?

In einer zweiten Phase der Humboldt-Forschung wie der Humboldt-Rezeption wurden die Brüder gar zu Antipoden stilisiert, insofern der eine zum Inbegriff des Geisteswissenschaftlers und der andere zur Ikone der Naturwissenschaften avancierte. Damit verankerte man die (zweifellos auf einer bedeutsamen Vorgeschichte beruhende) berüchtigte Erfindung der längst brüchig gewordenen, aber noch immer fortwirkenden These von den *Two Cultures* von Charles Percy Snow[7] gleichsam innerfamiliär und bediente damit ein offenkundig in einer breiteren Öffentlichkeit, aber nicht selten selbst in der akademischen Welt noch immer allgegenwärtiges Bild einer Scheidung zwischen ‚dem Geisteswissenschaftler' Wilhelm und ‚dem Naturwissenschaftler' Alexander. Doch diese lange Zeit wohlfeile, im Grunde aber nur billige Scheidung ist im Lichte von Snows Zwei-Kulturen-These ebenso Schnee von gestern wie die nicht weniger falsche, aber in Deutschland offenbar unausrottbare These, bei Alexander von Humboldt handele es sich um ‚einen' oder gar ‚den letzten Universalgelehrten'.

Mir scheint es heute mehr denn je notwendig zu sein, an die Stelle derartiger überkommener und rückwärtsgewandter Gemeinplätze ein prospektives Wissenschaftsverständnis zu setzen, das die zunächst am Beispiel Alexanders entfaltete humboldtsche Wissenschaft als eine der Zukunft zugewandte Wissenschaftskonzeption versteht, deren gegenwärtiges wie künftiges Potenzial noch längst nicht ausgeschöpft ist.

Seit einigen Jahren häufen sich die Indizien dafür, dass sich mittlerweile eine dritte Phase innerhalb der beiden Brüdern gewidmeten Humboldt-Forschung zu eröffnen scheint, in welcher ebenso die Vorstellung von den getrennten Welten wie jene von einer antipodischen, letztlich bipolaren Struktur des Brüderpaares wie auch der Wissenschaften überhaupt überwunden werden. Es bietet sich uns im Geburtsjahr Wilhelm von Humboldts eine vielleicht historische Chance, sich mit beiden Brüdern nicht nur getrennt *auseinander*zusetzen, sondern sie beide aus ihrer deutlichen, aber fruchtbar überbrückbaren Differenz heraus *zusammen*zudenken. Denn viele der Entwicklungen der Humboldtschen Wissenschaft haben, um eine berühmt gewordene Formel von Snow nicht mehr nur allein auf die Naturwissenschaften zu beziehen, „the future in their bones".[8]

Die Sprachen der Wissenschaft

Wenn im Folgenden die Frage nach einer Humboldtschen Wissenschaft gestellt wird, die sich auf beide Brüder bezieht und deren Epistemologie bei Alexander schon früh von Wilhelm erkannt wurde, dann sollen hiermit keineswegs die

[7] Snow, C.P.: *The Two Cultures*. With Introduction by Stefan Collini. Cambridge: Cambridge University Press 1993.

[8] Snow, C.P.: *The Two Cultures*, S. 10.

Unterschiede, ja die bisweilen tiefgreifenden Differenzen zwischen den beiden Brüdern verschwiegen werden. Bei beiden findet sich aber eine gemeinsame Grundlage, die auf der Überzeugung beruht, dass Wissenschaft in einer öffentlichen Verantwortung steht und auf eine unablässig weiterzuführende Demokratisierung dieser Öffentlichkeit zielt. Wissenschaft heißt Verantwortung, heute mehr denn je. Denn eine Wissenschaft, die ihr Wissen nicht in die Gesellschaft schafft, verkennt ihre gesellschaftliche Bringschuld und ist am Ende selbst schuld, wenn die Gesellschaft sie um ihre Mittel bringt.

Das Wirken Wilhelms wie Alexanders zielte auf eine gesellschaftliche Wirkkraft, ja bisweilen auf eine gesellschaftliche Sprengkraft, da sie ihre Ideen und Vorstellungen nicht nur am preußischen oder französischen, am spanischen oder habsburgischen Hofe hoffähig, nicht allein in Pariser oder Berliner Salons salonfähig, sondern in einer breiten Öffentlichkeit ebenso in Europa wie in Amerika gesellschaftsfähig zu machen suchten. Ihr Modell von Wissen und Wissenschaft, Bildung und Ausbildung ist ethisch fundiert und zielt auf eine Veränderung nicht nur der Inhalte des Wissens oder der Gegenstände des Forschens, nicht nur der Strukturen von Bildungs- wie von Wissenschaftsinstitutionen, sondern auf eine gesellschaftliche Veränderung im Sinne einer Demokratisierung des Wissens, wie dies ebenso Wilhelms Entwürfe für die Neugründung einer Universität oder die Reformierung dieser unserer Akademie wie auch die einundsechzig *Kosmos*-Vorlesungen und mehr noch die auch den Frauen zugänglichen sechzehn *Kosmos*-Vorträge Alexanders in der damaligen Singakademie zeigen mögen. Dafür galt es, in Denkschriften und Vorträgen, Briefen und Büchern eine Sprache und, besser noch, geeignete Sprachen zu finden und zu erfinden. Wissenschaft ist auch Übersetzung.

Bildung und Ausbildung, wissens- und wissenschaftsbezogene Sozialisation des Brüderpaares weisen gewichtige Parallelen auf, von denen hier nur einige wenige genannt seien. Sie lernten unter und mit den besten Hauslehrern, die Berlin zu bieten hatte, so dass Schloss Tegel für sie zur ersten und vieles schon vorprogrammierenden Bildungsstätte wurde. Ich schließe mich hier ausdrücklich nicht der verbreiteten Abwertung, ja einem wahren Mobbing ihrer Mutter an, das sich durch nahezu alle neueren Publikationen zu den Brüdern Humboldt zieht. Die aus einer Hugenottenfamilie stammende Marie Elisabeth von Humboldt, eine geborene Colomb, bei der nach den frühen Tod des Vaters alle Fäden zusammenliefen, schuf sehr bewusst und energisch jene Möglichkeiten, welche die beiden Brüder dann auf ihre je eigene Weise höchst erfolgreich nutzten. Nicht umsonst merkte Wilhelm in einem Brief an, wie sehr ihn der Tod der Mutter getroffen habe, so als wäre mit ihrem Tod sein eigenes Glück zu Grabe getragen worden.[9] Beide studierten an der Viadrina an den „frostigen Ufern der Oder",[10] beide wechselten rasch an die damalige Exzellenz-Universität Göttingen, beide waren sie von Georg Forster, der mit James Cook die

[9] Vgl. hierzu Humboldt, Wilhelm von: Materialien. Erster Band: 1797–1798. Sonntag 31sten December (11. Nivöse n.st.). In: *Wilhelm von Humboldts Gesammelte Schriften. Tagebücher.* Hg. von Albert Leitzmann. Erster Band. Berlin: de Gruyter 1968, S. 390.

[10] Humboldt, Alexander von: *Die Jugendbriefe 1787–1799.* Hg. und erläutert von Ilse Jahn und Fritz G. Lange. Berlin: Akademie-Verlag 1973, S. 4.

Welt umsegelt hatte, beeindruckt und – wenn auch auf unterschiedliche Weise – geprägt[11] und gingen doch über ihn hinaus; ja beide bevorzugten in ihrer letzten Lebensphase denselben Buschmann, der für die Abfassung ihrer Schriften von so großer Bedeutung war. Geteilte Biographeme prägen doppelt.

Im Leben beider Brüder spielten die Sprachen von Beginn an eine überragende Rolle. Blicken wir auf das Jahresthema 2017/18 ‚Sprache' der Berlin-Brandenburgischen Akademie der Wissenschaften und die damit ins Auge gefasste „Vielfalt der Weltbezüge" sowie die „sprachliche Verfasstheit unserer Lebenswelt",[12] so zeigt sich rasch, in welch umfassendem Sinne Leben, Werke und Wirken der Brüder Humboldt in diesem Sinne im Zeichen einer Vielfalt von Sprachen stehen.

Beide Brüder sprachen oder kommunizierten, schrieben oder publizierten über ihre deutsche und französische Sprachkompetenz hinaus nicht nur in einer Vielzahl europäischer Sprachen und verfügten über profunde, eigene Übersetzungen miteinschließende Fähigkeiten in den Sprachen der abendländischen Antike, sondern studierten und verwendeten auch außereuropäische Sprachen des Altertums wie der Gegenwart. Dabei waren sie sich der sprachlichen Verfasstheit allen Wissens und damit auch aller Wissenschaften höchst bewusst.

Darüber hinaus bedienten sie sich – von ihren ausgeprägten diplomatischen und politischen Sprachkünsten einmal abgesehen – einer Vielzahl von Wissenschaftssprachen, wie sie sich nach dem Ende des Lateinischen als dominanter Gelehrtensprache in den unterschiedlichsten Volkssprachen entwickelt hatten, und arbeiteten selbst in disziplinär hochspezialisierten Sprachen, zwischen denen sie – wie ihre Schriften zeigen – zwanglos hin- und herzuwechseln sowie zu übersetzen verstanden. Beide entwarfen dabei nicht nur – wie etwa im Falle der Navigation – deren Geschichte und Geschichten, sondern nahmen auf die sprachliche Entwicklung und Ausprägung verschiedenster Disziplinen und Wissenschaftssprachen prägenden Einfluss. Sie verkörpern auf eine geradezu idealtypische Weise die Vorstellung von Mehrsprachigkeit in den Wissenschaften.

Wenn wir uns heute im Schlagschatten einer noch immer wachsenden Dominanz des Englischen in Richtung einer gefährlichen Einsprachigkeit bewegen, in der im Grunde ganze Bibliotheken und Archive, ganze Wissensbestände und Denkformen des nicht-englischen Bereichs zu verschwinden drohen, so ließe sich ganz im Sinne des jüngst erschienenen Plädoyers von Jürgen Mittelstraß, Jürgen Trabant und Peter Fröhlicher zugunsten einer Mehrsprachigkeit in den Wissenschaften[13] betonen, dass die Sprachenvielfalt der Brüder Humboldt nicht für ein auslaufendes

[11] Vgl. hierzu u. a. Schmitter, Peter: Zur Wissenschaftskonzeption Georg Forsters und dessen biographischen Bezuegen zu den Bruedern Humboldt. Eine Vorstudie zum Verhaeltnis von ‚allgemeiner Naturgeschichte', ‚physischer Weltbeschreibung' und ‚allgemeiner Sprachkunde'. In: Naumann, Bernd/Plank, Frans/Hofbauer, Gottfried/Hoojkaas, Reijer (Hg.): *Language and Earth: Elective Affinities between the Emerging Sciences of Linguistics and of Geology.* Amsterdam: Benjamins 1992, S. 91–124, insbes. 92.

[12] Jahresthema 2017/2018 ‚Sprache': jahresthema.bbaw.de.

[13] Mittelstraß, Jürgen/Trabant, Jürgen/Fröhlicher, Peter: *Wissenschaftssprache. Ein Plädoyer für Mehrsprachigkeit in der Wissenschaft.* Stuttgart: J. B. Metzler 2016.

Wissenschaftsmodell, sondern vielmehr für eine Wissenschaftsentwicklung stehen könnte, für die es sich zumindest in den *Humanities*, den Geistes- und Kulturwissenschaften (und schon diese Übersetzung zeigt, wie unterschiedlich die jeweiligen Akzentuierungen sein können), heute mehr denn je zu kämpfen lohnt. Diese hier nur kurz skizzierte Vielsprachigkeit der beiden Humboldts ist Voraussetzung für ihren Gedanken- und Erkenntnisreichtum. Sie gingen niemals – auch nicht im politischen Raum – einer einzigen Sprache auf den Leim.

Wie auch immer die Zukunft der Wissenschaftssprache(n) auf unserem Planeten aussehen mag: Einer signifikanten Reduktion der – um noch einmal das Jahresthema der Berlin-Brandenburgischen Akademie der Wissenschaften anzuführen – „Vielfalt der Weltbezüge" wie der „sprachlichen Verfasstheit unserer Lebenswelt" werden wir nur entgehen können, wenn wir das Ideal einer wissenschaftlichen Vielsprachigkeit nicht zur gelegentlichen Entsorgung freigeben. Die Vorherrschaft des Englischen bedeutet nicht das Ende, wohl aber einen unwiederbringlichen Verlust und eine substanzielle Reduktion insbesondere im Bereich der Geistes- und Kulturwissenschaften. Das eigentliche Zukunftsmodell – zumindest für diese Wissenschaften – stellt vielmehr die ebenso prinzipielle wie strukturelle Vielsprachigkeit Wilhelm und Alexander von Humboldts dar.

Sprachen über Sprachen begegnet man folglich, wenn man sich auf das Brüderpaar Humboldt einlässt und sich mit der die Sprachen wie die Disziplinen querenden Praxis der Humboldtschen Wissenschaft beschäftigt. Gerade die Formen und Normen der Übersetzung sowie die konkreten translatorischen Praktiken spielen ebenso in den *Amerikanischen Reisetagebüchern* Alexanders wie in den Manuskripten zum *Kawi-Werk* Wilhelms eine entscheidende epistemologische Rolle. Immer wieder lassen sich das ernsthafte Spiel wie der spielerische Ernst der beiden Brüder in ihrem Umgang mit den Sprachen wie mit ihren Tätigkeitsfeldern erkennen. Ebenso auf der sprachlichen wie auf der metasprachlichen Ebene, ebenso auf jener der Sprachenverwendung wie auf jener etwa der Sprachenbeschreibung zeigt sich weniger ein Nebeneinander als ein Miteinander und vor allem ein Durcheinander der verschiedensten Sprachen.

Dieses multilinguale Nebeneinander, interlinguale Ineinander wie translinguale Durcheinander weisen in der unablässigen sprachlichen Durchdringung des Gegen-Standes Sprache auf die Tatsache, dass uns hier eine lebendiges Zusammenleben, eine dynamische Konvivenz der Sprachen vor Augen geführt wird. Wir könnten mit Blick auf diese Konvivenz von einer Ökologie des Polylogischen sprechen, geht es hier doch um die Wechselwirkungen zwischen verschiedenartigen Logiken, für welche die Sprachen einstehen. Eine derartige Konvivenz der Sprachen aber bildet auf der Grundlage unablässiger Übersetzungstätigkeit die notwendige Voraussetzung für eine Konvivenz der Menschen und vielleicht mehr noch für ein Zusammenleben der Menschheit.

Der Entwurf dieses Zukunftsmodells einer sich seit den 1790er-Jahren herausbildenden Humboldtschen Wissenschaft ging von der sprachlichen Verfasstheit allen Wissens aus und beschränkte sich weder auf sprachphilosophischer noch auf epistemologischer oder poetologischer Ebene auf den Bereich der Wissenschaft. Denn Wilhelm wie Alexander von Humboldt waren davon überzeugt, dass man die

Welt – dies zeigt auch Weilhelms Konzept der ‚Weltansicht' – in ihrer Komplexität auf adäquate Weise nicht vom Standpunkt einer einzigen Sprache aus erfassen und verstehen kann. Ohne eine vielsprachige Annäherung an die unterschiedlichsten Gegenstände war und ist ein viellogisches Verstehen der Welt in ihrer Vielfalt nicht zu erreichen. Die sprachliche Verfasstheit der Humboldtschen Wissenschaft stellt so eine fundamentale Herausforderung nicht allein für die vergangene Zukunft des 19. Jahrhunderts, sondern vor allem auch für unsere Zukunft dar.

Gemeinsamkeit der Begriffe, Gemeinsamkeit des Begreifens

Die Verschiedenartigkeit der beiden Brüder in ihrem Charakter, aber auch in ihrem Lebensstil – Differenzen, die sich deutlich in ihrer Ikonographie ablesen lassen – hat immer wieder zwischen beiden zu Missverständnissen und Unstimmigkeiten geführt. So berichtete Wilhelm, damals preußischer Gesandter in London und im Preußen der nachnapoleonischen Reaktion von seinen Gegnern ins Ausland ‚abgeschoben', am 3. Dezember 1817 an seine Frau Caroline anlässlich des Besuchs seines Bruders in der englischen Hauptstadt, dass Alexander neben „der persönlichen Zuneigung" auch stets „Bewegung ins Leben" bringe.[14] „Aber wahr bleibt dabei immer, dass einem leid tut, wie er aufgehört hat, deutsch zu sein und bis in alle Kleinigkeiten pariserisch geworden ist."[15] Nicht ohne Bewunderung fügte er hinzu, Alexander sei gewiss „eine der merkwürdigsten Naturen, die es jemals gegeben hat";[16] doch störten ihn, der sich wie seine Frau Li als Vertreter eines liberalen patriotischen Preußentums empfand und der vor kurzem als „unkonventioneller Liberaler"[17] bezeichnet wurde, die weltläufigen Umgangsformen seines längst in eine internationale Zelebrität verwandelten Bruders ebenso sehr, wie er sich schon an dessen Verhalten während der napoleonischen Besetzung Preußens gestoßen hatte, als Alexander, seiner der Menschheit verpflichteten Wissenschaft treu, in Paris geblieben war. Für jeglichen nationalistischen Diskurs war Alexander zeit seines Lebens unerreichbar, so wie auch nach seinem Ableben selbst noch unter den Nationalsozialisten jeglicher Versuch scheitern musste, ihn für nationalistische und noch schlimmere Zwecke zu instrumentalisieren.

Entgegen aller anderslautenden Legendenbildungen änderte dies an der tiefen beiderseitigen Zuneigung der Brüder aber nichts. Nein, keiner der beiden Brüder setzte dem anderen Rattengift zur Speise vor, wie dies Daniel Kehlmann in einem fast schon wieder vergessenen Bestseller witzig erfand, so wie auch Alexander – eine Mär, die sich zeitweise zu verbreiten begann – keineswegs pädophilen Praktiken

---

[14] *Gespräche Alexander von Humboldts.* Hg. von Hanno Beck. Berlin: Akademie-Verlag 1959, S. 51.

[15] Ebd.

[16] Ebd., S. 52.

[17] Maurer, Michael: Der unkonventionelle Wilhelm von Humboldt. Eine Erinnerung zu seinem 250. Geburtstag. In: *Forschung & Lehre* (Bonn) XXIV, 6 (2017), S. 490–493, hier S. 493.

huldigte.[18] Wie sehr sie sich auch in Habitus, Sprache und Lebensart sowie in manchen politischen Einschätzungen unterschieden: Über ihr gesamtes Leben hinweg finden sich zahlreiche Belege ebenso einer großen Vertrautheit, Zuneigung und Zärtlichkeit wie auch der wechselseitigen Bewunderung für Tätigkeit und Persönlichkeit des jeweils anderen.

Als sich Alexander auf eine noch ungewisse Weltreise begab und sich von Paris verabschiedete, galten seine letzten Blicke dem geliebten Bruder: „Ich sah mir Bonpland an, mit dem ich eine so weite Reise unternehmen sollte. Welche Verheiratung! Die Diligence fuhr fort. Meine Augen sahen Wilhelm am längsten. Er sah sehr heiter aus, und das tat mir unendlich wohl."[19] Mit sich führte er unter seinen Messinstrumenten, seinen treuen Reisebegleitern, ein „Renardsches kleines Thermometer, welches Wilhelm so lange gehabt (es ist mir darum so lieb)".[20] Und als er schließlich in seinen ersehnten Tropen angekommen war, schrieb er gleich am 16. Juli 1799 seinem Bruder Wilhelm aus dem heutigen Venezuela einen enthusiastischen Brief,[21] der gleichsam als Schlüssel zur gesamten Amerikanischen Reise dienen kann. Auch später schickte er seinem Bruder eine Vielzahl ausdrucksvoller Briefe, in denen er im Übrigen gerne die Gefährlichkeit seiner ‚Abenteuer' in den Tropen unterstrich.[22]

Doch waren sich die beiden Brüder nicht nur in ihren Gefühlen, sondern auch in ihren Schriften nahe. Nach Wilhelms Tod kümmerte sich Alexander sorgsam um die Herausgabe der Schriften seines Bruders; und umgekehrt hatte er schon lange Jahre zuvor Wilhelm zum Herausgeber eines zentralen Teiles seiner eigenen Aufzeichnungen aus Amerika bestimmt, wobei er vertrauensvoll hinzufügte, Wilhelm werde gewiss den Stil seiner Werke korrigieren.[23] Jeder kannte die Arbeiten des anderen, jeder wusste deren Wert zu schätzen: In ihrer gesamten intellektuellen Biographie pflegten beide den wechselseitigen geistigen Austausch.

So arbeiteten die Brüder Humboldt – und dies ging in den spezialisierten Einzeldarstellungen oftmals verloren – auf den unterschiedlichsten Gebieten auch schon zu beider Lebzeiten intensiv zusammen. Aber hatten sie auch ein gemeinsames Vorhaben, ein von beiden geteiltes Forschungsprojekt?

Ein solches zeichnet sich bei einem erneuten Rückblick in das Jahr 1793 ab, in welchem Wilhelm nicht nur zum Epistemologen Alexanders avancierte, sondern unter explizitem Verweis auf seinen Bruder das formulierte, was man sehr wohl als

[18] Kehlmann, Daniel: *Die Vermessung der Welt. Roman.* Reinbek bei Hamburg: Rowohlt 2005.

[19] Humboldt, Alexander von: *Amerikanische Reisetagebücher*, Bd. II und VI, 52v 2.

[20] Ebd., Bd. I, 10r–10v 3.

[21] Brief Alexanders an Wilhelm aus Cumaná am 16.07.1799 in Humboldt, Alexander von: *Briefe aus Amerika 1799–1804.* Bearbeitet von Ulrike Moheit. Berlin: Akademie-Verlag 1993, S. 41–43.

[22] Vgl. hierzu ebd. insbesondere die Briefe Nr. 7, 11, 18, 35, 43, 51, 55, 62, 71, 79, 89, 111, 115, 1 34 und 142.

[23] Humboldt, Alexander von: *Amerikanische Reisetagebücher*, Bd. VIII, 167v.

das gemeinsame Forschungsprogramm beider Brüder verstehen darf.[24] In seinem Brief vom 18. März 1793 an Karl Gustav von Brinkmann brachte es Wilhelm nicht ohne Pathos wie folgt zum Ausdruck:

> Eine völlige Restauration der Wissenschaften und mehr als dies, alles menschlichen Bemühens ist seit Jahrhunderten notwendig, und die Notwendigkeit wächst mit jedem Jahre [...]. Zu dieser Restauration ist der wichtigste Schritt, Einheit in alles menschliche Streben zu bringen, zu zeigen, daß diese Einheit der Mensch ist, und zwar der innere Mensch, und den Menschen zu schildern, wie er auf alles außer ihm und wie alles außer ihm auf ihn wirkt, daraus den Zustand des Menschengeschlechts zu zeichnen, seine möglichen Revolutionen zu entwerfen und die wirklichen, soviel möglich, zu erklären.[25]

Dieses sicherlich alles andere als bescheiden angelegte Programm zur „Restauration der Wissenschaften" zielt in anthropologischer Ausrichtung auf die Einheit des Menschen wie vielleicht mehr noch des Menschengeschlechts auf der Grundlage nicht eines homogenen und statischen, sondern eines dynamischen, von ständigen Veränderungen und Revolutionen geprägten Verständnisses dessen, was im Zentrum dieser Natur- *und* Kulturwissenschaften stehen soll. Wohl sind hier Differenzen der Ausrichtung, nicht aber eine Scheidung in jene *Zwei Kulturen* mitbedacht, die später so persistent und obsessiv auf die Wissenschaft der Brüder Humboldt projiziert werden sollte.

Die aus heutiger Sicht unverkennbar ökologisch wirkende und auf Wechselbeziehungen abstellende Formel „wie er auf alles außer ihm und wie alles außer ihm auf ihn wirkt" lässt sich nicht in einen ‚geisteswissenschaftlichen' und einen ‚naturwissenschaftlichen' Teil aufspalten, sondern öffnet sich vielmehr auf jene verbindende und verbindliche Formel, die Alexander in seinen Amerikanischen Reisetagebüchern fand: *Alles ist Wechselwirkung*. Es geht den Humboldts um diese Wechselwirkungen zwischen dem Menschen und seiner Lebenswelt, zwischen dem Menschen und seiner von ihm längst veränderten Umwelt in einem wechselseitigen Beziehungsgeflecht, das von beiden wissenschaftlich erforscht werden soll. Die *avant la lettre* geoökologischen Denkschemata Alexanders stehen in dieser frühen Tradition.

Die Wechselwirkungen zwischen den Brüdern könnten, daran kann kein Zweifel bestehen, ein ganzes Akademienvorhaben und mehr befeuern. Nur einige wenige Aspekte können über das bereits Angeführte hinaus hier Erwähnung finden. Dazu gehört vielleicht an erster Stelle die von den zwei Brüdern geteilte Auffassung von Wissenschaft als offenem, nie abschließbarem Prozess. Für beider Schriften gilt dabei, dass sie von einer grundlegenden, bisweilen fast radikalen Unabgeschlossenheit gekennzeichnet werden, die sie stets als ein wachsendes *work in progress* auszeichnen. Auch wenn Alexander ein knappes Vierteljahrhundert mehr Zeit zum

---

[24] Vgl. hierzu Schmitter, Peter: Zur Wissenschaftskonzeption Georg Forsters und dessen biographischen Bezuegen zu den Bruedern Humboldt. Eine Vorstudie zum Verhaeltnis von ‚allgemeiner Naturgeschichte', ‚physischer Weltbeschreibung' und ‚allgemeiner Sprachkunde', S. 117 f.

[25] Humboldt, Wilhelm von: Brief an Karl Gustav von Brinkmann vom 18.03.1797. In (ders.): *Briefe*. Bd. 2: Juli 1791 – Juni 1798. Hg. und kommentiert von Phillip Mattson. Berlin: de Gruyter 2015, S. 141.

Forschen, Denken und Schreiben zur Verfügung stand, gilt dieser Grundzug der Abgeschlossenheit keineswegs nur für Wilhelm, sondern auch für seinen jüngeren Bruder: Alles ist bei den Humboldts in Bewegung, öffnet sich auf ein Künftiges, dem sie den Weg zu bereiten suchen. Die fundamentale Unabgeschlossenheit ihrer Werke ist nicht epidemischer, sondern epistemischer Natur.

In einer Reihe von Vorträgen und Aufsätzen hat Jürgen Trabant die Aufmerksamkeit auf die enge Zusammenarbeit der Humboldts im Bereich der Linguistik gelenkt und in einer jüngeren Publikation den 3. August 1804, mithin den Tag der Rückkehr Aimé Bonplands und Alexander von Humboldts nach Europa, als einen wissenschaftsgeschichtlich besonders bedeutsamen Tag markiert: Denn dies sei „nach der Leibnizschen Geburtsurkunde von 1765 die zweite Geburtsstunde der europäischen Sprachwissenschaft gewesen".[26] Ohne an dieser Stelle detailliert auf die Ergebnisse dieser Studie eingehen zu können, sei doch festgehalten, dass sich die Zusammenarbeit auf linguistischem Gebiet keineswegs auf das Sammeln und Herbeischaffen von Grammatiken indigener Sprachen durch Alexander beschränkte, sondern substanzieller Natur war.

Die von Alexander selektierten und herbeigeschafften Materialien hätten durch die sich daraus entwickelnde Zusammenarbeit ebenso „eine völlige Neuausrichtung der *historisch*-vergleichenden Sprachwissenschaft" als auch eine „postleibnizsche Neubegründung einer *anthropologisch*-vergleichenden Linguistik"[27] ausgelöst und Wilhelm zur Abfassung seines freilich niemals abgeschlossenen Buches über die amerikanischen Sprachen für das Reisewerk Alexanders bewogen, das als *Essai sur les langues du Nouveau Continent* 1812 in Angriff genommen wurde.[28] Als Wilhelm nicht lieferte, fühlte sich Alexander als Sprachwissenschaftler[29] kompetent genug und übernahm selbst diese Aufgabe. Beide standen im engsten Austausch miteinander; und auch für Alexander war das Thema gerade der indigenen Sprachen von größter Wichtigkeit, so dass es in seinem Amerikanischen Reisewerk nicht fehlen durfte.

Von Wilhelms *Essai sur les langues du Nouveau Continent* für Alexander führte ein direkter, wenn auch verschlungener Weg zum sprachphilosophischen Hauptwerk Wilhelms, seiner berühmten Einleitung in das *Kawi-Werk* mit dem Titel *Über die Verschiedenheit des menschlichen Sprachbaues* (1836). Einmal mehr stehen Differenzen, Verschiedenheit und Vielfalt bei aller Suche nach der Einheit im

[26] Trabant, Jürgen: Der Himmel, das Haus, das Gold, der gute Mann und das Nichts. Die amerikanischen Sprachen und das Weltbewusstsein der anderen Moderne. In: Buschmann, Albrecht/Drews, Julian/Kraft, Tobias/Kraume, Anne/Messling, Markus/Müller, Gesine (Hg.): *Literatur leben. Festschrift für Ottmar Ette.* Madrid/Frankfurt a. M.: Iberoamericana – Vervuert 2016, S. 267–280, hier S. 271.

[27] Ebd., S. 272.

[28] Ebd.

[29] Vgl. den Artikel ‚Sprachwissenschaft' von Jürgen Trabant. In: Ette, Ottmar: *Alexander von Humboldt Handbuch.* Stuttgart: J.B. Metzler 2018 (erscheint Sept. 2018). Sowie Borsche, Tilman: Die Sprache als Medium (des menschlichen In-der-Welt-Seins). In: Messling, Markus/Tintemann, Ute (Hg.): *Der Mensch ist nur Mensch durch Sprache. Zur Sprachlichkeit des Menschen.* München: W. Fink 2009, S. 69–77.

Vordergrund der wissenschaftlichen Arbeit. Wilhelms Studien der indigenen amerikanischen Sprachen hatten zweifellos einen signifikanten „Anteil an der Entstehung einer linguistischen Wissenschaft vom menschlichen Denken und damit an der Entwicklung des Weltbewusstseins der Moderne“[30] überhaupt. Dass es sich bei diesen hier in aller Kürze zusammengefassten Entwicklungen um einen wichtigen Teil der Einlösung jenes Wissenschaftsprogramms handelt, das Wilhelm 1793 in enger Abstimmung mit Alexander formuliert hatte, liegt auf der Hand.

Viele Begrifflichkeiten der beiden Humboldts verweisen aufeinander oder stehen doch zumindest in einem engen wechselseitigen Bezug. So ließe sich etwa das Konzept des ‚Naturgemäldes‘ bei Alexander sehr wohl in einen Zusammenhang mit dem Begriff des ‚Totaleindrucks‘ (etwa von Sprachen) bei Wilhelm bringen, entfaltet das ‚Naturgemälde‘ doch eine von der Pasigraphie ererbte Vorstellung quasi-simultaner Zusammenschau von einer hohen Zahl unterschiedlicher Phänomene. Es weiß sich dem Versuch verpflichtet, eine hohe Komplexität an Forschungseinsichten und -ergebnissen gleichsam *auf einen Blick* als Eindruck zugänglich zu machen und sinnlich vor Augen zu führen.

Da Alexander etwa in seinem *Tableau physique des Andes et des pays voisins* die ästhetischen Dimensionen des Wissens in der künstlerischen Realisierung seines ‚Naturgemäldes‘ nicht weniger betonte als die Resultate seiner Forschungen auf den Gebieten der Agrarwirtschaft oder der Anthropologie, der Geographie oder der Geologie, der Ökologie oder der Ökonomie, der Pflanzengeographie oder der Vulkanologie, lässt sich hier von einer höchst elaborierten Dimension der Transdisziplinarität wie der Transmedialität sprechen, welche die Humboldtsche Wissenschaft zugleich im Zusammenspiel von Wort und Bild, von literarischer und wissenschaftlicher Ausdrucksfähigkeit als eine Wissenschaft auszeichnet, der es auf den Totaleindruck ankommt. Hier zeigt sich auf einen Blick, wie alles Wechselwirkung ist.

Bei Wilhelm wie bei Alexander geht es nicht um die Erzielung eines umfänglichen, aber statischen Bildes, sondern um die stufenweise Entwicklung einer Dynamik, wie sie den Begrifflichkeiten beider Brüder entspricht. Ganz wie in Alexanders ‚Naturgemälde der Tropenländer‘ *alles* – von der Geologie driftender Kontinente über die Migrationen der Pflanzen und die sich verändernden Schneegrenzen und klimatologischen Gegebenheiten bis hin zur Vulkanologie und Zoologie – in Bewegung ist, so erweist sich in Wilhelms Wissenschaft das Prinzip der *energeia* als grundlegende Antriebskraft sprachlicher Prozesse, aber auch im Staatsrecht wie der staatlichen Verfasstheit von Gemeinschaften. Stets geht es Wilhelm um eine Tätigkeit, um eine Kraft, die dynamisch vorantreibt und verändert, so wie es Alexander um die Dynamik und Vektorizität allen Wissens und damit um ein *Wissen aus der Bewegung* ging.

So lässt sich bisweilen eine Nähe, bisweilen eine Gemeinsamkeit der Begriffe beider Brüder konstatieren, die auf eine Gemeinsamkeit des Begreifens verweist. Damit zeichnen sich auch auf diesem Gebiet Grundlinien einer Humboldtschen

[30] Trabant, Jürgen: Der Himmel, das Haus, das Gold, der gute Mann und das Nichts. Die amerikanischen Sprachen und das Weltbewusstsein der anderen Moderne, S. 273.

Wissenschaft ab, die nicht allein für Alexander, sondern für beide Brüder gelten dürfen.

Zur Globalität: Preußen und die Welt

Der Gedanke der Einheit beruht bei den Humboldts gerade nicht auf dem der Einförmigkeit oder Homogenität, sondern auf dem der Vielfalt und der Differenzen, die in ständiger Wechselwirkung zueinander stehen. Um diese Wechselwirkungen erfassen zu können, bedarf es geradezu zwangsläufig einer Wissenschaft, die nach der Erfassung des gesamten Planeten und damit nach Globalität und Totalität strebt.

Alexander erfasste diese Globalität in der *Summa* seines *Kosmos* aus einer vielfachen Relationalität, in welcher die Erde in ein Wechselspiel kosmischen Ausmaßes hineingestellt wird: „Himmel und Erde, alles Geschaffene"[31] sollten dabei erfasst werden. Bescheiden war ein derartiges Forschungsprogramm sicherlich nicht, umfasste es doch nicht zuletzt ein Studium der Erde aus der Zusammenschau der unterschiedlichsten Disziplinen, der verschiedenartigsten Logiken des Wissens einschließlich jener der Künste. Auf Erden wurde Alexander nicht umsonst auf dem Fundament langer Jahrzehnte historiographischen Studiums zum ersten Globalisierungstheoretiker, wobei seine Einsichten nicht nur zu den Beschleunigungsphasen, sondern auch zu den Abbrüchen beschleunigter Globalisierung für uns Heutige – nach dem Ende der vierten Phase beschleunigter Globalisierung – von enormer Bedeutung sind.

Auch in Wilhelms Vorhaben, der ‚Verschiedenheit des menschlichen Sprachbaues' auf den Grund zu gehen, durfte die globale Dimension nicht fehlen. Denn nur die *Globalität* einer vergleichenden Betrachtung konnte gewährleisten, dass man wirklich Allgemeines und möglichst sogar Allgemeingültiges über Struktur und Dynamik menschlicher Sprachen auszusagen in der Lage war. Die von Alexander vorangetriebene planetarische Erfassung des Erdmagnetismus oder der Entwurf seiner global verlaufenden Isothermen stehen damit in einer ebenso prinzipiellen wie funktionalen Zusammengehörigkeit mit Wilhelms sprachphilosophischen und sprachanalytischen Untersuchungen. Die Humboldtsche Wissenschaft ist eine Weltwissenschaft, die auf einem ständig wachsenden Weltbewusstsein aufbaut.

Die Stilisierung Alexanders zum ‚Naturwissenschaftler' gehörte nicht nur einer höchst bequemen, aber ganz gewiss nicht haltbaren Unternehmung an, welche die Wissenschaften zu entzweien versuchte. Die Humboldtsche Wissenschaft aber zeigt – gleichviel, ob wir sie allein auf Alexander beziehen oder auch, wie hier geschehen, Wilhelm mithinzuzählen, – dass es eine Einheit der Wissenschaften wie der Wissenschaft gibt, die hier angestrebt und praktiziert wurde.

Wenn man von einer gewissen Komplementarität der wissenschaftlichen Aktivitäten Wilhelms und Alexanders sprechen will, so ist es ganz gewiss nicht diejenige,

---

[31] *Briefe von Alexander von Humboldt an Varnhagen von Ense aus den Jahren 1827 bis 1858.* Nebst Auszügen aus Varnhagen's Tagebüchern und Briefen von Varnhagen und Andern an Humboldt. [Hg. von Ludmilla Assing.] Leipzig: F.A. Brockhaus 1860, S. 22.

die zwischen den ,Naturwissenschaften' einerseits und den ,Geisteswissenschaften' andererseits zu scheiden gewohnt ist. Es geht damit nicht um die Komplementarität zweier unterschiedlicher und einander vorgeblich wesensfremder Bereiche, sondern um die Einlösung des Grundaxioms der Humboldtschen Wissenschaft, dass denn alles auf Wechselwirkung beruhe – einschließlich einer Erforschung jener Wechselwirkungen zwischen Mensch und Lebenswelt, „wie er auf alles außer ihm und wie alles außer ihm auf ihn wirkt".[32]

Die Komplementarität der beiden Humboldt-Brüder – wenn wir überhaupt von einer Komplementarität sprechen wollen – siedelt sich bezüglich ihrer Konzeptionen rund um jene komplexe Schnittfläche der Wissenschaften und mehr noch der Wissenschaftsorganisation an, die in der These von den *Two Cultures* als Trennfläche missbraucht wird. Auch hier erweist sich die Humboldtsche Wissenschaft als eine grenzüberschreitende *energeia*, als eine Wissenschaft aus der Bewegung.

All dies gilt auch für andere Felder der Aktivitäten der beiden Humboldts. Es kann nicht darum gehen, den einen als den preußischen Staatsmann und Diplomaten und damit als den ,eigentlichen', den ,wahren' Preußen zu verstehen, während der andere zum ,Weltreisenden' und ,Weltbürger' abgestempelt und zugleich aus Preußen ausgegrenzt und – wie bis heute des Öfteren zu beobachten – ausgebürgert wird. Wilhelm hat durch seine zahlreichen Reisen etwa in den iberischen Raum sowie seine Auslandstätigkeiten unter anderem in Paris, Wien, Rom[33] oder London weite Teile Europas kennengelernt, die ihm erst eine überragende Einsicht in die Verfasstheit und mehr noch in die zukünftigen Möglichkeiten seines eigenen Landes verschafften. Alexander wiederum hat zusätzlich zu seinen zahlreichen innereuropäischen Reisen, die ihn in den Norden und den Süden, den Westen und den Osten des Kontinents führten, zwei große transkontinentale Reisen durchgeführt, die es ihm erlaubten, Europa nicht allein aus binnen-, sondern auch aus außereuropäischer Perspektive zu betrachten.

Für beide Brüder darf gelten, dass sie als *mobile* Preußen Preußen als *Mobile* verstanden und weit besser als die meisten ihrer Zeitgenossen begriffen, in welchem Maße auf kollektiver wie auf individueller Ebene die Vielzahl der Herkünfte – sie entstammten nicht umsonst auch den Traditionslinien einer Hugenottenfamilie – die Vielzahl der Zukünfte grundlegend erweitert. War der eine ,preußischer' als der andere?

Die Absurdität der Fragestellung erübrigt jede Antwort. Längst ist es an der Zeit, Preußen nicht so sehr als Territorium und Territorialstaat mit jeweils klar bestimmbaren Grenzen als vielmehr als das Ergebnis von Bewegungen, Migrationen und Dynamiken zu verstehen, die diesen Raum erst als *Bewegungs*-Raum geschaffen haben. Denn jeder Raum – sei es jener der Kulturen, der Sprachen oder der Staa-

32 Humboldt, Wilhelm von: *Briefe an Karl Gustav von Brinkmann*, S. 141.

33 Zur intensiven Zusammenarbeit zwischen beiden Brüdern 1805 in Rom, gerade auch mit Blick auf die Untersuchung amerikanischer Sprachen, vgl. Bourguet, Marie-Noëlle: *Le monde dans un carnet. Alexander von Humboldt en Italie (1805)*. Paris: Editions du Félin 2017, u. a. S. 145 ff sowie 222 ff.

ten – wird durch die Bewegungen erzeugt, die ihn queren und damit vektoriell erzeugen.

Zweifellos war Wilhelm Preußens führender Bildungs- und Wissenschaftspolitiker seiner Zeit. Er wusste, welche Macht dem Wissen zukommt. Als Vordenker, Kopf und Mitbegründer der Berliner Universität hat er jenes Werk vollendet, das er mit seiner Beschäftigung mit dem Unterricht auf verschiedensten Stufen begonnen hatte. Dass das Modell ‚seiner' Universität nicht nur für den deutschsprachigen, sondern auch für den europäischen und außereuropäischen Raum zum Vorbild wurde, ist ebenso unbestritten wie unbestreitbar. Es stand und steht ein für die Einheit und Freiheit von Forschung und Lehre.

Zum jetzigen Zeitpunkt einer weit fortgeschrittenen Zerlegung und Zerstörung der Humboldtschen Universität darf man sich sehr wohl fragen, ob es nicht höchste Zeit wäre, eine Humboldtsche Universität *beider* Brüder zu entwickeln, hatte sich doch auch Alexander intensiv mit Fragen der Bildung auseinandergesetzt, auf eigene Kosten eine Schule für die Kinder von Bergleuten gegründet, die bildungspolitischen Dimensionen der von ihm bereisten Länder stets untersucht und nicht nur in seinem *Kosmos* Problemfelder des Wissens und der Wissenschaften eröffnet, die für unsere Zeit von größter Relevanz sind. Der Humboldtschen Universität Wilhelms ist heute die Humboldtsche Universität Alexanders hinzuzufügen, eine Universität, die sich im Zeichen ihrer transdisziplinären und zugleich transkulturellen und die unterschiedlichsten Areas querenden Ausrichtung für eine Welt öffnet, die sich ihrer eigenen Bewegungsgeschichte bewusst ist und in Frieden und Differenz zu leben sucht. Eine Universität aus der *kritischen Konvivenz* der Sprachen.

Die Humboldtsche Wissenschaft Alexanders ist ohne jede Frage eine *Lebenswissenschaft* – nicht nur im eingeschränkten Sinne des medizinisch-technologischen Fächerensembles der *Life Sciences*, sondern eingedenk der Tatsache, dass *bios* stets auch die kulturelle Dimension des Lebens miteinschließt. In den unterschiedlichsten Disziplinen, von der Anthropologie bis zur Zoologie, von der Biologie bis zur Chemie, von der Geschichtswissenschaft bis zur Altamerikanistik, war Alexander stets dem Leben auf der Spur.

Doch die Fragen nach den Normen und möglichen Formen des Lebens wie des Zusammenlebens waren nicht allein die Fragen von Alexander. Wilhelms gesamtes Leben, gerade auch seine so unterschiedlichen und aufopferungsvollen Tätigkeiten im Staatsdienst, standen im Zeichen der Frage, wie wir zusammenleben wollen und wie wir zusammenleben können. Konvivenz ist folglich ein Schlüsselbegriff, um die Humboldtsche Wissenschaft innerhalb wie außerhalb der Humboldtschen Universität zu verstehen.

Beide Brüder einte die feste Überzeugung, dass politische Entscheidungen verantwortlich nur auf einem gesicherten wissenschaftlichen Wissen erörtert und getroffen werden können. Daran gilt es zu erinnern in einer Zeit, in der es auf fatale Weise möglich geworden scheint, ein über Jahrzehnte beharrlich gesammeltes und wissenschaftlich gesichertes Wissen – wie etwa in der Klimafolgenforschung – mit einigen wenigen populistischen Sätzen außer Kraft zu setzen. Die bisweilen sehr wohl intelligente Herstellung von Dummheit zeigt, dass die Prinzipien einer ethischen Fundierung von Wissenschaft nichts von ihrer Wichtigkeit und ihrer

Dringlichkeit verloren haben. Zweifellos geben die Stimmen der Humboldts Funktion und Bedeutung der Wissenschaft und eines wissenschaftlich fundierten politischen Handeln Gewicht.

Wilhelm hat nicht nur die moderne Struktur der Universität, welche durch die weltbewusste Strukturierung der Konzepte Alexanders zu ergänzen wäre, geprägt, sondern auch die Konzeption einer Museumslandschaft, für deren erstes Aushängeschild er sich Alexander als Gründungsdirektor wünschte. Als diesen die dringliche Anfrage Wilhelms erreichte, befand er sich jenseits der Grenzen Europas auf seiner zweiten transkontinentalen Reise, seiner Russisch-Sibirischen Forschungsreise. Seine Antwort aus den Tiefen des Zarenreiches kam – wie fast immer in seiner Korrespondenz mit Wilhelm – in französischer Sprache und wie aus der Pistole geschossen: Er habe nicht Paris verlassen, um in Berlin Direktor einer Bildergalerie zu werden. Lieber wolle er Preußen wieder den Rücken kehren, als sich in eine feste Tätigkeit als Kommissionsvorsitzender, Direktor oder Präsident einpressen zu lassen.[34]

Anders als Wilhelm, der mit seiner Caroline eine der neben Rahel Varnhagen beeindruckendsten Frauenpersönlichkeiten des 19. Jahrhunderts an seiner Seite hatte, war Alexander ein überzeugter Nomade. Seinem Freiheitsdrang durften sich öffentliche Ämter und Verpflichtungen nicht entgegenstellen.

Museen waren Alexander dabei keineswegs fremd. Er hatte sich mit ihren Formen, Inhalten und Funktionen ebenso in Paris oder Rom wie in Mexico beschäftigt. Auch die Wissenschaftslandschaft Berlins war ihm wie Wilhelm eine Herzensangelegenheit. Vergessen wir nicht, dass es Alexander war, der die hochfliegenden Vorstellungen und Pläne Wilhelms gerade mit Blick auf Berlin als Wissenschaftszentrum Stück für Stück zu realisieren suchte und es vermochte, die preußische Hauptstadt – wie Eberhard Knobloch überzeugend gezeigt hat[35] – mit weltweit führenden wissenschaftlichen Institutionen und Gelehrten zu bestücken, sollte Berlin doch künftig „die erste Sternwarte, die erste chemische Anstalt, den ersten botanischen Garten, die erste Schule zu transzendenter Mathematik“[36] erhalten. Und

---

[34] Vgl. hierzu Ette, Ottmar: Die Aktualität Alexander von Humboldts. Perspektiven eines Vordenkers für das 21. Jahrhundert. In: Valentin, Jean-Marie (Hg.): *Alexander von Humboldt. 150e anniversaire de sa mort.* Sorbonne 23–24 octobre 2009. Sondernummer der *Etudes Germaniques* (Paris) LXVI, 1 (janvier – mars 2011), S. 123–138, hier S. 124 und 129.

[35] Vgl. u. a. Knobloch, Eberhard: ‚Es wäre mir unmöglich nur ein halbes Jahr so zu leben wie er‘: Encke, Humboldt und was wir schon immer über die neue Berliner Sternwarte wissen wollten. In: Hamel, Jürgen, Knobloch, Eberhard/Pieper, Herbert (Hg.): *Alexander von Humboldt in Berlin. Sein Einfluß auf die Entwicklung der Wissenschaften. Beiträge zu einem Symposium.* Augsburg: ERV 2003, S. 27–57. Vgl. auch Biermann, Kurt-R./Schwarz, Ingo: ‚Moralische Sandwüste und blühende Kartoffelfelder‘ – Humboldt, ein Weltbürger in Berlin. In: *Alexander von Humboldt – Netzwerke des Wissens.* Katalog der Ausstellung im Haus der Kulturen der Welt (Berlin) vom 6. Juni bis 15. August 1999 und in der Kunst- und Ausstellungshalle der Bundesrepublik Deutschland (Bonn) vom 15. September 1999 bis 9. Januar 2000. Bonn: Kunst- und Ausstellungshalle der Bundesrepublik Deutschland 1999, S. 183–200.

[36] Es handelt sich um einen vor den 12. April 1829 zu datierenden Brief von Humboldt an Spiker; vgl. Humboldt, Alexander von: *Briefwechsel mit Samuel Heinrich Spiker.* Hg. von Ingo Schwarz. Berlin: Akademie-Verlag 2007, 62 f.

vergessen wir auch nicht, dass Alexander nach Wilhelms Tod im Jahre 1835 aus einer veränderten, an seinem transarealen Weltbewusstsein ausgerichteten Perspektive aktiv in die Gestaltung der Berliner Museumslandschaft eingriff und die Museumsinsel auf die Erfassung einer Totalität der Weltkulturen hin orientierte.[37] Die von Alexander vorgenommene Ausrichtung scheint mir mit Blick auf seinen Bruder weder konträr noch im negativen Sinne komplementär, sondern vielmehr – bei allen vorhandenen Differenzen – im Bewusstsein ihres grundlegenden Wirkens für das ‚Menschengeschlecht' kongenial zu sein. Wilhelm wie Alexander haben – ebenso gemeinsam wie getrennt – die Berliner Wissenschafts- und Museumslandschaft zutiefst geprägt.

Gewiss ließen sich die Unterschiede zwischen den Ansätzen der beiden Brüder bezüglich einer sehr verschiedenartigen Akzentuierung innerhalb ihrer Humboldtschen Wissenschaft deutlich herausarbeiten. Es ging in den hier vorgestellten Überlegungen nicht darum, eine homogene, widerspruchsfreie Einheit auf der Grundlage einer gemeinsamen Herkunft, einer brüderlich geteilten Genealogie zu konstruieren. Jenseits dieser genealogischen Verbindung, aber auch jenseits einer mythologisierenden Rede von den Dioskuren, die noch nie etwas zum Verständnis des Brüderpaares beigetragen hat, ist es von entscheidender Bedeutung, die grundlegenden epistemischen Überschneidungen und mehr noch die epistemologischen Herausforderungen nachvollziehbar herauszuarbeiten. Der 250. Geburtstag Alexander von Humboldts ist dafür willkommener Anlass.

Denn Wilhelm und Alexander von Humboldt sind vor allem dies: Herausforderung, Verpflichtung und Impuls, das Wirken der Brüder ins 21. Jahrhundert zu übersetzen. Das Brüderpaar war kein Gegensatzpaar: Dem nomadischen Wissen des Jüngeren stand kein monadisches Wissen des Älteren gegenüber. Weder Natur noch Geist trennten sie. Die Aufgabe, zwei Brüder in einer Humboldtschen Wissenschaft zusammenzudenken, wird nur gelingen, wenn wir Wilhelm und Alexanders Schriften in ihrer historischen Kontextualisierung auf radikale, ihren Wurzeln nachgehende Weise befragen. Und wenn wir uns bemühen, beide Brüder – gleichsam vereint im Salon der Rahel Levin Varnhagen – als wichtige Impulsgeber für die Zukunft zu betrachten.

Wenn Goethe am 31. Januar 1827 in seinen Gesprächen mit Eckermann polemisch gegen das aufkommende Konzept der Nationalliteratur einforderte, „die Epoche der Weltliteratur ist an der Zeit",[38] dann meinte er damit kein überzeitliches Konzept, sondern eben eine Epoche, die ihren Beginn und auch ihr Ende hat. An die Stelle einer einzigen Weltliteratur sind längst die Literaturen der Welt getreten, die in ihrer fundamentalen Vielsprachigkeit und Übersetzbarkeit wie keine andere

[37] Vgl. hierzu Bredekamp, Horst: Der lange Atem der Kunstkammer: das Neue Museum als Avantgarde der Vorvergangenheit. In: Bergvelt, Elinoor/Wezel, Elsa van (Hg.): *Museale Spezialisierung und Nationalisierung ab 1830. Das Neue Museum in Berlin im internationalen Kontext./Specialisation and Consolidation of the National Museum after 1830. The Neue Museum in Berlin in an International Context*. Berlin: G + H 2011, S. 25–36, hier S. 33.

[38] Eckermann, Johann Peter: *Gespräche mit Goethe in den letzten Jahren seines Lebens*. Hg. von Fritz Bergemann. Bd. I. Frankfurt a. M.: Insel 1981, S. 211.

diskursive Form das Wissen vom Menschen quer durch die Jahrtausende, quer durch die Kulturen, quer durch die Sprachen nicht nur bewahren, sondern stets weiterentwickeln und sich in die unterschiedlichsten Sprachen nachhaltig übersetzen.

Die viellogischen Strukturen der Sprachen der Welt wie auch der Literaturen der Welt zeigen uns die möglichen Formen und Normen eines Lebens in unterschiedlichen Logiken zugleich. Das Zusammenleben zwischen Menschen unterschiedlicher Herkunft, aber auch mit den Göttern, den Tieren, den Pflanzen wie der gesamten Natur, wie wir dies seit dem *Gilgamesch-Epos* oder dem *Shi-Jing* kennen, weist einer Konvivenz den Weg, die im Herzen eines Humboldtschen Forums stehen müsste.

Jenseits eines Denkens im Dialogischen, das nur allzu leicht in eine Alterisierung, ein *othering* des Anderen, der dann inferiorisiert und bekämpft wird, abgleitet, geht es um ein Weiter-Denken, um eine Epistemologie der Erweiterung, die sich nicht in immer neue Frontlinien auflöst. Dringender denn je benötigen wir heute Foren des Viellogischen: Schulen und Labors, in denen wir lernen, in verschiedenen Logiken zugleich zu denken.

Die Humboldtsche Wissenschaft ist im vollumfänglichen Sinne eine Lebenswissenschaft: Sie fragt nach dem Leben aus der Vielfalt der Kulturen, Sprachen und Lebensformen. Sie stellt die Frage nach der Konvivenz, nach dem Möglichkeiten und Grenzen, Chancen und Risiken des Zusammenlebens in einer Gemeinschaft, einem Land, einer Union von Ländern und im weltweiten Maßstab. Wir könnten dies eine *Ökologie des Polylogischen* nennen. Wir könnten vor allem aber aus einer Formel lernen, die hier durchgespielt wurde, die nichts an die erste Stelle stellt und die ohne jede Hierarchisierung auskommt: *Alles ist Wechselwirkung*.

Von Georg Forster zu Adelbert von Chamisso: Reisen um die Welt

Georg Forster (1754–1794)

Weltgeschichte und Vektopie

Im Jahre 1774 hat kein Geringerer als Johann Gottfried Herder in seiner Schrift *Auch eine Philosophie der Geschichte zur Bildung der Menschheit* sehr pointiert jene ungeheure Bewegung beschrieben, die wir mit dem Begriff der zweiten Phase beschleunigter Globalisierung belegen dürfen[1] und die eine sich von Europa aus über die gesamte Welt ausbreitende Dynamik auslöste, welcher die Philosophie selbst im weltpolitisch marginalen deutschsprachigen Raum keineswegs fremd gegenüberstand. Denn sie wurde ihrerseits von der Wucht einer Dynamik erfasst, die sie schnell – Jahrzehnte vor Hegel – in weltgeschichtliche Fragestellungen trieb. Sahen sich nicht die Wissenschaften und viele Wissenschaftler in einen Bewegungstaumel versetzt, der rasch die tableauförmige Anordnungsmöglichkeit des Wissens überforderte und am Ausgang des 18. Jahrhunderts das Ende der Naturgeschichte[2] heraufführen sollte?

Diese sich in der zweiten Hälfte des *Siècle des Lumières* – und hier bildeten die siebziger und achtziger Jahre einen deutlichen Höhepunkt aus – stetig beschleunigende Dynamik, diese Vektorisierung aller Dinge und aller Sinne machte zweifellos das entscheidende Epochenmerkmal aus. Folglich konnte Johann Gottfried Herder mit gutem Grund und mit bewegten, bisweilen aufgewühlten Worten gerade auf die damalige Leitgattung der Reiseberichte und die in ihnen zutage geförderte Fülle an Materialien nicht ohne ein Augenzwinkern verweisen:

> Unsre Reisebeschreibungen mehren und bessern sich; alles läuft, was in Europa nichts zu tun hat, mit einer Art philosophischer Wut über die Erde – wir sammeln ‚Materialien aus

[1] Vgl. hierzu Ette, Ottmar: *TransArea. Eine literarische Globalisierungsgeschichte.* Berlin/Boston: de Gruyter 2012.

[2] Vgl. Lepenies, Wolf: *Das Ende der Naturgeschichte. Wandel kultureller Selbstverständlichkeiten in den Wissenschaften des 18. und 19. Jahrhunderts.* Frankfurt a. M.: Suhrkamp 1978.

O. Ette, *Mobile Preußen*, https://doi.org/10.1007/978-3-476-04854-7_8

aller Welt Ende' und werden in ihnen einst finden, was wir am wenigsten suchten, Erörterungen der Geschichte der wichtigsten menschlichen Welt.[3]

Der junge Georg Forster war zweifellos einer jener hochgradig vektorisierten Protagonisten, die in dieser Expansionsgeschichte des Wissens – und nicht ohne ,philosophische Wut' – das aussagekräftigste Material in Umlauf zu setzen verstand. Doch stand er den von Herder ironisch auf den Punkt gebrachten Entwicklungen keineswegs unkritisch gegenüber.

Vielmehr versuchte er, in seinem schriftstellerisch-philosophischen Schaffen grundlegende Einsichten zur Epistemologie des Wissens über die außereuropäische Welt zu entwickeln, um damit sein Erleben der Welt – und nicht allein „der wichtigsten menschlichen Welt"[4] so zu erweitern, dass daraus ein neues, grundlegend erweitertes Weltverstehen und Welterleben sich herausbilden konnten. Nicht umsonst heftete sich der junge Alexander von Humboldt an seine Spuren; und nicht umsonst erwies ihm Adelbert von Chamisso noch in den Titelformulierungen seines Reisewerkes eine sichtbare Hommage.

In seiner auf London, den 24. März 1777 datierten ,Vorrede' zu seiner *Reise um die Welt* hat der junge Georg Forster die epistemologische Positionierung seines Reiseberichts vorgestellt und damit zugleich Eckdaten für einen ebenso reisetheoretischen wie reiseliterarischen Paradigmenwechsel am Ausgang des 18. Jahrhunderts festgehalten:

Die Philosophen dieses Jahrhunderts, denen die anscheinenden Widersprüche verschiedener Reisenden sehr missfielen, wählten sich gewisse Schriftsteller, welche sie den übrigen vorzogen, ihnen allen Glauben beymaßen, hingegen alle andere für fabelhaft ansahen. Ohne hinreichende Kenntniß warfen sie sich zu Richtern auf, nahmen gewisse Sätze für wahr an, (die sie noch dazu nach eigenem Gutdünken verstellten,) und bauten sich auf diese Art Systeme, die von fern ins Auge fallen, aber, bey näherer Untersuchung, uns wie ein Traum mit falschen Erscheinungen betrügen. Endlich wurden es die Gelehrten müde, durch Declamation und sophistische Gründe hingerissen zu werden, und verlangten überlaut, dass man doch nur Thatsachen sammeln sollte. Ihr Wunsch ward erfüllt; in allen Welttheilen trieb man Thatsachen auf, und bey dem Allem stand es um ihre Wissenschaft nichts besser. Sie bekamen einen vermischten Haufen loser einzelner Glieder, woraus sich durch keine Kunst ein Ganzes hervorbringen ließ; und indem sie bis zum Unsinn nach Factis jagten, verloren sie jedes andre Augenmerk, und wurden unfähig, auch nur einen einzigen Satz zu bestimmen und zu abstrahieren; so wie jene Mikrologen, die ihr ganzes Leben auf die Anatomie einer Mücke verwenden, aus der sich doch für Menschen und Vieh nicht die geringste Folge ziehen läßt.[5]

Mit der ihm eigenen kritischen Klarsichtigkeit wendet sich Georg Forster hier im Grunde gegen zwei einander konträr gegenüberliegende Positionen der Wissenschaftsgeschichte nicht nur des 18. Jahrhunderts. Zum einen lehnt er vehement die Werke jener *philosophes* ab, die sich – wie etwa der Holländer Cornelius de Pauw

---

[3] Herder, Johann Gottfried: *Auch eine Philosophie der Geschichte zur Bildung der Menschheit.* Frankfurt a. M.: Suhrkamp 1967, S. 89.

[4] Ebd.

[5] Forster, Georg: *Reise um die Welt*, S. 16 f.

in seinen *Recherches philosophiques sur les Américains* oder der Franzose Guillaume-Thomas Raynal in seiner *Histoire des deux Indes* – zu Richtern über den Wahrheitsgehalt von Reiseberichten und anderen Texten aufschwangen, ohne doch jemals selbst den Fuß auf außereuropäischen Boden gesetzt und Reisen unternommen zu haben und die von ihnen für zutreffend oder falsch gehaltenen Schriften aus einer empirisch fundierten Kenntnis vor Ort beurteilen zu können. Ihnen fehlte ein sinnliches, körperliches, hautnahes Erleben einer Welt, die sie – gleichsam als Philologen *avant la lettre*[6] – allein durch die Lektüre von Texten doch bestens zu kennen glaubten.

Die Berliner Debatte um die Neue Welt, die mit der Veröffentlichung des ersten Bandes der *Recherches philosophiques* 1768 einsetzte und ihren ersten Höhepunkt in dem scharfen Schlagabtausch vom 7. September 1769 mit der Gegen-Rede von Antoine-Joseph Pernetty vor der Berliner Akademie erreichte, hatte diese grundlegende Problematik der *armchair travellers* einer auch außereuropäischen Leserschaft in aller Konsequenz vor Augen geführt.[7]

Georg Forster war auf der Höhe der Debatten seiner bewegten Zeit und wußte zweifelsfrei, dass gerade die neuweltlichen Leser der beiden europäischen *philosophes* diese Unkenntnis der Verhältnisse vor Ort vehement angeprangert und eine empirische Vertrautheit auch und gerade der europäischen Gelehrten mit ihren außereuropäischen Gegenständen eingefordert hatten. Allein auf eine philologische Textkenntnis war ein Wissen von der Welt nicht länger zu stützen – auch wenn die *géographes de cabinet* wie die besten Kartographen ihrer Zeit wie etwa ein D'Anville, der sich niemals weiter als vierzig Meilen von Paris entfernte, auch weiterhin die Erdoberfläche kartierten, ohne sie jemals gesehen zu haben.[8] Doch dies war, folgen wir Georg Forster, nur die Hälfte des Problems.

Denn auf der anderen Seite distanzierte sich Forster auch von einer empirisch ausgerichteten Faktensammlerei, die ohne Sinn und Verstand vonstattenging und gleichsam ‚mikrologisch' sich in den unwichtigsten Details verirrte, eine – wie Forster nahelegt – Fliegenbeinzählerei betrieb und dabei jene Gesamtheit aus den Augen verlor: jene Welt, die in ihren inneren Zusammenhängen dem Verfasser der *Reise um die Welt* doch so sehr am Herzen lag.

Nicht umsonst wird der Begriff der ‚Welt' bei Georg Forster stets in seiner etymologisch ‚menschhaltigen' Bedeutung als eine Totalität verstanden, die nur als Ganzes zu erfassen ist. Auf ein Erleben dieser Totalität zielte sein Welterleben, wie es reiseliterarisch in seinen Schriften zum Ausdruck kommt.

---

[6] Vgl. hierzu Ette, Ottmar: Wörter – Mächte – Stämme. Cornelius de Pauw und der Disput um eine neue Welt. In: Messling, Markus/Ette, Ottmar (Hg.): *Wort Macht Stamm. Rassismus und Determinismus in der Philologie (18./19. Jh.).* Unter Mitarbeit von Philipp Krämer und Markus A. Lenz. München: W. Fink 2013, S. 107–135.

[7] Vgl. zur Berliner Debatte den Potsdamer Tagungsband von Bernaschina, Vicente/Kraft, Tobias/Kraume, Anne (Hg.): *Globalisierung in Zeiten der Aufklärung. Texte und Kontexte zur ‚Berliner Debatte' um die Neue Welt (17./18. Jh.).* 2 Teile. Frankfurt a. M./Bern/New York: Peter Lang Edition 2015. Sowie das zweite und vor allem dritte Kapitel im vorliegenden Band.

[8] Vgl. hierzu Broc, Numa: *La Géographie des Philosophes. Géographes et voyageurs français au XVIIIe siècle.* Paris: Editions Ophrys 1975, S. 34.

Ihm selbst war es auf und nach der Weltumsegelung mit James Cook keineswegs darum gegangen, möglichst viele isolierte ‚Fakten' aneinanderzureihen, sondern tunlichst die vor Ort gemachten Beobachtungen in größere Zusammenhänge einzuordnen, ohne dabei auf jene chimärischen ‚Systeme' zu verfallen, die ohne empirische Grundlage eine nur auf Bezügen zu anderen Texten aufbauende Textwissenschaft – eine Art Philologie im negativen Sinne – betrieben. Georg Forster ging es weder um Systeme noch um Fliegenbeine: Es ging ihm in seinen Forschungen und in seinem Denken – wie nach ihm und in seinen Fußstapfen auch Alexander von Humboldt – schlicht ums Ganze.[9] Genau hier liegt auch die tiefe Verwandtschaft zwischen beiden deutschen Reisenden.

Georg Forster hatte bekanntlich zusammen mit seinem Vater Reinhold James Cook auf dessen zweiter Reise um die Welt begleitet und war, da ihm dies anders als seinem Vater vertraglich nicht untersagt war, zum Verfasser des im Jahre 1777 zunächst in englischer Sprache und von 1778 bis 1780 danach in deutscher Bearbeitung erschienenen – und von Alexander von Humboldt so geschätzten – Berichts seiner *Reise um die Welt*[10] geworden. Die enorme Resonanz dieses ebenso umfangreichen wie ästhetisch ausgefeilten Reiseberichts verwandelte Georg Forster in Deutschland gleichsam über Nacht in die emblematische Figur des Weltreisenden schlechthin.

Und Forster blieb, auch im globalen Maßstab, auf der Höhe des Zeitgeschehens. In seiner im Jahre 1791 – also nach der Französischen Revolution – veröffentlichten Schrift über ‚Die Nordwestküste von Amerika', nahm er den scheinbar marginalen Handel im Norden des amerikanischen Kontinents zum Anlass, sich grundlegenderen Überlegungen zu stellen, die in gewisser Weise bereits eine Bilanz der zweiten Phase beschleunigter Globalisierung zogen:

> Der Zeitpunkt nähert sich mit schnellen Schritten, wo der ganze Erdboden dem Europäischen Forschergeiste offenbar werden und jede Lücke in unseren Erfahrungswissenschaften sich, wo nicht ganz ausfüllen, doch in so weit ergänzen muss, daß wir den Zusammenhang der Dinge, wenigstens auf dem Punkt im Äther den wir bewohnen, vollständiger übersehen können.[11]

Mit dem Ausfüllen aller „Lücken" sind die Spielräume für jene Utopien, die im Zeichen von ‚Thomas Morus' *Utopia* aus dem Jahre 1516 im Kontext der ersten Phase beschleunigter Globalisierung entstanden, längst deutlich kleiner geworden

---

[9] Vgl. hierzu auch den Aufsatz von Schmitter, Peter: Zur Wissenschaftskonzeption Georg Forsters und dessen biographischen Bezügen zu den Brüdern Humboldt. Eine Vorstudie zum Verhältnis von ‚allgemeiner Naturgeschichte', ‚physischer Weltbeschreibung' und ‚allgemeiner Sprachkunde'. In: Naumann, Bernd/Plank, Frans/Hofbauer, Gottfried/Hooykaas, Reijer (Hg.): *Language and Earth: Elective Affinities between the emerging Sciences of Linguistics and Geology.* Amsterdam: Benjamins 1992, S. 91–124.

[10] Vgl. hierzu Steiner, Gerhard: Georg Forsters ‚Reise um die Welt'. In: Forster, Georg: *Reise um die Welt.* Hg. und mit einem Nachwort von Gerhard Steiner. Frankfurt a. M.: Insel 1983, S. 1015.

[11] Forster, Georg: Die Nordwestküste von Amerika, und der dortige Pelzhandel. In (ders.): *Werke. Sämtliche Schriften, Tagebücher, Briefe.* Bd. V: Kleine Schriften zur Völker- und Länderkunde. Hg. von Horst Fiedler, Klaus-Georg Popp, Annerose Schneider und Christian Suckow. Berlin: Akademie-Verlag 1985, S. 390.

und zunehmend geschwunden. Forsters Bemerkungen machen ganz nebenbei darauf aufmerksam, dass der schwindende Raum für den *u-topos* am Ausgang des 18. Jahrhunderts eine Situation entstehen lässt, in welcher nun nicht mehr der Raum, sondern die Zeit zur Projektionsfläche des Ersehnten, zumindest aber zum Erprobungsmittel des Erdachten wird: Die Uchronie[12] entsteht und findet in Louis-Sébastien Merciers *L'an 2440*[13] ihren epochemachenden und bis in George Orwells vergangene Zukunftswelten fortwirkenden literarischen Ausdruck.

Zugleich aber verknüpft Georg Forster in der soeben angeführten Passage zwei Isotopien miteinander, die im Titel der vorliegenden Überlegungen anklingen. Zum einen Verweist er auf eine zunehmend vollständigere, durch die europäischen Reisenden bewerkstelligte Kenntnis der Welt im Lichte der Erfahrungswissenschaften, auf die Herder bereits angespielt hatte; und zum anderen auf die Tatsache, dass sich dadurch auch das Leben an einem bestimmten „Punkt im Äther" durch die wachsenden Einsichten in den „Zusammenhang der Dinge" verändere – und dies gewiss nicht allein auf einer Ebene wissenschaftlich überprüfbaren Wissens.

Der Hinweis auf den veränderten Kenntnisstand insbesondere der europäischen Wissenschaft als Resultat jenes Expansionsprozesses, der durch die verstärkte Zirkulation und Aufhäufung der unterschiedlichsten Wissensbereiche zum Ende des naturgeschichtlichen Tableaus beigetragen hatte, verändert nicht allein wissenschaftliche Epistemologien, sondern auch das Leben und Erleben einer Welt, die für die Zeitgenossen wesentlich weiter geworden ist. Nicht nur sei „unsere jetzige physische und statistische Kenntniß von Europa zur Vollkommenheit gediehen, sondern auch die entferntesten Welttheile" aus dem Schatten hervorgetreten, „in welchem sie noch vor kurzem begraben lagen".[14] Um es mit einem Humboldtschen Begriff zu sagen: Das Weltbewusstsein[15] hatte sich im Kontext der zweiten Phase beschleunigter Globalisierung längst zu verändern begonnen.

Die Lichtmetaphorik der Aufklärung wirft ein deutliches Licht auf Forsters eigenen Standpunkt: Die Fahrten von James Cook an die Nordwestküste Amerikas hätten viele neue Erkenntnisse gebracht, so dass „ohne ihn wohl schwerlich der Pelzhandel zwischen China und dieser neuentdeckten Küste zu Stande gekommen und zwischen den Höfen von Madrid und London eine Kollision desfalls entstanden wäre".[16]

---

12 Vgl. hierzu Krauß, Henning: Der Ursprung des geschichtlichen Weltbildes, die Herausbildung der ‚opinion publique' und die literarischen Uchronien. In: *Romanistische Zeitschrift für Literaturgeschichte* (Heidelberg) XI, 3–4 (1987), S. 337–352; und ders.: La ‚Querelle des Anciens et des Modernes' et le début de l'uchronie littéraire. In: Hudde, Hinrich/Kuon, Peter (Hg.): *De l'utopie à l'uchronie.* Actes du colloque d'Erlangen, 16–18 octobre 1986. Tübingen: Narr 1988, S. 89–98.

13 Vgl. Jurt, Joseph: Louis-Sébastien Mercier et le problème de l'esclavage et des colonies. In: *Anales del Caribe* (Santiago de Cuba) 7–8 (1987/1988), S. 94–107; sowie ders.: Stadtreform und utopischer Entwurf: von Alberti bis L.-S. Mercier. In: Hahn, Kurt/Hausmann, Matthias (Hg.): *Visionen des Urbanen. (Anti-)utopische Stadtentwürfe in der französischen Wort- und Bildkunst.* Heidelberg: Winter 2012, S. 21–31.

14 Forster, Georg: Die Nordwestküste von Amerika, und der dortige Pelzhandel, S. 393.

15 Vgl. Ette, Ottmar: *Weltbewußtsein. Alexander von Humboldt und das unvollendete Projekt einer anderen Moderne.* Weilerswist: Velbrück Wissenschaft 2002.

16 Forster, Georg: Die Nordwestküste von Amerika, und der dortige Pelzhandel, S. 395.

Noch hatte die erst 1799 gegründete Russisch-Amerikanische Handelskompagnie, ohne deren Existenz es nicht zur Weltreise Adelbert von Chamissos gekommen wäre, nicht in diese Verhältnisse eingegriffen. Seit dem Ende des Siebenjährigen Krieges war in ganz Europa aber das Bewusstsein dafür gewachsen, dass sich lokale Auseinandersetzungen rasch in regionale, ja in globale Konflikte verwandeln konnten, die gerade auch im außereuropäischen Raum – wie der langanhaltende Prozess der *Independencia* nur wenige Jahrzehnte später in der amerikanischen Hemisphäre zeigen sollte – zu fundamentalen Umwälzungen führen oder zumindest beitragen konnten. Die Problematik globaler Konvivenz hatte längst aufgehört, eine abstrakte philosophische Frage zu sein: Sie war ein alltägliches Faktum geworden.

Gerade deshalb blieb sie eine brennende philosophische Herausforderung. Gewiss: Durch derartige weltweite Interessenkollisionen ausgelöste kriegerische Konflikte stehen nicht im Vordergrund von Forsters geradezu prophetischen weltgeschichtlichen Betrachtungen. Die von ihm konstatierte enorme Beschleunigung ließ Forster vielmehr darauf schließen, dass eine neue geschichtliche Epoche begonnen habe, die unbezweifelbar globalen Zuschnitts sein werde:

> Hier beginnt eine neue Epoche in der so merkwürdigen Geschichte des Europäischen Handels, dieses Handels, in welchen sich allmählig die ganze Weltgeschichte aufzulösen scheint. Hier drängen sich dem Forscher so viele Ideen und Thatsachen auf, daß es die Pflicht des Herausgebers der neuen Schifffahrten und Landreisen in jener Gegend mit sich zu bringen scheint, alles, was auf die Kenntniß derselben Beziehung hat, in einen Brennpunkt zu sammeln und zumal einem Publikum, wie das unsrige, welches nur einen literarischen, mittelbaren Antheil an den Entdeckungen der Seemächte nehmen kann, die Übersicht dessen, was bisher unternommen worden ist, und das Urtheil über die Wichtigkeit dieser ganzen Sache zu erleichtern.[17]

Diese Passage ist für uns nicht nur deshalb so aufschlussreich, weil sie die spezifische Situation einer deutschsprachigen Leserschaft reflektiert, welche – dem Publikum aus dem Kreise der See- und Kolonialmächte nicht zugehörig – keine unmittelbaren kolonialen Interessen besitzt, sondern ‚nur' an einer literarisch vermittelten Vermehrung des Wissens ausgerichtet ist. Auch Preußen hatte zu diesem Zeitpunkt längst aufgehört, im transatlantischen Sklavenhandel kolonialistisch-ausbeuterisch mitzuwirken. Diese kolonialismusferne Dimension gilt es bei deutschsprachigen, wenn auch gleichwohl nicht (wie im Falle Forsters oder Humboldts) bei englisch- oder französischsprachigen Publikationen im weiteren Fortgang unserer Untersuchung zu berücksichtigen.

Vor allem aber ist Georg Forsters ausgehend vom Pelzhandel im Norden Amerikas[18] vorgetragene These von einer neuen Epoche, in der sich die ganze Weltgeschichte in den Welthandel verflüchtige, von so großer geschichtsphilosophischer Tragweite, dass man daran ebenso die Weitsicht einer subtilen Reflexion der Folgen dieser zweiten Phase beschleunigter Globalisierung, an welcher der Verfasser von *A voyage*

---

[17] Ebd.

[18] Forster griff hierbei unter anderem auf eine Schrift von Alexander Dalrymple über den Pelzhandel zurück; vgl. ebd., S. 778.

round the world selbst beteiligt war, hervorheben muss wie das allgemeinere Phänomen, dass Phasen der Beschleunigung geschichtsphilosophisch gleichsam einen stroboskopischen Effekt produzieren. Das Erleben von Geschichte verändert sich: In Phasen rascher Akzeleration ist es, als würde eine Geschichte nach der Geschichte beginnen.

Denn so, wie die Räder von Kutschen und Planwagen im klassischen Western gerade dann stehenzubleiben scheinen, wenn diese ihre höchste Geschwindigkeit erreichen, scheint just in den Phasen geschichtlicher Beschleunigung der Eindruck einer Immobilisierung, einer *Nach-Geschichte* zu entstehen, deren Wahrnehmung doch stets parallel zur Entstehung eines modernen geschichtlichen Denkens zu verlaufen scheint.[19] Der Eindruck höchster Ruhe stellt sich paradoxerweise am leichtesten im Zentrum des Wirbels beschleunigter Bewegung ein.

Man könnte aber auch umgekehrt die These wagen, dass es gerade Phasen des Zerfalls einer beschleunigten Globalisierung – wie wir dies zum gegenwärtigen Zeitpunkt deutlich beobachten können – sind, die als eine rasante Vervielfachung der unterschiedlichsten lokalen und regionalen Konfliktentwicklungen erlebt werden, welche freilich noch immer weltweite Veränderungen herbeizuführen in der Lage sind. Anders als bei Georg Forster finden wir uns heute, am Ausgang der vierten Phase beschleunigter Globalisierung, in einer Situation, in der eine Geschichte nach der Geschichte, gleichsam ein ‚Posthistoire Now!'[20] nicht mehr erlebt werden kann.

Die Entschleunigung von Globalisierung, wie sie uns derzeit etwa in einer Welle neuer Nationalismen, Protektionismen und Fundamentalismen entgegentritt, ist mithin gerade nicht mit einem Erleben politischer, geschichtlicher oder gesellschaftlicher Ruhe gleichzusetzen.

Der ‚Ausweg' von der mangels unbekannter Räume von der Utopie in die Uchronie umspringenden Projektion ist sicherlich nicht die einzige Möglichkeit, mit einer Raum-Zeit-Problematik ‚fertig' zu werden, die sich als Folge westlicher Expansion und wissenschaftlicher Welt-Erfahrung ergab. Denn ebenso Georg Forster wie Alexander von Humboldt oder Adelbert von Chamisso wählten auf ihr eigenes Leben bezogene und damit *lebbare* Reaktionsmöglichkeiten, die sich nicht alleine auf den Raum oder alleine auf die Zeit, sondern auf eine spezifische Verbindung der Dimensionen von Raum und Zeit bezogen. Sie entwickelten und *lebten* das, was an dieser Stelle als – zugegebenermaßen gräcolatinisierter – Neologismus begrifflich eingeführt sei: die *Vektopie*.

Der Begriff der Vektopie steht für eine Verknüpfung der Projektionsflächen von Utopie und Uchronie in Raum und Zeit auf eine Weise, welche die kinetische[21]

[19] Vgl. hierzu Ette, Ottmar: *Literatur in Bewegung. Raum und Dynamik grenzüberschreitenden Schreibens in Europa und Amerika.* Weilerswist: Velbrück Wissenschaft 2001, S. 9 und 539.

[20] Vgl. Gumbrecht, Hans Ulrich: Posthistoire now. In ders./Link-Heer, Ursula (Hg.): *Epochenschwellen und Epochenstrukturen in der Literatur- und Sprachhistorie.* Frankfurt a. M.: Suhrkamp 1985, S. 34–50.

[21] Das sich anbietende griechische Kompositum einer ‚Kinetopie' besäße den Nachteil, zu stark mit vorwiegend kinematographischen, aber auch kinesiologischen Belegungen konfrontiert zu sein und entsprechend zu Missverständnissen führen zu müssen.

Dimension, die Erfahrung und das Erleben von Bewegung und mehr noch von Vektorizität, zum eigentlichen Erprobungs- und Erlebensmittel von Welt macht. Dieses weltweit ausgedehnte Welterleben beinhaltet zugleich ein Weiter-Leben, das an dieser Stelle unserer Argumentation zunächst in einem räumlichen und noch nicht zeitlichen Sinne verstanden sei und folglich in erster Linie den Radius des von Forster so genannten ‚Erfahrungswissens' betrifft.

Anders als Utopie und Uchronie ist in der Vektopie eine materielle, auf Körper und Leib bezogene Dimension und damit ein Leben und Erleben von Welt miteinbezogen, das ohne die ständige Ortsveränderung, ohne ein immer wieder aufgenommenes Reisen nicht auskommt. Die Vektopie entfaltet die Projektionen eines Lebens nicht aus dem Raum, nicht aus der Zeit allein, sondern dank deren Kombinatorik aus einer *Vektorizität*, in der alle früheren Bewegungen gespeichert und alle nachfolgenden Bewegungen bereits angelegt sind. Die Vektopie ist mehr als eine Denkfigur: Sie ist vital mit dem Leben verknüpft und damit eine Lebensfigur.

Vektopie und Weiter-Leben

Dass das Erleben des Weltweiten, des die ganze Welt Umspannenden nicht an eine wie auch immer geartete ‚Reise um die Welt' gebunden ist, hat Georg Forster nicht am Beispiel eines Utopos, eines Heterotopos oder eines Atopos, sondern an einem Vektopos literarisch mitten in Westeuropa vorgeführt:

> In einer Nacht hat sich unser Schauplatz so sehr verändert, dass nichts gegenwärtig Vorhandenes eine Spur des gestrigen in unserm Gedächtnis weckt. Wir leben in einer andern Welt, mit Menschen einer andern Art.[22]

Wie aber ist dieses von gestern auf heute erfolgte andere Erleben einer anderen Welt zu verstehen? Georg Forster lässt mit den soeben zitierten Worten das fünfundzwanzigste Kapitel seiner *Ansichten vom Niederrhein, von Brabant, Flandern, Holland, England und Frankreich im April, Mai und Junius 1790* beginnen; und in diesen Worten stellt ihr Verfasser die Reise zwischen zwei Orten als Reise in eine neue, in eine andere Welt dar. Wie aber ist diese andere Welt beschaffen?

Dies ist keineswegs eine literarische Laune des weitgereisten Autors. Die Bewegung der Reisenden von Den Haag nach Amsterdam erweist sich vielmehr als eine Reisebewegung, die durch Worte gleichsam auf der Durchreise Orte und Menschen *in unterschiedlichen Welten* miteinander verbindet und zugleich wechselseitig kontrastiert. Dabei öffnet sich die hier von Georg Forster so meisterhaft in Szene gesetzte Diskontinuität auf jene Komplexität an Bewegungen, die sein literarisches Schreiben in seinen Reiseberichten seit seiner *Reise um die Welt* so sehr literarästhetisch auszeichnet. Denn der Bericht des Weltreisenden bietet weit mehr als Ansichten vom Niederrhein oder Ansichten aus dem westlichen Europa. Denn mit den

[22] Forster, Georg: *Ansichten vom Niederrhein*. München: The Hilliard Collection – Edition Deutsche Bibliothek 1985, S. 348.

Niederlanden, im weiteren Reiseverlauf aber auch England und Frankreich werden drei jener von ihm so apostrophierten ‚Seemächte' besucht, die sich durch globale Machtansprüche und weltweit akkumulierten Reichtum auszeichnen.

Es ist gewiss nicht vorrangig die itinerarische Grundstruktur, die literarisch entfaltete Bewegung der Reisenden im Reisebericht also, welche für die Erzeugung vektorieller Komplexität, wie sie Forsters Schreiben stets so eindrucksvoll bietet, verantwortlich zeichnet. Vielmehr wird vor den Augen der Leserschaft eine Landschaft entfaltet, die in diesem Falle einen urbanen Bewegungsraum, eine im Westen des kontinentalen Europa gelegene Stadtlandschaft präsentiert und repräsentiert, die man als einen urbanen *Vektopos* begreifen darf.

Bevor wir auch nur einen Blick auf die großen Gebäude der Stadt Amsterdam werfen können, werden wir zur gewaltigen Werft der Admiralität geführt:

> In bewundernswürdiger Ordnung lagen hier, mit den Zeichen jedes besondern Kriegsschiffs, in vielen Kammern die Ankertaue und kleineren Seile, die Schiffblöcke und Segel, das grobe Geschütz mit seinen Munitionen, die Flinten, Pistolen und kurzen Waffen, die Laternen, Kompasse, Flaggen, mit einem Worte, alles bis auf die geringsten Bedürfnisse der Ausrüstung. Vor uns breitete sich die unermeßliche Wasserfläche des Hafens aus, und in dämmernder Ferne blinkte der Sand des flachen jenseitigen Ufers. Weit hinabwärts zur Linken hob sich der Wald von vielen tausend Mastbäumen der Kauffahrer; die Sonnenstrahlen spielten auf ihrem glänzenden Firnis.[23]

Eine Stadt vor der Stadt tut sich auf. Aus der Bewegung der Reisenden entsteht ein vektopischer Raum. Haben wir es hier nicht mit einer Stadt unter der Stadt zu tun, mit einer Stadt, die nur aus Bewegungen besteht und nur als Geflecht von Bewegungen verstanden werden kann? In diesem klug angelegten Rundblick über eine gewaltige Werft wird zunächst jene Gewalt in den Blick gerückt, welche die Grundlage für all jenen Reichtum, all jene Größe bildet, die hier mit ihren kleinen wie mit ihren großen Waffen, von der individuellen Pistole bis hin zur Gewaltmaschinerie eines ganzen Kriegsschiffes, wie in einem Waffenlager, wie in einem kriegerischen Arsenal, ausgebreitet und aufgelistet wird. Diese Stadt ist nicht aus harmlosen Bewegungen gemacht: Hier stoßen wir auf eines der Zentren des weltweiten europäischen Kolonialismus.

Doch wird diese Nahaufnahme einer materiellen Kultur, die in ihrer ganzen Dinghaftigkeit und Gewalttätigkeit eingeblendet wird, in einem zweiten Schritt in eine Landschaft überführt, die den Blick über die „unermeßliche Wasserfläche des Hafens" und über das entgegengesetzte Ufer in der Ferne hin zu jenem „Wald von vielen tausend Mastbäumen der Kauffahrer" gleiten lässt,[24] in deren Gegenwart sich die Elemente von Natur und Kultur, von Wasser und Hafen, von Bäumen und Masten, von Wind und Segeln unauflöslich miteinander verbinden. Natur lässt sich nicht anders als von der Kultur, von den Kulturen aus entwerfen. Und diese Kulturen sind ihrerseits nur bewegungsgeschichtlich, nur vektoriell zu verstehen.

---

[23] Ebd., S. 348 f.

[24] Ebd., S. 349.

In dieser amphibischen Landschaft, die sich zwischen Meer und Land, zwischen Wasser und Sand über einen Wald erhebt, dessen Bäume längst zu Masten geworden und damit vom Land auf das Wasser übergesiedelt sind, wird ein Panoramablick entfaltet, der nicht zufällig von der Kriegsflotte der Admiralität zur Handelsflotte der Kauffahrer überleitet, ja sanft von Schiff zu Schiff herübergleitet. Denn ohne die Feuerkraft der Kriegsflotte wäre die Wirtschaftskraft der Handelsflotte nicht denkbar, bilden doch beide erst in ihrem Zusammenspiel jene reichen Grundlagen, auf denen sich die Stadt Amsterdam in ihrer Pracht entwickeln konnte – im Schutze jenes „prächtigen Arsenal", das „auf achtzehntausend Pfählen ruhend und ganz mit Wasser umflossen" in dieses Landschaftsgemälde hineingesenkt ist. Die zu Masten gewordenen Bäume tragen als unterirdische Wälder auch die Stadt, deren Schicksal an das mobile, das global bewegende Element des Wassers geknüpft ist.

So tut sich an dieser Stelle der *Ansichten vom Niederrhein*, ganz dem wohlkalkulierten Beginn dieses Kapitels entsprechend, eine andere Welt auf, die ohne all diese Bewegungen nicht denkbar wäre, eine Welt, die rasch in ihren wahrhaft globalen Maßstäben buchstäblich aus dem Wasser auftaucht und vor unseren Augen steht. Denn während der Besichtigung eines dieser Kriegsschiffe, und aus der dadurch ausgelösten Begeisterung über den „Wunderbau dieser ungeheuren Maschine",[25] tauchen etwas weiter zur Rechten „die Schiffe der Ostindischen Kompanie" mit ihren eigenen Werften auf, die sich bis zur Insel Osterburg erstrecken: „Die ankommenden und auslaufenden Fahrzeuge samt den kleinen rudernden Booten belebten die Szene."[26] Wir sind in die Mitte einer vektoriellen Landschaft gestellt: In diesem literarischen, aber geradezu kinematographischen Bewegungsbild geht es nicht um Raumgeschichte – Georg Forster ist es um eine Bewegungsgeschichte zu tun.

Hinter den Fahrzeugen der Ostindischen Kompanie erscheint neben der Kriegsmaschinerie nun eine Handelsmaschinerie, die gemeinsam mit der militärischen Feuerkraft für die ungeheure Machtfülle verantwortlich zeichnet, welche sich Amsterdam und die Niederlande mit ihrem höchst modern ausgelegten und weltumspannenden kolonialen Räderwerk längst zu erwerben, zu erobern verstanden. So hält das Ich auch folgerichtig für einen kurzen Augenblick in seiner eigenen Bewegung inne und fixiert diesen „Schauplatz der umfassendsten Geschäftigkeit", verdanken doch „die Stadt und selbst die Republik ihr Dasein und ihre Größe" diesem wahrlich weltumfassenden Treiben.[27]

Dabei ist der Blick des Reisenden auf diese globale Macht von Stadt und Staat ein durchaus positiver, habe man doch einst einen mit keinem anderen Volk in Europa vergleichbaren Mut aufgebracht, „mit Philipp dem Tyrannen, dem mächtigen Beherrscher beider Indien, und seinen Nachfolgern den achtzigjährigen Krieg zu führen".[28] Republikanischer Stolz schwingt hier in jeder Zeile Georg Forsters, des konsequenten Anhängers der Französischen Revolution, mit.

---

[25] Ebd., S. 349.

[26] Ebd.

[27] Ebd., S. 350.

[28] Ebd.

Der lange Kampf der Niederländer nicht nur gegen die europäische Besatzungsmacht, sondern mehr noch gegen die Weltmacht Philipps II., der über riesige Kolonialgebiete *en las dos Indias*, in beiden Indien, herrschte, blendet hier auf wenigen Zeilen eine Geschichte der Globalisierung ein, in die sich der Reisende Georg Forster selbst sehr gut einzuordnen vermochte, durfte er sich doch sehr wohl als Teil dieser Globalisierungsgeschichte verstehen. Denn er integriert hier geschickt die frühe Vormachtstellung Spaniens als Weltmacht, eines Spanien, das gemeinsam mit Portugal den Verbund der hegemonialen iberischen Mächte bildete, welche die erste Phase beschleunigter Globalisierung vom südlichen Westrand Europas aus beherrschte.[29]

Doch die jahrhundertelange Geschichte der Globalisierung war keineswegs stehengeblieben. Georg Forster wusste sich selbst als einer der Protagonisten in einer weiteren, einer zweiten Phase der Beschleunigung dieser Globalisierungsprozesse, die nun aber nicht länger von Spanien und Portugal, sondern von England und Frankreich angeführt wurden. Durch seine Begleitung von James Cook und seinen literarisch durchgefeilten Reisebericht[30] war er aber nicht nur zum Protagonisten, sondern mehr noch zum Denker und Philosophen jener zweiten Phase beschleunigter Globalisierung geworden, die ihn im Übrigen mit der Veröffentlichung seines *A voyage round the world* in englischer wie deutscher Sprache zu einem weltweit gelesenen Schriftsteller von europäischem Rang werden ließ.

In seinen *Ansichten vom Niederrhein* klingt vieles von dieser großen Weltreise und vieles von diesem Welterfolg mit. Georg Forster verfügte auf der Grundlage seines weltumspannenden Welterlebens über einen weiteren Blick als die allermeisten seiner Zeitgenossen in Deutschland und Europa. Und sein ständiges Reisen war bis zum Pariser Ende seines kurzen Lebens Ausdruck seiner Vektopie.

Doch zurück zu Forsters reiseliterarischem Bewegungsbild von Amsterdam. Wir haben es beim Verfasser dieser *Ansichten* mit einem bezüglich derartiger Globalisierungsschübe hochgradig sensibilisierten Reiseschriftsteller zu tun, der sehr wohl die ganze Bedeutung der militärischen wie kommerziellen Macht der Niederlande einzuschätzen wusste – zumal er die Rolle der Niederlande als einer Art ‚Zwischenglied' zwischen diesen beiden großen Phasen beschleunigter Globalisierung offenkundig einzuordnen verstand. Denn wenn die Niederlande in ihrer Expansion auf eine ganze Reihe militärischer und politischer Strategien zurückgriffen, welche bereits die iberischen Mächte entwickelt hatten, so markierte die weltumspannende Expansion dieses selbst in europäischen Dimensionen kleinen Flächenstaates doch zugleich gerade mit der Gründung ihrer äußerst erfolgreichen Ostindischen Kompanie einen entscheidenden Schritt hin zu einem Welthandel neuen Typs. Neue, effizientere Formen der Kapitalbildung,[31] des Wissenstransfers und eines globalen

[29] Zu den verschiedenen Phasen beschleunigter Globalisierung vgl. das Auftaktkapitel in Ette, Ottmar: *TransArea. Eine literarische Globalisierungsgeschichte* (2012).

[30] Vgl. hierzu Steiner, Gerhard: Georg Forsters ‚Reise um die Welt'. In: Forster, Georg: *Reise um die Welt.* Hg. und mit einem Nachwort von Gerhard Steiner. Frankfurt a. M.: Insel 1983, S. 1015.

[31] Vgl. hierzu Ferguson, Niall: *Civilization. The West and the Rest.* New York: Penguin Books 2011, S. 196 f.

Handelssystems wiesen den Weg, den in der zweiten Hälfte des 18. Jahrhunderts dann die Vormachtstellung der Briten und der Franzosen begründen sollte. Längst war Europa nicht mehr nur aus Europa heraus zu verstehen – die Forstersche Stadtansicht von Amsterdam führte dies eindrucksvoll vor Augen.

An jenen Veränderungen, die sich einem aufmerksamen Besucher Amsterdams des Jahres 1790 förmlich aufdrängen mussten, machte Georg Forster erkennbar, dass und warum man in Amsterdam – wie er zu Beginn des fünfundzwanzigsten Kapitels schrieb – nicht nur „in einer andern Welt" lebe, sondern es auch mit „Menschen einer andern Art" zu tun bekomme.[32] So vermerkte Forster gleich am Eingang zu seinem sechsundzwanzigsten, ebenfalls noch Amsterdam gewidmeten Kapitels seiner *Ansichten vom Niederrhein*:

> In dem entnervenden Klima von Indien gewöhnen sich die europäischen Eroberer nur gar zu leicht an asiatische, weichliche Üppigkeit und Pracht. Treibt sie hernach das unruhige Gefühl, womit sie dort vergebens Glück und Zufriedenheit suchten, mit ihrem Golde wieder nach Europa zurück, so verpflanzen sie die orientalischen Sitten in ihr Vaterland. Man sträubte sich zwar in Republiken eine Zeitlang gegen die Einführung des Luxus; allein der übermäßige Reichtum bringt ihn unfehlbar in seinem Gefolge. Wenngleich nüchterne Enthaltsamkeit mehrere Generationen hindurch die Ersparnisse des Fleißes vervielfältigte, so kommt doch zuletzt das aufgehäufte Kapital an einen lachenden Erben, der über die Besorgnis hinaus, es nur vermindern zu können, die Forderungen der Gewinnsucht mit der Befriedigung seiner Sinne reimen lernt.[33]

Auf diese Weise stehen die großen Metropolen der europäischen Kolonialmächte – und gerade auch der urbane Vektopos Amsterdam – im Zeichen eines weltumspannenden Transfers von Kapital, von Luxusgütern und eines ‚orientalischen' Lifestyle, was im Sinne Forsters früher oder später zu einer grundlegenden Transformation dieser Metropolen selbst führen musste. Denn die langanhaltende Transfergeschichte, die in den Niederlanden insbesondere von der Ostindischen Kompanie ausging, ließ eine Veränderung und Umwandlung jener Lebensformen und Lebensnormen entstehen, welche die Bewohner auch von Amsterdam dazu brachte, ihren Lebensstil zu verändern, wie in einer anderen Welt zu leben und zu anderen Menschen zu mutieren. Doch war dies auch ein Welterleben in der Form eines weiter gedachten und weiter gelebten Lebens?

Festzuhalten bleibt: Amsterdam ist in diesem vektoriellen Sinne weit mehr als Amsterdam: Die Handelsmetropole öffnet sich auf eine ganze Welt, für die der Bewegungs-Raum des Hafens zum eigentlichen Umschlagplatz, zu einem Vektorenfeld globalen Zuschnitts, avanciert. So werden andere Landschaften unter der Hafenlandschaft von Amsterdam sichtbar: Andere Städte etwa des asiatischen, aber auch karibischen Raumes zeichnen sich unter der Stadtlandschaft der niederländischen Metropole ab. Denn sie prägen das Leben in Amsterdam längst entscheidend mit.

[32] Forster, Georg: *Ansichten vom Niederrhein*, S. 348.
[33] Ebd., S. 359.

Unter der Landschaft an der Oberfläche liegen andere Landschaften, unter der Stadt andere Städte – und wenn jedes Wort auch immer seinen Ort in sich fortträgt, so lässt die in den Worten des literarischen Reiseberichts entfaltete Vektorizität doch immer auch die Worte unter den Worten als Orte unter den Orten erkennbar werden. Es sind nicht statische, sondern vektopische Landschaften, die sich auf immer neue Landschaften im globalen Maßstab hin öffnen. Die Stadtlandschaft von Amsterdam ist nur als urbaner Vektopos zu verstehen.

So beschränken sich die *Ansichten vom Niederrhein* keineswegs auf den Niederrhein, sondern öffnen sich im Genre und im Medium der Reiseliteratur auf eine Welt, die der Weltreisende Georg Forster auf ästhetisch überzeugende Weise als Teil eines globalen, weltumspannenden Zusammenhangs und Zusammenlebens zu gestalten verstand. Es ist eine Welt, die vom Bewegungs-Raum des Hafens aus alles mit Bewegung, alles mit Leben erfüllt – einem Leben, das in seiner Beschleunigung sehr präzise zu erfassen ist:

> Die Stadt mit ihren Werften, Docken, Lagerhäusern und Fabrikgebäuden; Das Gewühl des fleißigen Bienenschwarmes längs dem unabsehlichen Ufer, auf den Straßen und den Kanälen; die zauberähnliche Bewegung so vieler segelnder Schiffe und Boote auf dem Zuidersee und der rastlose Umschwung der Tausende von Windmühlen um mich her – welch ein unbeschreibliches Leben, welche Grenzenlosigkeit in diesem Anblick! Handel und Schifffahrt umfassen und benutzen zu ihren Zwecken so manche Wissenschaft; aber dankbar bieten sie ihr auch wieder Hilfe zu ihrer Vervollkommnung.[34]

Es ist der Anblick eines Lebens in Akzeleration, eines sich enorm beschleunigenden Lebens, in dem „ferne Weltteile aneinander" sowie unterschiedliche Zonen und Nationen zueinander geführt werden.[35] Es ist in diesem (auch konsumptiven) Sinne ein weiteres Leben als das in Zonen von geringerer globaler Verdichtung und Vernetzung. All dies erfolgt im Zeichen einer Zirkulation des Wissens, deren weltweite Dimensionen es nicht länger zulassen, auf dieselben Worte zurückzugreifen; auch die Sprachen, dies wusste der vielsprachige Forster, mussten sich verändern. Es wird ein gewaltiger „Reichtum von Begriffen" nun „immer schneller" in Umlauf gesetzt,[36] ein Reichtum an Lexemen, der mit den beschleunigten Ausdifferenzierungsprozessen nicht allein im Bereich der Wissenschaften Schritt halten muss. Der Ort öffnet sich auf viele Orte, das Wort öffnet sich auf viele Worte – und um die Bewegung dieses sich beschleunigenden Lebens darzustellen, ist der Reisebericht für Georg Forster zweifellos die adäquate literarische Ausdrucksform. War Forster nicht ein Meister dieses Genres – und zugleich der reiseliterarische und reisetechnische Lehrmeister Alexander von Humboldts, der ihn im Übrigen auf dieser Reise an den Niederrhein, nach England und ins revolutionäre Paris auch begleitete?

Die reiseliterarische Inszenierung von Amsterdam bildet zweifellos ein ebenso perfektes wie paradigmatisches Beispiel eines vektoriellen Welterlebens und Weiter-Lebens. Denn in seinen ästhetischen Gestaltungsformen lässt sich ein Ort

[34] Ebd., S. 351.

[35] Ebd.

[36] Ebd.

wie die damalige niederländische Welthandelsmetropole nur aus ihren globalen Zusammenhängen heraus begreifen. Amsterdam wird folglich mit guten Gründen – und hieran zeigt sich das literarische Geschick des Reiseschriftstellers – ausgehend von seinem Hafen her porträtiert, kann doch nur durch die Darstellung jener globalen Vektorizität, die von der Kriegs- wie von der Handelsflotte verkörpert werden, die künstlerische Re-Präsentation von Amsterdam im Reisebericht gelingen.

Das Welterleben ist bei Georg Forster ein Weiter-Leben. In diesem Sinne ist Amsterdam eine hochgradig vektorisierte Landschaft, eine Stadt-landschaft in und aus der Bewegung, die von einer statischen Raumgeschichte ohne diese Weitung und Erweiterung niemals adäquat erfassbar wäre. So repräsentiert dieser urbane Vektopos für Georg Forster eine Vektopie, die sich freilich niemals an einen festen Ort, an einen festen Wohnsitz allein rückzubinden wüsste.

Freilich gab es für Forster diesen Ort der politischen Hoffnungen, diesen Ort, an dem er nicht nur die Geschichte einer Nation, nicht nur die Geschichte eines Kontinents, sondern auch die Geschichte der Menschheit überhaupt sich vollenden zu sehen erhoffte. Das revolutionäre Paris, das schon wenige Jahre später den Endpunkt seiner Lebensreise markieren sollte, wurde mit dem weltumspannenden Pathos einer Menschheit, die hier ihre Ansprüche und Rechte universalistisch proklamiert, zweifellos zur besten Verkörperung jener Vektopie, die Georg Forsters Leben prägte und weiter werden ließ.

Alexander von Humboldt (1769–1859)

Vektopie und glückendes Leben

Kurz vor seinem Tod am 10. Januar 1794 in der französischen Hauptstadt hielt Georg Forster im Winter des Jahres 1793 im siebten Brief seiner *Parisischen Umrisse*, des letzten Werks aus seiner Feder, mit klarsichtigem Stolz und jenem revolutionären Geist, der ihn zeit seines Lebens auszeichnete, unmissverständlich fest: „Paris ist immer *unsere* Karte, und Ihr habt verloren“.[37]

Diese Sentenz aus seinem Pariser Exil, der Reaktion in den deutschen Ländern entgegengeschleudert, machte auf die weitreichenden Folgen der Französischen Revolution, aber auch auf jene herausragende Stellung der *Ville-lumière* aufmerksam, die nicht nur von Alexander von Humboldt, der an der Seite Forsters erstmals das revolutionäre Paris erlebte, sondern auch von Adelbert von Chamisso, dessen Familie vor eben dieser Revolution nach Preußen geflohen war, hätte unterschrieben werden

[37] Forster, Georg: Parisische Umrisse (1794). In: Günther, Horst (Hg.): *Die Französische Revolution. Berichte und Deutungen deutscher Schriftsteller und Historiker.* Frankfurt a. M.: Deutscher Klassiker Verlag 1988, S. 649. Zur Bedeutung von Paris gerade im deutsch-französischen Kontext vgl. Lüsebrink, Hans-Jürgen: ‚La Patrie des Droits de l'Homme.' Zur Identifikation deutscher Frankreichforscher mit dem Frankreich der aufklärung und der Französischen Revolution. In: Grunewald, Michel/Lüsebrink, Hans-Jürgen/Marcowitz, Reiner/Puschner, Uwe (Hg.): *France-Allemagne au XXe siècle. La production de savoir sur l'Autre.* Bd. 2: *Les spécialistes universitaires de de l'Allemagne et de la France.* Bern/Frankfurt a. M./New York: Peter Lang 2012, S. 301–314.

können. Denn für alle drei Weltreisenden bildete Paris, die Hauptstadt der *République des Lettres*, den wohl entscheidenden Bezugspunkt ihres Lebens, so wichtig auch das preußische Berlin für einen Humboldt oder Chamisso gewesen sein mag. Aus dieser Sicht erscheinen die *Ansichten vom Niederrhein* mit ihrem perspektivischen Vektopos Paris wie eine niemals ankommende, nie zu Ende gehende Reise in die Revolution. Von Revolution zu Revolution.

Die frühe Begegnung und Reise mit Georg Forster kann in ihrer Bedeutung für den jungen Alexander von Humboldt kaum überschätzt werden. Als Freund und Lehrer war der Verfasser der *Ansichten vom Niederrhein* nicht nur der Reisegefährte des 1769 geborenen Jüngeren der beiden Humboldt-Brüder, sondern auch Vorbild und literarisches Modell für ein Schreiben, das mit den *Ansichten der Natur* schon bald ein zwar anders konzipiertes, aber ähnlich multiperspektivisch aufgebautes und im Übrigen beim deutschsprachigen Publikum sehr erfolgreiches Buch schuf. In seiner 1806 in französischer Sprache verfassten und ebenso selbstironisch wie augenzwinkernd an den Schöpfer der modernen Autobiographie, Jean-Jacques Rousseau, gemahnenden Schrift mit dem Titel *Mes confessions* vermerkte Humboldt dazu:

> Im Frühjahr schlug mir Herr Georg Forster, dessen Bekanntschaft ich in Mainz gemacht hatte, ihn nach England auf der schnellen Reise zu begleiten, die er in einem kleinen, durch die Eleganz seines Stils mit Recht berühmten Werk (Ansichten etc.) beschrieben hat. Wir fuhren nach Holland, England und Frankreich. Diese Reise kultivierte meinen Verstand und bestärkte mich mehr als je zuvor in meinem Entschluß zu einer Reise außerhalb Europas. Zum ersten Mal sah ich das Meer damals in Ostende, und ich erinnere mich, dass dieser Anblick den allergrößten Eindruck auf mich machte. Ich sah weniger das Meer als die Länder, zu denen mich dies Element eines Tages tragen sollte.[38]

Der Traum oder vielleicht mehr noch das Phantasma einer (damals noch nicht näher bestimmten) außereuropäischen Reise schwebte dem jungen Humboldt schon lange vor Augen. Seit der denkwürdigen Reise mit Forster aber begann es, als Vektopie – als Wissenschaft und Leben aus der Bewegung – konkrete Gestalt anzunehmen. In diesem Text aus dem Jahre 1806, also nach Abschluss seiner großen, von 1799 bis 1804 durchgeführten Reise in die Amerikanischen Tropen, ist noch immer die ganze Faszinationskraft zu spüren, die von Georg Forster auf seinen noch jungen Reisegefährten ausgegangen war. Noch in Humboldts späten Schriften ist sie zu bemerken – und vergessen wir dabei nicht, dass der Verfasser des *Kosmos* nicht nur die beiden anderen Weltreisenden um mehrere Jahrzehnte überlebte, sondern während seines in Raum und Zeit weitgespannten Lebens auch über einen deutlich längeren Zeitraum publizierte als der ältere Forster und der jüngere Chamisso zusammen. Sie waren allesamt in Preußen Mitglieder der Berliner Akademie der Wissenschaften

[38] Humboldt, Alexander von: Mes confessions. In: *Le Globe* 7 (janvier – février 1868), S. 182. Eine deutschsprachige Übersetzung findet sich erstmals in Humboldt, Alexander von: Meine Bekenntnisse (Autobiographische Skizze 1769–1805). In (ders.): *Aus meinem Leben. Autobiographische Bekenntnisse.* Zusammengestellt und erläutert von Kurt-R. Biermann. München: Beck 1987, S. 49–62. Meine Übersetzung greift auf das französischsprachige Original zurück (O.E.).

und höchst erfolgreiche Vertreter eines translingualen ZwischenWeltenSchreibens.[39] In ihnen scheint die höchst bewegliche Seite der dynamischen Konfigurationen des Mobile Preußen auf.

Humboldt lernte von Forster. Vielleicht mehr noch als dieser war der Verfasser der *Reise in die Äquinoktial-Gegenden des Neuen Kontinents* an der Beobachtung auch nur mikrologisch zu erfassender Phänomene interessiert, vergaß es jedoch nie, seine empirisch gestützte Detailuntersuchungen in einen makrologischen Zusammenhang zu stellen und damit einen beobachteten Mikrokosmos auf einen theoretisch durchdachten Makrokosmos zu beziehen. Vor dem Hintergrund seines *nomadischen* Wissenschafts- und Wissenskonzepts[40] wäre das gesamte Lebensprojekt Alexander von Humboldts ohne den Begriff der Freiheit freilich schlechterdings weder vorstellbar noch verstehbar, gingen in seiner Sehnsucht nach einem umfassenden Welterleben doch Wissenschafts- und Lebensprojekt Hand in Hand.

Benannte Forsters Vorrede zum Bericht über die *Entdeckungs*reise James Cooks die methodologischen und epistemologischen Prämissen einer empirisch auf natur- wie kulturwissenschaftlicher Feldforschung basierenden innovativen Reise, so setzte Alexander von Humboldt am Ende des 18. Jahrhunderts diese Konzeption noch weiter ausgreifend in die Tat um, indem er seine *Relation historique* als *Forschungs*reise im modernen Sinne – und im Sinne der Moderne – konzipierte und realisierte.

An Forsters Wissens(chafts)verständnis geschult, ging Humboldt weit über die Ansichten seines Lehrers hinaus, um einen neuen Typus von Forschungsreise und einen neuen Typus von Wissen hervorzubringen: Die transdisziplinäre Humboldtsche Wissenschaft[41] war im Entstehen begriffen und sollte in den *Amerikanischen Reisetagebüchern* ihre Genese und eigentliche Entstehungsgeschichte feiern.

Es gibt viele gute Gründe dafür zu vermuten, dass die *Amerikanischen Reisetagebücher* nicht nur den Geburtsort, sondern das eigentliche Denkmal dieser neuen, epistemologisch höchst innovativen Humboldtschen Wissenschaft darstellen. Und diese Wissenschaft war und blieb nicht allein auf der Ebene des Denk- und Schreibstils, sondern auch des Wissenschaftsstils von einem nomadischen Wissenskonzept geprägt. Alexander von Humboldt konzipierte sein Leben nicht als Utopie und nicht als Heterotopie, weder als fernes Ideal eigener Vorstellungskraft von Natur und Kultur noch als eine Sehnsucht nach dem Anderort, nach einem Gegen-Ort zu

[39] Vgl. zu diesen Konzepten Ette, Ottmar: *ZwischenWeltenSchreiben. Literaturen ohne festen Wohnsitz (ÜberLebenswissen II)*. Berlin: Kulturverlag Kadmos 2005. Zu Fragen der Vertextung und Literarisierung vgl. auch Görbert, Johannes: *Die Vertextung der Welt. Forschungsreisen als Literatur bei Georg Forster, Alexander von Humboldt und Adelbert von Chamisso*. Berlin: de Gruyter 2014.

[40] Vgl. Ette, Ottmar: Nomadisches Denken: Alexander von Humboldts lebendige Wissenschaft. In: Stoyan, Dietrich (Hg.): *Bergakademische Geschichten. Aus der Historie der Bergakademie Freiberg erzählt anlässlich des 250. Jahrestages ihrer Gründung*. Freiberg: Mitteldeutscher Verlag 2015, S. 95–102.

[41] Vgl. hierzu das Auftaktkapitel in Ette, Ottmar: *Alexander von Humboldt und die Globalisierung. Das Mobile des Wissens*. Frankfurt a. M./Leipzig: Insel 2009.

seinem bisherigen Leben; vielmehr konstruierte er seine Wissenschaft,[42] aber auch sein gesamtes Leben als *Vektopie*: als ein Leben aus der Bewegung und in ständiger Bewegung. Er verkörpert nicht allein den mobilen Preußen, sondern zugleich auch das Mobile Preußen.

Zahlreich sind die Passagen in Alexander von Humboldts weitgespanntem Oeuvre, in denen sein Nomadenleben im Zeichen persönlicher wie wissenschaftlicher Freiheit die oft euphorisch geschilderte Bewegung (verstanden als *Motion* und *Emotion*) in verdichteter Form vor Augen führt. Derart lässt sich seine Ankunft in der Welt der amerikanischen Tropen als ein Welterleben begreifen, das sich in wissenschaftlicher, aber auch höchst persönlicher und körperlicher Weise leibhaftig als literarische Ausdrucksform einer Vektopie, eines Lebens aus der Bewegung und als Bewegung, deuten lässt. So schrieb er in einem seiner ersten Lebenszeichen aus der ‚Neuen Welt', einem auf „Cumaná in Südamerika, d. 16. Jul. 1799"[43] datierten Brief an seinen Bruder Wilhelm:

> Welche Bäume! Kokospalmen, 50 bis 60 Fuß hoch! Poinciana pulcherrima, mit Fuß hohem Strauße der prachtvollsten hochrothen Blüthen; Pisange, und eine Schaar von Bäumen mit ungeheuren Blättern und handgroßen wohlriechenden Blüthen, von denen wir nichts kennen. Denke nur, daß das Land so unbekannt ist, daß ein neues Genus welches Mutis (s. Cavanilles iconus, tom. 4) erst vor 2 Jahren publizirte, ein 60 Fuß hoher weitschattiger Baum ist. Wir waren so glücklich, diese prachtvolle Pflanze (sie hatte zolllange Staubfäden) gestern schon zu finden. Wie groß also die Zahl kleinerer Pflanzen, die der Beobachtung noch entzogen sind? Und welche Farben der Vögel, der Fische, selbst der Krebse (himmelblau und gelb)! Wie die Narren laufen wir bis itzt umher; in den ersten drei Tagen können wir nichts bestimmen, da man immer einen Gegenstand wegwirft, um einen andern zu ergreifen. Bonpland versichert, daß er von Sinnen kommen werde, wenn die Wunder nicht bald aufhören. Aber schöner noch als diese Wunder im Einzelnen, ist der Eindruck, den das Ganze dieser kraftvollen, üppigen und doch dabei so leichten, erheiternden, milden Pflanzennatur macht. Ich fühle es, daß ich hier sehr glücklich sein werde und dass diese Eindrücke mich auch künftig noch oft erheitern werden.[44]

Dieser Ort an der heute venezolanischen Küste ist keine Utopie (und selbstverständlich auch keine Dystopie), sondern eine Vektopie: Leben und Wissenschaft aus der äußeren wie inneren Bewegung. Kaum eine andere der vielen Passagen im umfangreichen Schaffen Alexander von Humboldts gibt mit vergleichbarer Dichte und Intensität jenem Glücksgefühl Ausdruck, das der junge Europäer kurz nach seiner Ankunft in den Regionen, die er bald als „Südamerika", bald als „Amerika"[45] bezeichnete, in Worte zu fassen versuchte. Sein Welterleben entfaltet sich hier mit

[42] Vgl. die Kurzbeschreibung des im Januar 2015 angelaufenen Langzeitvorhabens der Berlin-Brandenburgischen Akademie der Wissenschaften in Ette, Ottmar: Dem Leben auf der Spur. Das Akademievorhaben ‚Alexander von Humboldt auf Reisen – Wissenschaft aus der Bewegung' ediert Humboldts transdisziplinäre Aufzeichnungen. In: *Die Akademie am Gendarmenmarkt 2015/16* (Berlin) (2015), S. 8–13.

[43] Humboldt, Alexander von: An Wilhelm von Humboldt. In (ders.): *Briefe aus Amerika 1799–1804.* Hg. von Ulrike Moheit. Berlin: Akademie-Verlag 1993, S. 41.

[44] Ebd., S. 42.

[45] Ebd., S. 41.

aller Euphorie als ein Leben in einer für ihn weiter gewordenen Welt, zu der nun die amerikanische Hemisphäre hinzugekommen ist. Alexander schildert Wilhelm eine Welt des Wunderbaren: Und als aufmerksamer Leser des Christoph Columbus, dessen Nachnamen er im Nachnamen seiner wie Wilhelms Mutter (Colomb) trug, wusste er von der langen (Literatur-)Geschichte des Wunderbaren im europäischen Diskurs über die amerikanische Hemisphäre. Humboldt spielt zweifellos mit Versatzstücken dieses Diskurses. Ein wissenschaftliches wie persönliches Eldorado, gewiss: aber nicht im Sinne eines Ander-Orts, sondern einer Weitung und Erweiterung. Sie bot ihm die Chance, weiterzudenken und weiter zu denken[46] – auch jenseits jenes neuen Diskurses über die Neue Welt, als dessen Begründer lange nach der sogenannten ‚Berliner Debatte' Alexander von Humboldt gelten darf.[47]

Die den gesamten Brief durchziehende Semantik des Glücks ist in ihren verschiedenartigen Einfärbungen allgegenwärtig und schließt jenes „Glück", das man beim Durchbrechen der Blockade englischer Kriegsschiffe und im weiteren Verlauf der gesamten Seereise gehabt habe – während derer er „viel auf dem Wege gearbeitet"[48] – ebenso mit ein wie das persönliche Erleben des eigenen und des mit seinem französischen Reisegefährten Aimé Bonpland geteilten Glückes. Die Konstellation von Bewegung, Arbeit und Glück ist allgegenwärtig: Die innere Bewegung steht in engster Beziehung zur äußeren. Wie die Reise seit dem 4. Juli 1799, als er „zum erstenmal das ganze südliche Kreuz vollkommen deutlich"[49] erblickte, unter einem guten, der ganzen Unternehmung günstigen Stern zu stehen schien, erzeugte auch das intensive Welterleben des Neuen in der ‚Neuen Welt' bei den beiden europäischen Reisenden eine intensive Euphorie, die bei Humboldt stets mit einem Höchstmaß an kreativer Unruhe[50] einherging.

Alexander von Humboldt war am Ziel seines großen, in vielen Jugendbriefen geäußerten Traumes angekommen: Endlich hatte er – wie der mit ihm befreundete Georg Forster – die ‚Alte Welt' auf einer Reise in außereuropäische Regionen verlassen. Und doch stand er erst am Beginn seines amerikanischen Abenteuers und jenes neuen Diskurses über die Neue Welt, dessen Geburtsurkunde die *Amerikanischen Reisetagebücher* darstellen. Ohne Humboldts Vektopie wären weder sie noch die Humboldtsche Wissenschaft denkbar.

Wissenschaftsprojekt und Lebensprojekt stehen in einer intensiven Wechselbeziehung – und auch hierüber wird uns die aufmerksame Analyse der *Amerikanischen Reisetagebücher* zahlreiche neue Einsichten vermitteln. Das im Brief an Wilhelm

---

[46] Zur epistemologischen Bedeutung dieser Weitung und Erweiterung vgl. Ette, Ottmar: Weiter denken. Viellogisches denken/viellogisches Denken und die Wege zu einer Epistemologie der Erweiterung. In: *Romanistische Zeitschrift für Literaturgeschichte* (Heidelberg) XL, 1–4 (2016), S. 17–60.

[47] Zur ‚Berliner Debatte' vgl. das zweite und vor allem dritte Kapitel im vorliegenden Buch.

[48] Humboldt, Alexander von: An Wilhelm von Humboldt, S. 41.

[49] Ebd., S. 42.

[50] Vgl. zur Unruhe Ette, Ottmar: ‚Un esprit d'inquiétude morale'. Vectoricité et économie d'un sentiment intense chez Alexander von Humboldt. In: Espagne, Michel (Hg.): *La Sociabilité européenne des frères Humboldt.* Paris: Editions Rue d'Ulm 2016, S. 47–68.

von Humboldt zum Ausdruck gebrachte Glücksempfinden war ganz offenkundig von der wissenschaftlichen Dimension der Forschungsreise nicht zu trennen. Die Verzückung, für die Humboldt in seinem Brief nach immer neuen Worten suchte, war das Ergebnis einer Verrückung, einer Delokalisierung, in der die beiden Europäer wie Verrückte, wie „Narren“[51] umherlaufen und sich auf kein einziges Untersuchungsobjekt konzentrieren können. Der Verrückte verweist in seiner Verzückung auf die Vektopie als Movens seines Denkens und Schreibens, seines Beobachtens und Sammelns, seines Forschens und Lebens. Ein Staunen angesichts der „Wunder“,[52] die nicht aufhören wollen, hat sich der deutsch-französischen Forschergemeinschaft bemächtigt, vergleichbar mit jenem topischen (und tropischen) Staunen, das die europäischen Seefahrer und ‚Entdecker‘ bei den ersten Reisen des Columbus ergriff.[53]

Doch Alexander von Humboldt blieb, im Angesicht der Vielzahl all dieser Wunder, bei dieser Ver*wunder*ung nicht stehen. Die Bewegung, so wichtig sie auch als epistemologische Grundlage seines Denk-, Schreib- und Wissenschaftsstils war, blieb kein Selbstzweck, kein Zweck an sich, sondern bildete die Voraussetzung für ein nicht nur glückliches, sondern glückendes Wissenschafts- und Lebensprojekts. Daher verharrte der noch nicht Dreißigjährige in seinem ersten amerikanischen Brief an den älteren Bruder, der diesen Ende Oktober 1799 in Spanien erreichte, keineswegs bei der Darstellung einer ‚närrischen‘, unkontrollierten Bewegungsweise, so stark die Repräsentation des Glücksempfindens auch immer wirken mochte. Denn die Erfahrung der Delokalisierung und Verrückung, der äußeren wie der inneren Bewegung angesichts der Größe und der Farben jener Gegenstände, die sich dem deutsch-französischen Forscherteam entgegenstellen, aufdrängen und wieder entziehen, wird sogleich mit dem Versuch gekoppelt, diese Delokalisierung mit Hilfe des Rückgriffs auf eine auch in Amerika selbst ausgeübte Wissenschaft und damit an eine *scientific community* in der Neuen Welt zu relokalisieren. Und damit vor allem wieder in kontrollierbare und kontrollierte Bahnen zu lenken.

Der Verweis auf die Forschungen des berühmten, seit 1760 in Neu-Granada arbeitenden spanischen Botanikers José Celestino Mutis, den Humboldt mit hohem Aufwand und nicht geringerer Werbewirkung später in der vizeköniglichen Hauptstadt Bogotá besuchen sollte, um mit dieser für die Aufklärung in Neu-Granada zentralen Figur sein „Heu“[54] (also seine bisherigen Pflanzensammlungen) zu vergleichen, blendet jene Technik der Humboldtschen Forschungsreise ein, die für die Humboldtsche Wissenschaftspraxis von fundamentaler Bedeutung war: nicht nur

---

[51] Ebd.

[52] Ebd.

[53] Zur Relevanz des Staunens in der Geschichte der europäischen Expansion vgl. Greenblatt, Stephen: *Wunderbare Besitztümer. Die Erfindung des Fremden: Reisende und Entdecker.* Aus dem Englischen von Robin Cackett. Berlin: Wagenbach 1994, S. 27 f.

[54] Humboldt, Alexander von: *Reise auf dem Río Magdalena, durch die Anden und Mexico.* Teil I: Texte. Aus seinen Reisetagebüchern zusammengestellt und erläutert durch Margot Faak. Mit einer einleitenden Studie von Kurt-R. Biermann. Berlin: Akademie-Verlag 1986, S. 93. Auf den in dieser Passage gleichfalls angeführten spanischen Botaniker Antonio José Cavanilles werde ich zurückkommen.

eine Reise zu dem zu Erforschenden, sondern auch zu den dortigen Forschern und ihren Ergebnissen, nicht nur zu den Reichtümern der Natur, sondern auch zu jenen der Archive und Bibliotheken des spanischen Kolonialreichs durchzuführen. Das Humboldtsche Vorhaben war zielgerichtet und – auch mit Blick auf die Einbindung der politischen Macht wie der kreolischen Eliten – wohldurchdacht: Nur dank seiner klugen, diplomatisch stets geschickten Choreographie konnte der junge Preuße alles zu seinen Gunsten in Bewegung setzen.

Auch auf der wissenschaftlichen Ebene wird die Vektopie der Verrückung noch in der zitierten Passage selbst wissenschaftlich produktiv gemacht, um sie in eine Choreographie der systematischen Erkundung und Erforschung umzuleiten. So verschwindet die Bewegung keinesfalls, doch wird sie neu kanalisiert: Aus den glücklichen Narren sollen glückliche Wissenschaftler werden, die sich freilich in einem wesentlich erweiterten, weiteren Feld zu bewegen wissen. Euphorie ist für Humboldt nichts Wissenschaftsfernes, sondern Ansporn und Mittel.[55] Humboldts glückhaftes Welterleben ist an ein sich ständig ausweitendes, erweiterndes Leben zurückgebunden. Amerika erweitert Raum und Zeit zugleich: Die Vektopie lässt sich als ersehnte und nie zum Stillstand kommende Bewegung des Welterlebens verstehen.

Dies bedeutet stets auch, dass die – im Sinne Georg Forsters – ‚mikrologische' Dimension der einzelnen Gegenstände, welche die beiden Reisenden in Verzückung setzen, zunehmend in makrologische Zusammenhänge eingebaut wird. Die Einzelphänomene sind in der Humboldtschen Wissenschaft immer auf den „Eindruck" zu beziehen, den „das Ganze dieser kraftvollen, üppigen und doch dabei so leichten, erheiternden, milden Pflanzennatur macht".[56] Es geht Humboldt um den ‚Totaleindruck',[57] um die Wahrnehmung des Zusammenwirkens aller Kräfte und Faktoren der Natur.

Das auf den ersten Blick so ‚Außer-Ordentliche' wird damit relational eingebunden in ein Ganzes, in eine Gesamtordnung, innerhalb derer die Einzelphänomene in ihrer Signifikanz und Funktionalität zugleich auseinander- und wieder zusammengedacht, wahrgenommen und verstanden werden müssen. Die Humboldtsche Vernetzungswissenschaft zielt auf den Gesamteindruck und lässt sich als eine relationale Wissenschaftspraxis verstehen, die unterschiedlichste Wissensbestände und Disziplinen quert und vermittels die beständigen Querungen miteinander vernetzt. Das ‚Geheimnis' ihres Erfolgs liegt in der Vektorizität dieser relationalen Querungen, die dank ihrer Dynamik alles mit allem in Verbindung zu bringen vermögen.

---

[55] Vgl. hierzu Kap. 18 ‚Euphorie der Wissenschaft' in Ette, Ottmar: *Weltbewußtsein*, S. 171–183.

[56] Humboldt, Alexander von: *Briefe aus Amerika*, S. 42.

[57] Vgl. hierzu u. a. Hard, Gerhard: ‚Der Totalcharakter der Landschaft'. Re-Interpretation einiger Textstellen bei Alexander von Humboldt. In: *Alexander von Humboldt: Eigene und neue Wertungen der Reisen, Arbeit und Gedankenwelt.* Wiesbaden: Beilhe 1970, S. 49–73; Trabant, Jürgen: Der Totaleindruck. Stil der Texte und Charakter der Sprachen. In: Gumbrecht, Hans Ulrich/Pfeiffer, K. Ludwig (Hg.): *Stil. Geschichte und Funktionen eines kulturwissenschaftlichen Diskurselements.* Frankfurt a. M.: Suhrkamp 1986, S. 169–188; sowie Kraft, Tobias: From Total Impression to Fractal Representation: the Humboldtian ‚Naturbild'. In: Kutzinski, Vera/Ette, Ottmar/Walls, Laura Dassow (Hg.): *Alexander von Humboldt and the Americas.* Berlin: Walter Frey – edition tranvía 2012, S. 144–160.

Glückszustand und Euphorie des europäischen wissenschaftlichen Subjekts sind in diesem Brief zweier europäischer Forscher aus Amerika an einen europäischen Gelehrten in Europa zweifellos an die sinnliche Erfahrung einer anderen, nichteuropäischen Welt geknüpft: Ein Erleben der amerikanischen Tropen-Welt, das den französischen Reisegefährten nach eigener, von Humboldt referierter Aussage geradezu „von Sinnen kommen“[58] ließ. Den Forschern eröffnen sich in den Weiten des amerikanischen Kontinents ungeheure Betätigungsfelder, die aufgrund der relativen Unbekanntheit dieser Regionen für die europäische Wissenschaft enorme Innovationspotenziale bieten. Es ist dieses Erleben des Weiten und der Erweiterung, das die Anziehungskraft der Forschungsobjekte für die Forschungssubjekte regelt und in eine transatlantisch asymmetrische Ökonomie der Expansion des Wissens übersetzt.

Die erforschbare Welt hat sich für die beiden erstmals in Amerika Feldforschung betreibenden Europäer fundamental erweitert: Es ist weniger das ‚Andere‘, das ja unmittelbar mit dem ‚Eigenen‘ durch dieselbe Wissenschaftssprache verbunden wird, als das ‚Weite‘, das die ‚Welt‘ überhaupt in einen weltweiten Erlebensraum verwandelt. Erst durch dieses *Weitere* eröffnet sich eine Welt, die sich nicht in altbekannten, in den *Recherches philosophiques sur les Américains* oder der *Histoire des deux Indes* zur Genüge repetierten Gegensätzen zwischen ‚Alter‘ und ‚Neuer‘ Welt aufspaltet. Auch wenn sich viele Restbestände dieses Diskurses, der bei Cornelius de Pauw, Guillaume-Thomas Raynal oder William Robertson die Welt in ‚Eigenes‘ und ‚Anderes‘ scheiden zu können schien, auch im Humboldtschen Diskurs finden lassen, geht der preußische Kultur- und Naturforscher doch über derlei Gegensatzkonstruktionen deutlich hinaus. Cornelius de Pauw oder Antoine-Joseph Pernetty waren zwar bezüglich der Bedeutung der amerikanischen Welt und ihrer Bewohner gegensätzlicher Meinung, stimmten aber darin überein, die altweltliche einer neuweltlichen Hemisphäre gegenüberstellen zu können, unabhängig davon, ob man sie jeweils positiv oder negativ, als überlegen oder unterlegen bewertete.

Halten wir also fest: Seit dem Beginn der europäischen Expansion in der ersten Phase beschleunigter Globalisierung hatten diese Alterität und mehr noch eine radikale Alterisierung (*othering*) die europäischen Diskurse geprägt.[59] Bei Alexander von Humboldt deuten sich Wege eines Verstehens an, die nicht mehr ausschließlich auf den Konstruktionen des jeweils Anderen, Fremden, Nicht-Europäischen beharren und beruhen, sondern sich auf eine Epistemologie der vernetzenden Erweiterung beziehen lassen.

Insofern bietet sich die Neue Welt – als gegenüber der Alten Welt wissenschaftlich weitaus weniger erforschter Teil des Planeten – bei Humboldt als ‚neu‘ im Sinne einer Erweiterung an, hält sie doch allein im Bereich der Pflanzenwelt eine noch unabschätzbare Zahl zuvor unerforschter Gewächse bereit. Der Akzent liegt nicht auf dem Anderen, sondern auf dem Weiteren, das stets *relational* aufzufassen ist und sich daher auch leicht mit dem vorherigen Wissensstand relationieren lässt.

---

[58] Humboldt, Alexander von: *Briefe aus Amerika*, S. 42.

[59] Vgl. Todorov, Tzvetan: *Die Eroberung Amerikas. Das Problem des Anderen*. Aus dem Französischen von Wilfried Böhringer. Frankfurt a. M.: Suhrkamp 1985.

Hieran entzündet sich Humboldts Euphorie, sein Glücksgefühl angesichts einer ganzen Welt, die es für die Wissenschaften noch zu ‚entdecken' und des Weiteren mit der europäischen zu verbinden galt.

Sein glückhaftes Weltbewusstsein[60] ist ein Bewusstsein von einer ständigen Weitung der Welt: weit weg, aber keineswegs radikal getrennt von jener „dürftigen Sandnatur",[61] in die er sich einst auf Schloss Tegel und in Berlin so „eingezwängt"[62] gefühlt hatte. Es ist die Fülle eines durch die ‚Verrückung' in greifbare Nähe gerückten Weltwissens, das den von Humboldt dargestellten und bewusst in Szene gesetzten Zustand der Euphorie am Bewegungsort einer Vektopie auslöst: die Lust am weiten Leben, an einem Leben (und Arbeiten) im weitest möglichen Sinne.

Vektopie und Weiterleben

Wie aber, wenn der Begriff des *Weiter-Lebens* durch den des *Weiterlebens* ergänzt und vorrangig auf die Zeitlichkeit *und* Begrenztheit des eigenen Lebens bezogen wird und damit das Risiko des eigenen Todes mitbedacht werden muss, das durch die nicht selten wagemutigen Aktionen Alexander von Humboldts nicht nur im veröffentlichten Reisebericht, sondern auch in den *Amerikanischen Reisetagebüchern* immer wieder dramatisch vor Augen geführt wird? Wie also, wenn der Reisende im Reisebericht aufgrund der ihm drohenden oder von ihm in Kauf genommenen Gefahren mit der Möglichkeit seines eigenen Todes konfrontiert wird und über sein Weiterleben reflektiert?

Derartige Reflexionen sind in Reiseberichten keineswegs eine Seltenheit oder gar die Ausnahme, sondern finden sich gerade bei Reisen von Europäern in die Tropen, die stets aus europäischer Perspektive Fülle und Falle zugleich sind, also mit ihren Reichtum an klimatischen, geographischen oder kulturellen Phänomenen ebenso glänzen wie mit dem Reichtum an Tropenkrankheiten, einer gefährlichen Tierwelt oder bedrohlichen sozialen Phänomenen (um hier nur einige der in Reiseberichten bis heute immer wieder auftauchenden Stereotypen aufzuzählen). In den Amerikanischen Reisetagebüchern Alexander von Humboldts wird die Möglichkeit des eigenen Todes in den unterschiedlichsten Variationen eingeblendet und in schriftlicher Form reflektiert. Alexander von Humboldt hat sich dort ebenso mit dem *Weiter-Leben* wie dem *Weiterleben* auseinandergesetzt.

Denn immer wieder sehen sich Aimé Bonpland und Alexander von Humboldt zusammen mit Carlos Montúfar sowie ihren jeweiligen lokalen Begleitern und Führern etwa in der Vulkanwelt der Anden im heutigen Ecuador auf Schritt und Tritt

---

60 Vgl. zu diesem Begriff der Humboldtschen Wissenschaft Ette, Ottmar: *Weltbewußtsein. Alexander von Humboldt und das unvollendete Projekt einer anderen Moderne.* Weilerswist: Velbrück Wissenschaft 2002.

61 Humboldt, Alexander von: Ich über mich selbst (mein Weg zum Naturwissenschaftler und Forschungsreisenden 1769–1790). In (ders.): *Aus meinem Leben. Autobiographische Bekenntnisse.* Zusammengestellt und erläutert von Kurt-R. Biermann. München: C.H. Beck 1987, S. 38.

62 Ebd.

tödlichen Gefahren ausgesetzt. Nicht nur am Chimborazo, sondern auch bei anderen Besteigungen der großen *Nevados* taucht der Tod in seiner Allgegenwart in Alexander von Humboldts Tagebuch immer wieder an markanter Stelle (und keineswegs in abstrakter, theoretischer Form) auf. Beispielsweise nimmt die zweite Besteigung des Pichincha und insbesondere der riskante Aufstieg zum Krater des Rucupichincha am 26. Mai 1802 all jene Gefahren eines mit heutigen Sicherheitsvorkehrungen in keiner Weise vergleichbaren Aufstiegs, aber auch die Angstvorstellungen des Reisenden vorweg, denen wir wenige Wochen später im Reisetagebuch des jungen Preußen am Chimborazo begegnen werden:

> Der Schwefelgeruch verkündete uns, dass wir am Krater waren, aber wir bezweifelten, dass wir über ihm waren. Ein Schneefleck von kaum drei Fuß Breite verband zwei Felsbrocken. Wir gingen über diesen Schnee in der Richtung a b. Er trug uns vollkommen. Wir machten zwei bis drei Schritte, der Indianer voran und in seinem indianischen Pflegma. Ich war ein wenig an seiner Linken hinter ihm, als ich mit Schaudern sah, dass wir auf einer Schneebrücke über dem Krater selbst gingen. [...] Und ich bemerkte ein blaues Licht zwischen dem Schnee und diesem Stein d. Während der zweiten Expedition haben wir alle dieses blaue Licht in dem gleichen Loch gesehen, es scheint brennender Schwefel zu sein, denn es war keine Sonne da, um es einem Sonnenreflex zuschreiben zu können. Wir wären also in 200 Toisen Tiefe gefallen und zwar in den am stärksten entzündeten Teil des Kraters, und ohne dass man in Quito, wenn nicht durch unsere Spuren im Schnee, gewusst hätte, was aus uns geworden war. Ich fühlte mich vor Schrecken zittern und ich erinnere mich, dass alles was ich tat, war, zu rufen: „Nicht bewegen, unten ist Licht", indem ich mich selbst auf den Bauch gegen den Felsen c warf und den Indianer an seiner ruana (Poncho) zurückzog. Wir glaubten uns auf diesem Felsen c in Sicherheit. Wir entdeckten, dass der Rand dieses Felsens auf allen Seiten, außer hinter uns, in die Luft ragte. Wir hatten kaum zwei Toisen im Quadrat, um uns zu bewegen. Wir begannen, die Gefahr zu prüfen, aus der wir uns gerettet hatten. Wir warfen einen Stein auf den Schnee, der dem Loch, durch welches wir die Schwefelflamme gesehen hatten, zunächst lag. Dieser Stein vergrößerte das Loch und wir vergewisserten uns, dass wir über einer Spalte (crevasse) zwischen den beiden Felsen b und c gegangen waren und dass eine Decke von gefrorenem Schnee, aber von acht Zoll Dicke, uns gehalten hatte.[63]

---

[63] Humboldt, Alexander von: *Reise auf dem Río Magdalena, durch die Anden und Mexiko. Teil I: Texte.* Hg. von Margot Faak. Mit einer einleitenden Studie von Kurt R. Biermann. Zweite, durchgesehene und verbesserte Auflage. Berlin: Akademie-Verlag 2003, S. 203: „L'odeur de soufre nous avertit que nous étions près de la bouche mais nous nous doutions que nous étions sur elle. Une tache de neige d'à peine trois pieds de large unissait deux morceaux de roches. Nous marchâmes sur cette neige dans la direction a b. Elle nous portait parfaitement. Nous fîmes deux à trois pas, l'Indien en avant et dans son phlègme indien. J'étais un peu à sa gauche derrière lui lorsque je vis avec un frémissement cruel que nous marchions sur un pont de neige sur la bouche même. J'aperçus que d était une pierre soutenue en l'air par les roches b et c, et j'aperçus une lueur bleue entre la neige et cette pierre d. Nous avons tous observé dans le second voyage cette lumière bleue dans le même trou, cela paraît du soufre brûlant. Car il n'y avait pas de soleil pour pouvoir l'attribuer à un reflet solaire. Nous serions donc tombés à 200 t[oises] de profondeur et dans la partie du cratère qui est la plus enfalmmée et sans qu'à Quito, si non par les traces dans la neige, on eut su ce que nous étions devenus. Je me sentis tressaillir d'effroi et je me souviens que tout ce que je fis c'était d'écrier: „quieto, luz por abajo", en me jetant sur le ventre contre le rocher c et en tirant l'Indien par sa Rouane (Poncho). Nous nous crûmes en sûreté sur ce rocher c. Nous découvrîmes que de tous les côtés exceptée derrière nous, le bord de ce rocher était en l'air. Nous n'avions à peine que deux toises carrées pour nous mouvoir. Nous commençâmes à examiner le danger duquel nous

Das Höllenfeuer mit seinem beißenden Schwefelgestank versinnbildlicht, in welcher Gefahr sich die Reisenden auf einem prekären Schneebrett, das Humboldt anhand einer beigefügten Skizze visualisiert, direkt über der Krateröffnung befinden. Er fühle, so vermerkt er wenige Zeilen später, noch „beim Schreiben dieser Zeilen Beklemmung. Ich sehe mich wieder über diesem entsetzlichen Schlund hängen."[64] Eine albtraumartige Szene: Eindrücklicher kann die Gefahr für Leib und Leben kaum geschildert werden. Das erinnernde Ich und das erinnerte Ich treten auseinander und spiegeln sich wechselseitig in einem verdoppelten Schrecken, der noch immer nachwirkt und Nachbilder produziert: im Phantasma des eigenen Todes, im Phantasma des eigenen spurlosen Verschwindens.

Auf auch literarisch beeindruckende Weise intensivieren das reisende Ich und das schreibende Ich in diesem Wechselbezug nicht nur die gleichsam unter den Reisegefährten lauernde Gefahr, durch ein Abbröckeln des Schnees in die Tiefe, in einen Höllenschlund gerissen zu werden, sondern bringen dieses Schweben zwischen Leben und Tod in einen unmittelbaren Zusammenhang mit dem eigenen Schreiben. Denn Humboldt blendet in der Folge nicht nur einen Verweis auf La Condamines Reisebericht von einer Welt, die niemals als „Aufenthaltsort für Lebewesen"[65] dienen könne, ein, sondern bezieht sich unmittelbar danach – und nicht von ungefähr – auch auf Miltons *Paradise Lost*, das er in der Erregtheit seiner Niederschrift interessanterweise Pope zuschreibt. Vor allem aber stellt er die Beziehung zu seinem eigenen Schreiben her, das den Schrecken des drohenden Todes nicht nur präsentiert und repräsentiert, sondern zugleich auch zu bannen sucht und auf die Phantasie des Menschen, auf die Literatur hin öffnet. Denn aus der Literatur stammt das Bilderreservoir, dessen Humboldt sich intertextuell bedient, um seine eigene Situation und die seines Weiterlebens ebenso verstehen wie in Szene setzen zu können. Die Literatur verweist aber zugleich auf eine Dimension, die weit über das eigene Leben hinausgeht: Sie *ist* das Medium des Weiterlebens. In ihr ist das Schaffen von Dante, Milton oder Pope auch noch nach Jahrhunderten lebendig.

---

nous étions tirés. Nous jetâmes une pierre sur la neige plus proche du trou par lequel nous avions vu la flamme de soufre. Cette pierre agrandit le trou et nous nous rassurâmes que nous avions marché sur une crevasse entre les deux rochers b et c et qu'une couche de neige gelée, mais à peine de 8 pouces de grosseur, nous avait soutenus. Nous croyons que cette crevasse ne va que jusqu'à e f, car de là à gauche nous n'avons pas pu enfoncer la neige et nous imaginons que le rocher c, y tient au rocher b. Nous y avons passé dans ce voyage et dans le suivant sans danger et c'est le chemin le plus sûr pour parvenir à la pierre qui forme une galerie au-dessus du cratère." Verwiesen sei hier auf das Original von Humboldts *Amerikanischen Reisetagebüchern* VII bb/c, 11v – 12r sowie die leicht konsultierbaren Digitalisate des Originals; Digitalisat 11v: http://resolver.staatsbibliothek-berlin.de/SBB000152B400000499; sowie Digitalisat 12r: http://resolver.staatsbibliothek-berlin.de/SBB000152B400000500.

[64] Ebd.: „[...] mais en même temps plus désagréable. Je me sens étouffé (ansio[so]) en écrivant ces lignes. Je me crois encore suspendu sur ce gouffre affreux." Vgl. auch Digitalisat von Tagebuch VII bb/c, 12r.

[65] Ebd.: „On croit voir un monde [zwei Wörter gestrichen] détruit et sans espérance de pouvoir jamais servir de demeure à des êtres organisés."

Zweifellos ist die Niederschrift der Todesangst zuallererst das Zeichen des eigenen Überlebens: ein Lebenszeichen an die anderen, an die Leser, an sich selbst, überlebt zu haben, noch am Leben zu sein. Denn wer eine Gefahr beschreiben und niederschreiben kann, muss sie zunächst einmal überlebt haben. So wird die Schrift zum Zeichen des (eigenen) Überlebens, ja vermag sich in ein *Überlebenswissen* zu verwandeln.[66] In diesem ganz elementaren Sinne ist das Reisetagebuch selbst Zeichen und Beweis nicht nur eines Überlebenswillens, sondern eines ÜberLebens-Wissens, das den Reisenden und den Schreibenden, den Erinnerten und den Erinnernden, den sich der Gefahr Aussetzenden und den diese Todesgefahr in das Lebenswissen der Literatur Übersetzenden zu einer stets prekären und gefährdeten ästhetischen Einheit verbindet. Doch die im obigen Zitat geäußerte Frage, was *nach dem Tod* der Reisegruppe geschehen wäre, wenn man auf der Suche nach den Verschollenen bestenfalls noch sich im Schnee verlierende Spuren vorgefunden hätte, bleibt zunächst offen.

Das Humboldtsche Phantasma, gegen das die Schrift immer wieder ankämpft, ist das eigene Verschwinden von der Erdoberfläche, ohne irgendwelche Spuren zu hinterlassen. Dieses Phantasma findet sich in seinen *Amerikanischen Reisetagebüchern* verschiedentlich und durchweg pochend. Das eigene Schreiben wird hier zum Gegenmittel, zum Lebensmittel und Überlebensmittel, insofern es darauf abzielt, Spuren zu hinterlassen, nicht einfach zu verschwinden. Die tägliche, zur Routine und zum Ritual gewordene Niederschrift des Erlebten vermag es, das eigene Leben in der Schrift *festzuhalten* und in ein potenzielles Lesen der Anderen, der Zeitgenossen wie der Nachwelt, zu übersetzen. Leben wird so in ein Lesen übersetzt, das das Überleben des reisenden wie des schreibenden Ich sichert und die Schrift in jene stets prekäre Brücke verwandelt, die sich über die Spalte, über den Absturz ins Nichts, in eng aneinander gepressten Zeilen hinwegsetzt. Aber geht es hier nur um ein Überleben?

Humboldts Schreiben bewegt sich zweifellos zwischen der Hölle des Kraters, des eigenen Verschwindens, und dem Paradies der Literatur, das gleichsam ein ‚ewiges' Leben verkündet *und* darstellt, präsentiert *und* repräsentiert. Kaum etwas hat Humboldts Einbildungskraft nachhaltiger beschäftigt und bedrückt als die in seinem Tagebuch unterschiedlich ausgestalteten und aufsteigenden Bilder von (eigenen) Spuren, die ins Nichts führen: sei es durch einen Absturz in den Krater, ein Kentern auf dem Orinoco oder einen Schiffsuntergang, wie er ihn später bei der Überfahrt in die USA befürchtete. Es ist das Phantasma des eigenen spurlosen Verschwindens, das er beim Schreiben literarisch entwirft und dem er dieses Schreiben trotzig entgegensetzt, um eben nicht spurlos zu verschwinden. Durch die Fortschreibung des Tagebuches wird die Fortsetzung der Reise, des Schreibens, des eigenen Lebens buchstäblich *festgehalten* – wenn auch im Tagebuch nur von Tag zu Tag.

In allen Bearbeitungen, die Alexander von Humboldt seinem Versuch angedeihen ließ, den Gipfel des Chimborazo zu ersteigen, bewegt sich das Leben der

[66] Vgl. zu dieser Begrifflichkeit Ette, Ottmar: *ÜberLebensWissen I–III.* Drei Bände im Schuber. Berlin: Kulturverlag Kadmos 2004–2010.

Reisenden geradezu obsessiv auf Messers Schneide: auf jener *cuchilla*, die – wie Humboldt sehr wohl wußte – im Spanischen nicht nur für den schmalen Felsgrat, sondern im Wortsinne für das Seziermesser, die Messerklinge und das Schlächterbeil steht. So lesen wir in den stets in Schreibrichtung mehr oder minder ansteigenden Zeilen des Tagebuches:

> Wir stießen auf einen schmalen Grat, auf eine sehr eigenartige Cuchilla. Der Weg war kaum 5–6 Zoll, manchmal keine 2 Zoll breit. Der Hang zur Linken war von erschreckender Steilheit und mit an der Oberfläche gefrorenem Schnee bedeckt. Zur Linken gab es kein Atom Schnee, aber der Hang war mit großen Felsbrocken bedeckt. Man hatte die Wahl, ob man sich lieber die Knochen brechen wollte, wenn man gegen diese Felsen schlug, von denen man in 160–200 Toisen Tiefe schön empfangen worden wäre, oder ob man zur Linken über den Schnee in einen noch viel tieferen Abgrund rollen wollte. Der letztere Sturz erschien uns der grauenvollere zu sein. Die gefrorene Kruste war dünn, und man wäre im Schnee begraben worden ohne Hoffnung, je wieder aufzutauchen. Aus diesem Grund lehnten wir unseren Körper immer nach rechts.[67]

Das Phantasma des gemeinschaftlichen Todes wird hier alternativ in zwei Richtungen entworfen. Ganz offenkundig stoßen wir erneut auf das Humboldt verfolgende Bild eines Verschwindens, eines Sich-Auflösens in oder unter der Materie. Die bevorzugte Neigung nach rechts steht für die von den Reisenden präferierte Todesart, die immerhin sichergestellt hätte, dass der Abgestürzte nicht spurlos von der Erdoberfläche verschwunden und im tiefen weichen Schnee versunken wäre, ohne je wieder aufzutauchen. Wie im Höllenfeuer des Kraters wäre er unter der eisigen Schneedecke jeglicher Auffindung entzogen gewesen.

Der Absturz nach rechts hingegen würde sicherstellen, dass die Felsen, auf denen der Reisende am Ende seines Sturzes aufschlagen müsste, den menschlichen Körper zumindest noch „schön empfangen" und so für die Nachwelt – wenn auch zerschmettert – aufbewahren würde. Andernfalls – und diese Vorstellung verfolgte Humboldt – wären ebenso der Körper des Forschers wie auch sein Tagebuch auf immer unter der Schneedecke unauffindbar verschollen. In beide Richtungen musste ein Sturz tödlich verlaufen: An ein *Überleben* war nicht zu denken. Doch beim Absturz auf die Felsen würde das Reisetagebuch vor dem Verschwinden bewahrt: Es geht hier nicht um ein Überleben, sondern um ein *Weiterleben* – ein Weiterleben nach dem Tode in der Schrift.

---

[67] Um einen textuellen Eindruck der Amerikanischen Reisetagebücher an dieser Stelle zu vermitteln, sei hier nicht auf die von Margot Faak herausgegebene Edition verwiesen, sondern auf eine präzise Transkription der Digitalisate: „Nous trouvames une file une cuchilla très curieuse. Le chemin avait a peine 5–6 pouces de large quelquefois pas 2 po[uces]. A gauche la pente etait d'une rapidité effrayante et couverte de neige gelée (croutée) à la surface. A droite il n'y avait pas un atome de neige mais la pente etait semée (couverte) de grandes masses de roches. On avait a choisir s'il [Buchstabe gestrichen] valait mieux se briser les membres en tombant contres ces rochers où l'on aurait eté bien recu à 160–200 t.[oises] de profondeur, ou si a gauche on voulait rouler sur la neige a un [Wort gestrichen] abime beaucoup plus profond. La derniere chute nous parut la plus affreuse. La croute gelée était mince et on se serait enterré dans la neige sans esperance de revenir au jour. C'est pour cela que nous laissions toujours notre Corps penché a droite."

So öffnet sich die Bewegung auf Messers Schneide hin auf zwei mögliche Todesarten, von denen nur die eine unwiderruflich, die andere aber – dank der Präsenz der durch das Tagebuch aufbewahrten Schrift – letztlich unauslöschlich ist und ein Weiterleben ermöglicht. Das bloße Überleben sichert nur die Fortsetzung des Lebens bis zu jenem Punkt, an dem das physische Leben unausweichlich seinen Endpunkt findet. Das Weiterleben aber geht über diesen scheinbaren Endpunkt des eigenen Lebens hinaus und stellt das eigene Leben bis auf weiteres auf Dauer. Das Weiterleben zielt auf das, was über Raum und Zeit, was über die eigene physische Begrenztheit deutlich hinausgeht. Weiterleben meint damit auch nicht die Ewigkeit: Es geht um ein Leben über den Tod hinaus, freilich ein Weiterleben bis auf weiteres: Solange es Leserinnen und Leser gibt, welche die Schrift zu dekodieren bereit und in der Lage sind. In diesem Sinne verstanden ist das erschriebene Weiterleben gestundete Zeit.

Editionsprojekte sind – dies sei hier nebenbei bemerkt – Vorhaben, die darauf abzielen, eine Schrift, ein Schreiben und ein Denken weit über den physischen Tod der Autorin oder des Autors (sowie auch der Herausgeberin oder des Herausgebers) hinaus am Leben zu halten und ein Weiterleben zu ermöglichen. Es geht des Weiteren bei einem Editionsvorhaben nicht um ‚tote' Buchstaben, sondern um die Chance, das Weiterleben eines Denkens (und eines Denkers) abzusichern und *lebendig* zu halten, so dass es im Polylog mit den Lebenden stets *weitere* Bedeutungen annehmen kann, die über das hinausgehen, was zu Lebzeiten gedacht worden ist. Denn das Geschriebene, der vor uns liegende Text, ist nicht auf das zu einem bestimmten Zeitpunkt Gedachte reduzierbar. Er lebt buchstäblich weiter.

Ein derartiges Weiterleben zielt hierbei nicht auf ein Konservieren um des Konservierens willen, sondern führt zu einem weiteren Leben dieses Denkens und damit zu einem weiteren, ständig sich erweiternden Leben der Lebenden. In diesem Sinne geht es nicht um ein ‚nacktes' Überleben,[68] sondern um ein *Weiterlebenswissen*, das dem Akt des Schreibens stets als Hoffnung, stets als *prospektive* Spur vektoriell eingeschrieben ist. Alexander von Humboldts Reflexion der unterschiedlichen Todesarten belegt, wie sehr sich sein eigenes Schreiben nach Spuren sehnte, die in die Zukunft führen und seinem Welterleben ein Weiterleben sichern konnten.

Adelbert von Chamisso (1781–1838)

Vektopie des Welterlebens

In Adelbert von Chamissos Schreiben vom 18. Februar 1810 aus Paris an seinen Freund, den Publizisten Julius Eduard Hitzig, der fünf Jahre später entscheidend am Erfolg von Chamissos Bewerbung um die Teilnahme an der russischen Weltumsegelung

[68] Vgl. hierzu Agamben, Giorgio: *Homo sacer. Die souveräne Macht und das nackte Leben*. Aus dem Italienischen von Hubert Thüring. Frankfurt a. M.: Suhrkamp 2002.

beteiligt sein sollte,[69] berichtete der während der Französischen Revolution im Alter von elf Jahren aus Frankreich geflohene große preußische Dichter mit großer Bewunderung von den zahlreichen Aktivitäten Alexander von Humboldts: „Solche Thätigkeit, Schnelligkeit und Festigkeit ist noch nie gesehen worden".[70] Er sei mit der Herausgabe seines Reisewerks beschäftigt, sei überdies oft bei Hofe und bereite zugleich seinen „neuen nah bevorstehenden Ausflug"[71] vor. Humboldt wolle zu Beobachtungen ans Kap der Guten Hoffnung segeln und von dort nach Indien und Bengalen weiterreisen, um im Anschluss daran Tibet und das Innere Asiens zu erkunden.

Diese Zeilen Chamissos werfen in gedrängter Form und mit großer Bewunderung ein bezeichnendes Licht auf jenen Aktions- und Bewegungsdrang des Autors der *Ansichten der Natur*, auf jene Vektopie, die Humboldt zu unablässigen Ortswechseln führte. Übrigens nicht nur im weltweiten Maßstab, sondern auch in der französischen Hauptstadt selbst: Humboldt bringe „die Nächte auf dem Observatorium zu" und bewohne nicht weniger als „drei verschiedene Häuser".[72] Der Lebensrhythmus Humboldts ist dazu angetan, nicht allein die Zeitgenossen zu beeindrucken.

Auch wenn Alexander von Humboldt seine lang ersehnte Reise nach Indien und Tibet wegen der ablehnenden Haltung der Kolonialmacht Großbritannien, die nicht ohne Grund die Kolonialkritik des Preußen fürchtete, niemals durchführen und seine Asienreise erst 1829 mit gütiger und kalkulierter Hilfe des Zaren in dessen Reich durchführen konnte, so hat dieses *Bewegungsbild* des Gelehrten doch seine volle Berechtigung. Humboldt hielt es selten an einem einzigen Ort.

Adelbert von Chamisso erblickte seinerseits in Humboldt einen Lebensstil, dem er in späteren Jahren durchaus nacheifern sollte. Nicht umsonst bat Humboldt den – wie er in einem Brief an Chamisso Anfang 1828 formulierte – „Weltumsegler"[73] in seinen Briefen um detaillierte Auskünfte und berichtete in einem Schreiben wohl vom 16. Mai 1836 von seiner Freude, wie sehr „Ihre Lebensgeschichte, Ihre Reise, Ihr so sprechend edles und festes Bild dem theuren Kronprinz einen so tiefen,

[69] Zum biographischen Hintergrund des Dichters und Naturforschers vgl. u. a. die mit einer gewissen Regelhaftigkeit veröffentlichten und das weiter wachsende Interesse an chamisso dokumentierenden Biographien aus vier Jahrzehnten von Freudel, Werner: *Adelbert von Chamisso. Leben und Werk.* Leipzig: Philipp Reclam jun. 1980; Fischer, Robert: *Adelbert von Chamisso. Weltbürger, Naturforscher und Dichter.* Vorwort von Rafik Schami. Mit zahlreichen Abbildungen. Berlin/München: Erika Klopp 1990; Arz, Maike: *Literatur und Lebenskraft. Vitalistische Naturforschung und bürgerliche Literatur um 1800.* Stuttgart: M&P Verlag für Wissenschaft und Forschung 1996; Langner, Beatrix: *Der wilde Europäer. Adelbert von Chamisso.* Berlin: Matthes & Seitz 2009.

[70] Chamisso, Adelbert von: Brief vom 18.02.1810 an Hitzig. In: *Adelbert von Chamisso's Werke.* 5., vermehrte Auflage. Bd. 5: *Leben und Briefe von Adelbert von Chamisso.* Hg. durch Julius Eduard Hitzig. Berlin: Weidmann'sche Buchhandlung 1842, S. 276.

[71] Ebd.

[72] Ebd.

[73] Humboldt, Alexander von: Brief an Adelbert von Chamisso [wohl Anfang 1828]. Staatsbibliothek zu Berlin, Nachlass Adelbert von Chamisso, acc. ms. 1937, 183.

wohlwollenden Eindruck gemacht“ habe.[74] Chamissos gerade erst erschienener Reisebericht war – wohl von Humboldt selbst, der bei Hofe als Kammerherr auch in seiner Funktion als Vorleser diente – vorgelesen worden und hatte durch die „Individualität der Darstellung den Reiz eines neuen Weltdramas“[75] ausgestrahlt, verstehe es der Dichter Chamisso doch auf außergewöhnliche Weise, „unbefangen, einfach und frei Prosa schreiben“ zu können.[76]

Humboldt schätzte die spezifisch literarischen Aspekte jenes Welterlebens außerordentlich, das sich im in der Folge zu besprechenden Bericht von Chamissos großer Weltumsegelung so kunstvoll ausdrücke. Nicht umsonst hatte Chamisso der Erzählung einer von Christen gejagten und gefolterten Guahiba-Indianerin, die er in Humboldts amerikanischem Reisebericht der *Relation historique* gefunden hatte, ein bemerkenswertes Gedicht gewidmet.[77] Humboldt fand seinerseits in Chamissos reiseliterarischem Schreiben wohl jene Vorstellung wieder, die er in seiner auf März 1849 datierten ‚Vorrede zur zweiten und dritten Ausgabe‘ seiner *Ansichten der Natur* als die „Verbindung eines literarischen und eines rein scientifischen Zweckes“[78] bezeichnet hatte.

Adelbert von Chamisso hatte es in seinem Reisebericht nicht versäumt, an verschiedenen Stellen seine aufrichtige Bewunderung für Alexander von Humboldt zum Ausdruck zu bringen. So schrieb er in seinem ebenso kunstvoll wie komplex angelegten Bericht von jener zweiten russischen Weltumsegelung, die er von 1815 bis 1818 an Bord der russischen Brigg ‚Rurik‘ unter dem Kommando des Kapitäns Otto von Kotzebue mitgemacht hatte, mit großer Hochachtung für den längst zu Weltruhm gelangten Preußen:

> Don Jose de Medinilla y Pineda hatte in Peru, von wo er auf diese Inseln gekommen, Alexander von Humboldt gekannt, und war stolz darauf, ihm ein Mal seinen eigenen Hut geliehen zu haben, als jener einen gesucht, um an dem Hof des Vicekönigs zu erscheinen. Wir haben später zu Manila, welche Hauptstadt der Philippinen von jeher mit der Neuen Welt in lebendigem Verkehr gestanden hat, oft den weltberühmten Namen unseres Landsmanns mit Verehrung nennen hören, und mehrere, besonders geistliche Herrn angetroffen, die ihn gesehen oder gekannt zu haben sich rühmten.[79]

---

[74] Humboldt, Alexander von: Brief an Adelbert von Chamisso [vom 16.05.1836], Staatsbibliothek zu Berlin, Nachlass Adelbert von Chamisso, acc. ms. 1937, 183.

[75] Ebd.

[76] Ebd.

[77] Vgl. zu diesem Gedicht Lamping, Dieter: ‚Ein armer unbedachter Gast‘. Adelbert von Chamissos interkulturelle Lyrik. In: Chiellino, Carmine/Shchyhlevska, Natalia (Hg.): *Bewegte Sprache. Vom ‚Gastarbeiterdeutsch‘ zum interkulturellen Schreiben.* Dresden: Thelen 2014, insbes. S. 20–25.

[78] Humboldt, Alexander von: *Ansichten der Natur mit wissenschaftlichen Erläuterungen.* Tübingen: Cotta 1808, S. 9.

[79] Chamisso, Adelbert von: Reise um die Welt mit der Romanzoffischen Entdeckungs Expedition in den Jahren 1815–18 auf der Brigg Rurik Kapitän Otto von ‚Kotzebues‘. In (ders.): *Sämtliche Werke.* Bd. II. München: Winkler 1975, S. 224.

Doch nicht nur der Weltruhm, sondern auch das Wissen und insbesondere die für Humboldts Denk-, Schreib- und Wissenschaftsstil so charakteristische Fähigkeit des Zusammendenkens wurden in Chamissos *Reise um die Welt mit der Romanzoffischen Entdeckungs Expedition in den Jahren 1815–18 auf der Brigg Rurik* immer wieder hervorgehoben, gelinge es doch einem Humboldt,

> die Bruchstücke örtlicher meteorologischer Beobachtungen, welche nur noch als dürftige Beiträge zu einer physischen Erdkunde vorhanden sind, zu überschauen, zu beleuchten und unter ein Gesetz zu bringen, isothermische Linien über den Globus zu ziehen versucht, eine Hypothese zur Erklärung der Phänomene der Prüfung der Naturkundigen zu unterwerfen.[80]

Die Spuren der Verehrung, aber auch der lange Schatten Alexander von Humboldts sind an vielen Stellen von Chamissos *Reise um die Welt* in expliziter oder in impliziter Form leicht zu bemerken, griff er bei seinen eigenen Untersuchungen doch etwa auch auf die Erkenntnisse der von Humboldt entworfenen Pflanzengeographie zurück[81] – was der Verfasser der von Chamisso zitierten *Vues des Cordillères et Monumens des Peuples indigènes de l'Amérique*[82] in einem Brief an Chamisso nicht ohne den für ihn so typischen Schalk im Nacken kommentierte, habe Chamisso ihm doch in seinen „allgemeinen Reisebeobachtungen so manche Pflanzengeographische entzogen".[83] Die Verweise auf die vielfältigen Verbindungen zwischen Humboldt und Chamisso ließen sich leicht mehren.

Doch Adelbert von Chamissos *Reise um die Welt* besaß einen gänzlich anderen Zuschnitt als Alexander von Humboldts vielbändiges (und im Übrigen unerschwingliches) amerikanisches Reisewerk. Dies liegt bereits in der ganz anderen Natur der Reise begründet, war Chamisso doch – ähnlich wie Georg Forster und sein Vater Reinhold – im Gegensatz zu Humboldt nicht sein eigener Herr, sondern hatte den Befehlen auf einem russischen Kriegsschiff Folge zu leisten. Die sich daraus ergebenden Differenzen sind der *Reise um die Welt* bereits auf den ersten Seiten zu entnehmen.

Die Schwierigkeiten, die der recht eigenwillige Chamisso bereits während der Fahrt mit dem jüngeren, aber sehr erfahrenen Kapitän der (nach Admiral Krusensterns Reise) zweiten russischen Weltumsegelung hatte, setzten sich auch nach der Rückkehr nach Europa fort. Es wurde ihm von höchster Stelle untersagt, seinen Reisebericht vorab unter eigenem Namen zu veröffentlichen, so dass die von ihm erzielten wissenschaftlichen Ergebnisse erst 1821 im dritten Band von Otto von

---

80 Ebd., Bd. II, S. 472 f.

81 Vgl. u. a. ebd., Bd. II, S. 308.

82 Vgl. hierzu die deutschsprachige Ausgabe von Humboldt, Alexander von: *Ansichten der Kordilleren und Monumente der eingeborenen Völker Amerikas*. Aus dem Französischen von Claudia Kalscheuer. Ediert und mit einem Nachwort versehen von Oliver Lubrich und Ottmar Ette. Frankfurt a. M.: Eichborn 2004.

83 Humboldt, Alexander von: Brief an Adelbert von Chamisso [wohl vom 16.05.1836]. Staatsbibliothek zu Berlin, Nachlaß Adelbert von Chamisso, acc. ms. 1937, 183.

Kotzebues Reisebericht erschienen.[84] Schon 1819 hatte Chamisso konzentriert an seinem Bericht gearbeitet; aber erst im Jahre 1836 konnte das Reisewerk unter seinem Namen erscheinen. Es war klar in die beiden Teile ‚Tagebuch' sowie ‚Bemerkungen und Ansichten' aufgeteilt. Die Rivalität gegenüber dem offiziellen Reisebericht, den die russische Admiralität unter dem Namen Otto von Kotzebues, des Sohnes von August von Kotzebue, veröffentlichte, war in Chamissos Formulierungen mit Händen zu greifen.

Auch wenn die paratextuellen Titelelemente der ‚Reise um die Welt' wie auch der ‚Ansichten' offenkundige Anspielungen auf Georg Forsters *Reise um die Welt*, aber auch die *Ansichten vom Niederrhein* sowie Humboldts *Ansichten der Natur* darstellen mögen, lassen sich weder Aufbau und Struktur noch der von Chamisso angeschlagene Tonfall in die Nähe der so erfolgreichen Vorbilder Forster und Humboldt rücken. Der französisch-preußische Dichter ging hier in vielerlei Hinsicht eigene Wege. Nicht umsonst sprach Humboldt in seinem bereits erwähnten Brief vom 16. Mai 1836 von Chamissos – und diesen Begriff hatte der Dichter selbst gewählt[85] – „Lebensgeschichte".[86]

Boten im zweiten Teil des Werkes die ‚Bemerkungen und Ansichten' im Kern die bereits im dritten Band von Kotzebues Bericht abgedruckten (und nun teilweise aktualisierten) wissenschaftlichen Resultate, so entwickelte das ‚Tagebuch', der erste Teil von Chamissos *Reise um die Welt*, die gattungsspezifische Nähe zwischen reiseliterarischen und autobiographischen Schreibformen weiter, so dass die Reise in einem autobiographischen Lektüremodus auch als Lebensreise gelesen werden kann.

Dabei gestand der Reisende, der erst wenige Jahre vor Beginn seiner großen Fahrt, im Jahre 1812, mit dem Entschluss zum Studiums von Medizin und Naturwissenschaften an der neugegründeten Berliner Universität seine Karriere als Naturforscher begonnen hatte, ganz anders als ein Humboldt seine Defizite und Schwächen bereitwillig ein. Wo Humboldt nur im privaten Brief an Wilhelm die noch fehlende Kenntnis vieler Pflanzen einräumte, um selbst dort noch wissenschaftliche Fachtermini sofort nachzuliefern, legte Chamisso in seinem veröffentlichten Werk den jeweiligen Stand der eigenen Kenntnisse offen.

So habe er sich von Beginn an fremd an Bord gefühlt und seine eigenen Beschränkungen deutlich erkannt, wie der erstmals auf hoher See befindliche Reisende, der unter dem Seegang stets zu leiden hatte, schon bei Plymouth mit Blick auf die englische Küste anzeigte:

> Die Flut steigt an den Übergangs-Kalk- und Tonschiefer-Klippen bis auf zweiundzwanzig Fuß; und bei der Ebbe enthüllt sich dem Auge des Naturforschers die reichste, wunderbar

---

[84] Vgl. hierzu Federhofer, Marie-Theres: Lokales Wissen in den Reisebeschreibungen von Otto von Kotzebue und Adelbert von Chamisso. In: Kasten, Erich: *Reisen an den Rand des Russischen Reiches: Die wissenschaftliche Erschließung der nordpazifischen Küstengebiete im 18. und 19. Jahrhundert.* Fürstenberg/Havel: Kulturstiftung Sibirien 2013, S. 131.

[85] Vgl. Chamisso, Adelbert von: *Reise um die Welt*, Bd. II, S. 9.

[86] Humboldt, Alexander von: Brief an Adelbert von Chamisso [wohl vom 16.05.1836]. Staatsbibliothek zu Berlin, Nachlass Adelbert von Chamisso, acc. ms. 1937, 183.

rätselhafteste Welt. Ich habe seither nirgends einen an Tangen und Seegewürmen gleich reichen Strand angetroffen. Ich erkannte fast keine von diesen Tieren; ich konnte sie in meinen Büchern nicht auffinden, und ich entrüstete mich ob meiner Unwissenheit. Ich habe erst später erfahren, daß wirklich die mehrsten unbekannt und unbeschrieben sein mussten. Ich habe im Verlauf der Reise manches auf diese Weise versäumt, und ich zeichne es hier geflissentlich auf zur Lehre für meine Nachfolger. Beobachtet, ihr Freunde, sammelt, speichert ein für die Wissenschaft, was in euren Bereich kommt, und lasset darin die Meinung euch nicht irren: dieses und jenes müsse ja bekannt sein, und nur ihr wüßtet nicht darum.[87]

Das Beobachten, Sammeln und Speichern für die Wissenschaft wird hier als langer Lernprozess beschrieben, innerhalb dessen sich der Forscher nicht seiner vorübergehenden Unkenntnis zu schämen brauche. Dieser Lernprozess ist für Chamisso Teil eines nicht nur wissenschaftlichen Lebens, das auf dieser Weltreise, auf dieser Lebensreise im Zeichen eines Erlebens steht, welches „die reichste, wunderbar rätselhafteste Welt"[88] zum Gegenstand hat. Im ‚Tagebuch' wird dieses Welterleben im Spiel zwischen sich erinnerndem und reisendem Ich immer wieder in den Mittelpunkt gerückt. Es führt Chamisso letztlich zu einer *weiteren* Art von Wissen.

Wissen an der Schwelle zum Weiterleben

Wenn Adelbert von Chamisso bereits zum Zeitpunkt seines Studienbeginns im Jahre 1812 von einer Weltreise als Naturforscher zu träumen begann,[89] dann dürften die Vektopie, der Habitus und Lebensrhythmus eines Alexander von Humboldt – wie wir sahen – an diesem Vorhaben nicht ganz unbeteiligt gewesen sein. Und wenn er in seinem 1813 an seinem Rückzugsort Kunersdorf,[90] auf dem ‚Musenhof' derer von Itzenplitz, entstandenen Welterfolg *Peter Schlemihls wundersame Geschichte* seinen Helden und Naturforscher mit „Siebenmeilenstiefel[n] an den Füßen"[91] ausrüstete, so haben die gewaltigen Schritte seines Schlemihl etwas mit jener „Art philosophischer Wut"[92] zu tun, von der Johann Gottfried Herder 1774 sprach. Aber auch mit jenen „schnellen Schritten, wo der ganze Erdboden dem Europäischen Forschergeiste offenbar werden und jede Lücke in unseren Erfahrungswissenschaften" schließen werde,[93] wie dies Georg Forster 1791 treffend für seine Epoche formulierte.

Mit ungeheurer Intensität signalisiert Chamisso in seinem Reisebericht aus dem Jahre 1836 jenes neue Welterleben, das ihm als Naturforscher zuteilwird – ganz so

[87] Chamisso, Adelbert von: *Reise um die Welt*, Bd. II, S. 24.

[88] Ebd.

[89] Vgl. Federhofer, Marie-Theres: Lokales Wissen in den Reisebeschreibungen von Otto von Kotzebue und Adelbert von Chamisso, S. 120.

[90] Vgl. hierzu ausführlich Sproll, Monika: *Adelbert von Chamisso in Cunersdorf*. Frankfurt (Oder): Kleist-Museum 2014.

[91] Chamisso, Adelbert von: Peter Schlemihls wundersame Reise. In (ders.): *Sämtliche Werke*, Bd. 1, S. 60.

[92] Herder, Johann Gottfried: *Auch eine Philosophie der Geschichte zur Bildung der Menschheit*, S. 89.

[93] Forster, Georg: Die Nordwestküste von Amerika, und der dortige Pelzhandel, S. 390.

wie sein Peter Schlemihl sich erst langsam der Wirkung seiner Siebenmeilenstiefel bewusst zu werden beginnt:

> Ich wußte nicht, wie mir geschehen war, der erstarrende Frost zwang mich, meine Schritte zu beschleunigen, ich vernahm nur das Gebrause ferner Gewässer, ein Schritt, und ich war am Eisufer eines Ozeans. Unzählbare Herden von Seehunden stürzten sich vor mir rauschend in die Fluten. Ich folgte diesem Ufer, ich sah wieder nackte Felsen, Land, Birken- und Tannenwälder, ich lief noch ein paar Minuten gerade vor mir hin. Es war erstickend heiß, ich sah mich um, ich stand zwischen schön gebauten Reisfeldern unter Maulbeerbäumen.[94]

Es ist gewiss kein Zufall, dass am Ausgang des 19. Jahrhunderts der kubanische Dichter und Essayist José Martí in seinem Epoche machenden und Epoche verkörpernden Essay *Nuestra América*[95] im Jahre 1891, mitten in der dritten Phase beschleunigter Globalisierung, die Siebenmeilenstiefel Chamissos erwähnte und wieder auspackte, um sie mit Blick auf die expandierenden USA auf jenen Riesen, die Vereinigten Staaten von Amerika, zu beziehen, der dem südlichen Amerika bald schon seine Stiefel auf die Brust setzen werde. Denn die in der obigen Passage sichtbare Geschwindigkeit, mit welcher der planetarische Raum durchquert wird, entstammt jenem Erleben einer weltweiten Beschleunigung, welche die Erde in der zweiten Phase beschleunigter Globalisierung im 18. Jahrhundert erfasst und verändert hatte. Die Welt hatte sich irreversibel verändert, weil die *Er-Fahrung* dieser Welt sich im Zeichen einer beschleunigten Bewegung weltweit grundlegend verändert hatte.

Folgte die Serie russischer Weltumsegelungen auch noch dem Modell jener *Entdeckungs*reisen eines Cook, Lapérouse oder Bougainville, mit deren Hilfe die Führungsmächte der zweiten Globalisierungsphase Anspruch auf eine globale Führungsrolle wie auf weite zu kolonisierende Landgebiete erhoben hatten, so lassen sie sich trotz ihrer Verspätung von mehreren Jahrzehnten doch noch immer jener hier phasenverschobenen Beschleunigung zurechnen, zu deren Protagonisten sich nun auch der in Frankreich geborene Immigrant aus Preußen, der auf einem russischen Kriegsschiff unter deutsch-baltischer Führung die Welt nicht zuletzt zum Nutzen der Russisch-Amerikanischen Handelskompanie umschiffte, zählen durfte. Russland hatte sich auf den langen Weg zur Weltmacht begeben; und der müde gewordene und seinem Tod schon nahe Chamisso veröffentlichte seine *Reise um die Welt* als einen Bericht, der diesen Weg zur Weltmacht reflektierte, aber zugleich eine Schlemihlsche Reise um den Planeten wie um sein eigenes Leben war. Insbesondere in seinem ‚Tagebuch' entwickelte er dafür eine besondere, poetisch verdichtete Sprache, die ihren ganz eigenen Zauber entfaltet.

Wenn Georg Forster und Alexander von Humboldt sich der beiden großen, rasch weltweit verbreiteten Sprachen der zweiten Phase beschleunigter Globalisierung bedienten, indem der eine seine *Voyage round the world* zunächst in englischer und

---

[94] Chamisso, Adelbert von: Peter Schlemihls wundersame Geschichte, S. 60.

[95] Vgl. hierzu Ette, Ottmar: José Martís *Nuestra América* oder Wege zu einem amerikanischen Humanismus. In: Röseberg, Dorothee (Hg.): *El arte de crear memoria. Festschrift zum 80. Geburtstag von Hans-Otto Dill.* Berlin: trafo Wissenschaftsverlag 2015, S. 75–98.

nur wenig später in deutscher Sprache erscheinen ließ, während der andere den größten Teil seines *Voyage aux Régions équinoxiales du Nouveau Continent* in französischer Sprache vorlegte und nur bestimmte Teile auf Deutsch publizierte, wählte der in Frankreich Geborene und im Alter von elf Jahren zusammen mit seiner adeligen, gegen die Französische Revolution aufbegehrenden Familie nach Berlin geflüchtete Chamisso für seinen Reisebericht die deutsche Sprache, ohne darüber freilich zu vergessen, effektvoll auf die vielsprachige Welt an Bord der russischen Brigg aufmerksam zu machen.

Nicht ohne ein humorvolles Augenzwinkern beschrieb er immer wieder seine eigene, höchst originelle sprachlich-kulturelle Position innerhalb des Mikrokosmos der ‚Rurik', der Welt an Bord des Schiffes. Ebenso verschmitzt wie hintergründig wird dieser sprachliche Mikrokosmos dann mit dem Makrokosmos außerhalb des Schiffes in Kontakt gebracht: Eine vielsprachige, nicht auf eine einzige Sprache, nicht auf eine einzige Logik reduzierbare Welt entsteht unter der Feder dieses weitgereisten und mobilen Preußen.

So vermerkte er beispielsweise am Ende seines Aufenthalts auf den Kanaren in seinem Reisebericht:

> Zuerst auf Teneriffa, wie später überall im ganzen Umkreis der Erde, haben sich die Wißbegiereigen, mit denen ich als ein Wißbegieriger in nähere Berührung kam, Mühe gegeben, den russischen Nationalcharakter an mir, dem Russen, der aber doch nur ein Deutscher, und als Deutscher eigentlich gar ein geborener Franzos, ein Champenois, war, zu studieren.[96]

Wie ein roter Faden durchzieht das Oszillieren zwischen Zugehörigkeit und Nicht-Zugehörigkeit zu einer Nation Chamissos Bericht von einer Weltumsegelung, die sich just zu Beginn des 19. Jahrhunderts und damit des Jahrhunderts der großen Nationalismen ansiedelt.

Adelbert von Chamisso hatte schon auf den ersten Seiten seines mit Biographemen gespickten Reiseberichts darauf hingewiesen, dass er im Jahre 1813 als gebürtiger Franzose und ehemaliger preußischer Offizier keinen „tätigen Anteil nehmen durfte"[97] an der großen nationalen Erhebung gegen die Hegemonie Napoleons über Europa: „ich hatte ja kein Vaterland mehr, oder noch kein Vaterland",[98] all diese Ereignisse „zerrissen mich wiederholt vielfältig".[99] Die biographisch gewiss anders bedingten Parallelen zum Oszillieren Humboldts oder Forsters zwischen Deutschland und Frankreich sind bei Chamisso evident. Chamisso betonte, er habe sich ins preußische Kunersdorf und in die Niederschrift seines *Peter Schlemihl* geflüchtet, um sich selbst „zu zerstreuen und die Kinder eines Freundes zu ergötzen".[100] Waren die Siebenmeilenstiefel nicht die bestmögliche literarische Umsetzung einer Vektopie, die sich kurze Zeit später mit seiner *Reise um die Welt* lebbar verwirklichen sollte?

---

96 Chamisso, Adelbert von: *Reise um die Welt*, Bd. II, S. 42.

97 Ebd., Bd. II, S. 11.

98 Ebd.

99 Ebd.

100 Ebd.

Die Mikrokosmen von Kunersdorf und der ‚Rurik‘ dienten aber auch dazu, um sich mit sich selbst auf ein weiteres, erweitertes Begreifen seiner Zeit jenseits eines überall aufkeimenden Nationalismus zu verständigen. Bildete er als Migrant nicht das lebendige Beispiel für ein Leben, das wie im Falle von Georg Forster oder Alexander von Humboldt nicht auf eine Nation, nicht auf eine Nationalität, nicht auf ein bestimmtes Nationalgefühl beschränkt werden konnte und durfte? War er nicht selbst – und darin Humboldt durchaus ähnlich – das beste Beispiel für jenes *Mobile Preußen*, das erst mit der Napoleonischen Ära die Geschichte seines Aufstiegs im nationalistischen Taumel zu verdrängen begann? Und war das weltoffene Preußen, für das Adelbert von Chamisso stand, nicht ein Preußen, in welchem sich die Ansichten jenseits des Nationalen faszinierend reflektierten?

Auf dem Weg von Berlin ins dänische Kopenhagen, wo er sich der Expedition unter Otto von Kotzebue anschließen und als offizieller Teilnehmer der russischen Weltumrundung Teil des international bestückten Forschungsteams werden sollte, fand Adelbert von Chamisso nicht ohne ein gewisses Erstaunen an sich „überhaupt die Gabe“, sich „überall gleich zu Hause zu finden“.[101] So begann er noch vor Beginn seiner ersten und einzigen Weltreise, sich jenseits des Nationalen einzurichten und damit weniger ein Fremdling, der sich überall fremd fühlt, als vielmehr ein Nomade zu sein, dem überall die Bewegung einen Wohnort und ein Leben ohne festen Wohnsitz als bewegliches ‚Zuhause‘ bietet. Keines seiner beiden Vaterländer vermisst er; und von seinem internationalen Freundeskreis in Kopenhagen weiß er mitzuteilen, dass er dort „vielleicht die heitersten und fröhlichsten Tage meines Lebens verlebt“ habe.[102] Adelbert von Chamisso steht für ein Preußen ein, das seine vielfältigen Herkünfte fröhlich einzubringen und in nicht weniger vielfältige Zukünfte zu übersetzen versteht.

Mit Georg Forster wie mit Alexander von Humboldt teilt Adelbert von Chamisso die Erfahrung eines translingualen Schreibens, folglich einer *écriture*, die sich auch jenseits der eigenen Muttersprache bewegt und immer wieder zwischen verschiedenen Sprachen pendelt. Gerade dieses Leben und Schreiben ohne feste sprachliche und nationale Koordinaten mag es gewesen sein, das es ihm erlaubte, beim Beobachten, Sammeln und Speichern von Daten zu Kulturen anderer Völker stets die Reflexion des eigenen, europäischen Standpunkts miteinzubeziehen und vermittels dieser kritischen Selbstüberprüfung eine weitaus weniger von Vorurteilen geprägte Sichtweise indigener Kulturen zu entwickeln, als dies etwa in Otto von Kotzebues offiziellem Bericht von der zweiten russischen Weltumsegelung der Fall war.[103]

Noch wenige Jahre zuvor, damals im Umkreis von Germaine de Staël lebend, war Adelbert von Chamisso der Verzweiflung nahe gewesen, glaubte er doch, nirgendwo seine Heimat finden zu können:[104]

---

[101] Ebd., Bd. II, S. 16.

[102] Ebd., Bd. II, S. 17.

[103] Vgl. hierzu Federhofer, Marie-Theres: Lokales Wissen in den Reisebeschreibungen von Otto von Kotzebue und Adelbert von Chamisso, S. 133.

[104] Vgl. hierzu Fischer, Robert: *Adelbert von Chamisso. Weltbürger, Naturforscher und Dichter.* Vorwort von Rafik Schami. Mit zahlreichen Abbildungen. Berlin/München: Erika Klopp 1990, S. 98.

> Ma patrie. Je suis français en Allemagne, et allemand en France, catholique chez les protestants, protestant chez les catholiques, philosophe chez les gens religieux et cagot chez les gens sans préjugés; homme du monde chez les savants, et pédant dans le monde, jacobin chez les aristocrates, et chez les démocrates un noble, un homme de l'Ancien Régime, etc. Je ne suis nulle part de mise, je suis partout étranger – je voudrais trop étreindre, tout m'échappe. Je suis malheureux ... Puisque ce soir la place n'est pas encore prise, permettez-moi d'aller me jeter la tête première dans la rivière ...[105]

Der Bericht von seiner Weltreise hingegen zeigt uns einen Chamisso, der auf die eigene Zerrissenheit sehr wohl zurückblickt, sie auch nicht ausblendet oder verdrängt, aber gleichsam in eine dynamische Bewegung überführt hat. Weder eine Heterotopie noch eine Atopie und schon gar nicht eine Utopie oder Dystopie haben ihn von seinem spezifischen Fremd-Sein befreit: Es war vielmehr eine Vektopie, die es dem überall Fremden erlaubte, zu einem (anders als bei Forster und Humboldt gewiss nur zeitweiligen) Nomaden zu werden, der die jeweils geltenden Lebensformen und Lebensnormen zu relativieren versteht und versucht, sich sein eigenes mobiles, an unterschiedlichsten Sprachen und Logiken partizipierendes Zuhause zu schaffen. Es war gewiss kein Zufall, dass sich Chamisso in seinen letzten wissenschaftlichen Veröffentlichungen bis zu seinem Lebensende mit Struktur und Aufbau der Hawaiianischen Sprache beschäftigte. Denn auch für ihn war die Welt nicht allein aus der Perspektive einer einzigen Sprache zu erfassen und zu begreifen.

Aus den festen Grenzen sind eher mobile Übergänge, aus den wechselseitigen Ausschlussmechanismen eher Übersetzungsprozesse geworden, die dem Fremdling ein nomadisches, viellogisches Wissen nahebringen. Dieser Wandlungs- und Verwandlungsprozess ist nicht nur in den stark autobiographisch eingefärbten Passagen von Chamissos *Reise um die Welt*, sondern auch in der (wissenschaftlichen) Art der multiperspektivischen Auseinandersetzung mit den von ihm untersuchten Gegenständen erkennbar. Mit anderen Worten: Der literarische Reisebericht präsentiert uns eine sehr tiefreichende Veränderung von einem Welterleben, das zunehmend polylogisch geworden ist.

Wenn Chamisso als großer Schriftsteller nicht nur eine *mise en abyme* des Erzählens von einer Weltreise seiner eigenen Erzählung vorausschickt,[106] sondern auch früh schon die Formel eines Lebenswissens als Wissen vom Leben im Leben und für das Leben voranstellt – „müsse es ihm doch auf der Brigg ‚Rurik' so wie überhaupt in der Welt ergehen, wo nur das Leben das Leben lehrt,"[107] – so stellt er zugleich den Bezug zwischen jener „kleinen Welt",[108] in welche ihn die „Nußschale"[109] seines Schiffes nunmehr „eingepreßt"[110] habe, zu jener umfassenden Welt her, die zueinander wie in einem Verhältnis von Mikrokosmos und Makrokosmos stehen.

---

[105] Chamisso, Adelbert von: *Leben und Briefe.* Hg. von Julius Eduard Hitzig. Leipzig: Weidmann'sche Buchhandlung 1942, S. 271.

[106] Vgl. Chamisso, Adelbert von: *Reise um die Welt*, Bd. II, S. 15.

[107] Ebd., S. 20.

[108] Ebd.

[109] Ebd.

[110] Ebd.

Mit diesem Verhältnis zwischen Mikro- und Makrostruktur, auf das wir bereits zuvor gestoßen waren, wird die *bewegliche* Grundlage seiner sich beständig verändernden Perspektivik auf die Welt hervorgehoben, eine Bewegung, die den sich verändernden Konturen und Kontexten seines Lebens entspricht. Dies erlaubt es dem Lesepublikum zu verstehen, dass der Blick auf die ‚weite' Welt ein sehr spezifischer und vom Kontext des Schiffes selbst her bestimmter ist, ohne dass diese bewegliche Perspektive zu einer ‚natürlichen' und nicht mehr hinterfragbaren würde.

Auf einem Schiff – und mehr noch auf einem russischen Kriegsschiff – kann man einen anderen ‚Mitbewohnern' nicht einfach ausweichen;[111] die hieraus sich ergebenden Problematiken sind solche der Konvivenz, eines notwendigen Zusammenlebens auf einem begrenzten zur Verfügung stehenden Raum. Insofern überrascht es nicht, dass sich Chamisso immer wieder mit Fragen und Herausforderungen beschäftigt, welche die Konvivenz zwischen verschiedenen Nationen, Sprachen oder Kulturen, die Konvivenz zwischen Militärs und Wissenschaftlern, aber auch zwischen Europäern und indigenen Völkern betrifft.

Denn so, wie es im Mikrokosmos des Schiffes ständige Konflikte gibt, die einer stark hierarchisierten Verfahrensweise ausgesetzt sind, so werden auch die Formen wie die Normen von Konvivenz von Chamisso ständig im Lichte von Konflikten, ja von Katastrophen untersucht, wie sie auf der Ebene von Machtbeziehungen etwa zwischen Kolonialherren und Kolonisierten auftreten. Adelbert von Chamissos *Reise um die Welt* stellt die Frage nach dem Zusammenleben auf einer Nussschale, die nichts anderes als die Welt ist. Die Vorstellung vom ‚Raumschiff Erde'[112] ist weit älter als die bemannte Raumfahrt mit ihren Bildern vom Lonely Planet.

Chamisso sucht bewusst, sich wo irgend möglich von jeder Arroganz der sogenannten ‚Zivilisierten' gegenüber den sogenannten ‚Wilden'[113] zu distanzieren und eine *weitere* Perspektive einzunehmen, die dem Maßstab von Alterität und Alterisierung entgeht. So heißt es bei ihm entschieden:

> Ich ergreife diese Gelegenheit auch hier, gegen die Benennung ‚Wilde' in ihrer Anwendung auf die Südsee-Insulaner feierlichen Protest einzulegen. Ich verbinde gern, so wie ich kann, bestimmte Begriffe mit den Wörtern, die ich gebrauche. Ein Wilder ist für mich der Mensch, der ohne festen Wohnsitz, Feldbau und gezähmte Tiere, keinen anderen Besitz kennt, als seine Waffen, mit denen er sich von der Jagd ernährt. Wo den Südsee-Insulanern Verderbtheit der Sitten Schuld gegeben werden kann, scheint mir solche nicht von der Wildheit, sondern vielmehr von der Übergesittung zu zeugen. Die verschiedenen Erfindungen, die Münze, die Schrift u.s.w., welche die verschiedenen Stufen der Gesittung abzumessen geeignet sind, auf denen Völker unseres Kontinentes sich befinden, hören unter so veränderten Bedingungen auf, einen Maßstab abzugeben für diese insularisch abgesonderten Menschenfamilien, die unter diesem wonnigen Himmel ohne Gestern und Morgen dem Momente leben und dem Genusse.[114]

---

[111] Ebd., Bd. II, S. 37.

[112] Vgl. hierzu Grober, Ulrich: *Die Entdeckung der Nachhaltigkeit. Kulturgeschichte eines Begriffs.* München: Antje Kunstmann 2010, S. 227 f.

[113] Vgl. zu diesem Regulativ europäischer Weltaneignung Bitterli, Urs: *Die ‚Wilden' und die ‚Zivilisierten'. Grundzüge einer Geistes- und Kulturgeschichte der europäisch-überseeischen Begegnung.* München: dtv 1982.

[114] Chamisso, Adelbert von: *Reise um die Welt*, Bd. II, S. 75.

Die sprachkritischen Überlegungen gehen in zivilisationskritische über, welche bei aller romantisierenden Einfärbung – die erste Person Plural deutet es an – die eigene europäische Perspektive nicht verleugnen, aber nicht länger als allein gültigen „Maßstab" akzeptieren wollen. Es ist der Versuch, mit den Wörtern zugleich die Tropen der Diskurse wie die Diskurse der Tropen[115] einer Selbstkritik zu unterziehen, die auf ein viellogisches Verstehen zielt, in dem es um die unterschiedlichsten Formen und Normen des Lebens und Zusammenlebens geht. Adelbert von Chamissos Arbeit an der Sprache ist Arbeit am Mythos von *einer* Logik, einem einzigen Maßstab, der auf alle Kulturen angewendet werden könnte. Chamisso aber weigert sich, einen derartigen verbindlichen Maßstab anzulegen und rücksichtslos im Weltmaßstab allen Kulturen aufzuoktroyieren.

Adelbert von Chamisso konstruiert hier keine Alterität, keinen ‚Anderen' oder ‚Fremden', der sogleich inferiorisiert werden könnte, sondern versucht ein Lebenswissen zu entfalten, das sich eher in einer Epistemologie der Erweiterung ansiedelt. Das sich hierbei manifestierende Welterleben ist eines, das auf ein Weiter-Leben abzielt: Das sich nicht auf die engen Begriffe ‚gesitteten' oder ‚zivilisierten' Lebens einlassen will, sondern eine grundlegende Weitung nicht nur imaginierbarer oder denkbarer, sondern wahrnehmbarer und deutbarer Lebensformen intendiert.

Es geht hier um ein Welterleben, wie es der Chamisso des Jahres 1836 immer wieder auch auf den Chamisso des Jahres 1815 projiziert und so das Spiel von erzählendem und erlebendem Ich aus fast zwanzigjähriger Distanz in Gang hält. In seiner *Reise um die Welt* plädiert der weitgereiste Preuße Adelbert von Chamisso deutlich für ein weiteres, weiter gefasstes Verstehen von (menschlichem) Leben.

Immer wieder versucht der Reisende, die verschiedenen Logiken von Europäern und indigener Bevölkerung ineinander zu übersetzen, indem er etwa mit erhobenen Händen fuchtelnd und schreiend auf die Menschen einer der besuchten Inselgruppen zuläuft, so dass sie die Flucht ergreifen, bevor es ihm mit Hilfe seines Lachens gelingt, die Bewohner wieder anzulocken und in eine Kommunikation mit ihnen einzutreten.[116] Es sind (bisweilen naive, bisweilen raffinierte) Experimente im Zusammenlebenswissen, die immer wieder Chancen und Grenzen zwischenmenschlicher Konvivenz erproben. Beeindruckend ist dabei die ‚Gabe' oder vielleicht doch eher Fähigkeit Chamissos, sich auf jene Menschen einzulassen, die er nicht als ‚Wilde', nicht als ‚Fremde', nicht als ‚Andere', sondern als seine Mit-Menschen zu verstehen weiß.

So bezeichnete er im Kontext seiner Beschreibung der Insel Radack auch seinen „Freund Kadu", der „fremd auf dieser Insel-Kette" sich der Fahrt der ‚Rurik' eine Zeitlang anschloss, als einen „der schönsten Charaktere, den ich im Leben angetroffen habe", ja als einen „der Menschen, den ich am meisten geliebt".[117] Der Südsee-Insulaner ist als Mit-Mensch zum geliebten Freund des französischen Preußen geworden.

---

[115] Vgl. zu den Formen von ‚Wildheit' White, Hayden: *Tropics of Discourse. Essays in Cultural Criticism.* Baltimore/London: the Johns Hopkins University Press 1978, S. 80 f.

[116] Vgl. ebd., Bd. II, S. 134 f.

[117] Ebd., Bd. II, S. 141.

Adelbert von Chamisso ist sich bei der Konstruktion seines wissbegierigen Forscher-Ichs, des weitgereisten Weltreisenden, des vielsprachigen Russen, der kein Russe sondern Deutscher ist, eines Deutschen, der kein Deutscher sondern Franzose ist, eines Franzosen, der kein Franzose, sondern ein Kind der Champagne war, das er längst nicht mehr sein kann, kurzum: bei der Konstruktion eines Ich, das in seiner binneneuropäischen Zerrissenheit durch seine Weltreise für ein weiteres Welterleben geöffnet wird, selbst sehr treu geblieben. Denn es sollte ihm von Beginn seiner Weltreise an ganz so „wie überhaupt in der Welt ergehen, wo nur das Leben das Leben lehrt".[118]

Dieses Lebenswissen jedoch öffnet sich als Ergebnis eines offenen Lebensprozesses und einer Lebensgeschichte, die – wie Humboldt richtig erkannte – weit mehr ist als eine mehr oder minder geglückte Reisebeschreibung, auf eine andere Art von Wissen, die fast schon an der Schwelle zu einem weiteren Leben, ja zu einem Weiterleben steht. So lesen wir wenige Seiten vor dem Abschluss des ‚Tagebuches' und damit des ersten Teiles von Chamissos *Reise um die Welt*:

> Ich meinerseits bin bei jedem neuen Kapitel meines Lebens, das ich schlecht und recht, so gut es gehen will, ablebe, bescheidentlich darauf gefaßt, daß es mir erst am Ende die Weisheit bringen werde, deren ich gleich zu Anfang bedurft hätte; und dass ich auf meinem Sterbekissen die versäumte Weisheit meines Lebens finden werde.[119]

Am Ende der Reise, so die Hoffnung, könnte sich nach dem ‚Ableben' aller Kapitel das Wissen in Weisheit übersetzen, könnte das Wissen in der Weisheit aufgehen und somit weiterleben, ohne auf ein konkretes Wissen einer Wissenschaft heruntergebrochen werden zu können. Erst auf dem Sterbekissen, so Chamissos Bild, werde jene Weisheit langsam erkennbar, die das Wissen auf ein künftiges, auf ein weiteres, auf ein Weiterleben hin perspektiviert.

Die Weisheit, so scheint der alt gewordene Dichter am Ende seines ‚Tagebuches' anzudeuten, ist bestenfalls jenes Wissen, das am Ende der Reise nur vom Tod in Weisheit umgewandelt werden kann – in eine Weisheit, deren man doch viel früher, in früheren Kapiteln, so dringend bedurft hätte. Heißt dies, dass diese Weisheit, wie es der französisch-preußische Dichter anzudeuten scheint, weder transindividuell noch transgenerationell weitergeführt und damit *weitergelebt* werden kann? Mit anderen Worten: Was bleibt nach und von den vielen Reisen eines langen Lebens? Lässt sich ein zu Ende gegangenes Leben mit all seinem Wissen und mit all seiner Weisheit nicht weiterleben?

Das spezifische Wissen auf dem Weg zur Weisheit ist eines, das ohne den Tod und damit ohne die Transzendenz nicht auszukommen scheint. Wenn Wissen stets bei den Wissbegierigen, zu denen sich – wie wir sahen – auch der Autor zählt, letztlich nur aus der Bewegung ergibt, so wie sich die in jeglicher Hinsicht menschliche Wissenschaft nur aus der Bewegung *weiter* entwickeln kann, so scheint die Weisheit sich auf ein Weiterleben hin zu öffnen, das sich jenseits des Raumes, jenseits der Zeit, jenseits der Bewegung ansiedelt.

---

[118] Ebd., S. 20.

[119] Ebd., Bd. II, S. 251.

Doch vielleicht, so könnten wir dem Dichter der deutschen Romantik und dem Besucher des Salons der Rahel Levin sagen, gibt es auch hier *weitere* Wege des Wissens, die uns von der Wissenschaft zum Wissen und vom Wissen weiter zur Weisheit führen könnten. Welterleben und Weiterleben scheinen sich auch in jenem Entwurf zu begegnen, den Roland Barthes an das Ende seiner Antrittsvorlesung am *Collège de France* stellte:

> Il est un âge où l'on enseigne ce que l'on sait; mais il en vient ensuite un autre où l'on enseigne ce que l'on ne sait pas: cela s'appelle chercher. Vient peut-être maintenant l'âge d'une autre expérience: celle de désapprendre, de laisser travailler le remaniement imprévisible que l'oubli impose à la sédimentation des savoirs, des cultures, des croyances que l'on a traversés. Cette expérience a, je crois, un nom illustre et démodé, que j'oserai prendre ici sans complexe, au carrefour même de son étymologie: Sapientia: nul pouvoir, un peu de savoir, un peu de sagesse, et le plus de saveur possible.[120]

Die unermüdliche Querung unterschiedlichster Wissensformen, Kulturen und Glaubensformen führt, folgen wir Roland Barthes, zu einem Wissen, das jenseits aller Macht Weisheit als Würze, als sinnliches und sinnhaftes Welterleben versteht. Ein solches Welterleben, so die Hoffnung und die Aufgabe der Philologie, kann (und zwar nicht nur durch Editionen) weitergegeben werden. Ob es in seiner ganzen *saveur* vielleicht auch weitergelebt werden kann, ist eine Frage, die an das Medium des Weiterlebens *par excellence*, an die Literaturen der Welt, aus immer neuen Perspektiven und von weiteren Kapiteln her zu stellen wäre.

Die mehr als hundert Jahre des Mobile Preußen, das sich auf diesen Seiten drehte und bewegte, enden keineswegs mit den Werken der drei preußischen Akademiemitglieder, welche in diesem letzten Kapitel des vorliegenden Bandes das Spiel der mobilen Figuren bereicherten. Ob mit Anton Wilhelm Amo oder Heinrich von Kleist, ob mit den Protagonisten der Berliner Debatte um die Neue Welt oder den Brüdern Humboldt, ob mit Adelbert von Chamisso oder den zahlreichen Figuren in den Berliner Salons der Rahel Levin Varnhagen: Stets ging es um ein Preußen, das erheblich weiter gedacht wurde und das heute noch immer weitergedacht werden kann. Denn jenes Preußen, das imaginierbar und denkbar, schreibbar und zum Teil auch lebbar war, ist in diesen *figurae vitae* seines Mobile – so hoffen wir – erneut lebendig geworden. Wenn es uns die Ansichten eines Preußen jenseits des Nationalen zeigte, das nicht sein durfte und nicht mehr ist, so hält es für uns in seinen vielfältig sich überlagernden und unabschließbaren Bewegungen doch ein Wissen bereit, das jenseits von Preußen mit *savoir* und *saveur* prospektiv in die Zukunft weist.

---

120 Barthes, Roland: *Leçon. Leçon inaugurale de la Chaire de sémiologie littéraire du Collège de France, prononcée le 7 janvier 1977*. Paris: Seuil 1978, S. 45 f.

Auswahlbibliographie

Bei den Kapiteln des vorliegenden Bandes handelt es sich um Weiterentwicklungen folgender Texte des Autors:

Anton Wilhem Amo: Philosophieren ohne festen Wohnsitz. Eine Philosophie der Aufklärung zwischen Europa und Afrika. Berlin: Kulturverlag Kadmos 2014.

Cornelius de Pauw, Friedrich II. und die Neue Welt - Oder: Der Sinn der Macht, die Macht über den Sinn und die Macht der Sinne. In: *Jahrbuch 2013 des Staatlichen Instituts für Musikforschung Preußischer Kulturbesitz* (Mainz) (2014), S. 61–95.

Von Rousseau und Diderot zu Pernety und de Pauw: Die Berliner Debatte um die Neue Welt. In: Dill, Hans-Otto (Hg.): *Jean-Jacques Rousseau zwischen Aufklärung und Moderne. Akten der Rousseau-Konferenz der Leibniz-Sozietät der Wissenschaften zu Berlin am 13. Dezember 2012 anlässlich seines 300. Geburtstages am 28. Juni 2012 im Rathaus Berlin-Mitte.* Berlin: Leibniz-Sozietät der Wissenschaften (= Sitzungsberichte der Leibniz-Sozietät der Wissenschaften 117) 2013, S. 111–130.

Alexander von Humboldt und die Globalisierung: Das Mobile des Wissens. Frankfurt a. M.: Insel 2009, S. 97–127.

Kleist – Karibik – Konvivenz. ‚Die Verlobung in St. Domingo' als Erprobungsraum künftigen Zusammenlebens. In: Blänkner, Reinhard (Hg.): *Heinrich von Kleists Novelle ‚Die Verlobung in St. Domingo'. Literatur und Politik im globalen Kontext um 1800.* Würzburg: Königshausen & Neumann 2013, S. 187–224.

Festvortrag: „Sprachen über Sprachen. Zwei Brüder und eine Humboldt'sche Wissenschaft." In: *Jahrbuch 2017. Berlin: Berlin-Brandenburgische Akademie der Wissenschaften* 2018, S. 202–218.

Welterleben/Weiterleben. Zur Vektopie bei Georg Forster, Alexander von Humboldt und Adelbert von Chamisso. In: Drews, Julian/Ette, Ottmar/Kraft, Tobias/Schneider-Kempf, Barbara/Weber, Jutta (Hg.): *Forster – Humboldt – Chamisso. Weltreisende im Spannungsfeld der Kulturen.* Mit 44 Abbildungen. Göttingen: V&R unipress 2017, S. 383–427.

Amo Afer aus Axim in Ghana, Antonius Guilielmus: *Übersetzung seiner Werke.* [Übers. A. Blaschka?]. Halle (Saale): Martin-Luther-Universität Halle-Wittenberg 1965.

Amo, Anton Wilhelm: *Tractatus de arte sobrie et accurate philosophandi.* Halle: Kitler 1738.

Arendt, Hannah: *Rahel Varnhagen. Lebensgeschichte einer deutschen Jüdin aus der Romantik.* München/Zürich: Piper 1981.

Assing, Ludmilla (Hg.): *Briefe von Alexander von Humboldt an Varnhagen von Ense aus den Jahren 1827 bis 1858. Nebst Auszügen aus Varnhagen's Tagebüchern und Briefen von Varnhagen und Andern an Humboldt.* Leipzig: F. A. Brockhaus 1860.

Beck, Hanno: *Alexander von Humboldt.* 2 Bde. Bd. 1. Wiesbaden: Franz Steiner 1959.

Bergvelt, Elinoor/Wezel, Elsa van (Hg.): *Museale Spezialisierung und Nationalisierung ab 1830. Das Neue Museum in Berlin im internationalen Kontext./Spezialisation and Consolidation of the National Museum after 1830.* The Neue Museum in Berlin in an International Context. Berlin: G + H 2011.

O. Ette, *Mobile Preußen*, https://doi.org/10.1007/978-3-476-04854-7

Bernaschina, Vicente/Kraft, Tobias/Kraume, Anne (Hg.): *Globalisierung in Zeiten der Aufklärung. Texte und Kontexte zur ‚Berliner Debatte' um die Neue Welt (17./18. Jh.)*. 2 Teile. Frankfurt a. M./Bern/New York: Peter Lang Edition 2015.

Blamberger, Günter: *Heinrich von Kleist*. Biographie. Frankfurt a. M.: S. Fischer 2011.

Bourguet, Marie-Noëlle: *Le monde dans un carnet. Alexander von Humboldt en Italie (1805)*. Paris: Editions du Félin 2017.

Brentjes, Burchard: *Anton Wilhelm Amo. Der schwarze Philosoph in Halle*. Leipzig: Koehler & Amelang 1976, S. 32/33.

Broc, Numa: *La Géographie des Philosophes. Géographes et voyageurs français au XVIIIe siècle*. Paris: Editions Ophrys 1975.

Chamisso, Adelbert von: *Sämtliche Werke*. München: Winkler 1975.

Chamisso, Adelbert von: *Leben und Briefe*. Hg. von Julius Eduard Hitzig. Leipzig: Weidmann'sche Buchhandlung 1942.

Danzer, Gerhard: *Europa, deine Frauen. Beiträge zu einer weiblichen Kulturgeschichte*. Berlin/New York: Springer 2015.

Detering, Susanne: *Kolumbus, Cortés, Montezuma*: Die Entdeckung und Eroberung Lateinamerikas als literarisches Sujet in der Aufklärung und im 20. Jahrhundert. Weimar: Verlag und Datenbanken für Geisteswissenschaften 1996.

Ette, Ottmar: *Alexander von Humboldt Handbuch*. Stuttgart: J.B. Metzler 2018a.

Ette, Ottmar (Hg.): *Das Buch der Begegnungen: Menschen – Kulturen – Geschichten aus den Amerikanischen Reisetagebüchern*. München: Manesse 2018b.

Ette, Ottmar: *WeltFraktale. Wege durch die Literaturen der Welt*. Stuttgart: J. B. Metzler 2017.

Fischer, Robert: *Adelbert von Chamisso. Weltbürger, Naturforscher und Dichter. Vorwort von Rafik Schami*. Mit zahlreichen Abbildungen. Berlin/München: Erika Klopp 1990.

Floeck, Wilfried/Fritz, Sabine (Hg.): *La representación de la Conquista en el teatro español desde la Ilustración hasta finales del franquismo*. Hildesheim/Zürich/New York: Georg Olms 2009.

Fontius, Martin: *Friedrich II. und die europäische Aufklärung*. Berlin: Duncker & Humblot 1999.

Forster, Georg: *Werke. Sämtliche Schriften, Tagebücher, Briefe*. Hg. von Horst Fiedler, Klaus-Georg Popp, Annerose Schneider und Christian Suckow. Berlin: Akademie-Verlag 1985a.

Forster, Georg: *Ansichten vom Niederrhein*. München: The Hilliard Collection – Edition Deutsche Bibliothek 1985b.

Forster, Georg: *Reise um die Welt*. Hg. und mit einem Nachwort von Gerhard Steiner. Frankfurt a. M.: Insel 1983.

Friedrich II.: *Correspondance de Frédéric Second, Roi de Prusse, avec le Comte Algarotti*. Pour servir de suite aux éditions des œuvres posthumes de ce Prince. Berlin: Chez George Gropius, Libraire 1887.

Friedrich II.: *Anti–Machiavel ou Examen du Prince de Machiavel*. Corrigé pour la plus grande partie d'après le manuscrit original de Frédéric II. Avec une introduction et des notes historiques. Hambourg: Chez Frédéric Perthes 1834.

Friedrich II./Tagliazucchi, Giuseppe: *Montezuma. Tragedia per musica*. Da rappresentarsi nel Regio Teatro di Berlino per Ordine di Sua Maestà il Re nel Carnovale del MDCCLV. Berlino: Appresso Haude e Spener con licenza di Sua Maestà 1755.

Gerbi, Antonello: *La Disputa del Nuovo Mondo. Storia di una Polemica: 1750–1900*. Nuova edizione a cura di Sandro Gerbi. Milano/Napoli: Riccardo Ricciardi Editore 1983.

Gier, Albert (Hg.): *Oper als Text: Romanistische Beiträge zur Libretto-Forschung*. Heidelberg: Winter 1986.

Gordon, Lewis R.: *An Introduction to African Philosophy*. Cambridge: Cambridge University Press 2008.

Grunewald, Michel/Lüsebrink, Hans-Jürgen/Marcowitz, Reiner/Puschner, Uwe (Hg.): *France-Allemagne au XXe siècle. La production de savoir sur l'Autre*. Bern/Frankfurt a. M./New York: Peter Lang 2012.

Günther, Horst (Hg.): *Die Französische Revolution. Berichte und Deutungen deutscher Schriftsteller und Historiker*. Frankfurt a. M.: Deutscher Klassiker Verlag 1988.

Hahn, Barbara: *‚Im Schlaf bin ich wacher.‘ Die Träume der Rahel Levin Varnhagen.* Frankfurt a. M.: Luchterhand 1990.
Hamel, Jürgen, Knobloch, Eberhard/Pieper, Herbert (Hg.): *Alexander von Humboldt in Berlin. Sein Einfluß auf die Entwicklung der Wissenschaften.* Beiträge zu einem Symposium. Augsburg: ERV 2003.
Henze-Döhring, Sabine: *Friedrich der Große: Musiker und Monarch.* München: C.H. Beck 2012.
Humboldt, Alexander von: *Reise auf dem Río Magdalena, durch die Anden und Mexiko. Teil I: Texte.* Hg. von Margot Faak. Mit einer einleitenden Studie von Kurt R. Biermann. Zweite, durchgesehene und verbesserte Auflage. Berlin: Akademie-Verlag 2003.
Humboldt, Alexander von: *Briefe aus Amerika 1799–1804.* Bearbeitet von Ulrike Moheit. Berlin: Akademie-Verlag 1993.
Humboldt, Alexander von: *Vues des Cordillères et Monumens des Peuples Indigènes de l'Amérique.* Nanterre: Editions Erasme 1989.
Humboldt, Alexander von: *Aus meinem Leben. Autobiographische Bekenntnisse.* Zusammengestellt und erläutert von Kurt-R. Biermann. München: C.H. Beck 1987.
Humboldt, Alexander von: *Relation historique du Voyage aux Régions équinoxiales du Nouveau Continent [...].* Nachdruck des 1814–1825 in Paris erschienenen vollständigen Originals, besorgt, eingeleitet und um ein Register vermehrt von Hanno Beck. Stuttgart: Brockhaus 1970.
Humboldt, Wilhelm von: *Briefe.* Hg. und komment. von Phillip Mattson. Berlin: de Gruyter 2015.
Kasten, Erich: Reisen an den Rand des Russischen Reiches: *Die wissenschaftliche Erschließung der nordpazifischen Küstengebiete im 18. und 19. Jahrhundert.* Fürstenberg/Havel: Kulturstiftung Sibirien 2013.
Kleist, Heinrich von: *Sämtliche Werke und Briefe in vier Bänden.* Hg. von Ilse-Marie Barth, Klaus Müller-Salget, Stefan Ormanus und Hinrich C. Seeba. Frankfurt a. M.: Deutscher Klassiker Verlag 1987.
Kunisch, Johannes: *Friedrich der Große. Der König und seine Zeit.* Mit 29 Abbildungen und 16 Karten. München: Deutscher Taschenbuch Verlag ^{2}2010.
Leithold, Norbert: *Friedrich II. von Preußen. Ein kulturgeschichtliches und bebildertes Panorama von A bis Z.* Frankfurt a. M.: Eichborn (Die Andere Bibliothek) 2011.
Lietzmann, Albert (Hg.): *Wilhelm von Humboldts Gesammelte Schriften. Tagebücher.* Berlin: de Gruyter 1968.
Lüsebrink, Hans-Jürgen (Hg.): *Das Europa der Aufklärung und die außereuropäische koloniale Welt.* Göttingen: Wallstein 2006.
Lüsebrink, Hans-Jürgen/Strugnell, Anthony (Hg.): *L',Histoire des deux Indes': réécriture et polygraphie.* Oxford: Voltaire Foundation 1996.
Mabe, Jacob Emmanuel: *Anton Wilhelm Amo interkulturell gelesen.* Nordhausen: Traugott Bautz 2007.
Pauw, Cornelius de: *Recherches philosophiques sur les Américains, ou Mémoires intéressants pour servir à l'Histoire de l'Espèce humaine.* 2 Bde. Berlin: Georges Jacques Decker, Imp. du Roi 1768–1769.
Pernety, Antoine-Joseph: *Examen des Recherches philosophiques sur les Américains et de la Défense de cet ouvrage.* 2 Bde. Berlin: Georges Jacques Decker, Imprimeur du Roi 1771.
Preuss, Johann D (Hg.): *Oeuvres de Frédéric le Grand.* Tome XXI. Berlin: Imprimerie Royale (R. Decker) 1853.
Raynal, Guillaume-Thomas: *Histoire philosophique et politique des établissements et du commerce des européens dans les deux Indes.* Genève: Chez Jean-Léonard Pellet, Imprimeur de la Ville & de l'Académie 1781.
Rebok, Sandra: *Alexander von Humboldt und Spanien im 19. Jahrhundert: Analyse eines wechselseitigen Wahrnehmungsprozesses.* Frankfurt a. M.: Vervuert 2006.
Sproll, Monika: *Adelbert von Chamisso in Cunersdorf.* Frankfurt (Oder): Kleist-Museum 2014.
Stern, Carola: *Der Text meines Herzens. Das Leben der Rahel Varnhagen.* Reinbek bei Hamburg: Rowohlt 1994.
Uerlings, Herbert: *Poetiken der Interkulturalität. Haiti bei Kleist, Seghers, Müller, Buch und Fichte.* Tübingen: Max Niemeyer 1997.

Varnhagen, Rahel: *Briefe und Aufzeichnungen.* Hg. von Dieter Bähtz. Frankfurt a. M.: Insel 1986.
Varnhagen, Rahel: *Gesammelte Werke.* München: Matthes & Seitz 1983.
Volz, Gustav Berthold (Hg.): *Friedrich der Große: Historische, militärische und philosophische Schriften, Gedichte und Briefe.* Mit Illustrationen von Adolph von Menzel. Hg. von Gustav Berthold Volz. Köln: Anaconda 2006.
Zantop, Susanne: *Colonial Fantasies. Conquest, Family, and Nation in Precolonial Germany, 1770–1870.* Durham/London: Duke University Press 1997.
Zeuske, Michael: *Handbuch Geschichte der Sklaverei. Eine Globalgeschichte von den Anfängen bis zur Gegenwart.* Berlin/Boston: de Gruyter 2013.

Printed by Printforce, the Netherlands